Rainer Berndt, Matthias Lutz-Bachmann
und Ralf M. W. Stammberger (Hg.)

„Scientia" und „Disciplina"

Erudiri Sapientia

Studien zum Mittelalter und zu seiner Rezeptionsgeschichte

Im Auftrag des
Hugo von Sankt Viktor-Instituts Frankfurt am Main
herausgegeben von Rainer Berndt SJ

Band III

„Scientia" und „Disciplina"

Wissenstheorie und Wissenschaftspraxis im 12. und 13. Jahrhundert

Herausgegeben von
Rainer Berndt, Matthias Lutz-Bachmann und
Ralf M. W. Stammberger
zusammen mit Alexander Fidora und
Andreas Niederberger

Akademie Verlag

Einbandvignette: Paris, Bibliothèque nationale de France,
lat. 11508, f.54 (12. Jh.): Illustration zu Jesus Sirach 1,1
(„Omnis sapientia a Deo Domino est
et cum illo fuit semper et est ante aevum")

Bildarchiv Foto Marburg, Archivnummer: 163.829

Ein Titeldatensatz für diese Publikation ist bei
Der Deutsche Bibliothek erhältlich.

ISBN 3-05-003696-6
ISSN 1615-441X

Das eingesetzte Papier ist alterungsbeständig nach DIN/ISO 9706.

Einbandgestaltung: Petra Florath, Berlin
Satz: Christiane Storeck mit TUSTEP (Hugo von Sankt Viktor-Institut Frankfurt am Main)
Druck und Bindung: Hubert & Co, Göttingen

Gedruckt in Deutschland

Vorwort

Die hier vorgelegten Beiträge gehen zurück auf die Konferenz „‚Scientia' und ‚Disciplina' im 12. und 13. Jahrhundert: Wissenstheorie und Wissenschaftspraxis im Wandel", die im Dezember 1999 in Frankfurt am Main stattgefunden hat. Die Konferenz erwuchs aus einer Kooperation zwischen dem Teilprojekt A 2 des von der Deutschen Forschungsgemeinschaft an der Johann Wolfgang Goethe-Universität in Frankfurt am Main eingerichteten Forschungskollegs „Wissenskultur und gesellschaftlicher Wandel", das von Professor Dr. Dr. Matthias Lutz-Bachmann geleitet wird und die Umbrüche in der Wissenskultur des 12. und 13. Jahrhunderts erforscht, und dem Hugo von Sankt Viktor-Institut für Quellenkunde des Mittelalters der Philosophisch-Theologischen Hochschule Sankt Georgen in Frankfurt am Main unter der Leitung von Professor Dr. Rainer Berndt SJ. Die Konferenz wurde aus den Mitteln des DFG-Forschungskollegs sowie der Hochschule Sankt Georgen finanziert.

Den Ausgangspunkt der Forschungsarbeit des Teilprojekts „Die Umbrüche in der Wissenskultur des 12. und 13. Jahrhunderts" bildet der von der mediävistischen Geschichtswissenschaft, der Wissenschaftsgeschichte sowie der allgemeinen kulturwissenschaftlichen Forschung vielfach konstatierte und bestätigte Befund eines tiefgreifenden und folgenreichen Umbruchs in der Wissenskultur des 12. und 13. Jahrhunderts. Der erst kürzlich verstorbene britische Historiker Richard W. Southern spricht im Blick auf die uns hier interessierenden Vorgänge sogar von einer „intellektuellen Revolution" im lateinischsprachigen Europa dieser Zeit, die von den intellektuellen Zentren, den Schulen und den sich inmitten dieser Entwicklungen allererst herausbildenden Universitäten ihren Ausgang nahm. Vor dem Hintergrund dieser die Gesellschaft des Hochmittelalters nachhaltig prägenden und verändernden Ereignisse fragt das Forschungsprojekt nach den epistemologischen Voraussetzungen und Implikationen dieser Entwicklungen. So gehört zu den zentralen Anliegen die Beantwortung der Frage, welche Sicht sich vom menschlichen Wissen, von den Bedingungen seiner Konstitution, von seiner Aufgabe und seiner inneren Struktur bei den zentralen Protagonisten dieser „intellektuellen Revolution" des 12. und 13. Jahrhunderts ausfindig machen lässt. Daher stand die Frage nach der Einteilung und dem Verständnis der Künste und Wissenschaften im Zentrum der Konferenz, deren Beiträge nun hier in überarbeiteter Fassung vorgelegt werden.

Das Hugo von Sankt Viktor-Institut seinerseits hat sich an der zweitägigen Konferenz beteiligt ausgehend von seinen Arbeiten über die Entwicklung frühmittelalterlicher Wissenstheorien. Die mediävistischen Arbeiten dazu sind weitgehend bestimmt vom Interesse an der Rezeptionsgeschichte der boethianischen Wissenschaftseinteilung, in der ‚scientia' und ‚disciplina' als Schlüsselbegriffe fungieren. Der Blickwinkel dieser herkömmlichen Betrachtungsweise ist freilich um die lebenspraktische und die religiöse Dimension des mittelalterlichen Bildungsideals zu erweitern. Das Hugo von Sankt Viktor-Institut möchte deshalb paradigmatisch anhand maßgeblicher Autoren des 12. und 13. Jahrhunderts die Verschränkung unterschiedlicher Lebensformen mit der sie begleitenden Philosophie untersuchen. Als zentral hat sich dabei herausgestellt, den neuen Naturbegriff der Zeit angemessen zu berücksichtigen sowie die christliche Suche nach ‚sapientia' und ihre Bedeutung für die Wissenskultur des Mittelalters herauszustellen.

Der vorliegende Band wäre nicht zustandegekommen ohne die Mitwirkung zahlreicher Mitarbeiterinnen und Mitarbeiter der beiden beteiligten Institutionen. Vor allem danken wir sehr herzlich Frau Ursula Johannsen und Frau Pia Antolic auf seiten der Frankfurter Universität sowie Frau Inge Haberer-Sperlich und Frau Christiane Storeck vom Hugo von Sankt Viktor–Institut. Sie haben sich der Mühe der Redaktion, des Satzes und der Registererstellung unterzogen. Dafür danken wir ihnen allen sehr herzlich.

Die Herausgeber

INHALTSVERZEICHNIS

„Scientia" und „disciplina" in der lateinischen Bibel und in der Exegese des hohen Mittelalters

von RAINER BERNDT SJ

Das philosophische Vokabular des lateinischen Mittelalters verdankt sich weitgehend dem Schrifttum des hl. Augustinus und der sprachschaffenden Tätigkeit des Anicius Manlius Severinus Boethius. Als letzterer gegen Ende des fünften Jahrhunderts begann, eine Reihe von Werken der griechischen Philosophie ins Lateinische zu übersetzen, und er seine Kommentare zu diesen Schriften verschiedener Provenienzen verfaßte, hatten die christlichen Schriftsteller ihr theologisches Vokabular vor allem in griechischer, aber auch in lateinischer Sprache überwiegend schon geformt. Anläßlich der frühen ökumenischen Konzilien (besonders Nizäa 325 und Chalcedon 451, aber auch Konstantinopel 381, Ephesus 431) sind die zentralen Begriffe des christlichen Glaubens in der Sprache der Heiligen Schrift formuliert worden. Die Konzilsväter und die Kirchenväter lebten mit dem Griechischen sozusagen in einem selbstverständlichen kulturellen und religiösen Zusammenhang. Neben der griechischen Bibel gewann dabei schrittweise, nach den partiellen altlateinischen Übertragungen der ersten Jahrhunderte, vor allem des Hieronymus vollständige lateinische Ausgabe des Alten und Neuen Testaments weitere Verbreitung, so daß diese ab dem 7. Jahrhundert anstelle der Septuaginta allgemein als „editio uulgata" bezeichnet wurde.[1] Mit den philosophischen Werken des Boethius hatte die lateinische Bibel einen anspruchsvollen Begleiter an ihrer Seite, der ihre Rezeption in der Spätantike und im Mittelalter mitgestaltete. Die theologische Begrifflichkeit und Ideenwelt der östlichen wie der westlichen Christenheit entfaltete sich so zwar auf biblischer Grundlage, blieb aber stets geprägt von der rezipierenden oder verwerfenden Auseinandersetzung mit den zeitgenössischen Philosophien.

Für das Verständnis der Geschichte des abendländischen, lateinischen Denkens erscheint es demnach bedeutsam, die geschichtlichen, d.h. die biblischen Voraussetzungen seiner metaphysischen und erkenntnistheoretischen Begrifflichkeit zu kennen. Exemplarisch soll dies erarbeitet werden anhand von „scientia" und „disciplina" in der lateinischen Bibel (I).[2] Anschließend untersuchen

---

1 Vgl. dazu BRUNHÖLZL 1983; ebenso FISCHER 1965. Aus der Fülle der Bibliographie zur Geschichte der Bibel in der Alten Kirche sei nur auf SÆBØ 1996 und 2000 verwiesen (dort weitere Angaben).

2 LECLERCQ 1957 sowie MOREL 1957 haben unabhängig voneinander sehr hilfreiche Übersichten über das Bedeutungsspektrum vorgelegt. – Textliche Grundlage dieser Studie ist die *Biblia sacra*. Die einzelnen Bücher der Bibel werden gemäß ihrem lateinischen Titel abgekürzt.

wir die Wirkungsgeschichte beider Vokabeln in der Exegese des 12. und 13. Jahrhunderts[3] anhand der Rezeption zweier Perikopen (II) und im Werk zweier Autoren des Hochmittelalters (III).

I.
Der sprachliche Befund in der Vulgata

Das Verhältnis von göttlicher Unterweisung und menschlichem Wissen ist beständiges Thema der Heiligen Schrift des Alten und des Neuen Testaments. Nachdem wir den sprachlichen Befund des einschlägigen Vokabulars vorgestellt haben, sollen einige markante Passagen bzw. Bücher der Bibel unter der hier interessierenden Rücksicht insgesamt betrachtet werden.

1. „Disco", „disciplina"

Der Wortstamm „discipulus" ist in der Vulgata mit drei Lemmata vertreten. Anstelle von „discip-io/-ere", das in der Vulgata nicht belegt ist, beziehen wir aus Gründen der historischen Etymologie auch „disc-o/-ere" mit in die Überlegungen ein.[4]

	Disco/-ere		discipulus/-a		disciplinatus		disciplina	
AT	64 =	2 Gn	2 =	1 Is	2 =	2 Eccli	93 =	1 Lv
		1 Lv		1 Mal				1 Dt
		5 Dt						1 Idt
		1 Ios						2 Esr
		2 Idc						3 Iob
		2 II Sm						6 Ps
		2 3 Rg						24 Prv
		3 Est						12 Sap
		9 Ps						28 Sir
		4 Prv						1 Is
		3 Ecl						6 Ier
		6 Sap						3 Bar
		6 Sir						3 Dn
		3 Is						2 So
		4 Ier						
		1 Bar						
		4 Ez						
		1 Dn						
		1 Mi						
		1 I Mcc						
		3 II Mcc						

3 Die philosophiegeschichtliche Wirkung wurde dargestellt von Jüssen/Schrimpf 1972.

4 Vgl. das Lemma „disciplina" im *Thesaurus Linguae latinae*, Band V, 1, Leipzig 1909–1934, Sp. 1316-1326.

Disco/-ere		discipulus/-a		disciplinatus		disciplina	
NT 31 =	9 Evv	246 =	70 Mt	1 =	1 Iac	6 =	1 Eph
	21 Paul.		43 Mc				1 II Tim
	1 Apc		35 Lc				4 Hbr
			71 Io				
			27 Act				

Im Alten Testament wird nur zweimal ein Schüler benannt: Zum einen richtet der Prophet Isaias das Wort an seine „discipuli" (Is 8 16), und zum anderen droht Malachias besonders dem Lehrer und dem Schüler, die beide das Heiligtum entweihen (Mal 2 12).

Die übrigen 246 Formen und Frequenzen von „discipulus" finden sich sämtlich im Neuen Testament und dort ausschließlich in den *Evangelien* und den *Actus Apostolorum*. Das mit „discipulus" bezeichnete Verhältnis zwischen zwei Menschen bezieht sich hier durchgehend auf die Jünger Jesu. Als sprachliche Besonderheit ist zu vermerken, daß ein einziges Mal, nämlich in Act 9 36, eine „discipula" namens Tabita aus der Stadt Joppe erwähnt wird.

Das Verb „discere" wird doppelt so häufig im Alten wie im Neuen Testament verwendet. Insbesonders die Weisheitsliteratur, aber auch die prophetischen Texte bedienen sich dieses Wortes, um die Haltung und Tätigkeit des Menschen in bezug auf den Weisungsgeber zu formulieren. Dabei verwendet nur das NT mehrfach die partizipiale Form „discens" und zwar in dem eher substantivischen Sinn von „Jünger, Schüler" (vgl. Lc 19 37; Io 21 12), wobei Paulus die aktive Dimension zur Sprache bringt: „Semper discentes et numquam ad scientiam veritatis pervenientes" (II Tim 3 7). Im übrigen verwenden die Evangelien „discere" sowohl in einem personalen (Mt 11 29: „discite a me quia mitis sum"; Io 6 45: „qui didicit a Patre venit ad me") als auch sachbezogenen Kontext (Mt 2 7: „didicit ab eis tempus"; Mt 9 13: „discite quid est"; Mt 24 32/Mc 13 28: „discite parabolam"; Io 7 15: „litteras scit cum non didicerit"). Der Sprachgebrauch in den Paulusbriefen bestätigt diesen Befund. Der Apostel hat nämlich seine Kenntnis Christi nicht infolge von „discere" gewonnen (vgl. Gal 1 12: „Neque enim ego ab homine accepi illud neque didici sed per revelationem Iesu Christi"; I Th 4 9: „a Deo didicistis"), genausowenig wie die Gläubigen (vgl. Eph 4 20: „vos autem non ita didicistis Christum"); denn letztere haben mit dem Glauben auch eine Lehre übernommen (vgl. Rm 16 17: „doctrinam quam vos didicistis"; Phil 4 9; Col 1 7; II Th 2 15). Die neutestamentliche Sprache gipfelt darin, daß sie im letzten Text, der *Apocalypsis Ioannis*, die beiden Aspekte, den personalen und den gegenständlichen, miteinander in Kontakt bringt. In Apc 14 2-3 hört der Verfasser einen gewaltigen Chor vom Himmel her ein neues Lied singen. Doch dieses Lied kann niemand lernen, allenfalls die Erwählten können darin einstimmen: „Et audivi vocem de caelo tamquam vocem aquarum multarum ... et cantabant quasi canticum novum ante sedem ... et nemo poterat discere canticum nisi illa centum quadraginta quattuor milia qui empti sunt de terra."

Die erzählenden Texte des AT verwenden Formen von „discere" hauptsächlich, wenn es um die Aneignung sachlicher Informationen geht (vgl. Gn 9 24; Lv 23 43). Erst in den Psalmen und in der weisheitlichen Literatur erhält der Sprachgebrauch eine personale Konnotation (vgl. Ps 118 7. 71; Ez 23 48; I Mcc 10 27 etc.), zumal in Verbindung mit imperativischen Formen (z. B. Prv 6 6; Sap 6 10; Sir 16 24; Is 1 17 etc.), vor allem auch in der Wendung „discere timere Dominum" (z. B. Dt 4 10; Ios 4 25).

Dementsprechend überrascht es nicht, „disciplina" überwiegend als alttestamentliche Qualifikation vorzufinden. Die Psalmen stellen Gottes „disciplina" als das Gut vor (Ps 118 66 LXX: „Bonitatem et disciplinam et scientiam doce me quia mandatis tuis credidi"),[5] auf dem die Beziehung mit ihm ruht: mal in der Form des Dankes (Ps 17 36 LXX: „Disciplina tua correxit me in finem et disciplina tua ipsa me docebit"), mal als Anklage gegen den Menschen (Ps 49 17 LXX: „Tu vero odisti disciplinam et proiecisti sermones meos retrorsum"). Gott selbst erteilt dem Menschen seine Weisung: „Tunc aperit aures virorum et erudiens eos instruit disciplinam" (Iob 33 16). Vor allem in der Weisheitsliteratur hat der Fromme diese „disciplina" entweder schon erlangt, wenn auch nur unvollkommen, oder sie ist nahezu unerreichbares Fernziel gesetzlicher Ethik.

Als thematischer Auftakt erklärt der *Liber Proverbiorum*, die Sprichwörter Salomos seien gegeben worden, um Weisheit und Weisung zu wissen (Prv 1 2: „ad sciendam sapientiam et disciplinam"). Die „disciplina" ist hörbar (1 8: „audi fili mi"; vgl. auch 4 1; 8 33 ebenso Sir 16 24), man kann sie halten (4 13: „tene disciplinam"), man muß sie annehmen (8 10: „accipite disciplinam") und sich ihr unterziehen (19 20: „suscipe disciplinam, ut sis sapiens"). Wer sich einmal in Gottes „disciplina" gestellt hat, muß diese bewahren (5 2: „... ut custodias cogitationes et disciplinam labia tua conservent"), er darf sie nicht wegwerfen (3 11: „Disciplinam Domini fili mi ne abicias nec deficias").

Später benennt derselbe Text einmal ausdrücklich den Grund des Verhältnisses zwischen Weisung und Wissen (Prv 12 1): „Qui diligit disciplinam, diligit scientiam. Qui autem odit increpationes, insipiens est." Wer unterscheidet und sorgfältig ist, der wird Wissen erlangen. „Disciplina" erscheint hier als die unabdingbare Voraussetzung für „scientia"; beide ähneln einander, weil sie Gegenstand von Unterscheidung und Objekt des Begehrens sind. „Diligere" und „diligentia" stehen als Handlungen bzw. als Haltungen jeweils auf den Kreuzungen verschiedener Straßen und weisen den Reisenden den Weg. Und wer die Warnungen in den Wind schlägt („... odit increpationes"), der wird keinen Geschmack finden und unverständig sein („insipiens est"). Wer deshalb die „disciplina" verlacht, ist ein Dummkopf (15 5: „Stultus inridet disciplinam patris sui, qui autem custodit increpationes astutior fiet"), und die „disciplina" wird ihn verlassen (22 15: „Stultitia conligata est in corde pueri et virga disciplinae fugabit eam"). Hingegen bringt der Lebensweg „disciplina" mit sich

5 Vgl. dazu weiter unten den Beitrag von Ralf M. W. Stammberger

(6 23: „... quia mandatum lucerna est et lex lux et via vitae increpatio disciplinae"). Wer jedoch die „exempla" des Lebens nicht beachtet (24 32: „... quod cum vidissem posui in corde meo, et exemplo didici disciplinam"), wird irren (10 17: „Via vitae custodienti disciplinam qui autem increpationes relinquit errat"). Insofern wird verständlich, daß die Unterweisung des *Liber Proverbiorum* in eine doppelte Erkenntnis für die Leser mündet: „Qui abicit disciplinam, despicit animam suam. Qui adquiescit increpationibus, possessor est cordis. Timor Domini disciplina sapientiae et gloriam praecedit humilitas" (15 32-33). Theologisch stellt dieser Text klar, daß die Gottesfurcht Unterweisung für die Weisheit ist, gleichwie Demut dem Ruhm vorausgeht. Anthropologisch folgt daraus die Einsicht, daß jemand sich selbst mißachtet, wenn er von göttlicher Unterweisung abläßt. Wer also mit Ermahnung zufrieden ist, der kennt sein eigenes Herz.

Der *Liber Sapientiae* ergänzt die skizzierte Perspektive, indem er die Herkunft der „disciplina" aus Gottes Wort und dem Verlangen nach demselben unterstreicht: „concupiscite ergo sermones meos, diligite illos, et habebitis disciplinam" (Sap 6 12; vgl. ebenso 6 18. 27). Der Gerechte erstrebt die „disciplina" und wirkt allein dadurch auf seine Widersacher als unnütz und oppositionell. Er erscheint ihnen als wandelnde Anklage gegen ihre Zügellosigkeit (2 12: „... inutilis est nobis et contrarius est operibus nostris et inproperat nobis peccata legis et diffamat in nos peccata disciplinae nostrae"). Größer als die „disciplina" erscheint dem *Liber Sapientiae* jedoch die Weisheit selbst. Wer Weisheit und Weisung verwirft, der ist unglücklich, und sein Leben hat jeden Inhalt verloren (3 11: „Sapientiam enim et disciplinam qui abicit infelix est et vacua est spes illorum et labores sine fructu et inhabitabilia opera illorum sunt"). Die „disciplina" will gepflegt werden, dazu bedarf es sorgfältiger Zuwendung und Aufmerksamkeit, welche sich dem Gesetz verpflichtet weiß (6 19: „Cura ergo disciplinae dilectio est et dilectio custoditio legum illius est custoditio autem legum consummatio incorruptionis est"). Letztlich regiert in allem die Weisheit: sie lehrt die „disciplina" und wählt ihre Werke aus (8 4: „doctrix est enim disciplinae Dei et electrix operum illius").

Jesus Sirach, der die Weisheit in seinem Herzen erneuert hat, kündigt an, die Lehre der Weisheit und der Weisung geschrieben zu haben (Sir 50 29). In der Tat hebt das Buch mit einer feierlichen Proklamation über die ewige Weisheit an: „Omnis sapientia a Deo Domino est et cum illo fuit semper et est ante aevum" (1 1), um nachfolgend ihre Vorzüge zu preisen: die Weisheit ist vor allem anderen geschaffen worden (1 4), und ihre Quelle ist Gottes Wort in der Höhe (1 5). Wer kennt ihre Wurzel?, wer hat ihre „disciplina" verstanden: „Disciplina sapientiae cui revelata est et manifestata et multiplicationem ingressus illius quis intellexit?" (1 7). Der Autor bestätigt die schon aus dem *Liber Proverbiorum* bekannte Maxime: Weisheit und Weisung bestehen in der Gottesfurcht (1 34), sie gereicht dem Armen zur Ehre: „Pauper gloriatur per disciplinam et timorem suum et est homo qui honorificatur propter substantiam suam" (10 33).

Eine intellektuelle Note im Verständnis der „disciplina" ist im Buch *Jesus Sirach* jedoch unübersehbar. Die Paraphrase des Schöpfungsberichtes in Kapitel 17 legt einen besonderen Akzent auf die göttlichen Gaben, die der Mensch erhalten hat. Die ihm von Gott erschaffene Hilfe ist dem Menschen ähnlich: „Consilium et linguam et oculos aures et cor dedit illis excogitandi et disciplinam intellectus replevit illos. Creavit illis scientiam spiritus" (17 5-6). Die Ähnlichkeit von Mann und Frau besteht im Rat und in der Sprache; sie haben Ohren und Herz, um zu entdecken; ja, Gott erfüllte beide mit „disciplina intellectus", und er erschuf ihnen „scientia spiritus". Gottes Gaben an seine Geschöpfe erreichen ihre Vollendung darin, daß er ihnen – außer dem Leben – Weisung gab und ihnen das Gesetz des Lebens vererbte, um einen ewigen Bund mit ihnen zu schließen (17 9-10: „Addidit illis disciplinam et legem vitae hereditavit illos, testamentum aeternum constituit cum illis"). „Disciplina" und „scientia" sind also Merkmale menschlicher Existenz. Des Menschen Verstand erhält seitens seines Urhebers Weisung, eine Form. Das dem Menschen mögliche Wissen bezieht sich nicht nur auf die Einzeldinge der Welt, sondern auf den in ihr wohnenden Geist.[6] „Disciplina" und „scientia" sind zielgerichtet auf das gottursprüngliche Leben hin; sie ordnen sich dem göttlichen Willen zum Bund mit den Menschen unter.

Neutestamentlich vollendet sich dieser Gedanke in der paulinischen Theologie, wenn Jesus Christus und der Glaube an ihn als die Fülle, ja den Ursprung allen Wissens vorgestellt werden. Selbstverständlich können die Menschen die „disciplina Domini" vergessen; doch läßt Gott sie nicht los, sondern er ruft ihnen seine Weisung immer wieder in Erinnerung: „Et obliti estis consolationis quae vobis tamquam filiis loquitur dicens ‚fili mi noli neglegere disciplinam Domini' neque fatigeris dum ab eo argueris: ... in disciplina perseverate." (Hbr 12 5. 7). Wer außerhalb der „disciplina" bleibt, droht die Sohnschaft zu verlieren (Hbr 12 8: „Quod si extra disciplinam estis cuius participes facti sunt omnes ergo adulteri et non filii estis"). Wenn auch die „disciplina" gegenwärtig keine Freude zu bereiten scheint, sondern eher Trauer, so gereicht sie später jedoch zu Frieden und Gerechtigkeit (Hbr 12 11: „Omnis autem disciplina in praesenti quidem videtur non esse gaudii sed maeroris postea autem fructum pacatissimum exercitatis per eam reddit iustitiae").

So schreibt Paulus an die Korinther: „Ich danke meinem Gott allzeit für euch in der Gnade, die euch gegeben ist in Christus Jesus. Denn in allem seid ihr reich gemacht in ihm: in jedem Wort und in jedem Wissen."[7] Können angesichts der „sermones Dei" noch Zweifel und Unsicherheit aufkommen über die Richtung, die mitten auf der Kreuzung einzuschlagen sei, so stellen Jesus und sein Werk eine großartige Hilfe („increpatio") dar, den Weg der Weisheit zu suchen.

---

6 Vgl. auch Dn 1 17: „Pueris autem his dedit Deus scientiam et disciplinam in omni libro et sapientia Daniheli autem intellegentiam omnium visionum et somniorum."

7 I Cor 1 5: „Gratias ago Deo meo semper pro uobis in gratia Dei quae data est vobis in Christo Iesu quia in omnibus diuites facti estis in illo."

Paulus schreibt somit an die Römer (Rm 11 33): „O altitudo divitiarum sapientiae et scientiae Dei quam inconprehensibilia sunt iudicia eius et investigabiles viae eius."[8]

Schließlich sei vermerkt, daß Hieronymus ergänzend zum Substantiv „disciplina" noch dreimal die Verbalform „disciplinatus" gebildet hat (Sir 10 28: „Servo sensato liberi servient, et vir prudens disciplinatus non murmurabit, correptus et inscius non honorabitur"; Sir 40 31: „Vir autem disciplinatus et eruditus custodiet se", sowie Iac 3 13: „Quis sapiens et disciplinatus inter vos ostendat ex bona conversatione operationem suam in mansuetudine sapientiae"). Diese drei biblischen Belege eines erst mit Tertullian und Priscillian bezeugten Lemmas, für dessen Begriffsgeschichte insgesamt auch der Einfluß der lateinischen *Topica* des Aristoteles berücksichtigt werden müßte,[9] sind in Spätantike und Mittelalter kaum rezipiert worden. Erkennbar verwenden Sir 10 nur Augustinus und der Defensor von Ligugé sowie Sir 40 nur Hilarius von Poitiers und Thomas von Kempen. Lediglich Iac 3 13 ist bei mehreren Autoren belegt: Augustinus, Hilarius von Poitiers, Defensor, Beda Venerabilis, Andreas von Sankt Viktor, Bonaventura.

2. „Scio", „scientia"

Der Stamm „sci-" ist in der Vulgata mit vier Lemmata vertreten, von denen allein das Partizip „sciens" mit 234 Formen hervorsticht. Die 144 Verwendungen der verschiedenen Formen von „scientia" lassen dabei einen in der Regel substantivischen Begriff erkennen, und insofern kann „scientia" als eigenes Lemma verstanden werden. Als sprachliche Besonderheit ist der einmalige Superlativ „scientissimus" (II Par 2 13: „Misi ergo tibi virum prudentem et scientissimum Hiram patrem meum") zu erwähnen.

Am Befund des Lemmas „scientia" fällt auf, daß es relativ selten im NT vorkommt, dafür aber konzentriert im *corpus Paulinum*, übrigens analog zum Partizip generell. Die Lemmata „scio" und „scientia" werden überwiegend im AT verwendet (vgl. die außergewöhnliche Häufung in Ezechiel), in beiden Fällen liegt das Schwergewicht auf den Weisheitsbüchern.

---

8 Vgl. auch Bar 3 37: „Hic adinvenit omnem viam disciplinae et tradidit illam Iacob puero suo et Israhel dilecto suo." Ähnlich Bar 3 27.

9 Boethius bietet eine eingängige Erklärung des Lemmas an, wobei er auf Aristoteles zurückgreift: „Similitudinem autem considerandum et in his quae sunt in diversis generibus, ut alterum ad alterum quid, sic aliud ad aliud, ut sicut disciplina ad disciplinatum, sic sensus ad sensatum; et ut alterum in altero aliquo, sic aliud in alio, ut quemadmodum visus in oculo, mens in anima, et ut tranquillitas in mari, serenitas in aere." Siehe dazu ARISTOTELES *Topica*, I 17, S. 27,12-13; ähnlich ibidem VI 12, S. 139,18-20.

	scio		sciens		scientia		scientissimus	
AT	407 =	13 Gn	38 =	3 Gn	113 =	3 Gn	1 =	1 II Par
		23 Ex		1 Ex		3 Ex		
		3 Lv		4 I Sm		1 Lv		
		6 Nm		1 II Par		1 I Sm		
		9 Dt		1 Tob		2 II Par		
		4 Ios		1 Est		1 Est		
		4 Idc		1 Iob		12 Iob		
		2 Rt		4 Ps		10 Ps		
		26 Sm		1 Prv		26 Prv		
		15 Rg		4 Sap		3 Ecl		
		3 I Par		3 Eccli		11 Sap		
		6 II Par		2 Is		16 Eccli		
		3 Esr		5 Ier		10 Is		
		8 Tob		3 Bar		3 Ier		
		5 Idt		2 Dn		6 Dn		
		8 Est		1 XII		4 XII		
		18 Iob		1 II Mcc		1 II Mcc		
		31 Ps						
		2 Prv						
		8 Ecl						
		24 Sap						
		10 Eccli						
		25 Is						
		24 Ier						
		10 Bar						
		78 Ez						
		11 Dn						
		18 XII						
		7 I Mcc						
		3 II Mcc						
NT	223 =	18 Mt	54 =	4 Mt	30 =	2 Lc		
		12 Mc		4 Mc		25 Paulus		
		19 Lc		1 Lc		3 Pt		
		60 Io		6 Io				
		24 Act		5 Act				
		61 Paulus		24 Paulus				
		3 Iac		3 Iac				
		16 I Io		4 Pt				
		10 Apc		1 Iud				
				1 I Io				
				1 Apc				

Der *Liber Proverbiorum* führt den Begriff der „scientia“ ein mit der folgenden Definition (1 7): „Timor Domini principium scientiae, sapientiam atque doctrinam stulti despiciunt“, nachdem er zuvor Wissen und Einsicht als Gottes Gabe an die Erwachsenen bezeichnet hat (1 4; vgl. ähnlich 14 18). An anderer Stelle des Textes fungiert der „timor Domini“ als „principium sapientiae“, das Wissen hingegen zeichnet die Klugheit der Geheiligten aus (9 10). Gottesfurcht und Wissen sind auf jeden Fall aufs Innigste miteinander verwoben (2 5-6: „Tunc intelleges timorem Domini, et scientiam Dei invenies, quia Dominus dat sapientiam et ex ore eius scientia et prudentia“). „Scientia“ geht denn in der Regel auch einher mit „sapientia“; während nämlich „sapientia“ das Herz des Menschen einnimmt, erobert „scientia“ die Seele (2 10; ähnlich 18 15). Die Weisen hüten insofern auch das Wissen als ihren Schatz, während sich der Unverständigen Rede der Verwirrung naht (10 14); von der Verwirrung bis zur Täuschung ist es nur ein kleiner Schritt, Wissen jedoch befreit (11 9). Die Sprache der Weisen schmückt das Wissen (15 2), ihre Lippen verstreuen Wissen (15 7). „Scientia“ und „sapientia“, bzw. „doctrina“ und „prudentia“ befähigen schließlich zur Gerechtigkeit (29 7).

Das *Buch der Weisheit* greift die Frage auf, wie beschaffen die Weisheit ist und welche Wirkungen auf den Menschen sie hat. Ja, es rückt sie sogar in die Nähe der „sacramenta Dei“.[10] Die Menschen, die sich der „scientia Dei“ nicht unterordnen, können Gott auch nicht verstehen[11] und verfehlen die Weisheit, da sie die „veritas rerum“ nicht verstehen.[12]

Jesus Sirach greift eine Idee der Sprichwörter (vgl. oben Prv 1 7) wieder auf: Die Gottesfurcht gilt ihm als „scientiae religiositas“ (Sir 1 17). Diese Frömmigkeit des Wissens zeichnet die Schätze wahrer Weisheit aus, bloß Sündern erscheint das Greuel als Weisheit: „In thesauris sapientiae intellectus et scientiae religiositas, execratio autem peccatoribus sapientia“ (1 26). Dieses Wissen des Weisen beschreibt Jesus Sirach als eine Überschwemmung, sein Rat dauere wie die Lebensquelle (21 16: „Scientia sapientis tamquam inundatio abundabit, et consilium illius sicut fons vitae permanet“). Das Wissen und die Einsicht der Klugheit werden von der Weisheit hervorgebracht (1 24). Wie groß auch derjenige sei, der Weisheit und Wissen findet, er überragt auf keinen Fall den, der Gott fürchtet (25 13). Offensichtlich also fördert der lateinische *Jesus Sirach*

---

10 Vgl. Sap 6 24: „Quid est autem sapientia et quemadmodum facta sit referam et non abscondam a vobis sacramenta Dei, sed ab initio nativitatis investigabo et ponam in lucem scientiam illius et non praeteribo veritatem.“

11 Sap 13 1: „Vani sunt autem omnes homines quibus non subest scientia Dei et de his quae videntur bona non potuerunt intellegere eum qui est neque operibus adtendentes agnoverunt quis esset artifex.“

12 Sap 7 16-17: „In manu enim illius et nos et sermones nostri et omnis sapientia et operum scientiae disciplina. Ipse enim mihi dedit horum quae sunt scientiam veram, ut sciam dispositionem orbis terrarum et virtutes elementorum.“ Siehe dazu BONAVENTURA *De donis*, IV 9, S. 475.

Wissenschaft und Weisheit der Menschen, da sie gottursprünglich sind. Doch kennt er deshalb auch deren Grenzen: vor allem das Wissen, das den Hang hat, sich zu verselbständigen, muß sich durch „timor" und „religiositas" in einen übergeordneten Zusammenhang einbinden lassen. Die in diesem späten alttestamentlichen Text angelegte Wissenskritik wiederholt Paulus in seinen Briefen.

Der Apostel wendet sich vor allem gegen diejenigen unter den Schriftgelehrten, die sich für die Führer des Volkes halten und die glauben, mit der Tora Wissen und Wahrheit in den Händen zu halten, und die somit unbelehrbar sind.[13] Im Ersten Korintherbrief wird Paulus noch deutlicher, wenn er im Kontext des korinthischen Konflikts um die Reminiszenzen an den ehemaligen Götzendienst schreibt: „Wir wissen von denen, die den Götzen opfern, daß sie alles Wissen haben. Wissen bläht auf, Liebe aber erbaut."[14] Wenn jedoch die Grenzen des Wissens nicht bekannt sind, wird nicht wirklich gewußt, fährt Paulus fort (I Cor 8 2). Da es nämlich keine Götzen in der Welt gibt, gibt es auch nicht eine Vielzahl von Göttern, sondern nur einen einzigen (I Cor 8 3-6). Er schließt sein Argument mit der folgenden Überlegung: „Nicht in allen [Menschen] ist Wissen. Manche nämlich essen bis heute, in der Erinnerung an die Götzen, das Götzenopferfleisch. Somit wird die Erinnerung dieser [Menschen], die schwach ist, entweiht."[15] Wie *Jesus Sirach* hebt der paulinische Wissensdiskurs ab auf den nicht-menschlichen Ursprung und die andersartige Zielrichtung des Wissens: Wissen und Weisheit sind für Paulus Gaben des Geistes[16] und richten sich aus auf die Erlangung der „caritas" (I Cor 13 2). Die Erleuchtung des unbeständigen (I Cor 13 8), menschlichen Wissens zielt ab auf klare Gotteserkenntnis im Angesicht Christi (II Cor 4 6: „... quoniam Deus qui dixit de tenebris lucem splendescere, qui inluxit in cordibus nostris ad inluminationem scientiae claritatis Dei in facie Christi Iesu ..."). Kraft der „illuminatio" verschmelzen für Paulus „scientia" und „caritas" miteinander,[17] später beschwört er die Gemeinde in Philippi, deren „caritas" möge überfließen an „scientia" (Phil 1 9: „Et hoc oro, ut caritas vestra magis ac magis abundet in scientia et omni sensu"). Das von „caritas" durchdrungene Wissen des Menschen hat schließlich für Paulus nur einen Inhalt: „Verumtamen existimo omnia detrimentum esse propter eminentem scientiam Iesu Christi Domini mei propter quem omnia detrimentum

---

13 Siehe Rm 2 19-22: „Confidis te ipsum ducem esse caecorum ... eruditorem insipientium magistrum infantium habentem formam scientiae et veritatis in lege, qui ergo alium doces te ipsum non doces ..."

14 Siehe I Cor 8 1: „De his autem, quae idolis sacrificantur, scimus quia omnes scientiam habemus, scientia inflat caritas vero aedificat."

15 I Cor 8 7: „Sed non in omnibus est scientia, quidam autem conscientia usque nunc idoli quasi idolothytum manducant, et conscientia ipsorum cum sit infirma polluitur."

16 Siehe I Cor 12 8: „Alii quidem per Spiritum datur sermo sapientiae, alii autem sermo scientiae secundum eundem Spiritum."

17 Siehe Eph 3 18-19: „... ut possitis ... scire etiam supereminentem scientiae caritatem Christi ut impleamini in omnem plenitudinem Dei." Vgl. auch Col 2 3.

feci et arbitror ut stercora ut Christum lucri faciam" (Phil 3 8). Die „scientia Christi" ist derart strukturiert, daß sie den Wissenden niemals genügsam werden läßt: sie zieht lebenslanges Lernen nach sich, denn die Wahrheit steht aus.[18]

Dieser erste Überblick hat die personale Dimension im biblischen Gebrauch von „disciplina" und „scientia" hervortreten lassen. Mit „disciplina" bezeichnet das Vetus Testamentum die Grundlage der Beziehung zwischen Gott und Mensch. Damit diese „disciplina" verantwortbar sein kann, benötigt der Mensch für sein Urteil „scientia". Ihrerseits handelt es sich dabei um ein Wissen, das seinen Anfang nimmt bei „sapientia".

II.
Is 11 2-3 und Phil 3 8 in Schriftkommentaren des hohen Mittelalters: Zur biblischen Dimension des Wissensbegriffs

Die Rezeption des in der Heiligen Schrift angelegten reichhaltigen Bedeutungsspektrums der Begriffe „disciplina" und „scientia" kann hier nicht monographisch erfaßt werden; im übrigen hat die monastische Begriffsgeschichte von „disciplina" schon hinreichende Darstellungen gefunden.[19] Wir beschränken uns darauf, einige Auslegungen zweier theologiegeschichtlich einflußreicher Perikopen, die für die Frage nach der hochmittelalterlichen Wissenstheorie Auskunft versprechen, vorzustellen.

Vor allem auf den einschlägigen Text aus Is 11, neben I Cor 12, stützt sich seit den Kirchenvätern die Lehre von den sieben Gaben des Heiligen Geistes. Die mittelalterliche Rezeption dieses spiritualitätsgeschichtlich wie gnadentheologisch relevanten Textes soll deshalb exemplarisch untersucht werden. Darüber hinaus belegt die breite patristische Rezeption von Phil 3 8 seine zentrale Funktion in der Entwicklung des mittelalterlichen Glaubensbegriffs.

1. Isaias 11 2: Die sieben Gaben des Heiligen Geistes

> Et egredietur virga de radice Iesse et flos de radice eius ascendet. Et requiescet super eum spiritus Domini: spiritus sapientiae et intellectus, spiritus consilii et fortitudinis, spiritus scientiae et pietatis. (Is 11 1-2)

Zumeist in Verbindung mit anderen Texten, die davon berichten, daß Gottes Geist jemanden erfüllt hat (z. B. in Ex 31 3: „Et implevi eum spiritu Dei sapientia intelligentia et scientia in omni opere"; Ex 35 31) oder daß er einem Menschen innewohnt (I Pt 4 14: „... quoniam gloriae Dei spiritus in vobis requiescit"), und der Einleitung der Johannes-Offenbarung, in der der Seher den sieben Kirchen den Gruß entbietet namens der sieben Geister vor dem Thron (Apc 1 4: „... et a septem spiritibus qui in conspectu throni eius sunt"), hat die christo-

---

18 Vgl. II Tim 3 7: „Semper discentes et numquam ad scientiam veritatis pervenientes ..."

19 Siehe Campos 1969 und 1973. Vgl. auch Anm. 2.

logische Auslegung des einschlägigen Textes aus Isaias 11 1-10 schon früh bei den Kirchenvätern und in der Liturgie eingesetzt.[20]

Hieronymus legt in seinem Kommentar die Passage christologisch aus: Wer vom göttlichen Ursprung der sieben Geistesgaben absehen will, gelangt zu einem irrigen Verständnis des Begriffs „spiritus". Es handelt sich um ein und denselben Geist, der im Wort der Heiligen Schrift spricht und der sich als Gabe in der „uirga Iesse" und in den Menschen verströmt.[21] Nach Hieronymus hat Gregor der Große den „spiritus scientiae" umschrieben als die Fähigkeit, durch Wissen unterscheiden zu können,[22] und hat seine Aufgaben benannt: „Er dient dazu, den menschlichen Geist gegen jedwede Versuchungen zu stärken, in den sieben Tugenden zu mäßigen, damit ... er [dem Menschen] Wissen gegen Unwissenheit ... gibt."[23]

Der für das Mittelalter bedeutsame Schriftausleger Beda Venerabilis hält in seinen Homilien fest, daß wir mittels des „spiritus scientiae" erkennen, was wir rechtens zu tun und zu denken haben.[24] Nur wenig später umschreibt Beatus von Liebana die Aufgaben des „spiritus scientiae" in seinem Kommentar der *Apokalypse* damit, daß dieser seinem Wissen ein gesetzmäßiges, pflichttreues Maß zu setzen und sich immer barmherzig darauf auszurichten habe.[25]

Im 12. Jahrhundert hat besonders Rupert von Deutz in seinem monumentalen heilsgeschichtlichen Werk *De sancta trinitate et operibus eius* die Isaias-Perikope ausgelegt, da sie ihm schlechthin als Beschreibung des christlichen Glaubens gilt. Rupert bezieht Is 11 2 direkt auf Jesus: Dieser habe die ganze Heilige Schrift zeit- und sachgerecht ausgelegt in einer Weise, daß seine Gegner sich fragen mußten, woher er sein Wissen bezogen habe, da er doch nichts gelernt habe.[26] „Scientia", „scire" stehen für Rupert in ursächlichem Zusammenhang mit „discere".

---

20 Vgl. dazu grundlegend SCHLÜTZ 1932 und DÜRIG 1952.

21 Siehe HIERONYMUS *In Esaiam*, IV 13, 66-72 (Is 11 1-3): „Absque Christo igitur nec sapiens quis esse potest nec intellegens ... Et hoc notandum quod spiritus domini sapientiae et intellectus ... requiescat super uirgam ..."

22 Vgl. GREGORIUS *In Hiezechielem*, II 7, 11, S. 324,326: „... per scientiam discreti ..."

23 GREGORIUS *Moralia*, II 77, S. 106,40: „... mentem, ut contra singula quaequae tentamenta erudiat, in septem mox uirtutibus temperat, ut ... contra ignorantiam scientiam ... det."

24 BEDA VENERABILIS *Homeliae*, II 16, S. 291,47: „... apud Esaiam spiritus idem fortitudinis et scientiae nuncupatur; est etenim spiritus scientiae quia per ipsum quae recte agere uel etiam cogitare debeamus agnoscimus."

25 BEATUS *In Apocalypsin*, I 4: „Hic septem spiritus inducuntur qui est unus atque idem spiritus, sanctus scilicet spiritus; unus in nomine est, sed in uirtutibus septiformis ... numerum Esaias magnificus manifestat dicens: spiritus sapientiae et intellectus, ut per intellectum et sapientiam rerum omnium edoceret esse factorem; ... spiritus scientiae et pietatis qui scientiae suae adinventione creata pie moderaretur et misericorditer semper intenderet."

26 RUPERTUS *In Isaiam*, II 6, 348-352. 369-372: „Nota christianae fidei celebrisque haec descriptio est septiformis Spiritus sancti. De singulis spiritibus proprium quid breu-

Um die Mitte des Jahrhunderts legt Andreas von Sankt Viktor in seinem Isaias-Kommentar dieselbe Perikope ebenfalls christologisch aus.[27] Der aus der „radix Iesse" hervorgehende Sproß wird der Sohn sein, der, erfüllt mit dem siebenförmigen Geist, in Gerechtigkeit und Rechtsgleichheit die Seinen richten wird; die Fremden aber und diejenigen, die weltliches Treiben lieben, indem sie Gott hintanstellen, wird er in den Untergang führen.[28] Dieser „spiritus domini" ist also ganzheitlich von Gott verursacht und verliehen worden. Infolgedessen gehen alle spezifischen Gaben dieses Geistes in identischer Weise auf ihren Urheber zurück. Die Weisheit ist gottursprünglich, genauso wie das Wissen.[29]

Ein anonymer Isaias-Kommentar in einer Handschrift vom Ende des 12. Jahrhunderts[30] geht ausführlich auf die Theologie der Gaben des Heiligen Geistes ein, indem er sie in ihren christologischen Kontext stellt. Zunächst einmal erhält Is 11 1 jedoch eine mariologische Ausdeutung: Die sieben Wachstumsstadien eines Baumes sieht der Kommentator zusammengenommen als Bild für die Jungfrau. Die Philosophen – gemeint ist Chalcidius in seinem *Kommentar zu Timeus* – bezeichnen ihrerseits die Siebenzahl als Jungfrau.[31] Anläßlich von Is 11 2 holt er dann zu einer längeren weisheitlichen Erläuterung aus:

---

iter dicendum est, quod uere nihil horum Christi flori pulcherrimo defuerit aut desit aut umquam defuturum sit. ... Spiritus scientiae in eo requievit quippe qui de omni scriptura, tempori vel rei congruas proferebat sententias, ita ut mirantes dicerent eius adversarii: ‚Quomodo hic litteras scit, cum non didicerit?' (Io 7 15)."

27 ANDREAS *In Isaiam*,11,2 (f. 101vb): „Super florem qui de radice iesse ascendet . id est . super filium qui de iesse nascetur . requiescet tanquam in propria mansione spiritus domini . Secundum nos qui ista de domino exponimus spiritus domini spiritus sanctus tercia uidelicet in trinitate persona accipitur . Secundum hebreos uero qui ista de eo quod adhuc expectant messia exponunt."

28 ANDREAS *In Isaiam*, ibidem (f. 101vb): „... filius sit egressurus qui septiformi spiritu repletus in iusticia et equitate suos sit iudicaturus et arguituros, alienos uero et terrena deo postposito amantes ... percussurus."

29 ANDREAS *In Isaiam*, ibidem (f. 101vb): „Spiritus domini spiritale donum divinitus inspiratum accipi potest . iuxta quod alias legitur ‚Auferam de spiritu qui in te est' . id est . de spiritali dono ‚et dabo' etc. Spiritus sapientie et intellectus etc. Septem spiritalia dona enumerat quibus repletus erit secundum eos messias quorum primus ponitur sapientie spiritus . id est . Sapientia a domino inspirata . Ad hunc modum cetera que sequuntur spiritalia dona diligens lector exequatur."

30 Hs. Paris, Bibliothèque nationale de France, lat. 14430. Vgl. STEGMÜLLER RB, Nr. 10502, der als Autoren entweder Thomas Gallus oder Richard von Sankt Viktor oder Walter von Mortagne vermutet. Diese Frage bedarf einer eigenen Untersuchung.

31 Paris, BnF, lat. 14430, f. 40vb: „Egredietur uirga de radice iesse et flos de radice eius ascendet. In arbore hec solent esse secundum ordinem . germen . radix . uirga . ramus . folia . flos . fructus . Ecce septem que conueniunt uirgini et ideo beata uirgo dicitur arbor. Vnde in euangelio arborem plantauit pater familias. Hec autem septem beate uirgini attribuantur. Septenarius enim a philosophis uirgo dicitur. Vnde dicitur pallas. Septenarius enim non generat aliquem numerum nec generatur ab alio numero. Talis est beata uirgo que non genuit aliquem opere humano. Ipsa etiam non est genita ex carne nisi per miraculum." Vgl. CALCIDIUS *In Timeum*, I 36, S. 85,14.

(f. 42ra) Super eum requiescet spiritus sapientie et intellectus. Differentia solet assignari inter sapientiam intelligentiam scientiam. Sapientia enim est circa res diuinas, intelligentia circa /(42rb) scripturas, scientia circa res humanas. Christus autem habet sapientiam et intelligentiam. Nam sapienter intelligit scripturas et intelligibiliter sapit res diuinas. Hec duo etiam conueniunt cuilibet fideli. Quilibet enim fidelis debet duo uitare. maliciam siue culpam et fraudem. Culpam ne deum offendat, fraudem ne quis eum circumueniat et sapientia, de diuinis uitat culpam siue maliciam. Nam sicut legitur ‚Sapientia uincit maliciam' [Sap 7 30], intelligentia scripturarum uitat fraudem. Fidelis enim sapienter intelligit scripturas ex rebus diuinis ne per culpam defraudetur et intelligibiliter sapit res diuinas ex scripturis ne per fraudem culpetur. Ecce hec dona sunt tam in Christo quam in quolibet fideli. Set in Christo sunt plenarie quia sine mensura, in quocumque fideli ad mensuram sunt, in Christo enim est plenitudo uniuersitatis siue uniuersitas pleni- /(42va) tudinis. In fideli autem est pars plenitudinis siue uniuersitatis non plenitudo partis. Super eum requiescet spiritus consilii et fortitudinis. ... Super eum requiescet spiritus /(42vb) scientie et pietatis. In Christo fuerunt tria spiritus pietas scientia. Spiritus, ecce zelus. Pietas, ut sit Dei. Scientia, ut secundum scientiam. Vt sicut dicit apostolus ‚Habeat zelum Dei secundum scientiam' (cf. Rm 10 2), pietas enim pertinet ad Deum. Theosebia enim grece, pietas latine, scilicet cultus Deo debitus. Fidelis etiam debet habere zelum siue spiritum ecce deuotio, pietatem ut sit Dei ecce ad deum relatio, scientiam ecce discretio. Nam in fideli debet esse deuotio discretio utriusque ad deum relatio ut sicut dicit apostolus ‚habeat zelum Dei et secundum scientiam'. In fideli enim debet esse deuotio discretio. Vt deuotio sit discreta et discretio sit deuota. Vt deuotio sit discreta contra fatuitatem et discretio sit deuota contra impietatem. ...

Der Kommentator differenziert die ersten drei Geistesgaben gemäß ihren Objekten: „sapientia" und „intelligentia" beziehen sich entweder auf Gott selbst („res diuinae") oder aber auf seine Offenbarung („scripturae"), „scientia" handelt von den geschaffenen Dingen. Christus besitzt demzufolge „sapientia" und „intelligentia", aber auch jedem einzelnen Gläubigen sind sie angemessenerweise eigen, seine Erkenntnisquelle ist dabei die Heilige Schrift. Während Christus über „sapientia" und „intelligentia" im vollen Umfang („plenarie", „sine mensura") verfügt, werden sie den Menschen nur maßvoll zuteil („ad mensuram"), eine Problemstellung, die schon zur Genüge aus den christologischen Diskussionen des 12. Jahrhunderts bekannt ist.[32] Originell erscheint dagegen die Erklärung des Zusammenhangs von „scientia" und „pietas" als Gaben des Geistes. Die beiden intellektuellen Komponenten („spiritus", „scientia") werden umgedeutet zu „deuotio" und „discretio", so daß deren jeweilige Dimension der Gottbezüglichkeit in den Begriff der „relatio" (statt „pietas") eingehen kann. Die primär christologische Perspektive läßt unversehens ihre anthropologisch-ethischen Konsequenzen aufscheinen, da Oberflächlichkeit und Religionslosigkeit der biblischen Botschaft widersprechen.

32 Siehe beispielsweise HUGO *De sapientia*. Vgl. dazu LANDGRAF 1954, II/2, S. 62-64, und SANTIAGO OTERO 1970.

Im 13. Jahrhundert kommt Albert der Große mehrmals in seinen Schriften auf die Lehre von den sieben Gaben des Heiligen Geistes zu sprechen, neben seinem um 1250 verfaßten Kommentar zu *Isaias* auch im Sentenzenkommentar (*Super Sent. III*, d. 34). Mit Gregor dem Großen hält er zu Beginn seiner Auslegung unserer Stelle fest, daß die „scientia" diejenige Geistesgabe ist, die die „ignorantia" vertreibt. Daraus entwickelt Albert eine erste Unterscheidung, nämlich zwischen „ignorantia" und „nescientia". Während die „nescientia" einfachhin den Wegfall des Wissens meint, kann die „ignorantia" in doppelter Weise verstanden werden: als Entfallen und als Zurückbleiben.[33] Im Folgenden legt er, ausgehend von Aristoteles' *Nikomachischer Ethik*, verschiedene einschlägige Schrifttexte aus, um abschließend dasselbe methodische Vorgehen bei Philosophen und bei Exegeten anzumahnen: Wie in den übrigen Wissenschaften, so gilt auch für die Theologie der „habitus conclusionis", aufgrund dessen sie Beweise und Schlußfolgerungen akzeptiert.[34]

Thomas von Aquin hat zu Beginn seiner Tätigkeit als Theologe (ca. 1252–53) ebenfalls eine *Expositio super Isaiam ad litteram* verfaßt, in der er ausführlich die sieben Gaben des Heiligen Geistes erklärt.[35] Er bezieht die ganze Stelle auf den „habitus necessitatis", der in dreifacher Weise vollständig ist: „ad quietem", „ad uniuersitatem", „ad multitudinem".[36] In Christus sind nach Thomas diese Gaben vollständig vorhanden („Christus omnia perfecte habuit, non enim ad mensuram dat Deus spiritum [Io 3 34]"). Nach der eher exegetischen Einleitung stellt Thomas jedoch, Albert darin nicht unähnlich, die Frage nach dem systematischen Ort des „habitus necessitatis": Worin nämlich unterscheiden sich die Geistesgaben von Tugenden, Glückseligkeiten und Früchten? Thomas führt den Unterschied auf einen habituellen Mangel zurück. So wie der Glaube unvollständiges, rätselhaftes Erkennen ist, der durch einen „altior habitus" aufgehoben

---

33 ALBERTUS *Super Isaiam*, XI 2, S. 172,46-53: „Sed sciendum est quod aliud est nescientia et ⟨aliud⟩ ignorantia. Nescientia enim est privatio negationis scientiae, quando homo nihil scit simpliciter, nec etiam tenetur scire. Ignorantia autem dicitur dupliciter a privatione quia duobus modis privat. Omnis enim privatio et aliquid privat et aliquid relinquit. Si ergo relinquat debitum sciendi et scientiam privet, est ignorantia agendorum, quae agere scire tenemur."

34 ALBERTUS *Super Isaiam*, XI 2, S. 172,89-173,2: „Hoc modo similiter fere accipitur scientia apud philosophos, qui habitum conclusionis dicunt esse scientiam. Sicut enim in aliis scientiis, ita et in divinis quaedam accepta sunt ex rationibus divinis quasi probata et conclusa. Et habitus illorum virtute spiritus inspiratus scientia esse dicitur, et actus eius est dirigere in humanis lumine, quod per principia theologica probatum est." Alberts Lehre von des Gaben des Heiligen Geistes wartet noch auf ihre monographische Darstellung.

35 Vgl. zu diesem Thema nun monographisch HORST 2001. Die reichhaltige Untersuchung von SCHEUER 2001 wählt Thomas' Kommentar zu I Cor 12 als Referenztext aus, über den im übrigen auch Hugo von Sankt Viktor in *De septem donis Spiritus sancti* handelt.

36 THOMAS *Super Isaiam*, XI 2, S. 79,88-119.

wird, so wird der habituelle Mangel der Tugenden („modus humanus") durch die „dona Spiritus sancti" behoben.[37] Diese löst Thomas also aus ihrer traditionellen Verortung in der Moraltheologie heraus und verankert sie in der theologischen Anthropologie.

Der geschichtliche Wandel im Begriff der „scientia" zeigt sich am Beispiel der Auslegung von Is 11 2. Im Unterschied zu den Autoren des 12. Jahrhunderts, die der Welt der Schulen angehören, gilt im Kontext der universitären Wissenschaftspraxis des 13. Jahrhunderts nicht mehr das exegetische Prinzip der „Scriptura sui ipsius interpres", gleichwohl bleibt es bei Albert als Spezialfall möglich.[38] Sondern es wird vorausgesetzt, daß die aristotelischen Rationalitätsprinzipien dieselbe Gültigkeit beanspruchen können in allen Wissensbereichen, also auch in der Theologie, und hier besonders in der Schriftauslegung. In der thomasischen Exegese bahnt sich unter dem Einfluß der aristotelischen Ethik folglich ein anderes Tugendverständnis an, das deutlicher zu unterscheiden weiß zwischen natürlichen Fähigkeiten und übernatürlicher Disposition.

2. Philipperbrief 3 8: Personale Erkenntnis

> Verumtamen existimo omnia detrimentum esse propter eminentem scientiam Iesu Christi Domini mei propter quem omnia detrimentum feci, et arbitror ut stercora ut Christum lucri faciam. (Phil 3 8)

Das Verhältnis zwischen Gesetz und Gnade, die Verwandlung alttestamentlicher Treue in neutestamentlichen Glauben, das Verhältnis zwischen Juden und Christen: dies sind durchgängige Themen der paulinischen Briefe, deren bleibende Bedeutung sich auch in der Auslegungsgeschichte des *corpus Paulinum* ausdrückt. Im *Philipperbrief* spricht der Apostel einen erkenntnistheoretischen Aspekt des jüdisch-christlichen Verhältnisses, ja eine Grundstruktur christlicher Erkenntnis an.

Im dritten Kapitel erläutert Paulus den Christen von Philippi seinen eigenen Erkenntnisweg: Wenn irgend jemand sich seiner Beschneidung rühmen möchte, dann habe er noch viel triftigere Gründe, stolz zu sein auf seine Herkunft (Phil 3 4-6). Diese Herkunft zeichnet sich für Paulus durch drei Attribute aus: Er war Pharisäer „secundum legem", Verfolger der Kirche „secundum aemulationem" und untadeligen Ansehens „secundum iustitiam quae in lege est". Seine religiöse Erkenntnis („lucrum") war vollkommen bis zu dem Augenblick, in dem er um Christi willen alles Bisherige für Unrat hielt (3 7: „Sed quae mihi fuerunt lucra, haec arbitratus sum propter Christum detrimenta"). Paulus hat seinen Maßstab

37 THOMAS *Super Isaiam*, XI 2, S. 79,135-140: „... alius defectus est per se ex parte ipsius habitus, sicut fides secundum diffinitionem est cognitio imperfecta quia enigmatica, et iste defectus tollitur per altiorem habitum, qui uocatur donum quia quasi excedit modum humane operationis, a Deo datum: sicut donum intellectus, quod facit aliquo modo limpide et clare intueri que sunt fidei."

38 ALBERTUS *Super Isaiam*, XI 2, S. 173,7-11.

für die Wahrheit geändert: Für ihn gilt nicht mehr „secundum legem", sondern fortan urteilt er „secundum Christum" (vgl. auch Rm 15 5; Col 2 8).

Das Fundament dieses paulinischen erkenntnistheoretischen Paradigmenwechsels hat in der Geschichte des Christentums endlose philosophisch-theologische Debatten nach sich gezogen. Paulus ersetzt in Phil 3 8, dem Kern seiner theologischen Erkenntnislehre, die bisherige religiöse Sachkenntnis durch personale Erkenntnis. Der Inhalt paulinischer Verkündigung konzentriert sich demnach in diesem „propter quem". Das Wissen um die Person Jesu Christi ist von derart außerordentlicher Qualität („eminens scientia"), daß es für Paulus alles Bekannte übertrifft (siehe I Cor 2 2: „Non enim iudicavi scire me aliquid inter vos nisi Iesum Christum et hunc crucifixum"). Es läßt das Wissen um die Bedeutung des alttestamentlichen Gesetzes verblassen, so daß Paulus Christus als „finis legis" verstehen kann (Rm 10 4). Die Heilige Schrift wird in der Zukunft anders gelesen werden. Denn die christliche Auslegung der ererbten, jüdischen „sacra Scriptura" zielt nicht mehr auf Textverständnis ab („propter litteram"),[39] sondern auf Erkenntnis Christi („propter quem"; vgl. II Cor 10 5: „omnem intellectum in obsequium Christi"). Demzufolge legen Christen nicht „secundum litteram" aus, sondern „secundum allegoriam".

Die Kirchenväter rezipieren die paulinische Erkenntnislehre, indem sie sie, wie beispielsweise Origenes, in ihre Schöpfungslehre aufnehmen.[40] Augustinus argumentiert auf derselben Basis gegen die Pelagianer.[41] Aus der Schule Cassiodors im 6. Jahrhundert verlautet, die „eminens scientia" Christi sei um so größer, je mehr die Welt gering geschätzt werde; Phil 3 8 wird also mit einem Mal in den Kontext der Soteriologie gestellt.[42] Später, im Frühmittelalter, stellte sich im Zusammenhang mit diesem Paulus-Text die Frage nach der Erkenntnistiefe der Engel.[43] Bernhard von Clairvaux formuliert beispielhaft für die Theologie

39 Vgl. die einschlägigen Belege bei AUGUSTINUS *Contra adversarium*, II, 810; AUGUSTINUS *De spiritu*, 20 35; AUGUSTINUS *Epistolae*, 118 4, S. 690,2, und 140 18, S. 194,3; GERHARDUS *Deliberatio*, VIII, 1416; RAIMUNDUS *Ars compendiosa*, 30 2, 847; RAIMUNDUS *De fine*, I, 229.

40 Vgl. ORIGENES *In Leuiticum*, Homilia VI 5, S. 366,27: „In quo mihi indicari videtur, quod super omnia, quae vel de mundo vel de ceteris creaturis sentiri aut intelligi possunt, eminentior tamquam auctoris omnium scientia Dei sit"; Homilia VII 4, S. 384,12: „De mundis hic et immundis animalibus ratio est; de quibus rerum scientiam coelitus docetur Apostolus, quoniam quidem eminentiorem se et maiorem non habebat in terris, et docetur non una voce nec una visione, sed trina." Ähnlich IULIANUS *In Iob*, 22, 17.

41 Siehe AUGUSTINUS *Contra epistulas*, III 7, 19, S. 509,12: „Tunc erit enim eminens christi scientia, quando fuerit ita reuelatus, ut quod creditur uideatur"; S. 509,23: „Tunc erit eminens christi scientia; nunc enim est quidem abscondita in fide, sed nondum eminens apparet in specie."

42 CASSIODORI DISCIPULUS *In epistulas Pauli*, Ad Philippenses, 3, Sp. 635A: „Tunc erit apud homines eminens Christi scientia, quanto fuerit ab eo propter Christum mundus contemptus."

43 Vgl. TAVARD 1968, bes. S. 61-63 und 66-70.

des 12. Jahrhunderts, indem er den Cherubim hervorragendes Wissen zuerkennt, jedoch aufgrund von Teilhabe an der Wahrheit und nicht eigenständig.[44] Der Lombarde schließt dann um die Mitte des Jahrhunderts vorläufig die Diskussion mit seiner Erklärung des Engelsturzes ebenso wie mit seiner Ausdeutung des Engelwissens. Den Sturz erklärt der Lombarde mit der Selbstvergewisserung der Engel, die sich als Geist erkannten – in ihrer überragenden Natur und in der Tiefe bzw. der Fülle[45] ihres Wissens – und deshalb mit ihrem Schöpfer konkurrieren wollten.[46] Darüber hinaus greifen verschiedene Paulinenkommentare des 12. Jahrhunderts das paulinische Paradigma auf.

Allen voran ist hier Lanfranc von Bec zu nennen, der in seinem Kommentar gewissermaßen den Grundton der mittelalterlichen Exegese von Phil 3 8 anschlägt. Lanfranc unterstreicht den grundsätzlichen Interpretationswechsel, den der Glaube darstellt. Konnten die „carnales observationes" vor der Inkarnation als religiös-ethische Garantie betrachtet werden, so erlaubt sie der Glaube an Christus nicht mehr, denn sie stellen die Negation der Inkarnation dar;[47] Hervé von Bourg-Dieu ergänzt: sie schmälern die Wahrheit des Glaubens.[48] Folglich erlangt derjenige kein Wissen um Christus, der die „carnalia praecepta" befolgt.[49] Um die Wende zum 12. Jahrhundert siedelt Bruno der Karthäuser die „eminens scientia" auf exegetischer Ebene an: Wer um Christi willen die frühere Kenntnis des Gesetzes verwirft, hat verstanden, daß diese keinen Anteil an der

---

44 BERNARDUS CLARAEVALLENSIS *De consideratione*, V 11, 3, S. 475,20: „Lucent Cherubim et scientia eminent, sed participio veritatis, ac per hoc non ut Veritas, nec quantum."

45 PETRUS LOMBARDUS *Sententiae*, II d. 9, c. 2, p. 2, 3: „Ut uerbi gratia seraphin dicuntur qui prae aliis ardent caritate: Seraphin interpretatur ardens uel succendens; cherubin, qui prae aliis in scientia eminent: Cherubin enim interpretatur plenitudo scientiae."

46 PETRUS LOMBARDUS *Sententiae*, II d. 6, c. 1, p. 3, 1: „Qui non unus ordo, sed unus spiritus accipiendus est; qui teste isidoro, postquam creatus est, eminentiam naturae et profunditatem scientiae suae perpendens, in suum creatorem superbiuit, in tantum quod etiam deo se aequare uoluit, ..."

47 LANFRANCUS *Commentarius*, Ad Philippenses III, Sp. 314D-315a: „*Sed quae fuerunt.* Carnales observationes, quae ante adventum Christi animarum fuerunt lucra, servatae post adventum eius, fuerunt detrimenta; fides enim Christi observari eas non permittit. Quae enim adventum Christi tantummodo significabant, si iam serventur, advenisse eum negant."

48 HERVAEUS *In Epistolas Pauli*, Ad Philippenses III, Sp. 1300D-1301A: „... quia deterunt veritatem fidei."

49 LANFRANCUS *Commentarius*, Ad Philippenses III, Sp. 315A: „*Eminentem scientiam.* Scientiam Christi habere non potest, quisquis carnalia praecepta legis observat vel observanda putat." Der Beitrag von INOS BIFFI: „Lanfranco esegeta di san Paolo", in *Lanfranco di Pavia e l'Europa del secolo XI nel IX centenario della morte (1089–1989)*, a cura di GIULIO D'ONOFRIO, Roma 1993, 167-187, war mir leider nicht zugänglich.

Wahrheit gibt. Erst Christus selbst und nur er ermöglicht wahres Wissen.[50] Das Wissen über Christus übertrifft alles andere aufgrund seiner selbst, kann Petrus Lombardus zur Mitte des Jahrhunderts beifügen.[51]

Von den übrigen, meist unedierten Paulinenkommentaren des 12. Jahrhunderts[52] waren uns nur wenige zugänglich. Der anonyme Paulus-Kommentar aus der Handschrift Paris, Bibliothèque nationale de France, lat. 14441, der Gilbert Porreta zugeschrieben worden ist,[53] übergeht unsere Stelle kommentarlos (f. 84va). Ganz anders bietet der anonyme, ebenfalls dem Benediktiner Radulfus von Flavigny († vor 1157) zugeschriebene[54] Kommentar aus der Hs. Paris, Bibliothèque nationale de France, lat. 14442, eingehende Ausführungen über die „eminentem scientiam", die anderen Wissensarten vorsteht und über die wir reichlicher verfügen, „damit ich nicht den Trost unserer Blindheit verliere und zur ursprünglichen Finsternis zurückkehre."[55] Die klare und überragende Erkenntnis von der Loslösung vom Gesetz sieht der Exeget bedingt vom Bezug auf die „eminens scientia". Da wir ja Christus selbst erlangen, hält der Kommentator es für angemessen und vernünftig, daß wir uns vom Gesetz loslösen.[56] Zu Liebe und Glaube gibt es keine Alternative.[57]

---

50 Bruno Carthusiensis *In Epistolas Pauli*, Ad Philippenses III, Sp. 366B: „Sed licet propter Christum haec vetera me dimisisse, *verumtamen* ut hanc causam, id est Christum, sileam, *existimo ego omnia esse* decentia verum bonum solummodo *propter eminentem scientiam* quam modo in Scripturis assecutus sum. Prius enim dum eram in lege videbar habere scientiam legis quam in veritate non habebam; sed veniens ad Christum, tunc primum habui veram scientiam Scripturarum longe eminentem illi quam prius habere putabar. *Scientiam* dico *Iesu Christi Domini mei*, id est quam Iesus Christus venientibus ad se distribuit." Derselbe Text findet sich in der Hs. Paris, BnF, lat. 14806, f. 54r. Stegmüller RB, Nr. 7099, schreibt ihn Radulf von Flavigny zu.

51 Petrus Lombardus *In Epistolas Pauli*, Ad Philippenses III, Sp. 244C: „... propter scientiam Domini nostri Iesu Christi, id est quam de Christo habemus eminentem, caeteris scientiis vel quae eminet in eo plusquam in aliis."

52 Vgl. beispielsweise Robert von Melun (Stegmüller RB, Nr. 7471), Robert Bridlington (ibidem, Nr. 7382,5) und Petrus Cantor (ibidem, Nr. 6515).

53 Siehe dazu Stegmüller RB, Nr. 2520.

54 Siehe dazu Stegmüller RB, Nr. 7104.

55 Hs. Paris, BnF, lat. 14442, f. 43v: „Propter hoc solum secundum christum ... eminentem . id est . ceteris scientiis prepositam uel eminentem . id est . que habeo habundantius multis aliis ne tantum cecitatis mee solatium perdens ad priores tenebras redissem."

56 Ibidem, f. 44r: „Tamen per hoc solum bonum iudicarem detrimentum secundum quod tam claram et aliis eminentem cognitionem habeo de dimissione legis et si pro solo respectu scientie observantias legis debeo dimittere. Certi sumus quoniam ipsum Christum adipiscemur legem dimittere equum est et rationabile."

57 Ibidem, f. 44r: „*Propter quem*. Non solum propter Christum ea existimaui detrimenta. Sed omne propter eum, id est, propter dilectionem eius et fidei eius amplificationem."

Thomas von Aquin fasst sich in seiner *Lectura super Epistolas s. Pauli* kurz bei seinen Ausführungen zu Phil 3 8. Er erkennt bei Paulus ein doppeltes „propter“: Paulus gehe es zum einen darum, Christus zu erkennen, zum anderen darum, ihn zu erlangen. Die Erkenntnis Christi wird behindert dadurch, daß ich mich bisweilen in der Tat auf anderes stütze statt auf Christus, fährt Thomas fort. Mein Verlangen nach „recta scientia“ drückt sich für ihn hingegen im „scire crucifixum“ aus.[58] Die „eminens scientia“ übertrifft nach Thomas alles andere Wissen: Es gibt nichts Besseres zu wissen als das Wort Gottes.[59]

Der notgedrungen kurze Einblick in die Auslegung von Phil 3 8 seitens verschiedener mittelalterlicher Autoren zeigt zur Genüge, daß sich die christliche Auslegung des Alten Testamentes dieses Verses als eines hermeneutischen Schlüssels bedient. Sofern mit ‚fides‘ die spezifisch christliche Form religiöser Bindung des Menschen bezeichnet wird, ist demnach festzuhalten, daß ‚scientia‘ die Grundstruktur von ‚fides‘ bildet: nicht ein Sachwissen, sondern ein personales Wissen („scientia propter quem“).

III.
„Scientia“ und „disciplina“ in der Exegese des 12. Jahrhunderts: Andreas von Sankt Viktor und Hildegard von Bingen

Der begriffsgeschichtliche Streifzug von Hieronymus bis ins Hochmittelalter verweilt abschließend bei zwei Autoren, deren bekanntes Werk sich insgesamt als Schriftauslegung verstehen läßt. Beide sind Zeitgenossen, doch gehören sie verschiedenen religiösen und politischen Welten an, auch intellektuell dürften sie nicht sehr viele Gemeinsamkeiten aufweisen. Während Hildegard von Bingen († 1179) einem eher traditionellen Milieu am Mittelrhein entstammt, das sie zeitlebens kaum verlassen hat,[60] ist Andreas von Sankt Viktors († 1175) Herkunft nicht bekannt. Sein biographischer Raum läßt sich mit den Stichworten Wales und Île de France beschreiben.[61] Hildegard hat ihr Leben in monastischem Kontext verbracht, während Andreas als Angehöriger der Pariser Abtei Sankt Viktor und als „magister“ die aufkommende Welt der Gelehrten repräsentiert. Welchen Niederschlag findet im Schrifttum dieser beiden Autoren das hieronymianische Erbe von „disciplina“ und „scientia“?

58 Thomas *Super Epistolas Pauli*, Ad Phil. 3,8, lect. 1, n. 115: „Et exponit, quia primo propter Christum cognoscendum, secundo propter Christum adipiscendum. Quantum ad primum dicit ‚verumtamen existimo omnia detrimenta esse‘; verum est, si eis inniteretur. Et hoc quod aliquando feci, reputo mihi detrimentum, et hoc propter desiderium rectae scientiae Christi Domini mei. I Cor 2 2.“ Siehe oben S. 25.

59 Ibidem: „Et hoc ‚propter eminentem scientiam‘, etc. Quia haec superat omnes alias scientias. Nihil enim melius potest sciri quam verbum Dei, in quo sunt omnes thesauri sapientiae et scientiae absconditi. Col 2 3

60 Vgl. zum neuesten Stand der biographischen Forschung Haverkamp 2000.

61 Vgl. Berndt 1991, S. 17-49.

1. Andreas von Sankt Viktor: „Scientiam quae disciplinam consequitur"

Zu Beginn seiner Auslegung des *Buches der Sprüche* erläutert Andreas, wozu Sprichwörter nützlich sind: Sie dienen zum einen dazu, dasjenige Wissen zu erwerben, das Hiob „pietas" (Iob 1 1) nennt und das dazu befähigt, Gott angemessen zu verehren, indem der Mensch ihn erkennt und ihn liebt; zum anderen weiß der Mensch mittels Sprichwörtern die „disciplina", so daß sich jemand klug vom Bösen fernzuhalten vermag.[62] „Disciplina" erscheint hier als pragmatische Form von „scientia".[63] Beide sind einander zum Verwechseln ähnlich, sie unterscheiden sich wesentlich von einer Gefühlshaltung. Unter „disciplina" versteht der Viktoriner jenes Wissen, das wir von anderen erwerben, und zwar durch Lehre.[64] Kindisch bleibt derjenige, der sich nicht unterweisen lassen und insofern kein Wissen erwerben will.[65] Der krönende, auf Verstehen zielende Besitz der Weisheit[66] beruht für ihn auf vollkommenem Zusammenspiel mit Wissen und Unterweisung.[67]

Ausgehend von Prv 1 8 universalisiert der Viktoriner die Bedeutung des *Buches der Sprüche* und seine Weisung: Salomon wende sich ja nicht nur an seinen Sohn Roboam, sondern an jeden Menschen, der in offenerem Geist seine Lehre hören will.[68] „Disciplina" setzt demnach Verstand voraus, den Erkennenden kommt sie dem Wissen gleich.[69] In seiner Gottebenbildlichkeit will der Mensch

---

62 ANDREAS *In Libros Salomonis*, In Parabolis 1,2, 102-107: „Vtiles quoque sunt parabolae ad sciendam scientiam (id est cultum Dei) quam Iob uocat pietatem uidelicet, ut sciat quis Deum colere, id est cognoscere et amare in quibus duobus Dei cultus consistit; et *ad sciendam disciplinam* (id est scientiam), ut abstinendo quis a malis prudenter sciat in medio malorum conuersari." Vgl. *In Libros Salomonis*, In Parabolis 1,2, 66-69.

63 Siehe ebenfalls ANDREAS *In Libros Salomonis*, In Parabolis 1,2, 75: „Valent namque *ad sciendam sapientiam et disciplinam.*"

64 ANDREAS *In Libros Salomonis*, In Parabolis 1,2, 89-92: „Plerique enim in affectione potius quam in scientia et habitu tam *sapientiam* habent quam *disciplinam*, quae est omnis illa scientia quam ab aliis discimus et per doctrinam adquirimus."

65 ANDREAS *In Libros Salomonis*, In Parabolis 1,32, 483-484: „Paruulos uocat non aetate, sed scientia, quorum auersio disciplinae causa est interfectionis eorum."

66 ANDREAS *Super Heptateuchum*, In Exodum 35,31, 2191-2193: „Sapientia et intelligentia ad intelligendum, scientia uero et doctrina ad faciendum referri debent."

67 ANDREAS *Super Danielem*, I 1, 116-119: „Et qui ydonei essent conuersari et ministrare in domo regia regum et potentum non minimum referre uidentur ut non solum sapientia, scientia, et disciplina sua ministeria polleant, set etiam forme elegantia refulgeant."

68 ANDREAS *In Libros Salomonis*, In Parabolis 1,8, 215-218: „*Audi, fili mi, disciplinam patris tui et ne dimittas legem matris tuae* etc. Vel specialiter ad filium suum, scilicet Roboam, loquitur Salomon uel ad quemlibet auditorum suorum quem idcirco uocat filium, ut proniore animo doctrinam illius audiat."

69 ANDREAS *Super Danielem*, I 2, 222-225: „*Et scientiam intelligentibus disciplinam.* Dat etiam deus scientiam illis qui intelligunt que ab aliis edocentur uel qui aduertunt quam utiles sunt diuine castigationes."

lernen und die Wahrheit wissen, erläutert Andreas in seinem Kommentar zum Deuteronomium,[70] zumal er mit scharfer Intelligenz und Wissen ausgestattet ist und zu unterscheiden weiß zwischen gut und böse.[71]

Wer sich hat unterweisen lassen, ist dem Viktoriner Andreas zufolge lebenstauglich: ein solcher Mensch verhält sich weise, klug und diszipliniert.[72] Wenn auch die Unterweisung zuweilen lärmend daher kommt, so gibt es dennoch keinen Grund, sich über sie zu täuschen: Sie führt ins Leben ein.[73]

Notwendigerweise folgt für Andreas die „scientia" der „disciplina".[74] Indem „scientia" für ihn wahrhaft das versteht, was ist und was mit unveränderlicher „essentia" bzw. „substantia" ausgezeichnet ist,[75] gibt er Augustinus als seinen philosophischen Bezugspunkt zu erkennen.[76] Der Mensch kennt durch Wissen und Erfahrung ursprünglich allein das Gute, das Böse hingegen bloß durch Wissen; nach dem Sündenfall kennt er es auch durch Erfahrung.[77] Deswegen braucht der Mensch so dringend das Wissen, um die zeitlichen Güter zu ver-

---

70 Andreas *Super Heptateuchum*, In Deuteronomium 29,19, 339-340: „*Ebria sitientem*. Anima plena malitia et idolatria, eam quae ardet discere et ueritatem legis Dei scire."

71 Andreas *Super Heptateuchum*, In Genesim 3,22, 1148-1150: „Hebraeus sic exponit: Ecce Adam factus est quasi unus ex nobis in acumine intelligentiae et perspicacitate scientiae et in boni malique discretione." Vgl. idem *In Libros Salomonis*, In Ecclesiasten 6,9, 1084, und in 1,17, 304.

72 Andreas *In Libros Salomonis*, In Parabolis 1,2, 112-113: „Vel ad sciendam sapientiam et disciplinam, id est quemadmodum quis sapienter et prudenter et disciplinate se habeat."

73 Andreas *In Libros Salomonis*, In Parabolis 6,23-24, 1112-1114: „Increpans disciplina est *uia uitae*, quia ad uitam ducit usque adeo, *ut custodiat te a muliere mala*, scorto scilicet uel adultera."

74 Andreas *In Libros Salomonis*, In Parabolis 12,1, 1684: „*Scientiam*, quae disciplinam consequitur."

75 Andreas *Super Danielem*, I 1, 112-114: „Scientia est uera comprehensio | rerum que sunt suique inmutabilem essentiam sortiuntur; hac pollentes, prudenter sibi a quibus cauendum est cauere didicerunt." Vgl. ähnlich *In Libros Salomonis*, In Parabolis 1,2, 81-85.

76 Augustinus *De ciuitate Dei*, XII 2, 7-8: „Cum enim deus summa essentia sit, hoc est summe sit, et ideo inmutabilis sit: rebus, quas ex nihilo creauit, esse dedit, sed non summe esse, sicut est ipse; et aliis dedit esse amplius, aliis minus, atque ita naturas essentiarum gradibus ordinauit (sicut enim ab eo, quod est sapere, uocatur sapientia, sic ab eo, quod est esse, uocatur essentia, nouo quidem nomine, quo usi ueteres non sunt latini sermonis auctores, sed iam nostris temporibus usitato, ...)."

77 Andreas *Super Heptateuchum*, In Genesim 2,9, 850-856: „..., quia fructu illius, ab homine contra praeceptum gustato, experiendo transgressor disceret, quid ... Nouerat homo prius, quid bonum esset per scientiam et experientiam solummodo, malum per scientiam tantummodo; quod post transgressionem nouit et per experientiam."

walten. Die Einsichtskraft ihrerseits vermag, in der Exegese des Andreas, den Schöpfer zu beobachten, während die Weisheit, wohlwissend,[78] der Betrachtung und dem Genuss der einen ewigen Wahrheit dient.[79]

2. Hildegard von Bingen: „scientia speculativa"

Hildegard, Äbtissin des Bingener Rupertsberges und der ersten Abtei Eibingen, legt in ihrem visionären Erstlingswerk, dem *Liber Sciuias*, dar, daß die seelische Vereinigung des Gläubigen mit Christus „eine liebevolle Verbindung ist, kraft derer Christus in zuverlässigem Bund geliebt und im Spiegel des Glaubens erblickt wird".[80] In ihrem visionären Schlußakkord, dem *Liber diuinorum operum*, erklärt Hildegard, die Liebe zum Nächsten sei deswegen geringer als die Liebe zu Gott, „weil Gott mit ganzem Verlangen in der Seele erblickt werde, der Nächste hingegen nur mit den äußeren Augen von Angesicht zu Angesicht".[81] Nur mit den inneren Augen der Seele sieht der Mensch demnach klar und eindeutig, er sieht den Himmel über sich.[82] Die äußeren Augen sehen den Nächsten und die gesamte übrige Welt bloß von Angesicht zu Angesicht. Weil die Menschen einander gegenüberstehen und sich äußerlich bleiben, sehen sie sich – Hildegard zufolge – nicht vollständig und im Ganzen. Wir Menschen sehen und erkennen uns selbst und die Welt somit nur teilweise, nacheinander, und wir erkennen wie im Spiegel (vgl. I Cor 13 12).

Allein Gotteserkenntnis scheint nach Hildegard von Bingen ein innerer, seelischer Vorgang zu sein. Dank dieser Innerlichkeit erkennt der Mensch jedoch vor allem, daß er nicht mit Gott identisch ist. Der Mensch steht in seiner

78 ANDREAS *In Libros Salomonis*, In Parabolis 10,14, 1431-1434: „*Sapientes abscondunt scientiam.* Non sunt *sapientes* ostentatores scientiae, sed eam apud se donec opportunitas se obtulerit humiliter *abscondunt*, cum econtra stulti promptissimi sunt ad loquendum etiam ea quae nesciunt."

79 ANDREAS *In Libros Salomonis*, In Parabolis 1,4, 158-163: „Inter sapientiam superius positam et scientiam et intellectum hic positos sic distingui potest: *Scientia* ualet ad rectam administrationem rerum temporalium et ad bonam inter malos conuersationem; *intellectus* siue intelligentia ad creatoris et creaturarum inuisibilium speculationem; sapientia uero ad solius aeternae ueritatis contemplationem et delectationem."

80 HILDEGARDIS *Scivias*, III 8, 818-823: „Filius Virginis ... quem apprehendit fidelis anima, desiderans dulcissima eius amplexione integritatem suam coronare relicto carnali uiro et se copulans Christo eum que certissimo foedere amans et in speculo fidei aspiciens, est pulcherrimus fructus fructiferae arboris, ..."

81 HILDEGARDIS *LDO*, II 1, 37,51-54: „Et luminare minus, scilicet dilectionem proximi sui, que minor dilectione Dei est, quia homo toto desiderio Deum intra animam suam aspicit, proximum autem palpando et uidendo cum exterioribus oculis facie ad faciem uidet; ..."

82 HILDEGARDIS *LDO*, III 3, 2,71-73: „Nam homo pleniter factura Dei est, qui celum respicit et terram dominando conculcat et omnibus creaturis imperat, quia per animam altitudinem celi aspicit."

eigenen Intimität einem von ihm selbst völlig verschiedenen Du gegenüber („aspicit").[83] Dieses Gegenüber von menschlicher Seele und göttlicher Präsenz hat Statt im Geschöpf. Dort ereignet sich die Begegnung zwischen Gott und Geschöpf von Angesicht zu Angesicht: Indem der Mensch Gottes Namen sucht, erhebt er sich und prüft durch ein Gesetz seine „disciplina", aufgrund deren er Gott benennt und verehrt.[84]

So ist es nicht verwunderlich, daß ein erkenntnistheoretischer Schlüsselbegriff Hildegards von Bingen, der ihren *Liber Scivias* prägt, ihre Lehre von der „scientia speculativa" ist. Alle Gottesschau, vor allem also Hildegards eigene Visionen, findet in der menschlichen Seele statt.[85] Die Gottesschau ist für Hildegard partiell, weil das Geschöpf seines Schöpfers auch mit den inneren Augen nur spekulativ, spiegelgleich ansichtig wird. Die empfangene Gottesschau, Hildegards Visionen, sind derart, daß sie sich entäußert haben: in Wort und Bild. So sind sie den äußeren Augen zugänglich.

Hildegards Lehre von der „scientia speculativa" kann nicht verbergen, daß sie neutestamentlicher und benediktinischer Herkunft ist. In der Tat bildet das sogenannte „Hohelied der Liebe" die biblische Grundlage dieses für Hildegard so charakteristischen Begriffs:

> Wir sehen jetzt durch einen Spiegel, rätselhaft, dann aber von Angesicht zu Angesicht. Jetzt erkenne ich, teilweise, dann aber werde ich erkennen, so wie auch ich erkannt worden bin. Jetzt aber bleibt Glaube Hoffnung Liebe, diese drei. Die größere von ihnen ist die Liebe.[86]

Die Erkenntnis, daß das eigene Erleben und Erkennen Stückwerk ist, kann den Menschen von der inneren Not befreien, zu meinen, sich seine Wahrheit schaffen zu müssen:

> Jener Mensch, der durch sein Wissen, das das innere Auge ist, jenes sieht, was dem äußeren Blick verborgen ist, und daran nicht zweifelt, der glaubt am sichersten,

83 Hildegardis *Sciuias*, III 2, 284-290: „Vnde etiam scientia haec est speculatiua, quia ipsa est quasi speculum hoc modo, quoniam ut homo aspicit faciem suam in speculo, utrum sit in ea pulchritudo an maculositas, sic inspicit ipse in scientia bonum et malum in facto opere quod considerat intra se; quia haec consideratio est in rationali sensu, quem Deus spirauit in hominem, cum in faciem eius spirauit spiraculum uitae in anima." Zum zeitgenössischen Verständnis von „speculari, speculatio" vgl. Ebbersmeyer 1995, bes. Sp. 1355-1359, und Berndt 2001, bes. S. 142-146.

84 Hildegardis *LDO*, I 4, 18,30-32: „Quapropter et ipse nomen Dei querendo in altitudinem ascendit atque per quandam legem disciplinam excribrat, qua illum quem nominat ueneretur." Zur Bedeutung von „excribrare" im Werk Hildegards siehe Carlevaris 1995.

85 Hildegardis *Sciuias*, I 4, 936-937: „Istud habes de scientia tua qua Deum per inspirationem Spiritus sancti intellegis."

86 I Cor 13 12-13: „Vidimus nunc per speculum in enigmate, tunc autem facie ad faciem, nunc cognosco ex parte, tunc autem cognoscam sicut et cognitus sum. Nunc autem manet fides spes caritas, tria haec maior autem his est caritas."

und das ist Vertrauen. Denn was der äußere Mensch erfaßt, das kennt er auch äußerlich; und was er innerlich sieht, das betrachtet er innerlich. Wenn daher das Wissen des Menschen durch den Spiegel des Lebens leidenschaftlich die unbegreifbare Gottheit, welche das äußere Auge nicht zu erblicken vermag, wahr nimmt, dann werden die Gelüste des Fleisches bezwungen und zur Erde niedergestreckt.[87]

Die paulinische Perspektive auf das Verhältnis zwischen Gott und Mensch, so wie der Erste Korintherbrief es formuliert, hat seinerzeit Hildegard von Bingen die Möglichkeit eröffnet, sich das im Spiegel brechende Licht geben zu lassen und somit ihren Frieden zu erlangen. Hildegards klösterliche Lebensform war die äußere Voraussetzung dafür, daß sie innerlich der göttlichen Liebe und Erkenntnis Raum geben konnte. Wie in einem Spiegel bricht sich in Hildegards Visionen das Licht, von dem schon als Gabe an Paulus berichtet wird (Act 9 3; 22 6; 26 13). Mit den Kirchenvätern Ambrosius und Gregor dem Großen können wir festhalten: Das innere Auge des Geschöpfes erblickt den, der zugleich Ausgang und Ziel aller Erkenntnis ist; das innere Ohr hört das Wort, das Mensch geworden ist.[88] Wer ohne Glauben ist, wird nicht leben können.[89]

Hildegard von Bingen lebte in einer Zeit, in der die Intellektuellen – Philosophen und Theologen, Geschichtsschreiber und Dichter – vor allem ‚artistae' und die Künstler ‚artifices' waren. In den entstehenden Universitäten, am Ende des 12. und dann vor allem ab dem 13. Jahrhundert, vermittelte die Fakultät der ‚artes liberales' in der akademischen Rangordnung grundlegendes Strukturwissen, auf das die ‚oberen' Fakultäten bauen konnten. Die neue, universitäre Wissenschaftsordnung war der Ort, an dem das tradierte Wissensverständnis der verschiedenartigen frühmittelalterlichen Schultypen im Konflikt mit den neuen wissenschaftstheoretischen Anforderungen im Gefolge der Übersetzungen des 12. und 13. Jahrhunderts eine neue Gestalt finden mußte.[90] Der ‚magister dis-

---

87 HILDEGARDIS *Scivias*, II 3, 639-647: „Ille homo qui per suam scientiam, quae interior oculus est, istud uidet quod exteriori uisui absconsum est, et in hoc non dubitat, hic certissime credit, et hoc fides est. Nam quod homo exterius cernit hoc et exterius nouit, et quod interius uidet, hoc et interius considerat. Ideo cum scientia hominis per speculum uitae ardenter percipit incomprehensibilem diuinitatem quam exterior oculus aspicere non ualet, tunc desideria carnis opprimuntur ad terram prostrata."

88 Vgl. AMBROSIUS *In Lucam*, I, 68-71: „Verum altissimo ingenio uoluit declarare Moyses quia uox uidetur dei; interioris enim mentis uidetur obtutu in euangelio autem non uox, sed illud quod uoce praestantius est uerbum uidetur."

89 HILDEGARDIS *Scivias*, II 3, 663-669: „Qui uero credere non uult, mortuus est, quoniam suspiria Spiritus non habet, cum quibus in altitudinem caeli uolet, sed tantum tangendo caecis oculis palpitat, in obumbrata scientia carnis non uiuens; quia uitali disciplina caret quam Deus spirauit in hominem sursum contra uoluntatem carnis ascendentem."

90 Der von CRAEMER-RUEGENBERG/SPEER 1994 herausgegebene Ergebnisband der Kölner Mediävistentagung zu „*Scientia* und *ars* im Hoch- und Spätmittelalter" informiert vielseitig über den aktuellen Forschungsstand.

ciplinarum' hatte einen guten Teil seines Ansehens verloren, obgleich sich doch alle auf seine Fertigkeiten verlassen mußten. Denn wie sollten die drei oberen Fakultäten zu sicheren Schlußfolgerungen gelangen, wenn sie an der Sicherheit der Beweisverfahren zweifeln mußten.[91]

Schon als Hildegard von Bingen ihre Klosterschule besuchte, wurden längst die Kinder Europas im Trivium (Grammatik, Rhetorik und Logik) unterrichtet; sie mußten sich sodann abmühen mit dem Quadrivium (Geometrie, Arithmetik, Musik und Astronomie). Ihr selbst war die ethisch anspruchsvolle „disciplina humana" wohl vertraut.[92] Sie wußte darüber hinaus nur zu gut, daß die Kirche selbstverständlich aus ihrer eigenen, von Gott geschenkten „disciplina" lebt; diese muß sich ständig reformieren lassen, da die Menschen unbeständig sind.[93] Wenn die Gläubigen sich aufgrund ihres eigenen Glaubens an das Gesetz der Weisung gebunden wissen,[94] dann können sie ihren Weg gehen.[95]

Hildegard steht mit ihrem Wissensverständnis und ihrer Wissenspraxis zweifellos in der monastischen Tradition des Abendlandes, wenn auch eine spezifische Note nicht zu verkennen ist, welche „scientia", „cognitio" und „ratio" in einem angenehmen Licht erscheinen läßt.[96] Aus ihrer schulischen Welt innerhalb des Klosters war ihr die Einsicht vertraut, daß die Menschen Bildung und Weisung benötigen, wenn sie auf dem Weg zu einem höheren, offenbarten Ziel bleiben wollen. Ihre theologischen Lehren und kirchlichen Auffassungen formten sich in Auseinandersetzung mit der benediktinischen Tradition und den Erneuerungsbestrebungen ihrer Zeit.[97] Hildegard hatte jedoch kaum Kontakt mit bzw. erhebliche Reserven gegenüber den aufstrebenden Klerikerbewegun-

---

91 Siehe Mews 1998, für die Frage der patristischen Quellen Hildegards auch Carlevaris 1998.

92 Siehe beispielsweise Hildegardis *LDO*, III 2, 4,17-19: „Quapropter et honestatem morum hominum negligebant nec secundum humanam disciplinam uiuere studebant, sed tantum informes sic remanebant." Auch Hildegardis *Scivias*, I 2, 340 u.ö. Ranff 2001, S. 110-112, will in diesem Zusammenhang Hildegard als von Pseudo-Dionysius beeinflußt erkennen.

93 Hildegardis *LVM*, IV, 1166-1171: „Homines autem qui pessimos spiritus ad inconstantiam eos exhortantes de se uoluerint fugare, et penas eius effugere desiderauerint: si seculares sunt, ad spiritalem uitam se colligant; uel si spiritales sunt, in eadem conuersatione sua cum omni disciplina ueritatis acrius se solito coerceant, quatinus nequitiam uitii huius de se abiciant."

94 Hildegardis *Sciuias*, III 3, 382-384: „Deinde causa illius fidei ligatur idem homo in legem disciplinae, de qua ipse compescit crimina peccandi per bonam et rectam uerecundiam." Siehe Chávez Alvarez 1991, bes. S. 209-210 und 231-232.

95 Hildegardis *Sciuias*, II 5, 861-866: „Vnde etiam plurimos gradus et scalas in ea bene et decenter ostendunt: qui sunt diuersi ordines tam in saecularibus quam in spiritalibus hominibus, per quos eadem ecclesia in bonitate morum et in disciplina uirtutum filios suos cum suauissima reuerentia educatos ad superna perducit."

96 Die kritischere Einstellung Bernhards in dieser Frage ist hinlänglich bekannt. Vgl. dazu neuerdings Langer 1996.

97 Vgl. dazu Felten 2000 und 2001 sowie Vones-Liebenstein 2001.

gen, die ihre rasante Entwicklung im 12. Jahrhundert wesentlich auf ein sich festigendes, nicht-monastisches Schulwesen stützen konnten. Ein fernes Echo des Ringens zwischen monastischer und scholastischer Theologie, zwischen innerlicher Naturbetrachtung und äußerlichem, auch experimentell-medizinischem Naturwissen im 12. Jahrhundert, dürfte in Hildegards Erkenntnislehre und Visionsverständnis zu vernehmen sein: Hildegard lehrt in ihren Visionsschriften den Vorrang der innerlichen, ja intimen Gottes- und Selbsterkenntnis gegenüber jedweden äußerlichen Erkenntniswegen.

Aufgrund unserer Kenntnis der Rezeptionsformen der hildegardischen Schriften in wundervollen Büchern des 12., des 13. und 14. Jahrhunderts sowie der Frühen Neuzeit,[98] wissen wir, daß schon Hildegards frühe Rezipienten ihr auf dem innerlichen, die äußere Welt vernachlässigenden Weg kaum mehr folgen konnten. Vom 12. zum 13. Jahrhundert hatte sich schon der Rezipientenkreis ihrer Werke gewandelt. Während noch zu Hildegards Lebzeiten die frühen Bewunderer derselben monastischen Lebenswelt angehörten, wird sie später im universitären Milieu rezipiert (beispielsweise die medizinischen Schriften). Es ist anzunehmen, daß sich schon damals der Blick auf Hildegard von Bingen und ihr Werk veräußerlicht hat. Visionär unterstreicht sie gegen Ende ihres *Liber Scivias* den Vorrang des inneren Wissens, auch in der Kirche:

> Deswegen auch *[der Turm] ist von äußerst hellem Glanz und so auf die erwähnte Steinmauer an der Südseite aufgesetzt worden, daß man ihn sowohl innerhalb als auch außerhalb des Gebäudes sehen kann*: Durch das heitere Licht der Menschheit des Gottessohnes erleuchtet, hält [die Kirche] die durch die Glut des Heiligen Geistes so entzündeten lebendigen Steine für Gottes Werk, damit dem inneren Wissen um die Heilige Schrift sowie der äußeren Torheit um die weltlichen Dinge die himmlische Einsicht, in der Tat Gläubigen wie Ungläubigen, in jenem Bau, den der höchste Vater durch seinen Eingeborenen erstellt, dargelegt wird.[99]

* * *

In kleinen Ausschnitten haben wir die Entwicklung der Begriffe „scientia" und „disciplina" nachzuzeichnen versucht, soweit dies mit den Fragestellungen und Methoden der Exegesegeschichte möglich erscheint. Es zeigt sich jetzt deutlich, daß die Geschichte der lateinischen Übersetzungen und Auslegungen der Hei-

---

98 Vorausblickend sei verwiesen auf die im Druck befindliche Studie von Michael Embach über die *Überlieferungsgeschichte der Werke Hildegards von Bingen* (Erudiri Sapientia 4), Berlin 2003.

99 HILDEGARDIS *Sciuias*, III 9, 268-277: „Quapropter et lucidissimi splendoris est, praedicto lapideo muro meridianae plagae eiusdem aedificii ita imposita, ut et intra et foras ipsum aedificium uideri possit: quia serenissima luce humanitatis Filii Dei illustrata uiuentes lapides per calorem Spiritus sancti hoc modo succensos in diuino opere habet, ut et interiori scientiae Scripturarum caelestis intellectus ac exteriori stultitiae saecularium rerum necnon fidelibus et infidelibus in aedificatione illa, quam summus Pater per Vnigenitum suum operatur, aperte demonstretur." Siehe dazu, neben SUZUKI 1998, die Interpretation von SAURMA-JELTSCH 1998, S. 179-185.

ligen Schrift die jeweils zeitgenössischen philosophischen Möglichkeiten reflektiert. Die christliche Bibelauslegung, der Kirchenväter genauso wie die der Autoren des Mittelalters, hat bekanntlich ihre literarischen Methoden weitgehend von der Antike geerbt. Theologisch jedoch stellt sie eine Neuheit dar, da sie ihren Text nicht buchorientiert, sondern personenzentriert auslegt. Diesen hermeneutischen Paradigmenwechsel denkend einzuholen, war der Philosophie aufgegeben. Angefangen von Origenes und Augustinus bis zu Thomas von Aquin und spätmittelalterlichen Autoren kann man feststellen, daß die Wissenskulturen sich wandeln, um die Glaubenskultur zu erneuern.

Als vollendeter Ausdruck reformierter Glaubenskultur mag das Denken Bonaventuras gelten, der im 13. Jahrhundert das aus der Heiligen Schrift stammende Drängen zur Verschmelzung von „scientia" und „disciplina" zur „caritas" prägnant formulierte:

> ‚Wir wissen, daß wir alle Wissen haben. Wissen bläht auf, Liebe jedoch erbaut.' [I Cor 8 1] Deshalb ist es nötig, die Liebe mit dem Wissen zu verbinden, damit der Mensch zugleich Wissen und Liebe hat, so daß sich das Wort des Apostels erfüllt: ‚In Liebe verwurzelt und gegründet, damit ihr mit allen Heiligen begreifen ... und auch die herausragende Liebe des Wissens um Christus wissen könnt ...' [Eph 3 17-19]. Dies ist das Wissen, das Gabe des Heiligen Geistes ist.[100]

---

100 Bonaventura *De donis*, V 24, S. 478-479: „ ‚Scimus quia omnes scientiam habemus. Scientia inflat, caritas vero aedificat.' Ideo oportet iungere cum scientia caritatem, ut homo habeat simul scientiam et caritatem, ut possit impleri illud quod dicit apostolus: ‚In caritate radicati et fundati, ut possitis comprehendere cum omnibus sanctis ... caritatem Christi.' Ista est scientia, quae est donum Spiritus sancti."

Gilbert of Poitiers and the Porretans on Mathematics in the Division of the Sciences

by John Marenbon

Gilbert of Poitiers is a difficult thinker, and there is hardly anything more initially perplexing in his work than what, in his division of the sciences, he calls 'mathematics'. Gilbert is following the text he is commenting – *De trinitate*, the first treatise of Boethius' *Opuscula Sacra* – in distinguishing between natural science, mathematics and theology; Boethius, in his turn, was drawing on Aristotle's *Metaphysics*, and Aristotle himself probably on Plato.[1] Boethius neatly contrasts natural science, which studies non-abstract, changing things (*in motu inabstracta*) – the enmattered forms of bodies, with theology, which studies what is abstract and unchangeable (*sine motu abstracta*) – God and matter. The function of mathematics is less clear. It is concerned with non-abstract, unchanging things (*sine motu inabstracta*). Although Boethius might have had numbers in mind as a special subject-matter for mathematics, in line with the usual meaning of the word, his brief explanation suggests rather that mathematics is distinguished, not by its subject-matter but by its method: it examines the forms of bodies (which are non-abstract) without matter (and so, from the mathematical point of view, unchanging).[2]

Boethius does not elaborate further, but Gilbert, as his commentator, has to provide a fuller explanation of mathematics. Thanks to the work of a number of modern historians, it is possible to see how Gilbert develops Boethius' brief remark into a fairly clear idea of mathematics as a special intellectual discipline, which has nothing to do with numbers or geometrical shapes.[3] Yet, as I shall argue in the first part of my discussion (after a brief summary of Gilbertian mathematics), his account of this discipline still poses questions which are not easily answered. Does mathematics really have a place in Gilbert's overall scheme of knowledge? And what sort of problems might mathematical analysis tackle in practice? In the second part of my paper, I shall look at how Gilbert's

1 Boethius *De trinitate*, II, p. 8; cf. Aristotle *Metaphysics*, E 1026a6-19. For a discussion of Boethius' use of Aristotle here, see Jacobi 1995, at p. 513-516. On the Platonic background to Aristotle's division and its use by Neoplatonists, see Merlan 1953, p. 59-87.

2 Boethius *De trinitate*, II, p. 8: "... mathematica, sine motu inabstracta (haec enim formas corporum speculatur sine materia ac per hoc sine motu, quae formae cum in materia sint, ab his separari non possunt)."

3 See in particular Schmidt 1956, p. 179-209; Nielsen 1982, p. 92-98, and Jacobi 1995, p. 519-522.

followers (the so-called 'Porretans') in the period from c. 1140 to c. 1190 reacted to his remarks on mathematics. I shall argue that their various responses support the position that the nature of Gilbertian mathematics and its position within the division of sciences is, and was seen to be, problematic, and that to a great extent the Porretans exercised their own considerable ingenuity in tackling this difficulty. This paper, then, attempts both to elucidate Gilbert's thinking about the branches of knowledge and to bring to notice the achievements of his later twelfth-century followers in the area.

Most Porretan texts are still little known, despite the editorial work of Nikolaus Häring and others, and even Gilbert of Poitiers's Commentary on the *Opuscula Sacra* has never been translated or commented on in detail. For this reason, I include as an appendix a dossier of texts and translations of passages about mathematics by Gilbert and his followers. It should provide material for readers to extend or query my analyses, and to raise new questions.[4]

Gilbert of Poitiers on Mathematics

What the Mathematician Does

Gilbert follows and develops Boethius' suggestion that mathematics shares its subject-matter with natural science, but treats it distinctively. Both natural science and mathematics are concerned with embodied forms, but they regard them in different ways. Gilbert explains this difference in the light of his general theory of forms and concrete wholes.[5] Gilbert's theory starts out from the fact that of a given concrete whole (or *quod est*, 'a something which is'), say Socrates, it will be true to say, that (for instance) he is a human being, he is white, he is bearded and six-foot tall. To each of these characteristics, Gilbert holds, there corresponds a simple or a complex *quo est* – that by which a thing is what it is. Socrates is white by the *quo est* whiteness, six-foot tall by the *quo est* six-foot tallness, and a human being by the *quo est* humanity. Gilbert's *quo est*s are close relations of Abelard's particular forms (*forme*), and rather more distant relations of the tropes of some of today's metaphysicians.[6] *Quo est*s are not universals. Socrates is, for instance, white by a particular *quo est* of whiteness, which is responsible for making just Socrates white. Socrates's *quo est* of whiteness is indeed exactly similar to countless other *quo est*s of whiteness, by which other

4 For convenience, I have divided the texts and translations in the Appendix into short sections. I refer to them using the abbreviation 'App.' followed by the number of the text and the number of the section(s) where necessary: e.g. 'App. 6, 4-5', means: Appendix, text 6, sections 4 to 5.

5 On Gilbert's metaphysics of forms, see especially: Schmidt 1956; Maioli 1979; Nielsen 1982, p. 47-114; de Rijk 1988/1989; Jacobi 1996a. For brief accounts, see Jacobi 1998 and Marenbon 1998, at p. 166-171.

6 On particular forms and tropes, see Marenbon 1997, p. 119-123 and 197.

particular *quod ests* are white, but it is not the same as any of them. A *quo est* is, then, a particular thing. But it is a thoroughly dependent thing. *Quo ests* have no existence apart from the concrete wholes, the *quod ests*, which they make what they are. As Gilbert says (App. 3, 1), they are 'nothing at all unless they are in subsistent things' (*quod ests*). Some *quo ests*, such as ones of whiteness, are simple: they are not composed of other *quo ests*. Others are complex. For example, the humanity by which Socrates is a human being is made up of a *quo est* of animality and one of rationality. For each *quod est* such as Socrates, there is one super-complex *quo est* – which, in the case of Socrates, would be called 'Socrateity' – which is made up of all the *quo ests* which make Socrates what he is, has been and will be, both in fact and by nature, and both essentially and accidentally.[7]

Mathematics, he says, 'considers the non-abstract forms of objects in the world (*natiua*) in a way other than they are – that is abstractly' (App. 2, 1). He goes on (App. 2, 2) to explain that mathematics separates "quo est"s, such as bodiliness and colour, which belong to concrete wholes, from that in which they are and from each other. It does not consider "that" these forms are without matter, but its way of considering them is to consider them apart from matter (App. 2, 3). From this description, it emerges that Gilbert certainly does not think that any investigation which splits up concrete wholes into their "quo est"s is mathematical. Rather, it is the task of natural science to analyse Socrates into the humanity, rationality, whiteness and six-foot tallness which make him what he is. Mathematics, by contrast, is concerned to examine *quo ests* in isolation both from the concrete wholes which they make what they are, and from the other *quo ests* with which they are combined. One consequence of the nature this task – although Gilbert does not point it out explicitly – is that, although *quo ests* are particular, mathematical sentences will all be about *quo ests* of a sort: not, for instance, about the whiteness of Socrates, but about every exactly similar whiteness (including that which makes Socrates white).

An example of a mathematician's work is given a little later in the commentary (App. 4).

Someone asks to what genus a given *quo est* belongs, and the mathematician replies giving one of the nine Aristotelian categories other than substance. For instance, ensouledness is classed under having (*habitus*) and rationality under quality, and a composite *quo est*, such as humanity, belongs to all the genera to which its parts belong. In principle, mathematical predications should also be able to made where a *quo est* belongs to a type less general than its category – as, for example, a *quo est* of whiteness is not just a quality but also a colour; in practice, Gilbert does not discuss such predications.

7 This idea brings up problems about modality (if the complete *quo est* of Socrates includes not just all his properties but all his possible properties, how is it to be different from the *quo est* of any other human being?) which are not relevant here. For a brief discussion, see MARENBON 1998, p. 171.

Gilbert's *ex professo* discussion of what mathematical investigation involves (App. 3) turns out to be in line with this account, once the various interpretative difficulties it poses are resolved. Here Gilbert makes a contrast between predications in natural science and those in mathematics. In natural science (App. 3, 2) human being is said to be 'the species of a genus': that is to say, the natural scientist makes a predication such as *Homo est animal*. In mathematics, what is predicated (App. 3, 3) is not a genus, but the genus of a genus; the subject of the predication is not, then, a species of a genus, but 'a species of individuals'. It is easy to see why Gilbert talks of the predicate-term here as he does, describing it as a 'genus of genera'. Mathematical investigation is concerned to fit *quo ests* into Aristotelian categories, and the categories are, precisely, genera of genera. Moreover, whereas a genus, animal, can rightly be predicated of the species to which belong all and only the *quod ests* which are human beings, and so the natural science predication *homo est animal* is true, the corresponding mathematical predication, *humanitas est animalitas*, is false: humanity is *not* animality; rather, *humanitas est qualitas*.[8]

The problems of interpretation concern the subject-term in Gilbert's sample predication. First, Gilbert seems to say (App. 3, 2) that the subject-term is 'homo', just as in the sample natural science predication (*In mathematicis uero non 'generis' sed indiuiduorum tantum dicitur 'species' homo*). '*Homo*', however, is a word for a *quod est*, whereas mathematics concerns *quo ests*. Gilbert is probably writing in a compressed way. He is contrasting a predication about a human being in natural science with a mathematical predication about the same thing – that is, because it is a mathematical predication, one about humanity. Despite the phrasing of the text, it is most plausible that he does not envisage the subject of a mathematical predication to be the word *homo* (which would not fit his theory), but the word *humanitas*.

Second, Gilbert says (App. 3, 2-3) that the subject-term is 'a species of individuals'. What does this mean? 'Individual' is a technical term for Gilbert. Any *quo est* which is exactly like other *quo ests* – as, say, any *quo est* of humanity or rationality will be exactly like millions of other *quo ests* of humanity or rationality – is not, he says, individual, but dividual. Only the super-complex *quo ests* which are the whole properties of something, such as Socrateity, along with their corresponding *quod ests*, are individual, because each of them is in some way unlike everything else.[9] What Gilbert seems to be saying, then, is that the

8 An animal is the sort of thing a human being is: every human being is an animal. By contrast, no *quo est* of humanity is a *quo est* of animality; every *quo est* of humanity has a *quo est* of animality as one of its constituent parts. But every *quo est* of humanity is a quality – that is to say, a *quo est* of a qualitative sort rather than e.g. a *quo est* of a relational sort or a quantitative sort. See, however, below, n. 24 for the way in which Porretan does (unlike Gilbert) find a way of making predications such as *humanitas est animalitas* true.

9 Cf. Gislebertus Pictavensis *In Boethium*, pp. 144:163-78, 274:275-102.

quo est humanity is the species of individuals – for instance, Socrateity and Platoneity – in the sense that these super-complex *quo ests* belong to it as their species. When, as in a mathematical predication such as '*Humanitas est qualitas*' the word *humanitas* is used, not for a particular *quo est*, humanity, but for the species, it is a species the members of which are the super-complex, individual *quo ests*, such as Socrateity and Platoneity.[10]

The Role of Mathematics

Gilbert's mathematician seems, then, to have a clear but very limited function. In the case of a simple *quo est*, he must identify to which of the nine Aristotelian categories of accident it belongs. In the case of a complex *quo est*, he must do the same, after first breaking it down into its constituent simple *quo ests*. But even this decomposition does not, presumably, belong to his work *qua* mathematician, since mathematicians consider *quo ests* only in separation from each other (App. 2, 2).

Not only is the mathematician's role, as described by Gilbert, limited. Two other elements in his *Opuscula Sacra* commentary push this branch of knowledge further into the background. Right at the beginning of the commentary, Gilbert gives a general scheme of types of knowledge, by inserting Boethius' three-fold division (natural science – mathematics – theology) into a wider one.[11] The branches of knowledge, he says, divide into practical and speculative sciences (App. 1, 1); speculative science divides into natural science (also commonly called 'speculative science'), logic and ethics (App. 1, 2); and natural science divides into three subjects: one is also called natural science, the others are mathematics and theology (App. 1, 3). The doubling of natural science makes this scheme clumsy, especially since it is not clear why logic and ethics should be considered less specific subjects than mathematics and theology. The temptation – which some Porretans would follow – is to leave theology out of the discussion, disregard the final sub-division altogether and, forgetting about mathematics, regard natural science, logic and ethics as the main branches of non-theological knowledge.

Not only is the place of mathematics insecure in relation to other sorts of non-theological knowledge, its position in Gilbert's theological project is equally precarious. According to Gilbert, people err when they try to use the

10 Schmidt 1956, p. 199-202, discusses Gilbert's *ex professo* treatment of mathematics in detail, but arrives at a rather different interpretation from that proposed here. He takes the two sentences App. 3, 2 and App. 3, 3 as being about different aspects of mathematics. According to him, the first sentence considers mathematics as the subject which concerns *quo ests* as productive of effects; the second sentence is concerned with the being of *quo ests* which lies behind their production of effects.

11 On Gilbert's general classification of knowledge, see Haas 1987.

rules for reasoning about created things to talk about God. Although he recognizes certain sorts of reasoning which are special to theology, Gilbert is more concerned to show how the reasoning of natural science can be adapted ('transumed proportionately' as he puts it) for theological purposes. There is no reason in principle why mathematical reasoning should not be similarly transumed, but in practice Gilbert's attention falls just on natural science and the adaptation of its arguments to theology.

Gilbert does, indeed, fleetingly provide two different, and hardly compatible, rationales for mathematics. According to the first, in Gilbert's words (App. 2, 1) 'rational speculation grasps *what* it is for a given thing to exist, only if *disciplinalis speculatio* [= mathematics] also firmly holds on to what it is "from" which it is that thing.' Before we can understand what it is to be a body, or be coloured or wide, Gilbert explains (App. 2, 2), we must know through mathematical abstraction what bodiliness, colour and width are. Here, then, the mathematician is presented as doing the preliminary work before concrete wholes can be investigated. But it is hard to see what this work can amount to, beyond the simple noting of the category to which each sort of *quo est* belongs. (Gilbert may be caught here in a trap of his own making. He considers *quo est*s to be the causes of *quod est*s and comments that 'no natural thing can be conceived except through its cause and no mathematical thing [i. e. no *quo est*] except through its power of making.[12] As the causes of *quod est*s, *quo est*s might well seem to be in need of preliminary investigation. But they lack independence epistemologically even more radically than they lack it ontologically: they can be conceived only through the *quod est*s they make.)

Gilbert's other rationale for mathematics sees it, not as a propaedeutic activity, preparing the way for natural science, but as a higher discipline, leading from natural science towards theology (App. 5). Mathematics does not attain wisdom itself, the goal of theology, but through its process of abstraction the appearance of wisdom (*sapientie species*) stands out more clearly.[13]

Modern commentators have usually been unwilling to allow that Gilbert left mathematics with so limited and uncertain a place in his scheme of knowledge. They include under mathematics passages in his commentary when he talks particularly about *quo est*s (which, indeed, he sometimes calls 'mathematica'). For example, Schmidt declares that mathematics is concerned not just with *quo est*s in themselves, but with the differences between the diverse *quo est*s of a thing. Gilbert himself, however, says that in mathematics *quo est*s are considered apart from each other, and there is nothing in any of the passages Schmidt

---

12 Gislebertus Pictavensis *In Boethium*, p. 245: 79-81: 'Nichil enim naturalium nisi per causam et nichil mathematicorum nisi per efficiendi potestatem concipi potest.'

13 Cf. Nielsen 1982, p. 95, who rightly adds that this 'Platonic' approach 'plays no decisive role in the formation of [Gilbert's] teaching.'

cites to suggest that Gilbert regarded them as examples of mathematics.[14] Equally, Nielsen is unjustified in assuming that a predication such as "whiteness is bright" belongs to mathematics, just because its subject is a *quo est*. As he explains very well himself, in such a predication the description "bright" really applies to the *quod est* (which is made bright by a *quo est* of brightness which follows the *quo est* of whiteness) and is transferred from the effect to its cause.[15] Such predications, then, unlike those of mathematics, implicitly involve both a *quod est* and another *quo est* to which the *quo est* referred to by the subject-term is linked.

The most ambitious of the commentators in his claims for mathematics is Klaus Jacobi. He recognizes its concern with the categories, but goes on to describe it as a 'language of theory', because 'mathematics, which relies on abstraction, leads to the formation of theory. That which is is what it is because of its form. Consequently, for an illuminating discussion of nature and its causes, it is necessary to pass from the investigation of natural science to that of mathematics.'[16] In practice, though, mathematics (for the reason touched on three paragraphs ago) is unable to say anything about *quo est*s as causes of *quod est*s, except to place them in their categories. Jacobi does indeed give a nice example of how categorial analysis can be developed into a theory about types of predication – but this discussion is clearly not itself a piece of mathematics.[17]

It seems wisest to conclude that, although – true to his task as exegete – he developed Boethius' suggestions into a clear conception of mathematical investigation, Gilbert did not find an important role for this discipline with his scheme of knowledge; at least, so far as his commentary on the *Opuscula Sacra*, and any other surviving works, indicate. Whether or not this qualification is an important one will be clearer after looking at how Gilbert's followers regarded the nature and role of mathematics.

The Porretans on Mathematics

For Gilbert's followers, not tied to the text of the *Opuscula Sacra*, an easy response to the difficulty of finding a role for mathematics was simply to omit the subject altogether and concentrate on the comparison between natural

---

14 See Schmidt 1956, p. 195-198. The main passages he cites are Gislebertus Pictavensis *In Boethium*, pp. 92: 90-100, 260: 291–261: 26 (probably, however, the passage at p. 261:22–6 does belong to mathematics, precisely because it is just concerned with saying what *rationalitas* is in itself).

15 Nielsen 1982, p. 95; cf. Gislebertus Pictavensis *In Boethium*, pp. 91: 68-70.

16 Jacobi 1995, p. 522. I am very grateful to Klaus Jacobi for disussing his views on Gilbert with me and giving me offprints of his articles on the area.

17 Jacobi 1995, p. 521-522. Jacobi bases himself on Gislebertus Pictavensis *In Boethium*, pp. 258: 51–259: 63 and 346: 61–65.

science and theology. This is what happens in the *Sententie Gilberti* (App. 7 and 8), a work strongly, though not exclusively, influenced by Gilbert, from c. 1140 (and so perhaps from before Gilbert's publication of his *Opuscula Sacra* commentary). It is also true of a later writer who fell under Gilbert's influence. In his commentary on pseudo-Dionysius' *De diuinis nominibus* (c. 1169–77), William of Lucca bases one section very clearly on Gilbert (App. 9), echoing a passage (App. 6) where Gilbert lists a number of branches of knowledge and the names of their fundamental principles. William even mentions the four disciplines of the mathematical quadrivium (arithmetic, geometry, music and astronomy) but there is no mention of mathematics in Gilbert's special sense.

Nor, despite Häring's views, does there seem to be any mention of mathematics in a Porretan text on the Trinity. Häring attributes this text to Gilbert himself, but Nielsen (p. 46) convincingly argues that the work must be considered to belong 'to the Porretan school and hardly to the better part of it.'[18]. A passage here talks first (App. 10, 1) of men 'who are given over to observing nature' (*homines nature speculis dediti*), then (App. 10, 2) of men 'practised in the science of truth, whose higher power of the mind senses something besides what it is accustomed to', and then (App. 10, 3) refers to 'those of proved excellence' (*probati*). Häring considers that the first two descriptions refer to the same class of people, who 'belong to the *higher discipline* the Greeks call *mathesis*', and that the *probati* constitute a different group 'who have studied things more thoroughly than the others'.[19] But in the text itself there is no mention of mathematics, and it is much more plausible that its author is distinguishing between those 'given over to observing nature' – natural scientists, on the one hand, and those 'practised in the science of truth', on the other, and that these latter are the *probati* and should be identified as theologians, not Gilbertian mathematicians.

A different and more interesting approach was to mention mathematics in Gilbert's sense, but to concentrate on the broader division of the sciences into natural sciences, logic and ethics into which Gilbert (App. 1, 2) had fitted Boethius' division into natural science, mathematics and theology. Peter of Poitiers (also known as Peter of Vienna) – the author in c. 1150 of a *summa* influenced by Gilbert found in a Zwettel manuscript, and distinct from the more famous Peter of Poitiers – follows this course. While discussing (App. 1, 1) how words used in branches of knowledge other than natural science do not fully 'express the way in which ... the objects of natural science are', he brings up (App. 11, 2) the examples of 'colour', 'a mathematical name', 'virtue' which is an 'ethical' one and 'truth' a 'logical' one. These words, he says, signify substantively but they do not signify substances. Peter's discussion is a sophisticated and interesting one, but for the purposes of tracing Porretan views on mathematics what is most important is the way in which, although they are

18 Nielsen 1982, p. 46.
19 Anonymus *Tractatus in Trinitatem*, p. 24-25.

included along with natural science, logical and ethical terms in the first two paragraphs, by the last paragraph (App. 11, 3) mathematical terms have dropped out of consideration altogether.

A similar sort of approach is found in the *Compendium Logicae Porretanum*, an anonymous logical treatise from c. 1155–70, very probably from Paris, in which Gilbert is regarded as 'our philosopher'.[20] The treatise does mention mathematics in passing on a few occasions (App. 14; 15), but only, it seems, for the sake of completeness. The author's main concern is to develop a theory about the nature of predication and what he calls the *praedicamenta* (I have translated this word as 'categories', but its meaning is wider than that of 'categories' in Aristotle's sense) in natural science, logic and ethics. In the Appendix to the *Compendium*, which may be the work of a different author from that of the main text, this idea is developed fascinatingly into an attempt to draw Porphyrian-type trees under each of the categories for each of the three branches of knowledge of the favoured, broader division: natural science, ethics and logic. One of the main points made here is that only in natural science do genuine predications take place. Mathematical sentences do have a mention in this discussion (App. 16, 2), where they are listed among those types of sentences which seem, but really fail, to make a predication. But there is no further thinking about mathematics here.

Rather more interest in Gilbertian mathematics is displayed in *Inuisibilia Dei*, a Porretan text from c. 1150. Its explicit mention of mathematics (App. 18) merely recapitulates Gilbert's own definition of it. But in a passage about the ways in which the intellect works (App. 17), the author seems to have mathematics in mind; three of the ways in which the intellect works appear to involve predications which are mathematical according to Gilbert's account, although unlike Gilbert's examples, because two of them involve, not a category but a less general genus ('Whiteness is a colour', 'Whiteness is a species of colour') and one involves a supra-categorial predicate ('Whiteness is an accident').

None of the Porretans examined so far can be said to have resolved the problem left by Gilbert (at least from the evidence of the *Opuscula Sacra* commentary) by providing mathematics with any more than a marginal role. By contrast, in his *Regulae Caelestis Iuris*, probably written c. 1170–1180, Alan of Lille lays out a clear and elegant solution, on lines which were certainly not explicitly developed by Gilbert himself in the commentary. First Alan distinguishes (App. 19, 1) between mathematical or underived (*mathematica siue principalia*) names, such as 'whiteness' and 'blackness' and concrete-whole or derived names ('concretiua siue sumpta'), such as 'white thing' and 'black thing'. God, he says (App. 19, 2), can be named by words which are either quasi-mathematical ('deity', 'divinity', 'essence', 'substance' or quasi-concrete-whole names ('God', 'just', 'merciful'). He is named 'less improperly', Alan continues

20 See Anonymus *Compendium Logicae Porretanum*, p. VI-IX, for the place and date of origin of the treatise. For commentary, see Martin 1983, and Jacobi 1996b.

(App. 19, 3), by the mathematical names than by the concrete-whole ones, because mathematical names are directed more to what is simple ('whiteness' is directed just to the *quo est* whiteness; 'white thing' is directed both to the thing in question and to its being white), and God is entirely simple. What Alan does here, then, is to build on the idea broached by Gilbert (App. 5) of mathematics as nearer to the truth than natural science, and link this point with the method of adapting language and reasoning to theology. Gilbert appears to have interested himself only in adapting natural science for theological purposes. Alan proposes that mathematics is even more suited for such use.

Everardus of Ypres on Mathematics

By far the most elaborate discussion of Gilbertian mathematics is that found in Everardus of Ypres's *Dialogus Ratii et Everardi*, one of the latest Porretan works, dating from after 1191. By the time he wrote the dialogue, Everardus had become a Cistercian monk and he recounts a conversation with Ratius, a Greek who explains to him the teaching (supposedly) of Gilbert. The dialogue is unusually dramatic and rich in local colour, but neither these elements, nor the question of its factuality, are relevant to its discussion of mathematics, and I shall treat the ideas it proposes in this area as simply those of its author, Everardus.[21]

Like Alan of Lille, Everardus finds for mathematics the definite, important role it seems to lack in Gilbert's commentary. Although, as for Alan, that role is ultimately part of a theological project, it depends on a precisely worked-out semantics of natural science and mathematical predications, which goes far beyond anything found explicitly in Gilbert's surviving works. One point of departure for Everardus's semantics is Priscian's famous observation that a name signifies both substance and quality.[22] Priscian is observing here that a name both picks out some thing or things and picks them out under a particular qualitative aspect; so, for example, the name '*album*' ('white thing') and the name '*homo*' might both be used to pick out Socrates, but '*album*' does so in

21 On the identity of Everardus, see Häring 1955, p. 143-146. A good introduction to the various aspects of the *Dialogus Ratii et Everardi*, both philosophical and literary, is provided in Jacobi 1999. The literary form of the dialogue has been studied closely by von Moos 1989a, and in a revised and shortened French version in von Moos 1989b. A different view – according to which the dialogue reports a real rather than fictional conversation, and the interpretation of Gilbert's teaching is not Everardus' own but that of a real Greek student of Gilbert's – is put forward in Southern 1995, p. 225-30. Häring 1955 gives a brief (and I consider in some respects mistaken) summary of Everardus' semantics at p. 150-151. I have not been able to see Häring's discussion of this matter in Häring 1957.

22 I use the word 'name' to translate *nomen*, since 'noun' is misleadingly narrow given that *nomina* can be what we now call 'adjectives'.

respect of his being white and *'homo'* in respect of his being human. Accordingly, Everardus distinguishes two sorts of signification for every name: signification with respect to substance (which he also calls 'appellation' [see e.g. App. 21, 1]), i. e. reference and signification with respect to quality.[23]

As well as the concrete-whole names of natural science (substance words, such as *'homo'* and denominatives such as *'album'*, there are, Everardus explains, 'mathematical names', such as *'humanitas'* and *'albedo'* (App. 20, 1). Here Everardus is following Gilbert, but with a terminological difference. He avoids the characteristically Gilbertian expression *quo est*, and talks instead of 'forms' which, just like Gilbertian *quo ests* (App. 2, 3), are not really abstracted from their subjects but are conceived in abstraction from them by a certain power of the mind (App. 20, 2). These forms are what mathematical names such as *'albedo'* and *'humanitas'* appellate – what they signify in respect of substance (App. 21, 1 and 3). In respect of quality, the mathematical names have a different signification: they signify the effects of the forms (App. 21, 2). The result, Everardus claims, is that concrete-whole and mathematical names signify both the same and different things (App. 21, 3). What *'album'* signifies in respect of quality is what *'albedo'* signifies in respect of substance. But there is no way in which *'albedo'* signifies what *'album'* signifies in respect of substance – the white thing. Nor does *'album'* in any way signify the same as what *'albedo'* signifies in respect of quality.

This last point is important, and not immediately obvious. It might seem that, since whiteness is what makes a white thing white, the effect of whiteness would be the white thing itself. Everardus denies this: the effect of whiteness (which *'albedo'* signifies as a predicate) is different from the thing which participates in whiteness (which *'album'* appellates).

To clarify Everardus' views schematically, let 'W' and 'X' be two concrete whole words and 'W-ness' and 'X-ness' the corresponding mathematical words (e.g. W = *'album'*; W-ness = *'albedo'*). An ordinary mathematical predication will be of the form 'W-ness is X-ness'. Everardus considers that the subject signifies with respect to substance and so signifies the form W, and that the predicate signifies with respect to quality and so signifies the effect of X-ness. As his interpretation (App. 21, 2) of a sample mathematical sentence, shows, the result is that, according to Everardus, mathematical sentences are to be interpreted, as one might call it, 'factively'. The sample sentence 'albedo est color' means, he explains, that whiteness makes the thing coloured (or more precisely,

23 EVERARDUS *Dialogus*, p. 253: "Nomen alii et ex aliud et propter aliud impositum est ... Unde Priscianus: 'Proprium est nominis significare substantiam cum qualitate' ... Et nota quod cuicumque aliquod nomen impositum ets, illud 'substantia nominis' dicitur ... 'Qualitas' autem nominis vocatur omnis forma vel proprietas, a qua nomen imponitur quave mediante res mente concipitur, sive simpliciter sit qualitas sive non: ut 'scriptor', hoc nomen, rei quae scribit impositum est ab actione scribendi, quae genere actio non qualitas est, sed qualitas hujus nominis 'scriptor'."

as Everardus' later discussion shows: whiteness makes the coloured thing coloured). In general, then, a mathematical sentence 'W-ness is X-ness' will mean 'W-ness makes the X thing X'.[24]

Everardus uses this semantics to give his own interpretation of Gilbert's far from clear "ex professo" account of mathematical predications (App. 3).[25] Everardus's reading bears much the same relation to Gilbert's commentary, as Gilbert's commentary itself bears to the text of Boethius: it is faithful to the letter of the text and builds on its argument in its outlines, but in a direction which the original author could hardly have foreseen. Everardus notes the strange fact (see above, p. 47) that, when he contrasts a natural science predication –

(1) *Homo est species generis, id est animalis*

with a mathematical predication (App. 3, 2), Gilbert apparently makes a concrete-whole name, not a mathematical one, the subject of the mathematical predication:

(2) *Homo est species indiuiduorum*

rather than, as one would expect

(2*) *Humanitas est species indiuiduorum.*

Everardus explains (App. 23, 1) this fact in terms of improper usage. In (1), the subject-term *'homo'* is used, not in its most straightforward way, to signify in respect of substance, but rather in respect of quality: it is not the thing which is a human being that is a species, but the form by which it is a human being. What the subject-term in (1) must signify, therefore, is the quality of the word *'homo'* – the form humanity: in (1), therefore, *'homo'* signifies what would usually be signified by the mathematical term *'humanitas'*. In (2), there is a double impropriety in the signification of the subject-term (App. 23, 2). Neither does *'homo'* signify a concrete whole, a human being, nor even its quality, the form humanity (which is what *'humanitas'* signifies in respect of substance): rather, it signifies what the word *'humanitas'* would signify in respect of quality – that is to say, the effect of the form humanity. Everardus then explains what is meant by Gilbert's contrast between *'species animalis'* and *'species indiuiduorum'*. The form humanity – what *'homo'* signifies in respect of quality – is a species of the genus animal: some animals are humans, some not (App. 23, 3). By contrast, the effect of humanity – what *'humanitas'* signifies in respect of quality (and so what *'homo'* signifies 'most improperly' in [2]) – is a species

24 There is further illustration of this view at the end of Everardus's explanation of Gilbert's discussion (App. 23; examined immediately below). Everardus explains (App. 23, 6-7) that in mathematical abstraction *non datur intelligi quid cui componatur, sed quae forma cui effectu supponatur*, and he gives as an example of a mathematical predication one which is partially parallel with *'albedo est color'*: *'humanitas est animalitas'*. It is worth remarking that Gilbert himself seems not to have accepted such predications such as 'humanitas est animalitas', and not to have discussed those such as 'albedo est color': see above, n. 8 and cf. SCHMIDT 1956, p. 208.

25 This passage of the *Dialogus* is discussed in SCHMIDT 1956, p. 206-209.

which has individuals (in the Gilbertian sense) as its members: the complete forms of humans, such as Socrateity and Platoneity (App. 23, 4). The truth of this claim can be seen by the fact that *'humanitas'* in this sense can be predicated of any individual total form of a human: 'Socrateity is humanity', 'Platoneity is humanity'. In such sentences, individuals are the subjects through the intermediary of their effects. They are to be interpreted, since they are mathematical sentences, factively: 'Socrateity makes a human being a human being' and so on. Understood in this way, they are obviously true.

Gilbert states that in a mathematical predication, not only is the subject-term a species of individuals, but the predicate is 'a genus of a genus' (App. 3, 3). Everardus interprets this phrase in line with his view that the predicates of mathematical sentences signify the effects of forms (App. 23, 8). He explains that 'by a certain likeness' the genus of a form can be considered its effect, because something's genus is its being (*esse*), and a form has being only through its effect. (App. 23, 9; cf. App. 22).

Everardus has a special reason for his interest in Gilbertian mathematics. He is engaged in a theological project which stands in a close, though not simple, relation to Gilbert's. In the course of his commentary on the *Opuscula Sacra*, Gilbert often writes as if his usual distinction between *quod est*s and *quo est*s can be applied to God, so that God is not the same as his divinity, and it is not, for instance, correct to say 'God is truth' (as opposed to 'God is true'). Modern interpreters have shown clearly that Gilbert does not wish to suggest any real distinctions in God by this way of speaking: he recognizes that ordinary language, which distinguishes between *quod est*s and *quo est*s is inappropriate for discussing God, but considers that we must use it, because we have no proper language for theology.[26] The incorrectness of sentences such as *'Deus est deitas'* and *'Pater est ueritas'* is not, then, a central position in Gilbert's theology, but one which arises as the consequence of other, more central themes – indeed, it is a view which Gilbert himself accepted only with qualifications. But Gilbert's supposed adherence to this position was one of the main criticisms levelled against him by his fierce opponent, Bernard of Clairvaux.[27] Everardus sees his main task in speculative theology as being to vindicate this position in the face of Bernard's criticisms.

Everardus' theory of the semantics of mathematical sentences provides him, no doubt by design, with exactly the tool he needs for this task. Someone trying, like Everardus, to defend the position attributed to Gilbert by Bernard (a caricature of his true position) would usually be faced by an insuperable problem. Whoever rejects sentences such as *'Deus est diuinitas'* and *'Pater est ueritas'* seems thereby to be claiming that there are distinctions within God – a clearly heterodox view. By regarding these sentences as deviant mathematical sentences, however, Everardus is able to argue that their meaning is not what

26 See VAN ELSWIJK 1966, p. 327-343; NIELSEN 1982, p. 158-162; JACOBI 1995, p. 525.
27 See VAN ELSWIJK 1966, p. 321-325.

their surface structure suggests, and that they can be rejected without any heterodox implications. The regular mathematical sentence *'Diuinitas est diuinitas'* is to be interpreted factively, in the same way as the regular mathematical sentence *'humanitas est humanitas'*: divinity makes God God, humanity makes a human being a human being (App. 24, 1). The deviant mathematical sentence "Deus est diuinitas" must be interpreted like the regular mathematical sentence, except that the subject is not the form divinity, but God. It therefore means 'God makes God God' just as *'homo est humanitas'* means the human being makes a human being a human being (App. 24, 2). Everardus considers that both of these sentences can clearly be rejected. He seems to hesitate, however, between two reasons for rejecting them. One is that to say 'God makes God God' amounts to saying nothing at all (*'nihil est dictu'*). *'Deus est diuinitas'* is not then false or even meaningless, but it lacks all informative content. The other is that, whereas humanity makes a human being a human being and divinity makes God God, it is just as wrong to say that God makes God God by divinity as it is to say that a human being makes a human being a human being by humanity. By this reasoning, Everardus seems to be rejecting *'Deus est diuinitas'* as false. In a similar way, Everardus (App. 25) rejects sentences such as *'Pater est verus'* – and here he seems clear that they are actually false. *'Pater est verus'* means that the Father makes the true thing, i. e. himself, true: but it is not the Father, but the Father's truth, which makes him true (App. 25, 2).

Whether Everardus' strategy really works might be questioned. His opponent could insist that, since there are no distinctions in God, it is perfectly proper to say that God makes God God by divinity, and that the Father makes God true by truth; he could also insist that 'God makes God God' is as informative a statement as one can expect about such a matter. Still, whatever the objections – and this discussion is just part of a complex and many-faceted dialogue – Everardus' ingenuity and sophistication are evident.

Conclusion

Gilbert and the Porretans

The treatment of mathematics by Everardus and the other followers of Gilbert raises one general question. Although Gilbert is known as the author of two other important works (his commentaries on the Psalms and on the Pauline Epistles),[28] many of the more analytical and philosophically sophisticated facets of his thought – such as his idea of mathematics – are known only from the commentary on the *Opuscula Sacra*. It seems probable that Gilbert expounded his theories on these matters more fully in teaching which has not survived in

28 Both commentaries remain unedited. On the Psalms commentary, see Gross-Diaz 1996. Nielsen 1982 uses, and prints many extracts from, the commentary on the Pauline Epistles.

written form. Gilbert's followers may have had direct or indirect access to this teaching, and so their writings might be an important additional source for Gilbert's thought. Yet the Porretans were also capable of thinking for themselves and developing their master's ideas. To what extent, then, do the discussions of mathematics by Gilbert's followers show Gilbert's own, fuller views? To what extent do they go beyond Gilbert, and perhaps even in directions he had never envisaged?

Where a number of Porretans share a particular idea or approach, and it is one which is suggested by Gilbert's commentary, although not fully evident there, it is very plausible that it reflects Gilbert's own teaching. One of the Porretan approaches to mathematics seems to fit into this class: the tendency of a number of the writers (App. 11-16) to mention it only in passing, whilst concentrating on the more general division of the sciences into natural science, ethics and logic commentary, which Gilbert mentions in the commentary (App. 1, 2), before passing on to Boethius' division. Indeed, perhaps the more general tendency of these and other Porretans (App. 7-10) to give little attention to mathematics is a reflection of Gilbert's own priorities. Although Gilbertian mathematics was his creation, he may well have devised it only in order to fulfil his responsibilities as Boethius' interpreter, not because it served any very important purpose in his own scheme of things.

By contrast, it is not very likely that the two writers who succeed in finding a central role for mathematics – Alan of Lille and Everardus of Ypres – are reflecting Gilbert's oral teaching in doing so. Each of them develops his own particular ideas in this area, which they share neither with each other nor with other Porretans. Alan is engaged in providing a systematic theological language and structure of reasoning – a venture Gilbert himself would have thought doomed to failure. Everardus wants to justify Gilbert in the face of his critics. Although he does not believe that Bernard of Clairvaux has understood Gilbert correctly, the doctrine he defends is one moulded by Bernard's misguided criticisms. Everardus expounds his version of Gilbertian mathematics in order to serve this special doctrinal purpose, and there is no good reason, since other evidence is lacking, to think that he did not formulate it himself, taking Gilbert's ideas merely as starting points.[29]

---

29 VAN ELSWIJK 1966, p. 128 (in general terms) and SCHMIDT 1956, p. 206-209 (more precisely) consider that Everardus should not be taken to be reproducing Gilbert's views directly. Häring, however, considers the *Dialogus* 'the best anaysis of Gilbert's doctrine discovered to date' (EVERARDUS *Dialogus*, p. 243) and remarks that it 'clarifies the meaning of many statements which were attributed to Gilbert, but were never properly explained' (p. 245). Jacobi appears to agree that the *Dialogus* does reflect Gilbert's thought fairly accurately: it 'enthält ausgezeichnete, gründlich durchdachte Darstellungen der besonderen Form von Theologie, die Gilbert von Poitiers ausgearbeitet hat' (JACOBI 1999, p. 252, and see p. 253).

The later twelfth century was a time when the schools of the great early twelfth-century masters – Abelard, Alberic, Adam of Petit-Pont and Gilbert of Poitiers – dominated intellectual life. But the thinkers who belonged to these schools were not mere ciphers, repeating and rearranging their masters' ideas. Under the cover of continuing the traditions they had adopted, these men were among the most intelligent innovators in an age of rapid intellectual change. The wider pattern is reflected in the reactions to Gilbert's division of the sciences and the place in it of mathematics. Gilbert's influence was powerful, but his most able followers took their own directions.

Appendix

Porretan Texts on Mathematics

I have kept the orthography of the editions used, but changed the punctuation where necessary in order to bring out the sense. I use bold print to indicate a passage which a text is quoting from another text on which it is explicitly commenting.

I. Gilbert of Poitiers: *Commentaries on Boethius*, ed. Nikolaus Häring (Studies and Texts 13), Toronto 1966.

[Text 1]: *De Trinitate* I, 2, 7-9 (pp. 79-80)

(1) Scientie multorum sunt generum. Alie namque sunt theorice, id est speculatiue, ut ille quibus intuemur an sint et quid sint et qualia sint et cur sint singula creata. Alie ... practice ... Ut autem de practicis taceamus, speculatiue ex his que per ipsas inspicimus contrahunt appellationem. (2) Et uocantur alie quidem 'phisice', id est naturales, alie uero 'ethice', id est morales, alie autem 'logice', id est rationales. Et, ut item morales atque rationales pretereamus, illarum que uno nomine 'naturales' dicuntur – que etiam usu maiore 'speculatiue' uocantur – tres partes sunt: (3) una que uniuersali omnium nomine specialiter dicitur 'naturalis', alia que 'mathematica', tercia que 'theologica'.

(1) The branches of knowledge are of many sorts. For some are theoretical, that is speculative – those with which we look and see whether things are and what they are and how they are and why they have each been created. Other branches are practical. Leaving aside in silence the practical ones, the speculative branches take their names from the things we examine through them. (2) And some, indeed, are called 'physical (i. e. natural) sciences', some 'ethical (i. e. moral) sciences', some 'logical (i. e. rational) sciences'. And, leaving aside also the moral and the rational ones, there are three parts to those which go by the one name 'natural sciences' (and which also in more common usage are called 'speculative'): (3) one is called specially by the general name for them all, 'natural science', there is another which is called 'mathematics' and another which is called 'theology'.

[Text 2]: *De Trinitate* I, 2, 30-32 (pp. 84-85)

(1) Alia uero speculatio que natiuorum inabstractas formas aliter quam sint, id est abstractim, considerat, ex fine quo illud facit Grece quidem 'mathematica', Latine uero 'disciplinalis' uocatur. Recte utique. Cum enim sint inabstracte – id est, cum nisi in concretione non sint – quid tamen ibi sint oportet intelligi. Neque enim rationalis speculatio perfecte id, quod est esse aliquid, capit nisi disciplinalis quoque id, unde illud est, quid sit firmiter teneat.

(2) Uerbi gratia, non perpendit ratio quid sit esse corpus et esse coloratum et esse latum nisi disciplina quid corporalitas, quid color, quid latitudo cognoscat.

Quod fieri non potest nisi hec inabstracta atque concreta et ab eo, in quo sunt, et a se inuicem abstrahat et discernat. Ex hoc ergo quod inseparabilia ad hoc separat ut eorum natura perspici et proprietas ualeat comprehendi, 'mathesis' siue 'disciplina' uocatur ...

(3) **Hec enim formas corporum speculatur sine materia.** Non dico 'speculatur esse sine materia', sed 'speculatur sine materia'.

(1) Now, another sort of speculation considers the non-abstract forms of objects in the world in a way other than they are – that is, abstractly – and it is called 'mathematics' in Greek and 'scientific' in Latin, because of the end for which it does this. Rightly so, indeed. For, whilst they are non-abstract – they exist, that is, only in making up concrete wholes, we ought however to understand what they are there. For rational speculation grasps what it is for a given thing to exist, only if scientific speculation (mathematics) also firmly holds on to what it is from which it is that thing.

(2) For example, reason considers exactly what it is to be a body or to be coloured or to be wide, only if science knows what bodiliness is, what is colour, and what is width. And this cannot happen unless it abstracts and separates these things – which are non-abstract and belong to concrete wholes – from that in which they are and from each other. Therefore, because it separates inseparable things so that their nature can be seen and their distinctive characteristics understood, it is called 'mathematics' or 'science' ...

(3) **For it considers these forms of bodies without matter.** I do not say 'It considers that they are without matter' but that it considers without matter.

[Text 3]: *De Trinitate* I, 2, 39-40 (p. 86)

(1) In **mathematicis** uero, ubi inabstracta aliter quam sint, id est abstractim attenduntur, oportebit eum uersari **disciplinaliter** ut, scilicet cum ea que, nisi subsistentibus insint, omnino nichil sunt, separatim ab eis conceperit, sic eorum propria ad disciplinam faciendam attendat ut communes sibi cum ceteris speculationibus rationes ad ipsa minime contrahat.

(2) In naturalibus enim dicitur homo 'species generis', id est animalis aut corporis. In mathematicis uero non 'generis' sed 'indiuiduorum' tantum dicitur 'species' homo. (3) Ideoque naturalis concretionis proprietate dicitur genus de specie predicari; mathematice uero abstractionis proprietate non genus sed generis genus de ea, que non generis sed indiuiduorum tantum species est, uere et consequenter predicari conceditur.

(1) But in **mathematics**, where non-abstract things are examined in a way other than they are (that is, abstractly), he will have to work **scientifically** so that, when he conceives those things, which are nothing at all unless they are in subsistent things, separately from subsistent things, he examines their distinctive characteristics in order to gain scientific results in a manner whereby he does not in the least limit himself to applying to them the reasonings which it has in common with other types of speculation.

(2) For in natural investigations human being is said to be 'a species of a genus'- that is of the genus animal or body. But in mathematical investigations human being is said to be 'a species' not 'of a genus' but only 'of individuals'. (3) This is why, in the light of the way things in nature form concrete wholes, a genus is said to be predicated of a species; but, in the light of mathematical abstraction, it is accepted that not a genus, but the genus of a genus, is truly and consistently predicated of what is, not a species of a genus, but only a species of individuals.

[Text 4]: *De Trinitate* I, 4, 14-15 (pp. 117-118)

He uero que a logicis dicuntur 'subsistencie' siue 'substantie', si quis querat quid sint apud mathematicos genere, respondemus: simplices quidem alicui nouem generum supponi, ut animatio supponitur habitui, rationalitas qualitati. Compositas uero – ut est humanitas et cetere speciales quas ex generalibus atque differentialibus constare nullus ignorat – dicimus esse eorundem generum quorum simplices ille sunt que ipsas componunt, ut humanitas genere est quod animatio et item quod rationalitas, et similiter secundum ceteras sui partes est eadem quicquid sunt ipse.

With regard to what are called 'subsistences' or 'substances' by logicians, if someone should ask in what genus they are for the mathematicians, we reply as follows. On the one hand, those which are non-compound are placed under one of the nine genera [i. e. the nine categories other than substance], as ensouledness is placed under having, and rationality under quality. On the other hand, composite ones – such as humanity and the other species-type ones, which as everyone knows are made up from generic ones and differential ones – belong, we say, to the same genera as the non-compound ones which make them up belong to: so humanity is in the genus which ensouledness is on and in that which rationality is in, and similarly with regard to its other parts it is the same as whatever they are.

[Text 5]: *De hebdomadibus* Prol. 5-7 (p. 184)

Plures enim ... ad imaginem eius [sc. ueritatis], que in naturalium concretionibus quodam modo adumbratur, adducunt [philosophi]. Multos uero, his naturalium speculis assuetos, ad ea que a concretionibus altior disciplina – que Grece dicitur 'mathesis'- abstrahit, uocant ut ibi rerum naturam et proprietatem ac per hoc sapientie speciem, que in huiusmodi magis resultat, comprehendant. Paucos uero ... mentis acie perspicaciores ... ducunt ubi ... quandam pre ceteris dignitatem illis ostendunt.

For they [the philosophers] lead many to the image [of truth] which is in a certain way shadowed forth in the concrete wholes of nature. But there are quite a few whom, once they have become accustomed to this way of examining things in nature, they summon to those things which a higher discipline, which is called 'mathematics' in Greek, abstracts from concrete wholes, in order that there they may understand the nature and property of things and so the appearance of wisdom which in this way stands out more clearly. But they conduct a few ... who have more penetrating minds ... to where they show them a certain dignity outstanding among others.

[Text 6]: *De hebdomadibus* I, 12 (pp. 189-190)

Ut enim de positiuis gramatice facultatis regulis taceamus, certum est quod et qui uocantur 'communes loci' rethorum et 'maxime propositiones' dialecticorum et 'theoremata' geometrarum et 'axiomata' musicorum et 'generales sententie' ethicorum seu philosophorum continentur uniuersalitate huius regule ...

For, leaving aside the humanly-imposed rules of the study of grammar, it is certain that what are called the 'commonplaces' of rhetoricians, and the 'maximal propositions' of dialecticians and the 'theorems' of geometers and the 'axioms' of musicians and the 'general opinions' of moralists and philosophers are contained in the general proposition made by this rule ...

II. *Sententie Magistri Gilberti*, ed. NIKOLAUS HÄRING:
„Die *Sententie Magistri Gisleberti Pictavensis Episcopi*",
in *Archives d'histoire doctrinale et littéraire* 45 (1978) pp. 83-180
(Tortosa MS) [= T] and p146 (1979), pp. 45-105 (Florence MS) [= F].

[Text 7]: II,1 (T, p. 110; F, pp. 47-48)

'Substantia' est equiuoca. Aliter enim dicitur in theologia, aliter in naturalibus.

'Substance' is an equivocal word. It has one meaning in theology, another in the natural sciences.

[Text 8]: T: II, 35 (p. 118) (cf. F: II, 30, p. 53)

Illorum uocabulorum que transferuntur a naturalibus ad loquendum de deo, quedam dicuntur secundum effectum, quedam secundum intellectum contrarii, quedam secundum partem uel affinitatem significationis.

Of those words which are transferred from the natural sciences to talking about God, some are said according to their effect, some according the understanding of their contrary, some according to a part or to nearness of signification.

III. William of Lucca: *In Tertiam Ierarchiam Dionisii*, ed. F. Gastaldelli, Florence 1983.

[Text 9]: II (pp. 201-202)

Illi vero **attriti** in **inconversibilibus notionibus** divinitatis putantur, qui regulas sive maximas propositiones aut edomades theologie, que secundum usum theologorum theologice disputantium 'notiones' dicuntur, non extra proprium theologice facultatis genus alicuius erroris impulsu in aliam facultatem vel alterius facultatis in theologiam singulares rationes deducunt, sed unicuique sua propria servant. Nam heretici, notiones sive regulas naturalium in theologiam deducentes, putaverunt quod sicut in naturalibus est, quod una singularis subsistentia nonnisi unum singulariter facit subsistentem, sic et in theologia.
... Quamobrem intuendum quod animorum sacre conceptiones, que sunt secreti fida custodia, in gramatica 'regule', in dialectica 'maxime propositiones', in rethorica 'flores', in aritmethica, geometria, musica et astronomia 'theoremata', 'problemata', 'axiomata', et in theologia secretiori quodam oraculo 'notiones' nuncupantur.

They, indeed, are thought to be 'worn' in 'the inconvertible notions' of divinity, who do not by the impulse of some error take into account another branch of knowledge, outside the class of things which belong to theology, the maximal propositions or hebdomads of theology (which in their theological discussions theologians call 'notions'), nor use the reasonings peculiar to another branch of knowledge in theology. Rather, they keep for each its own. For heretics, applying the notions or rules for natural things in theology, think that, just as in natural things, a singular *subsistentia* makes singularly just one subsistent thing, so it is in theology.

For which reason it ought to be seen that sacred conceptions of minds, which are a trusty guardian of what is secret, are called 'rules' in grammar, 'maximal propositions' in dialectic, 'flowers' in rhetoric, 'theorems' 'problems' and 'axioms' in arithmetic, geometry, music and astronomy, and in theology – where they come from some more hidden source – 'notions'.

IV. ANONYMOUS: *Treatise on Trinity*, ed. in NIKOLAUS HÄRING:
"A Treatise on the Trinity by Gilbert of Poitiers",
in *Recherches de théologie ancienne et médiévale 38* (1971) 14-50.

[Text 10]: 14-15 (p. 37)

(1) Hiis ergo et consimilibus rationibus propositi thematis decursa contradictio homines nature speculis deditos omnino suspendit a uero. (2) Viri enim uero disciplinis ueritatis exercitati quorum altior uis animi aliquid preter solitum aliquid sentit, scilicet supra naturam, hanc que uidetur rationum pugnam diuisione dirimunt et ex ipsis inducte dubitationis causis ad eam soluendam iudicium ueritatis eliciunt.

(3) Probatis siquidem constat non modo catholicorum uerum etiam philosophorum eloquiis usyam, que omnium rerum est supremum esse, tantum trium subsistencium esse ueritate generis et forma diffinitionis, id est eorum quos nos patrem et filium et spiritum sanctum nominamus.

(1) Therefore the contradiction which, for these and similar reasons, is gone through in the subject we are considering keeps people who are given over to observing nature entirely from the truth. (2) To be sure, men practised in the science of truth, whose higher power of the mind senses something besides what it is accustomed to – something, that is to say, beyond nature – separate this apparent conflict of reasonings by division and from the causes themselves of the doubt that has been raised obtain the judgement of truth which resolves it.

(3) For which reason it is clear to those of proved excellence, through the eloquence not only of catholics but also of the philosophers, that the *ousia* which is the supreme *esse* of all things, consists of just three subsistent things in the truth of its genus and the form of its definition: that is, of those which we call Father, Son and Holy Spirit.

V. PETER OF POITIERS: *Sententie*, ed. NIKOLAUS HÄRING:
Die Zwettler Summa, Münster 1971.

[Text 11]: 72-74 (p. 48)

(1) In quo quidem notandum quod, cum hiis rationibus naturalia diuidantur, si qua tamen in ceteris facultatibus uocabula (ut in mathematica, logica, ethica) has significandi susceperint formas, minime tamen putanda erunt rationis plenitudinem sortiri eorum que uere sunt speculationis naturalis. Non enim eapropter putanda erunt substantiam significare ceterarum nomina speculationum, quoniam significant substantiue. Nec ea propter qualitatem significare putabuntur, quoniam significant qualitatiue. Sic quoque quantitatem minime significare estimabuntur quoniam significant quantitatiue.

(2) Significandi namque modus non tanti est ut subiectis rebus genera conferat essendi. 'Color' namque, quod est mathematicum nomen, 'uirtus' quod est ethicum, 'ueritas' quod est logicum, substantiue quidem significant nec tamen secundum substantiarum genus. 'Bonum' quoque quod est ethicum, 'uniuersale' quod est logicum, qualitatiue quidem significant non tamen quod genere sit qualitas. Sic quoque 'persona' logicum est quidem et substantiue significat, non tamen secundum aliquod substantiarum genus.

(3) Cum ergo nomina in logica uel ethica significauerint disciplinaliter, non erunt propterea putanda significare formam siue substantialem siue accidentalem sed uel morem ut 'iusticia' uel rationem ut 'uniuersalitas'. Et, ut de moribus taceamus, illa dicuntur rationem significare que rerum de quibus loquimur significant habitudines que apud logicos 'rationes' appellantur. Quibus siquidem habitudinibus intelligimus rerum de quibus loquimur similitudinem uel dissimilitudinem, communitatem uel proprietatem.

(1) In this it ought to be noted that, whereas natural things are divided in these ways, should words in other branches of knowledge (for instance, in mathematics, logic, ethics) take up signifying these forms, the words should by no means be thought fully to express the way in which things which really are objects of natural speculation are. For words belonging to other sorts of speculation ought not to be thought to signify substance, just because they signify substantively, nor will they think that they signify quality, just because they signify qualitatively. So too will they least of all judge that they signify quantity, because they signify quantitatively.

(2) For a manner of signifying is insufficient to place the things subject to it into genera of being. Consider 'colour' – a mathematical name, 'virtue' – an ethical one, 'truth' – a logical one. They signify substantively, yet not according to the genus of substances. And consider 'good', which is an ethical word, and 'universal', a logical one. They signify qualitatively, indeed, but not what might be a quality in genus. In the same way too 'person' is indeed a logical word, and it signifies substantively but yet not according to any genus of substances.

(3) Since therefore names in logic and ethics signify according to the manner of their branch of knowledge, they ought not therefore to be thought to signify a form, whether substantial or accidental, but a manner of behaviour (as in the case of 'justice') or a logical concept (as in the case of 'universality'). And, leaving manners of behaviour aside, those words are said to signify a concept which signify the conditions of the things about which we are speaking (which logicians calls 'concepts'). By these conditions we understand the likeness or unlikeness, community or distinctiveness of the things about which we are speaking.

VI. *Compendium Logicae Porretanum*,
ed. Sten Ebbesen, Karin Margareta Fredborg, Lauge Nielsen: "*Compendium Logicae Porretanum ex codice Oxoniensi Collegii Corporis Christi 250.* A manual of Porretan doctrine by a pupil of Gilbert's", in: *Cahiers de l'Institut du Moyen-Âge Grec et Latin 46* (1983) III-XVII, 1-113.

[Text 12]: II, 3 (pp. 14-15)

Hic distinguendum genera predicabilium esse tria: aliud naturale, aliud morale, aliud rationale. Cum sola proprietas sit predicabile et econverso, omne illud predicabile quod est in subiecto nature ministerio, immo ipsum est natura subiecti, scilicet vel corporis vel spiritus, ad naturalem sive phisicam pertinet facultatem, ut essentie subiectorum, et quantitates et qualitates et relationes et cetera, scilicet ea que Aristoteles in decem clausit predicamentis ... At ad ethicam pertinent predicabilia quecumque non natura sed hominis industria ascribuntur subiectis. Ad rationalem attinent facultatem predicabilia demonstrative discipline accomodata, ut hiis terminis 'genus', 'species' significata ...

Here we should distinguish three genera of predicables: one is natural, another moral, another rational. Since only a property is predicable (and vice versa), every predicable which is in the subject by nature's workings – or rather, it is itself the nature of the subject, whether the subject is a body or a spirit, belongs to the natural or physical branch of study – for example, the essences of the subjects, and quantities and qualities and relations and the rest of what Aristotle included in the ten categories ... But to ethics belong whatever predicables are ascribed to their subjects not by nature but by human effort. To the rational branch of knowledge belong the predicables fitted to the discipline of demonstrative argument, such as what are signified by these terms: 'genus', 'species' ...

[Text 13]: Ibidem (p. 15).

Oportet enim ut constet inherentia predicati ad subiectum in presenti ... ut concedatur competens fieri proprietatis predicatio; quod quia non vides fieri in propositionibus de preterito vel futuro, nec in falsis nec negativis nec ad moralem vel rationalem facultatem pertinentibus, vel in quibus predicatus est terminus transsumptus, vel in mathematicis, negamus in talibus predicari aliquid.

For there must clearly be the inherence of the predicate in the subject in the present ... for it to be granted that there is a genuine predication of a property. Because you do not see this in propositions about the past or future, nor in false or negative propositions, nor in those which belong to the moral or rational branches of knowledge, or in those which have a term with a transferred meaning as predicate, or in mathematical propositions, we deny that anything is predicated in such propositions.

[Text 14]: III, 41 (p. 57).

Hic commemorandum est quod cum facultates secundum genera rerum, de quibus in ipsis agitur, diverse sint – id est naturalis, mathematica, theologica, civilis, rationalis, una tamen est, scilicet naturalis, que in humano locutionis usu promtior est et in transferendorum sermonum proportionibus prior.

Here it should be remarked that, since branches of knowledge differ according to the genera of the things which are dealt with in them – that is the natural, mathematical, theological, civil and rational branches of knowledge, there is one of them however, the natural branch, which is readier for human use in speech and comes first with regard to analogies in pieces of metaphorical speech.

[Text 15]: Ibidem (pp. 58-59).

... in naturalibus album nigro contrarium est, et in aliis facultatibus: ut in mathematicis, albedo nigredini, in theologicis autem et civilibus bonum malo, et in rationalibus falsum vero.

In the natural sciences, a white thing is contrary to a black thing, and so too in other branches of knowledge: as, in mathematical sciences, whiteness to blackness; in theological and civic sciences, good to evil, in rational sciences, false to true.

[Text 16]: Appendix (pp. 78-79).

(1) ... tantum in naturalibus proprie predicamentum dici potest. Predicamentum enim idem est quod declaramentum. Proprietatum enim est declarare, id est predicare. In moralibus vero et rationalibus nulla nisi quadam simiarum conformatione est proprietas; itaque nec proprie predicamenta ...

(2) Sic patet tantum in naturalibus proprie dici predicamentum. Sed, sicut naturales philosophi predicamenta sua que nature sunt subsistentium, scilicet genera et species, per differentias distinguunt et dicunt de subiectis predicari, sic et mathematici et alii mutuato nomine a generibus subsistentium quadam conformatione simiarum genera et species suas distinguunt – que tamen veri* nominis nec species nec genera sunt. [*The editors emend this to: 'vi']

(1) Only in the natural sciences can there properly said to be a category. For a category is the same as a declaration: for to predicate is to make a declaration of properties. Now, in moral and rational sciences, there are no properties except in so far as their likenesses are aped. Therefore, properly speaking, there are no categories ...

(2) It is thus obvious that only in the natural sciences are there properly said to be categories. But, just as natural philosophers divide up their categories, which are the natures of subsistent things – the genera and species – by *differentiae* and say that they are predicated of their subjects, so mathematicians and

the others divide up their genera and species adapting a name from the genera of subsistent things and imitating like apes. But their genera and species are not genera and species truly so called.

VII. *Inuisibilia dei*, ed. NIKOLAUS HARING:
"The Treatise *Inuisibilia dei* in MS Arras, Bibl. Mun. 981 (399)",
in: *Recherches de théologie ancienne et médiévale 40* (1973) 104-416.

[Text 17]: 8 (p. 117).

Quarta uis anime est intellectus, qui rursus se extendens circa res rerumque naturas duobus modis uersatur, simpliciter et collatiue. Simpliciter ut hic, 'Albedo est color'. Collatiue quatuor modis, duobus circa res et duobus circa rerum naturas. Fit enim collatio uel forme ad subiectum ut hic, 'Albedo est accidens', id est, albedo est proprietas que casu uenit in subiectum. Vel forme ad formam ut hic: 'Albedo est species coloris', ubi sensus est talis: minor est circuitio albedinis in predicando quam coloris – paucioribus conuenit quam color. Vel subiecti ad formam, ut 'Istud est subiectum'. Vel subiecti ad subiectum, ut 'Istud est pes Petri'.

The fourth power of the soul is the intellect which, extending itself anew, is occupied with things and the natures of things in two ways: simply and through making links. Simply as here: 'Whiteness is a colour'. Making links in four ways, two of which are concerned with things and two with the natures of things. For a link is made either of a form with a subject as here, 'Whiteness is an accident', that is to say, whiteness is a property which comes by chance into a subject; or of a form with a form, as here, 'Whiteness is a species of colour', where the sense is as follows: the extension of whiteness in predicating is smaller than that of colour – for it fits fewer things than colour; or of a subject with a form, as in 'That's a subject'; or of a subject with a subject, as in 'That's Peter's foot.'

[Text 18]: 96 (p. 137) (cf. also 101, p. 138)

Ille [modus percipiendi] uero est mathematicus, id est disciplinalis, qui proprietatem sine subiecto attendit, albedinem scilicet sine subiecto in quo est.

The mathematical (that is, scientific) way of perceiving is that which considers a property without its subject, that is to say, whiteness without the subject in which it is.

VIII. ALAN OF LILLE: *Regulae Caelestis Iuris*, ed. in NIKOLAUS HÄRING: "Magister Alanus de Insulis: *Regulae Caelestis Iuris*", in *Archives d'histoire doctrinale et littéraire 48* (1981) pp. 97-226.

[Text 19]: XXX–XXXI (p. 145).

OMNE NOMEN ESSENTIALE AVT EST QVASI MATHEMATICVM AUT EST QVASI CONCRETIVVM

(1) Nomina mathematica siue principalia apud naturalem philosophum dicuntur illa quae significant proprietatem mathematice, id est abstractiue, nullo habito respectu ad subiectum, ut 'albedo', 'nigredo'. Concretiua uero siue sumpta dicuntur illa que significant proprietates inherentes subiectis, ut 'album', 'nigrum'.

(2) In diuinis autem quasi mathematica sunt que significant deitatem nullo habito respectu ad personam, ut 'deitas', 'diuinitas', 'natura', 'usia', 'essentia', 'substantia'; quasi concretiua que significant naturam prout est persone, ut 'deus', 'iustus', 'misericors'.

(3) OMNE NOMEN MATHEMATICVM MINVS IMPROPRIE DICITVR DE DEO QVAM CONCRETIVVM

Mathematica enim magis tendunt ad simplicitatem. Quanto autem aliquid simplicius, tanto ad deum spectat conpetentius. Deus enim, ut superius dictum est, omnifariam simplex est.

EVERY ESSENTIAL NAME IS EITHER LIKE A MATHEMATICAL ONE OR LIKE A CONCRETE-WHOLE ONE.

(1) For the natural philosopher, mathematical or principal names are said to be those which signify a property mathematically, that is abstractly, without taking into account the fact that they are had by a subject, such as 'whiteness', 'blackness'. But concrete-whole or derived names are said to be those which signify the properties inherent in subjects, such as 'white thing', 'black thing'.

(2) Now, in divine things, quasi-mathematical names are those which signify the deity without taking into account the distinction of persons, such as 'deity', 'divinity' 'nature', 'ousia', 'being', 'substance'; quasi-concrete-whole names are those which signify his nature in the way it is that of a Person, such as 'God', 'just', 'merciful'.

(3) EVERY MATHEMATICAL NAME IS LESS IMPROPERLY SAID OF GOD THAN A CONCRETE-WHOLE NAME.

For mathematical names tend more towards simplicity. Now, the simpler something is, the more adequately it refers to God. For God, as was said above, is in every way simple.

IX. Everardus of Ypres: *Dialogus Ratii et Everardi*, in Nikolaus Häring: "A Latin Dialogue on the Doctrine of Gilbert of Poitiers", in *Mediaeval Studies 15* (1953) pp. 243-89.

[Text 20]: (p. 254).

(1) Nominum itaque aliud concretivum, aliud mathematicum: concretivum quod concrete significat substantiam et substantiae formam, ut 'album' et 'homo'. 'Album' enim significat rem, quae alba est, et albedinem rei ... Mathematicum est quasi abstractivum quia significat formam quasi a subjecto abstractam, ut 'albedo'. (2) Non autem forma a subjecto abstrahitur, sed nullo habito respectu ad subjectum quadam vi mentis a subjecto abstracta concipitur.

(1) Some names are concrete-whole names, others are mathematical ones. A concrete-whole name is one which signifies substance and the form of the substance concretely, such as 'white thing' and 'human being'. For 'white thing' signifies the thing which is white and the whiteness of the thing ... A mathematical name is, as it were, abstract, because it signifies the form as if abstracted from the subject – for example, 'whiteness'. (2) The form is not, however, abstracted from the subject, but by a certain power of the mind it is conceived as abstracted from the subject and without being something had by the subject.

[Text 21]: (pp. 254-255)

(1) Itaque nomen abstractivum, id est mathematicum, significat formas proprie, id est, appellat, prout intelliguntur abstractae a subjecto. (2) Sed pro qualitate significat effectum earum, ut cum dicitur 'albedo est color', id est, albedo facit coloratum ... (3) [Nomina concretiva et mathematica] idem significant et diversa. Idem, quia quod qualitas est hujus nominis 'album', substantia est hujus nominis 'albedo'. Tamen, quod substantia est hujus nominis 'album', nullo modo est substantia vel qualitas hujus nominis 'albedo'. Res enim participans albedine, quam appellando significat hoc nomen 'album', et effectus albedinis, quam apponendo significat hoc nomen 'albedo', diversa sunt.

(1) Therefore an abstract name – that is a mathematical one – properly signifies forms, that is, it appellates them, as they are understood abstracted from their subject. (2) But with regard to quality it signifies their effect, as when we say 'whiteness is a colour', that is: whiteness makes something coloured ... (3) [Concrete-whole names and the mathematical names] signify the same things and different ones. The same, because that which is the quality of this name 'white thing' is the substance of this name, 'whiteness'. But that which is the substance of this name, 'white thing' is in no way the substance or the quality of this name 'whiteness'. For the thing which participates in whiteness, which this name 'white thing' signifies in appellation, and the effect of whiteness, which this name 'whiteness' signifies in describing (*apponendo*) are different.

[Text 22]: (p. 255).

[The character Everardus has said that everyone agrees that in 'whiteness is whiteness', the predicate is a most specific species of the category of quality, and in 'whiteness is colour', the predicate is a subalternate genus. Ratius does not agree and explains why.]

Audisti superius me dixisse omnia genera et species in primo contineri praedicamento, sed in aliis praedicamentis inveniri generalissima et specialissima. Unde eadem forma habet et specialem et generalem effectum, ut albedo facit album (et iste effectus est specialis, immo specialissimus), eadem facit coloratum (et iste generalis), facit quale (et iste generalissimus). Igitur omnes albedines sunt hoc universale album, omnes albedines et alii colores hoc universale coloratum, omnes albedines et aliae qualitates hoc universale quale. Unde Aristoteles noster describens ab effectu qualitatem ait: 'Qualitas est secundum quam quales dicimur', quasi qualitatis genus, id est esse, est facere quale. Sicut enim substantia quaelibet habet esse a forma substantiali, specie scilicet vel genere, ut homo habet esse humanitate et ideo hac specie homo et hoc genere animal, sic albedo habet esse suo effectu, quo desinente et ipsa desinit esse.

You heard that I said above that all genera and species are contained in the first category, but in the other categories are found the most general genera and the most specific ones. For this reason, the same form has both a specific and a general effect, so for example whiteness makes a white thing (and this effect is a specific, indeed a most specific one), and the same form makes something coloured (this is a general effect) and makes it the bearer of a quality (and this is the most general effect). Therefore all whitenesses are this universal – white, and all whitenesses and other colours are this universal – coloured, and all whitenesses and other qualities are this universal – bearing a quality. And so, when he was describing quality from its effect, our Aristotle said: 'A quality is that according to which we say that things are bearers of such and such a quality', as if to say that the genus of quality, that is, its *esse*, is to make things bearers of such and such a quality. For just as any substance has its *esse* from its substantial form, that is from its species or genus – as human being has his *esse* from humanity and thus from the species, human being, and from this genus, animal, so whiteness has its *esse* from its effect. When the effect ceases, it itself ceases to exist.

[Text 23]: (p. 257).

(1) ... Cum in naturali facultate hoc nomine 'homo' concretive significetur res, quae homo est, et forma, qua homo est, secundum naturalis concretionis proprietatem homo est species animalis, quia homo est animal. At cum dicitur, 'homo est species animalis', fit sermo de qualitate hujus nominis 'homo', id est de humanitate concrete significata. (2) Sed de ejus effectu fit sermo, cum dicitur quod homo est species individuorum, eodem nomine quo superius, impropriissima usurpatione: cum improprie etiam ipsa qualitas supponatur nomine quo

ipsa apponenda significatur, multo improprius effectus ejus qualitatis qui eo nomine nullo modo significatur, sed hoc nomine 'humanitas'. (3) Igitur humanitas, significata hoc nomine 'homo' pro qualitate, est species generis, id est animalis, quae, ut significatur hoc nomine, dividit hoc genus animalis, cum dicitur 'animalium aliud homo, aliud non-homo.' (4) Sed non eadem humanitas, immo effectus ejus, qui pro qualitate significatur hoc nomine 'humanitas', est species individuorum et praedicatur de eis, cum dicitur 'socratitas est humanitas', 'platonitas est humanitas' et sic de singulis, quae individua ibi subjicuntur mediantibus effectibus suis.

(5) Planum est ergo, quomodo haec propositio, 'homo est species animalis', exemplum faciat naturalis speculationis et quomodo constituat exemplum concretionis, quia ista locutione, 'homo est species animalis', hoc genus animal de hac specie homo praedicari invenitur et sic rebus ipsius speciei composita intelligitur. (6) Hac vero locutione, 'Homo est species individuorum', non datur intelligi quid cui componatur, sed quae forma cui effectui supponatur. (7) Et sic exemplum est mathematicae abstractionis, quia proprietas mathemaseos est non genus praedicari sed generis genus, id est non id quod est genus, sed id quo est genus, non de eo quod est species sed de eo quo est species, id est effectum de effectu assignare, ut hic: 'humanitas est animalitas'. Specie enim individuorum, non simpliciter specie, fit subjectio. (8) Et de eo quod est humanitas praedicatur genus animalitatis, non animalis, id est effectus qui pro qualitate hoc nomine 'animalitatis' significatur. (9) Qui effectus 'genus generis' dicitur quadam similitudine, quia sicut esse cujuslibet rei 'genus' ejus appellatur – sicut cum dicitur 'cujus generis res sit', id est cujus subsistentiae, ita, inquam, effectus formae cujuslibet 'genus' ejus dicitur, quia ipsa non habet aliud esse nisi effectum suum, quia forma non ex alterius formae habitu sed ex suo effectu esse sortitur. **In** huiusmodi ergo **mathematicis philosophum oportet versari disciplinaliter**, id est propter disciplinam faciendam de his, quae actu inabstracta sunt, abstractionem fingere, non autem inseparabilia separare, sed sic abstractis nomina abstractionum convenientia accommodare, velut haec: 'humanitas', 'albedo' et similia ...

(1) In natural science by the name 'human being' the thing which is a human being is signified as a concrete-whole, and [also] the form, by which he is a human being. Therefore, according to the property of being a natural concrete whole, human being is a species of animal, because a human being is an animal. (2) But when one says, 'human being is a species of animal', what is being said concerns the quality of this name 'human being', that is, it is about humanity signified in a concrete whole. But when one says that human being is a species of individuals, what is being said concerns its effect. The same word as above ['human being'] is used, but with a most improper change of its meaning. Since it was improper even for the quality itself to be made a subject by a name by which is signified that which the quality itself should be predicated of, it was even more improper [for it to be used to mean] the effect of its quality – something which is in no way signifed by this name, but by the name, 'huma-

nity'. (3) Therefore humanity, which is signified by the name 'human being' with respect to quality, is the species of a genus, that is of the genus animal: as signified by this name [by 'human being'], humanity divides this genus of animal, when one says: 'Animals divide into men and non-men'. (4) But it is not the same humanity, but rather its effect, which is signified by the name 'humanity' with respect to quality and which is a species of individuals and is predicated of them when one says, 'Socrateity is humanity', 'Platoneity is humanity' and so on for them all: these individuals are there made into subjects through the intermediary of their effects.

(5) Therefore it is plain how this proposition, 'human being is a species of animal' can provide an example of natural science and how it furnishes an example of being a concrete whole, because in the utterance 'human being is a species of animal', one finds that the genus animal is predicated of the species human being and in this way it is understood that it is made up of things of that species. (6) But this utterance – 'Human being is a species of individuals' – is not intended to convey what is made up of what, but which form is the subject for which effect. (7) And so it is an example of mathematical abstraction, because the characteristic of mathematics is that it is not the genus which is predicated but the genus of a genus, that is to say, not that which is a genus, but that by which it is a genus, [and it is predicated] not of that which is a species, but of that by which it is a species. That is to say that an effect is attributed to another effect, as here: 'humanity is animality'. For the position of subject is occupied not by a mere species, but by a species of individuals. (8) And it is the genus of animality, not of animal, which is predicated of that which is humanity – that is, the effect which is signified with respect to quality by the name 'animality'. (9) This effect is called the 'genus of a genus' because of a certain likeness. Because, just as the *esse* of any thing is called its 'genus' (as when one says 'of what genus might the thing be' in the sense of 'of what *subsistentia*'), so, I say, the effect of any form is called its 'genus' because it has no *esse* except for its effect, because a form comes not from having another form but from its effect. Therefore in this way **in mathematical investigations the philosopher must go about his work in a scientific way,** that is, in order to gain a scientific understanding about things which, in act, are non-abstract, feign an abstraction, but not separate what are inseparable, but in this way suit the fitting names for abstractions to abstract things – names such as 'humanity', 'whiteness' and the like.

[Text 24]: (pp. 269-270)

(1) ... hoc nomen 'humanitas' et hoc nomen 'deitas', cum dicitur 'humanitas est humanitas', 'deitas est deitas', utrumque, quando est subjectus terminus, subjicit locutioni qualitatem nominis hujus vel 'homo' vel 'Deus', id est humanitatem vel deitatem. Sed cum est praedicatus terminus, significat praedicando et apponendo effectum utriusque proprietatis. Et est sensus, 'humanitas est humanitas', id est res quae est humanitas, est humanitas, id est, facit hominem; et

'deitas est deitas', id est, res quae est deitas facit Deum. Et est sensus: facit hominem esse hominem humanitas, et Deum esse Deum deitas facit ... (2) Sicut verum est 'homo est homo' et non potest esse verum 'homo est humanitas', sic est verum 'Deus est Deus', sed non potest esse verum 'Deus est deitas'. Nam sicut homo humanitate non facit hominem esse hominem, sic Deus deitate non facit Deum esse Deum. Talis enim secundum mathesim esset sensus: 'Deus est deitas', id est, Deus facit Deum esse Deum. Quod nihil est dictu. Secundum igitur praemissam rationem relinquitur quod Deus non est deitas.

(1) ... When one says 'humanity is humanity', 'divinity is divinity', each of the names 'humanity' and 'divinity', when it is the subject term, makes the subject of the utterance the quality of the name 'human being' or 'God', that is to say humanity or divinity. But when it is the predicate term it signifies by predicating the effect of the respective property. 'Humanity is humanity' means that the thing which is humanity is humanity, that is, makes a human being; and 'Divinity is divinity' means that the thing which is divinity makes God. The sense of these is: humanity makes a human being a human being, and divinity makes God God. ... (2) Just as 'human being is human being' is true and 'human being is humanity' cannot be true, so 'God is God' is true and 'God is divinity' cannot be true. For just as human being does not, by humanity, make a human being a human being, so God does not, by divinity, make God God. For, according to mathematics, the meaning of 'God is divinity' would be the following: God makes God God. And this amounts to saying nothing. Therefore, from this reasoning, it remains to conclude that God is not divinity.

[Text 25]: (pp. 278-279).

(1) Ab initio omnium talium data est solutio quaestionum, ubi distinctum est inter significationem concretivi nominis et mathematici. Nomine enim concretivo subjicitur locutioni res, cui nomen est impositum mediante proprietate a qua impositum est, ut cum dicitur, 'est corpus album'. Nam hoc nomine 'album' dicitur de re, quae alba est, quod ipsa sit corpus, quae mediante albedine, a qua nomen impositum est, locutioni subjicitur. Sed eadem albedo eodem nomine praedicatur, cum dicitur 'corpus est album'. Ibi enim albedo praedicatur. Praedicari enim est aliquid suo subjecto inhaerere ostendi ut, 'corpus est album'. Hic enim ostenditur albedo corpori inhaerere. (2) Sed albedo quae nomine concretivo ibi ponitur, nomine mathematico imposito locutioni subjicitur mediante effectu suo, a quo hoc idem nomen est impositum, ut cum dicitur 'albedo est albedo'. Et eodem nomine effectus albedinis praedicatur. Est enim sensus: 'albedo est albedo', id est, albedo facit album. (3) Eodem modo cum dicitur, 'Pater est verus', hoc nomine 'veritas' praedicatur a qua hoc nomen 'verus' impositum est. Ostenditur enim veritas inhaerere Patri. At cum dicitur 'Pater est veritas', ostenditur Pater* facere verum, scilicet Deum, quod nequaquam vere de Patre dicitur. Non enim Pater se verum facit sicut Patris veritas Patrem verum facit.

[The ms. reads, according to Häring: ... "dicitur veritas est veritas ostenditur veritas". Häring emends the first *veritas* to *Pater*, but he does not emend the second *veritas* in the same way. The final sentence shows that this emendation is necessary too.]

(1) The solution to all such questions was given at the beginning, where the distinction was made between the signification of a concrete-whole name and a mathematical one. By a concrete-whole name a thing is made the subject in an utterance – a thing on which a name is imposed via the property by which it is imposed, as when one says: 'The white thing (*album*) is a body'. For by this name, 'white thing' (*album*), one says about the thing which is white that it is a body which, through the intermediary of whiteness, from which the name is imposed, is the subject in an utterance. But the same whiteness is made a predicate by the same word (*album*), when one says 'The body is white'. For there whiteness is predicated. For to be predicated is for it to be shown that something inheres in its subject as in 'the body is white'. For here it is shown that whiteness inheres in the body. But, when the whiteness, which is posited there by a concrete-whole name, is imposed by a mathematical name, it acts as subject in an utterance through the intermediary of its effect, from which this same name is imposed, as when one says, 'Whiteness is whiteness', meaning 'Whiteness makes the white thing ⟨white⟩'. (2) In the same way, when one says, 'The Father is true', truth, from which the name 'true' is imposed, is predicated. For it is shown that truth inheres in the Father. But when one says, 'The Father is truth', the Father is shown to make the true thing – that is to say God ⟨– true⟩; and this is something which cannot by any means be truly said of God. For the Father does not make himself true in the way that the Father's truth makes him true.

Philosophische und theologische Weisheit Gilbert von Poitiers' Interpretation der „Regeln" des Boethius (*De hebdomadibus*)

von KLAUS JACOBI

Im ersten Traktat *Über die Trinität* unterscheidet Boethius drei Disziplinen theoretischen Wissens, nämlich die „pars naturalis", die „pars mathematica" und die „pars theologica."[1] Gilbert von Poitiers interpretiert und begründet diese Unterscheidung.[2] Er konstruiert sie aus zwei zweigliedrigen Unterscheidungen. In der ersten werden Wissensgegenstände unterschieden, in der zweiten Wissensweisen:

			speculatio
		wie sie sind	*NATURALIS*
	konkrete Dinge. Diese werden betrachtet		
		anders als sie sind, *abstractim*	*MATHEMATICA*
Die Betrachtung geht auf			
	Prinzipien; den ersten Ursprung		*THEOLOGICA*

In der natürlichen Einstellung beschreiben wir. Die Beschreibungssprache gebraucht nur konkrete Termini und Verknüpfungsworte wie ‚ist'. In der Einstellung der Mathesis analysieren wir Begriffe. Die Wissenschaftssprache gebraucht nur abstrakte Termini und Verknüpfungsworte wie ‚ist verbunden mit'. Für die theologische Rede gibt es keine Eigensprache. Die Methodologie der spekulativen Theologie ist eine Methodologie von „Übertragungen".

1 BOETHIUS *Theologische Traktate*, tract. I, II, ll. 5. 10-11. 14, S. 6-8.

2 Vgl. JACOBI 1995, dort auch Hinweise auf Forschungsliteratur. Vgl. ferner JACOBI 1998.

Die Disziplinen sind aufeinander bezogen. Was in der Mathesis erforscht wird, sind die abstrahierten Formen, „durch die" die Dinge sind, was sie sind und wie sie sind. Die Verbundenheit der Ursprungswissenschaft mit den Wissenschaften vom Geschaffenen wird erforscht, indem die Übertragungsregeln erforscht werden, durch die wir von einem Bereich zum anderen gehen. Es gibt nicht nur Sinnübertragungen vom Begründeten zum Grund, sondern auch solche vom Grund zum Begründeten.

Im folgenden soll untersucht werden, wie Gilbert die unterschiedlichen Betrachtungsweisen miteinander verbindet. Dies wird an einem zusammenhängenden Text, nämlich an Gilberts Interpretation der „Regeln" aus *De hebdomadibus*, untersucht.

Gilbert schickt seinem Kommentar zu Boethius' Schrift *De hebdomadibus* einen von Boethius' Text unabhängigen Prolog voraus. In ihm spricht er über die Stufen des Unterrichts, den Philosophen geben. Was sie lehren können, hängt von der Fassungskraft ihrer Schüler ab. Die vorliegende Schrift des Boethius und ebenso Gilberts Kommentar zu ihr ist für Schüler bestimmt, die schon sehr weit fortgeschritten sind. Sie ist denen vorbehalten, die „sich gleichsam durch die Bewegung ihrer Vernunft auf das ausrichten, was außerhalb von Sinnen und Vorstellungen erfaßt werden muß."[3] Doch dies genügt nicht. Die Schüler dürfen nicht an den gewohnten Wortbedeutungen und Sprachregeln festhalten; sie müssen nach der Wahrheit streben, die sie spüren, indem sie über die vertrauten Bedeutungen hinausstreben.

Erneut ist dies nur Vorbedingung. Die für Theorie Begabten werden einen Weg über verschiedene Stufen geführt.[4]

Zuerst befassen sie sich mit einem Bild der Form der Weisheit, „das irgendwie in den Konkretionen der natürlichen ⟨Dinge⟩ undeutlich dargestellt ist."[5] Dies tuend, laufen sie gewissermaßen noch auf „öffentlichem Weg".[6] Sie arbeiten mit „gemeinsamen und allen bekannten Begründungen."[7]

Die zweite Stufe benennt Gilbert mit dem griechischen Wort „mathesis".[8] Dies ist die „Disziplin", die Begriffe „aus den Konkretionen abstrahiert".[9] Was in den Dingen als deren „Natur und Eigenheit"[10] ist, wird nun herausgehoben und für sich betrachtet.

---

3 Gislebertus Pictavensis *In Boethium* (De hebdomadibus), Prologus, n. 1, ll. 5-7, S. 183: „... qui primo quasi rationis motu ad ea, que preter sensus et imaginationes concipi debent, contendunt". Cf. nn. 2–3, ll. 8-18, S. 183.

4 Cf. ibidem, n. 4 , ll. 19-22, S. 183-184; n. 5, ll. 23-27, S. 184.

5 Ibidem, n. 5, ll. 26-27, S. 184: „... ad imaginem eius, que in naturalium concretionibus quodam modo adumbrantur, adducunt".

6 Ibidem, n. 5, ll. 25-26, S. 184: „... publica via currentes".

7 Ibidem, n. 5, ll. 24-25, S. 184: „... communibus et que omnibus note sunt rationibus".

8 Ibidem, n. 6, l. 29, S. 184.

9 Ibidem, n. 6, ll. 28-29, S. 184: „... que a concretionibus ... abstrahit".

10 Ibidem, n. 6, l. 30, S. 184: „... rerum naturam et proprietatem".

Zur letzten Stufe werden nur wenige zugelassen, weil nur wenige für die höchste Betrachtungsweise fähig sind.[11] Es ist die Betrachtung der Weisheit selbst, und zwar so, wie sie „in jedem Bereich von Entitäten – nämlich von natürlichen, mathematischen und ganz besonders von theologischen – geschaut" wird.[12] Die auf diese Stufe Gelangenden entdecken, daß es „keine angemessenen Reden gibt, durch die" die „Gründe der Weisheit"[13] entfaltet werden könnten. Die hier einzig mögliche Rede ist die der „Übertragung von Wörtern".[14] Wer hier betrachtet, muß wissen, daß er immer vor „unauflöslichen Fragen"[15] stehen wird.

So vorbereitet – oder vielleicht auch vorgewarnt – wenden wir uns Gilberts Interpretation von Boethius' Regeln zu. Gleich zu Beginn seiner Interpretation der ersten inhaltlichen Regel „Diversum est esse et id quod est – Verschieden ist das Sein und das, was ist"[16] betont Gilbert, daß Theologen und Philosophen die Worte ‚Sein' und ‚Etwas sein' verschieden benutzen.[17] Für die Theologen ist Gott das Sein aller Geschöpfe;[18] die Geschöpfe sind im Sinne von Etwas-sein.[19] Für die Philosophen ist das Subsistierende durch seine Subsistenzen;[20] es ist etwas durch die die Subsistenzen begleitenden Quantitäts- und Qualitätsbestimmtheiten.[21]

Gilbert sagt, „diese Regel wie auch die folgenden" müßten „sowohl nach dem Sprachgebrauch der Theologen wie auch nach dem Sprachgebrauch der Philosophen[22] aufgefaßt werden; dies werde das, was folgt, lehren."[23] Überraschenderweise fügt er hinzu, er selbst „werde dennoch alle, ausgenommen die siebte, um sie möglichst deutlich zu beweisen, im Bereich des Natürlichen exemplifi-

---

11 Cf. ibidem, nn. 7–8, ll. 32-45, S. 184.

12 Ibidem, n. 8, ll. 40-41, S. 184: „... in omni rerum genere – uidelicet et in naturalibus et in mathematicis et maxime in theologicis – intuentes".

13 Ibidem, n. 8, ll. 42-43, S. 184: „... rationes ab aliorum rationibus esse diuersas nec, quibus explicari possint, cognatos esse sermones".

14 Ibidem, n. 8, l. 44, S. 184: „... necesse sit uerba transsumi".

15 Ibidem, n. 8, l. 45, S. 184: „... inextricabiles admodum questiones".

16 [Expositio littere] I, Secunda regula, l. 47, S. 193.

17 Cf. ibidem, n. 27, ll. 52-53, S. 193.

18 Cf. ibidem, n. 27, ll. 54-55, S. 193: „in theologica, diuina essentia – quam de Deo predicamus cum dicimus ‚Deus est' – omnium creatorum dicitur esse".

19 Cf. ibidem, n. 28, l. 59, S. 193.

20 Cf. ibidem, n. 30, l. 71, S. 194: „ea que subsistunt dicunt esse subsistentiis".

21 Cf. ibidem, n. 30, ll. 72-73, S. 194: „... et esse aliquid his que subsistentias comitantur: interuallaribus scilicet mensuris et qualitatibus". Genau genommen referiert Gilbert zwei unterschiedliche Auffassungen von Philosophen. Die von mir wiedergegebene ist seine eigene Auffassung.

22 Genauer: der zweitgenannten Philosophenschule.

23 Ibidem, n. 34, ll. 86-88, S. 194: „Sed et hanc regulam et ceteras que secuntur, preter septimam, tam usu theologicorum quam aliorum philosophorum hoc loco accipi debere sequentia nos docebunt".

zieren."[24] Diesen Hinweis hatte ich in früheren Bezugnahmen auf diese Stelle nicht genau genug gelesen. Ich hatte gemeint, Gilbert verspreche, die genannten Regeln auch im Bereich des Natürlichen zu exemplifizieren, und ich hatte behauptet, Gilbert gebe tatsächlich von den Regeln je eine theologische und eine philosophische Interpretation.[25] Heute verstehe ich Gilberts Angabe anders. Er wird die Regeln nur im Bereich des Natürlichen exemplifizieren. Die theologische Interpretation wird, ausgenommen die nur theologisch interpretierbare VII. Regel, eher angedeutet als ausgeführt. Daß Gilbert seine Aufmerksamkeit hauptsächlich auf die philosophische Interpretation richtet, ist überraschend, gerade weil er doch soeben betont hat, die Regeln müßten philosophisch und theologisch ausgelegt werden. Wir werden nach einer Erklärung für dieses Vorgehen suchen müssen.

Wir folgen zunächst Gilberts Hauptinteresse und konstruieren seine Theorie des Subsistierenden. In Klammern werden Vorschläge zu einer Symbolisierung beigefügt, die im Anhang systematisiert werden. Durch die Systematisierung zeigt sich, wie streng und genau die Theorie aufgebaut ist. In einem zweiten Gang ergänze ich dann das, was über Theologie gesagt wird.

Das Subsistierende [a] ist durch seine substantialen Bestimmungen, die Gilbert ‚Subsistenzen' nennt [a ist F durch F_{Subs}].[26] An anderer Stelle im selben Traktat formuliert Gilbert näher am Sprachgebrauch der Theologen.[27] Das Subsistierende, so sagt er dort, ist durch seine Subsistenzen zwar ein etwas, aber ein „etwas in dem, was es ist (*aliquid in eo quod est*)".[28] Die Subsistenzen werden „durch räumliche Abmessungen und Qualitäten begleitet" [F_{Subs} wird begleitet durch F_{Quant}/ F_{Qual}].[29] Durch sie ist das Subsistierende ein Etwas [a ist F durch F_{Quant}/ F_{Qual}] oder, wie es an der späteren Stelle heißt „nur ein Etwas",[30] nämlich im nicht-wesenhaften Sinn ein Etwas.[31] Nur durch substantiale Bestimmtheiten einerseits und durch Bestimmtheiten der Quantität und der Qualität andererseits wird ein Subsistierendes bestimmt. Die zu den übrigen Kategorien gehörigen Angaben faßt Gilbert allesamt als Relationsangaben [a R b], durch die Subsistierende aufeinander bezogen werden – sei es räumlich oder zeitlich oder im Gelegen-sein oder durch Tun oder Erleiden oder durch Haben.[32]

24 Ibidem, n. 34, ll. 88-89, S. 194: „Nos tamen omnes, preter illam septimam, ut significantius demonstrentur, in naturalibus explicabimus".

25 Jacobi 1995, S. 527.

26 Gislebertus Pictavensis *In Boethium* I, n. 30, l. 71, S. 194, zitiert Anm. 20.

27 Vgl. o. Anm. 18.

28 Gislebertus Pictavensis *In Boethium* I, Quinta regula, n. 46, l. 56, S. 197.

29 Gislebertus Pictavensis *In Boethium* I, Secunda regula, n. 30, ll. 72-73, S. 194, zitiert Anm. 21.

30 Gislebertus Pictavensis *In Boethium* I, Quinta regula, l. 48, S. 197: „... tantum esse aliquid".

31 Cf. ibidem, n. 47, l. 62, S. 197.

32 Cf. Gislebertus Pictavensis *In Boethium* I, Secunda regula, n. 31, ll. 74-77, S. 194.

Sei ‚a ist F' eine Aussage mit konkreten Termen, wie wir sie in natürlicher Einstellung machen. Gilbert erweitert solche Aussagen durch den abstrakten Term: ‚a ist F durch *F*' (lies: Fheit), zum Beispiel ‚Peter ist ein Mensch durch Menschhaftigkeit', ‚Peter ist klug durch Klugheit'. Nicht von den konkreten, sondern von den die Bestimmtheiten bezeichnenden abstrakten Termen[33] sagt Gilbert, sie würden prädiziert.[34]

Die Bestimmtheiten werden durch Abstraktion unterschieden. Sie sind nicht, und sie sind auch kein Etwas, sondern durch sie ist das Subsistierende, was es ist, oder das Etwas, das es ist.[35] Sie sind das Sein und das Etwas-sein des Subsistierenden, aber sie sind nicht selbst Subsistierendes. In der Einstellung der Mathesis wird auf die Bestimmtheiten, d.i. auf die Formen des Seins „in abstrakter Weise geachtet"; nichtsdestoweniger gibt es diese Bestimmtheiten nur konkretisiert.[36]

In der natürlichen Einstellung werden Bestimmungen eines Subsistierenden gesammelt. Dies geschieht beschreibend. In der Einstellung der Mathesis werden die gefundenen Bestimmungen geordnet. Jedes Subsistierende hat viele substantiale – nämlich spezifische und generische – Bestimmungen.[37] Es hat weiter viele Quantitäts- und Qualitätsbestimmungen. Es ist pluriform. In der Mathesis wird erforscht, zum Vermögen welcher Subsistenz eine in der Beschreibung aufgewiesene Qualität gehört.[38] Peter zum Beispiel hat eine bestimmte Hautfarbe nicht, sofern er ein Mensch ist, sondern sofern er ein Körperding ist; Farbigkeit gehört zum Vermögen von Körperhaftigkeit.[39]

Nichts Natürliches ist einfach.[40] Das Wort ‚konkret' versteht Gilbert wörtlich: Das Natürliche ist „zusammengewachsen"[41] aus Bestimmtheiten, substantialen und akzidentellen.

Daran gemessen ist das Abstrahierte einfach.[42] Einige Seinsformen sind schlechthin elementar. Das sind die allgemeinsten Subsistenzen und die allgemeinsten Quantitäts- und Qualitätsbestimmtheiten. Je reicher inhaltlich die Formen werden, desto komplexer sind sie. Der komplexeste mathematische

33 Cf. ibidem, n. 36, ll. 93-94, S. 194.

34 Cf. ibidem, n. 33, l. 82, S. 194.

35 Cf. ibidem, n. 33, ll. 81-85, S. 194.

36 Ibidem, n. 36, ll. 98-99, S. 195: „Etsi enim abstractim attenditur, est tamen inabstracta".

37 Cf. *In Boethium* I, Tercia regula, n. 42, ll. 29-30, S. 196.

38 Cf. ibidem, n. 38, ll. 16-19, S. 195.

39 Cf. ibidem, n. 41, ll. 26-28, S. 196.

40 Cf. *In Boethium* I, Septima regula, n. 57, ll. 19-20, S. 199: „... omnia naturalia non modo creata sed etiam concreta sunt".

41 *In Boethium* I, Octaua regula, n. 68, ll. 91–92, S. 202: „... subsistens ipsum concretum et compositum est".

42 Cf. *In Boethium* I, Septima regula, n. 57, ll. 21-25, S. 199.

Sinngehalt [F_{Max}] ist die „vollständige Eigenheit (plena proprietas)" einer „ersten Substanz".[43] Diese Bestimmtheit ist maximal. Zu ihr gehören alle Subsistenzen und alle die Subsistenzen begleitenden Quantitäten und Qualitäten.

Jedes Subsistierende ist „zusammengesetzt" aus allen Bestimmtheiten, durch die es ist und ein etwas ist.[44] Manche Subsistierende aber sind noch auf eine andere Weise zusammengesetzt, nämlich aus Teilen, die selbst wieder Subsistierende sind [a besteht aus b und c].[45] In dieser Weise ist z. B. ein Mensch zusammengesetzt aus einem Leib und einem Geist.[46] All das, was von den Teilsubsistierenden prädiziert wird – also hier vom Leib und vom Geist –, das wird auch von dem Ganzen, das aus ihnen besteht, prädiziert – hier also vom Menschen.[47]

Mit dem Gesagten ist, wie ich hoffe, Gilberts Theorie des Subsistierenden in einer für unsere Untersuchung hinreichenden Weise skizziert. Es handelt sich um eine bemerkenswerte Verbindung von Philosophien, die sonst oft miteinander in Widerstreit liegen. Nur individuelle Einzeldinge existieren. Aber um deren Konstitution zu erforschen, entwickelt Gilbert eine Erkenntnislehre mit stark platonistischen Zügen.

Ich gehe über zur theologischen Betrachtung.

Wenn wir sagen ‚Gott ist', dann prädizieren wir von Gott die göttliche Seinsheit (essentia).[48] Der Theologe sagt auch, daß die göttliche Seinsheit das Sein aller Geschöpfe ist. Wenn von einem Geschöpf ‚ist' gesagt wird – z. B. ‚der Mensch ist'-, dann wird der Ausdruck ‚Sein' in „extrinsischer Denomination"[49] verwendet, nachbenannt zur Seinsheit des Prinzips.

Die wichtigste Einsicht des Theologen ist die, daß wir keine Reden haben, die Gott angemessen sind.[50] Wir sind auf die Redeweisen angewiesen, die wir bei der Erforschung natürlicher Dinge entwickelt haben. Wir können nichts anderes tun, als „übertragend"[51] von Gott sprechen und dabei immer sogleich über die Unangemessenheit der Übertragung nachdenken. Wir sagen z. B. ‚In Gott ist Seinsheit, durch die er ist, und Macht, durch die er mächtig ist, und Weisheit, durch die er weise ist', und wir fügen korrigierend hinzu: ‚In Gott sind Seinsheit, Macht und Weisheit nicht verschieden.'[52]

---

43 Ibidem, n. 57, l. 24, S. 199: „... primarum substantiarum plena proprietas".

44 Cf. *In Boethium* I, Octaua regula, n. 67, ll. 79-86, S. 202.

45 Cf. ibidem, n. 65, ll. 68-72, S. 201.

46 Cf. ibidem, n. 66, ll. 73-78, S. 202.

47 Man müßte wohl noch, über Gilbert hinausgehend, hinzufügen, daß Leib und Geist aufeinander einwirken, also gegenseitig in der Relation des Tuns und Erleidens stehen [a besteht aus b und c, und b R c].

48 Cf. *In Boethium* I, Secunda regula, n. 27, ll. 54-58, S. 193.

49 Ibidem, n. 27, l. 57, S. 193: „... extrinseca denominatione".

50 Cf. *In Boethium* I, Septima regula, n. 58, ll. 28-29, S. 200: „... non habemus illi cognatos, quibus de ipso loquamur, sermones".

51 Ibidem, n. 58, ll. 29-30, S. 200: „... a naturalibus ad ipsum uerba transsumentes".

52 Ibidem, n. 58, ll. 30-35, S. 200: „... dicentes: ‚In Deo est essentia qua ipse est et potentia qua potens est et sapientia qua sapiens est' et huiusmodi, non tamen cogi-

Um Gottes Einfachheit zu verdeutlichen, kann man seine Zuflucht zu einer Redeweise nehmen, die beim Reden über Subsistierendes als Fehlbildung gilt. Man verbindet einen konkreten und einen abstrakten Term und sagt ‚Gott ist die Seinsheit selbst', ‚Gott ist die Macht selbst', ‚Gott ist die Weisheit selbst'.[53] Solche grammatischen Fehlbildungen sollen aber nicht als die für die Theologie passende Sprachform aufgefaßt werden, sondern eher als Hinweise auf die Sprachnot, in der der Theologe sich findet. Durch Redeweisen wie die genannte wird angedeutet, daß wir alles, als was wir Gott benennen, so verstehen müssen, daß „Gott es wesenhaft ist und daß Gott es selbst ist" (in eo quod est).[54]

Warum arbeitet Gilbert nicht aus, was er doch selbst für nötig hält: Warum führt er nicht bei allen in Frage kommenden Regeln des Boethius außer der philosophischen auch die theologische Interpretation durch? Auf solche Fragen kann nur vermutungsweise geantwortet werden. Meine Vermutung, die ich zur Diskussion stelle, lautet:

Weil die theologische Rede übertragende Rede ist, ist es vorrangig, diejenige Rede, von der wir notwendigerweise ausgehen, genau zu erforschen. Erst wenn diese logisch-semantische Forschung zu klaren Ergebnissen geführt hat, kann man damit beginnen, Regeln der Übertragung in die Theologie zu formulieren. Das Komplexe muß bis auf den Grund analysiert werden; erst dadurch besteht Hoffnung auf verstehende Rede vom schlechthin einfachen Gott, der das Sein von allem ist.

---

tamus ab essentia, qua illum esse predicamus, potentiam aut sapientiam – quibus quasi esse aliquid dicimus eum de quo omnino nec scimus nec scire possumus quid sit – ulla ratione esse diuersam".

53 Ibidem, n. 59, ll. 36-40, S. 200: „Et tanta in illo est sub hac horum nominum diuersitate non dico rerum unio sed singularis et simplicis et indiuidue unitas ut de eo uere dicatur non modo ‚Deus est, Deus est potens, Deus est sapiens' uerum etiam ‚Deus est ipsa essentia, Deus est ipsa potentia, Deus est ipsa sapientia' et huiusmodi".

54 Ibidem, n. 60, ll. 41-43, S. 200: „Ipse enim solus quicquid est ... uere est in eo quod est et ipsum quod est".

Anhang

Bestandteile von Gilberts Theorie	Ein Vorschlag zur Symbolisierung
Subsistierendes, Konkretes, das, was ist (*quod est*)	a [oder auch: b, c, ...]
Bestimmung, Prädikat	F [G, H, ...]
Relation	R
Bestimmtheit, Abstrahiertes Form, *quo est*	*F [G, H, ...]*
Subsistenz, Form zu sein (*forma essendi*)	F_{Subs}
Quantitätsbestimmtheit	F_{Quant}
Qualitätsbestimmtheit	F_{Qual}
Maximalbestimmtheit, *perfecta proprietas*	F_{Max}
Spezifische Bestimmtheit	F_{Spec}

Verknüpfungen

a ist F	
a R b	
a ist F durch *F*	*F* ist in a. *F* wird von a prädiziert.
a ist F durch F_{Subs}	a ist durch *F* = a ist etwas, in dem, was es ist (*in eo quod est*) durch *F*. a ist etwas in wesentlichem Sinn durch *F*.
a ist F durch F_{Quant}/ F_{Qual}	a ist etwas durch *F* = a ist nur etwas (*tantum aliquid*) durch *F*. a ist etwas in akzidentellem Sinn durch *F*.

F_{Subs} wird begleitet von F_{Quant}/ F_{Qual}

Für manche a: a besteht aus b und c.

Wenn a aus b und c besteht, dann wird alles, was von b prädiziert wird, auch von a prädiziert.

Wenn a aus b und c besteht, dann ist F_{Max} von b auch in a.

"Scientia" and "disciplina" in the correspondence of Peter Abelard and Heloise

by David Luscombe

Disciplina

In his letters Abelard uses the word "disciplina" in a number of different ways.[1] Learning or studying a branch of organised knowledge is one such use: "ingenio exstiti AD LITTERATORIAM DISCIPLINAM facilis."[2] Abelard claims to have a natural facility for the study of letters which was realised during his early education, which took place either in a school or through private tuition.[3] He mentions education in boyhood again in his *Dialectica* in the course of discussing the different kinds of comparison. He has in mind the beginner's textbooks in dialectic, including the *Categories* and Boethius' *De differentiis topicis*: "Cum autem tres comparationis gradus esse A PUERILIBUS DISCIPLINIS accepimus ..."[4] 'Disciplines' thus signify the branches of study or the arts which are learned and taught in a traditional, formal and also practical way:

> dialecticarum rationum armaturam omnibus philosophiae documentis praetuli ... Proinde diversas disputando perambulans provincias, ubicunque hujus ARTIS vigere studium audieram, Peripaticorum aemulator factus sum ... Perveni tandem Parisius, ubi jam maxime DISCIPLINA HAEC florere consueverat.[5]

"Disciplina" is here used in relation to dialectic but in the sense of a process, the process being the practice of disputation, the peripatetic pursuit of dialectical reasoning in philosophy as well as study of the art. He puts emphasis on the practice of dialectic which takes the form of disputing. He calls this practice an

---

1 The anonymous letters exchanged between 'mulier' and 'vir', who have been considered possibly to be Heloise and Abelard, and edited by Ewald Könsgen yield nothing that is significant for this communication. See Könsgen 1974. Constant Mews has recently argued the case for seeing in these letters authentic relics of correspondence between Abelard and Heloise: Abelard/Heloise *Letters*.

2 Abaelardus *Historia calamitatum*, 12-13.

3 Abaelardus *Historia calamitatum*, 13-17: "Patrem autem habebam litteris aliquantulum imbutum antequam militari cingulo insigniretur. Unde postmodum tanto litteras amore complexus est, ut quoscunque filios haberet, litteris antequam armis INSTRUI disponeret. Sic que profecto actum est."

4 Abaelardus *Dialectica*, p. 430, 24–25; also p. 424, 20–23, 426, 19–21 for references to Boethius, Aristotle and Porphyry.

5 Abaelardus *Historia calamitatum*, 25-31. Cf. Abaelardus *Epistolae* (Smits), XIII, p. 276, ll. 161-162: "rationi disserendi, hoc est logicae disciplinae."

art – a significant point, as we shall see later. In describing how finally he vanquished William of Champeaux and attracted to himself William's pupils, Abelard uses the term "disciplina" in a sense that embraces "doctrina" or the conclusions reached in teaching and disputation:

> Hinc tantum roboris et auctoritatis NOSTRA suscepit DISCIPLINA, ut ii, qui antea vehementius magistro illo nostro adhaerebant, et maxime nostram infestabant DOCTRINAM, ad nostras convolarent scholas.[6]

Abelard also uses the singular form of "disciplina" in general references to the liberal arts. In the *Historia Calamitatum* he writes "secularium artium disciplinam" as distinct from "sacre lectioni[s] studium". He was now a monk:

> Ubi, quod professioni me convenientius erat, sacre plurimum lectioni studium intendens, SECULARIUM ARTIUM DISCIPLINAM quibus amplius assuetus fueram et quas a me plurimum requirebant non penitus abjeci, sed de his quasi hamum quendam fabricavi, quo illos philosophico sapore inescatos ad vere philosophie lectionem attraherem ...[7]

In *Epistola* IX Abelard recalls the way in which Jerome commended the study and teaching of Greek letters to his female pupils and comments that the "disciplina" of the liberal arts and knowledge of the Greek and Latin languages brought benefits to those who strove to be perfectly educated:

> maxime, ut arbitror, propter translacionem diuinorum librorum a Grecis ad nos derivatam, unde et discernere posset quid apud nos minus uel aliter esset et fortasse propter LIBERALIUM quoque DISCIPLINAM ARCIUM, que his que ad perfectionem doctrine nituntur, non nichil afferunt utilitatis.[8]

Abelard also cites Jerome's recommendation to Laeta that she teach her daughter letters to ensure her good character:

> ad Laetam de institutione filiae suae Paulae, propter morum doctrinam tradit hanc LITTERARUM DISCIPLINAM.[9]

Educated men and women in Rome in Jerome's day were not content to know Latin alone and had recourse to the Greek version of Scripture from which the Vulgate text was derived. Learning another language is also a "disciplina":

> Tantum eo tempore in sanctis feminis, sicut et in uiris, studium fervebat litterarum, ut nequaquam SUE LINGUE DISCIPLINA contente ipsos scripturarum riuulos quos habebant, ab ipsis inquirerent fontibus nec inopiam unius lingue sibi crederent sufficere.[10]

---

6 ABAELARDUS *Historia calamitatum*, 101-104.

7 ABAELARDUS *Historia calamitatum*, 668-674.

8 ABAELARDUS *Epistolae* (Smits), IX, p. 224 (PL 178, c. 328A). Cf. ABAELARDUS *Sermo*, XVIII (PL 178, c. 511C-512A).

9 ABAELARDUS *Epistolae* (Smits), IX, p. 219 (PL 178, c. 325C).

10 ABAELARDUS, *Epistolae* (Smits), IX, p. 228 (PL 178, c. 330C).

"Disciplina" is, moreover, used in the sense, found in the Vulgate, of doctrine, even command or precept or regulation. "Dominica disciplina" means the teaching of Christ:

> Quod quidem, juxta DOMINICAM EVANGELICAE REGULAE DISCIPLINAM, lumbos praecingere (Lc 12 35), omnibus renuntiare (Lc 14 33), otiosum verbum cavere (Mt 12 36).[11]

In addition, Abelard uses the term "disciplina" in the sense, which it had acquired in the earlier centuries, of obedience to a rule, in particular a monastic rule. In one passage he refers to the example of the Venerable Bede who wrote in his *History* that he applied himself completely to the study of Scripture and to the task of learning and writing between the times when he observed the monastic discipline and the daily task of singing in church:

> Omnem meditans Scripturis operam dedi, atque inter observantiam DISCIPLINAE REGULARIS et quotidianam cantandi in ecclesia curam semper aut discere aut scribere dulce habui.[12]

The role of understanding – "intelligentia" – in Abelard's advocacy of monastic discipline is always of the first importance. Bede exemplified "disciplina" in an ideal way, but monastic studies at the present time are producing inveterate fools, pleased with the sound of letters but having no understanding of them:

> Nunc vero qui in monasteriis erudiuntur adeo stulti perseverant, ut litterarum sono contenti nullam de intelligentia curam assumant, nec cor instruere, sed linguam student.[13]

In his *Rule* for the nuns of the Paraclete Abelard gives advice on this.[14] What is to be sung or said should not just be learned. It must be understood. Scripture is like a mirror of the soul. If it is read and not understood, it is as if a blind man holds it before his eyes or as if an ass plays a harp.[15] Heloise, in her letter to Abelard presenting the Biblical *Problemata* prepared by her sisters for consideration, reminds Abelard that he has written that reading the Scriptures without understanding is like holding a mirror before someone who cannot see.[16] Unless understanding is present, all the mouth does is form words on the breath of speech and song.[17] Abelard attacks unnamed monasteries in which "disciplina" is merely training or practice. The feeding of sheep is more important than their bleat:

---

11 ABAELARDUS *Epistolae*, VIII c. 258B.

12 ABAELARDUS *Epistolae*, VIII c. 311B. See BEDA *Historia ecclesiastica*, p. 566-567. Bede wrote: "... aut discere aut docere aut scribere ..."

13 ABAELARDUS *Epistolae*, VIII c. 311B.

14 ABAELARDUS *Epistolae*, VIII c. 306A-314B.

15 ABAELARDUS *Epistolae*, VIII c. 306AB.

16 "Addebas insuper ad exhortationem nostram ipsam Scripturae lectionem non intellectam esse quasi speculum oculis non videntis appositum" (PL 178, c. 678B).

17 ABAELARDUS *Epistolae*, VIII c. 306D-307C.

unde non mediocriter miramur quae inimici suggestio in monasteriis hoc egit, ut nulla ibi de intelligendis Scripturis sint studia, sed de cantu tantum [si]ve de verbis solummodo formandis, non intelligendis habeatur DISCIPLINA, quasi ovium balatus plus utilitatis habeat, quam pastus.[18]

This reminds one of Abelard's definition, in his *Logica 'Nostrorum petitioni sociorum'*, of "vox" as mere "flatus vocis" in contrast to "sermo" which signifies.[19] And there may also be an echo here in the *Rule* of Abelard's youthful exposition of the Book of Ezechiel before his fellow students when he attended the school of Anselm of Laon. For he refers to the ways in which the Lord told Ezechiel to listen to what the Lord says, to open his mouth and 'eat' the book which he gives and then go and speak to the sons of Israel. Ezechiel 'eats' the book and it became sweet honey in his mouth ("Et comedi illud, et factum est in ore meo sicut mel dulce", Ez 3 3). In the account which Abelard gives in his *Historia calamitatum* of his challenge to Anselm's teaching, he expresses his contempt for Anselm's lack of sense and reason and his own aim to use "ingenium" when expounding Scripture.[20] Ezechiel's understanding, his 'eating' of the book, becomes the model for monastic "disciplina". Benedict's instruction that the monks in Lent should take codices from the library and read them from end to end presupposes that they will read with understanding.[21] At this point in his *Rule* Abelard moves from an emphasis on "intelligentia" to an emphasis upon "scientia". He distinguishes between those who know letters and those who do not ("scire/nescire"). Knowing letters is defined as more than literacy; it includes the ability to communicate them:

Scire quippe litteras in claustris dicuntur, quicunque illas proferre didicerunt.[22]

Abelard passes in this way from "disciplina" through "intelligentia" to "docere."

18 ABAELARDUS *Epistolae*, VIII c. 307D-308A. Cf. the ABAELARDUS *Epistola ad Heloissam* which prefaces the collection of *Sermones* which Abelard sent to the Paraclete: "Ac fortasse pura minus quam ornata locutio quanto planior fuerit, tanto simplicium intelligentiae commodior erit; et pro qualitate auditorum ipsa inculti sermonis rusticitas quaedam erit ornatus urbanitas, et quoddam condimentum saporis parvulorum intelligentia facilis" (PL 178, c. 379-380).

19 ABAELARDUS *Logica 'Nostrorum petitioni'*, p. 522, ll. 10ss.

20 ABAELARDUS *Historia calamitatum*, 164-221. The same points are picked up again by Abelard in his letter to Heloise accompanying the despatch to her of his *Expositio in Hexameron*: the prophecy of Ezekiel is one of three items in the books of the Old Testament which are difficult to understand ("ad intelligendum difficiliora"). The opening of Genesis is another ("difficiliorem esse constat intelligentiam"), but Augustine had applied his "perspicax ingenium" to expound the historical sense of the latter (PL 178, c. 731-732).

21 ABAELARDUS *Epistolae*, VIII c. 309D-310A; *Regula Benedicti*, c. 48. Abelard continues (c. 310A): "Notum quippe est illud Sapientis proverbium: 'Legere et non intelligere, negligere est'."

22 ABAELARDUS *Epistolae*, VIII c. 310B.

Abelard, then, uses the term "disciplina" fluidly in many of its usual, diverse senses.[23] "Disciplina" could mean "doctrina" and "ars" and "scientia"; "discere" is linked with "docere". Although Abelard does not appear to have used "disciplina" in reference to a philosophical school or sect, for him "disciplina" embraces method and precept as well as knowledge. It conveys the sense of education, both intellectual and moral, and both secular and divine. I suspect that Marrou's finding concerning the difference between "doctrina" and "disciplina" in the writings of the Latin Fathers of the Church – that they are closely connected but also distinct and that "doctrina" conveys the sense of theological truth while "disciplina" carries a more practical and less theoretical or speculative sense – is still valid but not obtrusive in the writings of Abelard, certainly not in his correspondence where "disciplina" carries, as we have seen, a range of meanings.[24] "Disciplina" also suggests good order, at least in the monastery. Abelard does not appear to use "disciplina" in the sense of the church's authority or of the content of the church's teaching or its rules or of the teaching activity of bishops and priests. Nor does he appear to use it in the sense of wisdom, nor in one of its medieval senses, namely, correction, chastisement or flagellation in the monastic context. Chenu observed the way in which writers, since at least Martianus Capella and Boethius,[25] sometimes wrote of the "artes" of the 'trivium' but of the "disciplinae" of the 'quadrivium'. Abelard does not practise this distinction nor did he show interest in Boethius' association of "disciplina" with mathematical methods.[26] Nor does he use "disciplina" in the way in which Chenu noted that it was beginning to be used by Hugh of St. Victor, Gilbert of Poitiers, Clarembald of Arras and Dominic Gundissalinus, namely, to mean demonstration or abstraction leading to certitude.[27] Nor does he use the term in its newer courtly sense of self-restraint, composure, courteous good manners and honest behaviour.[28] All in all, Abelard's use of this term is conventional, but this is reinforced by his strong emphasis on "disciplina" needing to be accompanied by "intelligentia" in monasteries as much as in schools.

---

23 I have found helpful the studies by DÜRIG 1952, MARROU 1934, and CHENU 1936.

24 PARÉ/BRUNET/TREMBLAY 1933, p. 105n, lay emphasis, perhaps too greatly, upon the sense of 'doctrina' as the activity of teaching, especially spoken teaching, in contrast to its content.

25 MARTIANUS *De nuptiis*, 2, 138; BOETHIUS *De musica*, I, 1, p. 181, 25; BOETHIUS *De geometria*, cap. *De sphera*, p. 425, 22.

26 BOETHIUS *De trinitate*, II, p. 8.

27 Hugh of St. Victor distinguishes between 'ars', which leads to sustainable opinions, and 'disciplina' which provides certainties: "Vel ars dici potest quando aliquid verisimile atque opinabile tractatur. Disciplina, quando de his quae aliter se habere non possunt, veris disputationibus aliquid disseritur", *Didascalicon*, II 1, p. 24, 2-5.

28 For 'disciplina' and the courtly ideal see JAEGER 1985, p. 129-133. Jaeger notes the way in which this idea entered the vernacular.

SCIENTIA

One of Abelard's persistent appeals is for the promotion of a knowledge of letters. He admired the "litteratoria scientia" possessed by Heloise and so rarely found among women:

> quo bonum hoc LITTERATORIE scilicet SCIENTIE in mulieribus est rarius, eo amplius puellam commendabat, et in toto regno nominatissimam fecerat.[29]

In *Epistola IX* he appeals to the nuns of the Paraclete to study languages and literatures for the neglect of either has, since Jerome's day, brought about the decline of both:

> Defecit iam dudum hoc peregrinarum linguarum in uiris studium et cum negligencia litterarum, SCIENCIA periit earum.[30]

Here Abelard uses the term "scientia" simply in the sense of expert knowledge, erudition and learning, as he does also when he cites the call of Jerome – "an honour to the monastic profession" – to love the "scientia litterarum" which ensures that the vices of the flesh will not be loved:

> Maximus Ecclesiae doctor et monasticae professionis honor Hieronymus, qui nos ad amorem litterarum adhortans, ait: 'Ama SCIENTIAM LITTERARUM, et carnis vitia non amabis' [epist. 4], quantum laborem et expensas in doctrina earum consumpserit ejus quoque testimonio didicimus.[31]

Heloise likewise quotes Jerome in her letter prefacing the *Problemata*, although here (as in Abelard's *Epistola IX*) it is knowledge of Scripture, not of letters, which is recommended.[32] Those in the monastic life are under an obligation to obey Scripture and should have knowledge of the divine writings:

> Qui dum DIVINORUM ELOQUIORUM SCIENTIA careant, magis consuetudinem hominum quam utilitatem Scripturae obediendo sequuntur.[33]

Abelard exhorts the sisters not to be content with Scriptural knowledge but to engage in the work of teaching and instructing others:

> ... in tantum fodiamus, ut non solum nobis sufficiat SCIENTIA SCRIPTURARUM, sed et alios doceamus et instruamus ut bibant.[34]

---

29 ABAELARDUS *Historia calamitatum*, 286-288.

30 ABAELARDUS *Epistolae* (Smits), IX (p. 236 = PL 178, c. 335A-336A).

31 ABAELARDUS *Epistolae*, VIII c. 310CD.

32 "eo videlicet amore litterarum correptae, de quo praedictus doctor quodam loco meminit: 'Ama scientiam scripturarum et carnis vitia non amabis'," (c. 678C). Cf. ABAELARDUS *Epistolae* (Smits), IX (p. 219 = PL 178, c. 325B): 'Ama scienciam scripturarum et carnis uicia non amabis'.

33 ABAELARDUS *Epistolae*, VIII c. 310C.

34 ABAELARDUS *Epistolae*, VIII c. 312D.

In addition to this knowledge of letters and of the Scriptures, Abelard encourages the nuns to know the "divine sciences". Referring to the course of Jerome's studies under Didimus in Alexandria and Barannia in Jerusalem and Bethlehem, he cites Jerome's praise of the level of thought and understanding they had achieved and the hard work they had devoted to mastering these:

> Scripturarum vero divinarum meditationem et intellectum, atque SCIENTIAE DIVINAE, nunquam tanta vidimus exercitia, ut singulos pene eorum oratores credas in divinam esse sapientiam.[35]

He warns against the tendency to be lured into earthly thoughts and away from the "divinae scientiae":

> ... quando nobis ad alta tendentibus immundi spiritus terrenas cogitationes ingerunt, et quasi inventam DIVINAE SCIENTIAE aquam tollunt.[36]

Here Abelard, in writing of the "scientiae divinae", uses the term "scientia" in the sense of a particular branch of knowledge, and does so in a way which corresponds to his use of the term "disciplina" to indicate a particular subject of study. He does not specify what the "scientiae divinae" comprise, but they are undoubtedly contained in the "opuscula doctorum":

> codices et distinguit diuersos, tam de canone duorum testamentorum quam de opusculis doctorum ex quorum erudicione proficiat ut consummetur.[37]

He presses upon the nuns of the Paraclete Jerome's conviction that the ability to read the different parts of the Bible in their original languages – Hebrew, Greek or Latin – is a sure way of avoiding and rebutting the many disagreements in interpretation that have arisen through the use of translations. Abelard cites Daniel, 12 4:

> Pertransibunt plurimi et MULTIPLEX erit SCIENTIA.[38]

Translations are 'second-best' because they depart from the original sense and are the source of discrepant understanding. Jerome's own translations from Greek and Hebrew have, however, made it possible to put aside the older, unsatisfactory translations.

To the nuns of the Paraclete Abelard did not recommend the "scientia" of dialectic but that of letters. To his "scholares", on the other hand, Abelard had

---

35 ABAELARDUS *Epistolae*, VIII c. 311A.

36 ABAELARDUS *Epistolae*, VIII c. 311D. By 'scientiae divinae' Jerome here means what he learned from Apollinaris, Didimus and Barannia. Other terms which Abelard uses include 'sanctae' or 'sacrae litterae', such as are found in the works of Jerome or of the Bible. See ABAELARDUS *Epistolae*, VIII c. 314B; ABAELARDUS *Epistolae* (Smits), IX (p. 219 and 228 = PL 178, c. 325B. 325C. 330B).

37 ABAELARDUS *Epistolae* (Smits), IX (p. 224 = PL 178, c. 328A).

38 ABAELARDUS *Epistolae* (Smits), IX (p. 235 = PL 178, c. 334C).

much to say about the former. His justification in the *Historia calamitatum* of the use of reason in support of enquiry into Christian beliefs conveys the outline of his views:

> Accidit autem mihi ut ad ipsum fidei nostre fundamentum humane rationis similitudinibus disserendum primo me applicarem, et quendam theologie tractatum DE UNITATE ET TRINITATE DIVINA scolaribus nostris componerem, qui humanas et philosophicas rationes requirebant, et plus que intelligi quam que dici possent efflagitabant: dicentes quidem verborum superfluam esse prolationem quam intelligentia non sequeretur, nec credi posse aliquid nisi primitus intellectum, et ridiculosum esse aliquem aliis predicare quod nec ipse nec illi quos doceret intellectu capere possent, Domino ipso arguente quod ceci essent duces cecorum.[39]

In the *Dialectica* Abelard develops this theme. He writes there that dialectic is a legitimate art and a legitimate science for Christians to practice and to write about. He turns upon his critics who say that dialectic provides arguments which destroy faith but who maintain that it is permissible to read books of dialectic. Dialectic is a "scientia", and "scientia" is "veritatis rerum comprehensio." "Sapientia" is a species of "scientia"; truth cannot be opposed to truth; all "scientia" is "bona", even knowledge of evil, for knowledge of evil and of sin is necessary if evil and sin are to be avoided. There is one science ("scientia") which it is evil to practice, and this is 'mathematica', the term Abelard uses for 'astrologia'. But knowledge of astrology, as distinct from the practice of astrology, is not evil. Why, then, are critics of the study and practice of dialectic by Christians mistaken? Abelard answers that the study of every "scientia" is good, especially when the "scientia" leads to the possession of what is both good and true. The ability to distinguish between truth and falsehood is the province of dialectic. Dialectic is a necessary means of repelling the sophistical arguments of schismatics. An example is the way in which dialectical arguments can refute the criticism that there cannot be three names for the divine substance. But dialectic is also a particularly difficult science; those who fail to make progress in it become envious of those who succeed. Success in dialectic, unlike success in other "scientie", requires intellectual ability ("ingenium") even more than practice ("exercitium"), and this ability is a gift from heaven and a grace of God.[40] We are reminded of Abelard's retort to his fellow students at Laon who urged him to respect his lack of experience in exposition of the Bible:

> Qui invito mihi consilium dantes, dicebant ad rem tantam non esse properandum, sed diutius in expositione rimanda et firmanda mihi hanc inexperto vigilandum. Indignatus autem respondi non esse mee consuetudinis per usum proficere sed per ingenium.[41]

---

39 ABAELARDUS *Historia calamitatum*, 690-701.

40 ABAELARDUS *Dialectica*, p. 469-471.

41 ABAELARDUS *Historia calamitatum*, 204-209.

Paré, Brunet and Tremblay, in their influential book on *La Renaissance du XIIe siècle,* observed that an explicit distinction between "ars" and "scientia" only began to be made with the appearance of the *Posterior Analytics*.[42] The authors cite, as examples of the use of the words "scientia" and "ars" as synonyms, passages from the writings of Hugh of St. Victor and of John of Salisbury. For example, Hugh writes in his *Didascalicon*: "Dico dialectica est scientia, id est ars vel disciplina".[43] Although Abelard does sometimes use the words "ars" and "scientia" as if they were interchangeable (rather in the way that "doctrina" and "disciplina" could be used interchangeably), he also had a strong sense of the difference between "ars" and "scientia". Examples of "ars" and "scientia" appearing to have the same meaning are found in *Epistola XIII* where Abelard attacks those who think that dialectic is incompatible with "sacra lectio":

> Agnoscant igitur eam quam uehementius detestantur, ARTEM, hoc est DIALECTICAM quasi sacrae lectioni contrariam...Hanc quippe SCIENTIAM tantis praeconiis efferre beatus ausus est Augustinus ... Idem in secundo De Doctrina Christiana cum inter omnes ARTES praecipue DIALECTICAM ET ARITHMETICAM sacrae lectioni necessarias esse profiteatur ...
> DIALECTICAM ATQUE SOPHISTICAM ARTEM...VTRAQUE TAMEN SCIENTIA TAM DIALECTICA SCILICET QUAM SOPHISTICA ...
> ARTEM DISPUTANDI
> ea SCIENTIA quae nomine quoque illi sit coniuncta et per deriuationem quandam a [logos] LOGICA sit appellata.[44]

But, in fact, in the same letter Abelard makes the point that dialectic is the only true "scientia" because it alone enables us to have knowledge ("scire"):

> Hanc quippe SCIENTIAM tantis praeconiis efferre beatus ausus est Augustinus ut COMPARATIONE CAETERARUM ARTIUM eam solam facere scire fateatur, tanquam IPSA SOLA SIT DICENDA SCIENTIA. Vnde libro secundo De Ordine ita meminit: 'Disciplinam disciplinarum quam dialecticam uocant ... Scit sola, scientes facere non solum uult, sed etiam potest'.[45]

42 PARÉ/BRUNET/TREMBLAY 1933, p. 104. On the translations of the *Posterior Analytics* by James of Venice (second quarter of the twelfth century) and by John (the Saracen ?; before 1159) see JEAUNEAU 1984, here p. 103-108.

43 HUGO *Didascalicon*, II 30, p. 47. Also II 1, p. 23: "Ars dici potest scientia, quae artis praeceptis regulisque consistit", and II 30, p. 47: "Dico: dialectica est scientia, id est ars vel disciplina." Although the reference by PARÉ/BRUNET/TREMBLAY 1933 to the *Metalogicon*, I 11, where John of Salisbury defines 'ars', is not instructive on this point, in II 2-3 John uses 'ars' and 'scientia' interchangeably in discussing logic and dialectic.

44 ABAELARDUS *Epistolae* (Smits), XIII, (p. 271-272, ll. 16-29 and 45-50, p. 274, l. 100, p. 275, ll. 114-116 = PL 178, c. 353BC. 353D-354A. 355A. 355B).

45 ABAELARDUS *Epistolae* (Smits), XIII, (p. 271-272, ll. 20-27 = PL 178, c. 353BC).

Dialectic is both an art and a science but there is a difference between them, a difference which Abelard explores more fully in his *Dialectica*. Here Abelard once more defends the study and practice of dialectic by Christian thinkers and apologists and distinguishes between "ars" and "scientia". By art ("ars") Abelard means the practice of dialectic by one instructed in it. Art therefore requires knowledge ("scientia") and "scientia" is understanding of truth. Dialecticians may ask questions about the truth of propositions. But questions which arise from lack of knowledge ("inscientia") or from doubt are not proper ones for dialecticians:

> Neque enim in eo quod dialeticus est ac secundum ARTEM proprietate complexionis instructus, de veritate seu falsitate constructionis ambigit ... Non itaque dialeticorum est interrogare, sed comprobare potius. Unde etsi a dialeticis questiones huiusmodi sepe proferri soleant, quia tamen eas NON EX ARTE SED EX INSCIENTIA proferunt, artis intentioni vel negotio non sunt ascribende, ut videlicet eas in materiam et intentionem dialetice recipiamus. Qu[i]a enim DIALETICA SCIENTIA EST, SCIENTIA VERO COMPREHENSIO VERITATIS, unumquemque, in quantum dialeticus est, scientem esse oportet [...] cum interrogare ad inscientiam pertineat, scire tamen interrogationem componere doctrine ascribitur. Unde nec incommode de questionibus quoque dialetici tractant, quarum tractatus a SCIENTIA non est alienus.[46]

A still fuller account of the distinction between art and science, although the term "ars" is not used and there is no reply to critics of Christians who practice dialectic, is found in the introduction to the glosses on Porphyry which are found in the *Logica 'Nostrorum petitioni sociorum'*. Abelard presents a "divisio" of "scientia" into "scientia agendi" and "scientia discernendi". Many, he says, can perform tasks without being very good at making judgements. Many physicians know from experience which herbal remedies can heal certain illnesses but without understanding the reason or the theory which explains their healing properties. In the animal world also, dogs lick their wounds and bees make honey without any rational understanding of natural causes. And, conversely, however intelligent men may be, they often lack practical ability. So, there is a "scientia agendi" and another "scientia discernendi". Philosophy is uniquely a "scientia discernendi". We may call people philosophers only if by the subtlety of their intellect they possess diligent discernment. The discerning mind is one which has the power to understand and to deliberate upon the hidden causes of things, using reason more than experience. There are three species of philosophy, each of which is a "scientia": physics enquires into the causes of natural

46 ABAELARDUS *Dialectica*, p. 153. For the definition of 'scientia' as "comprehensio veritatis rerum quae sunt", see BOETHIUS *In Categorias*, c. 229CD; BOETHIUS *Institutio arithmetica*, p. 7, l. 26. Also ABAELARDUS *Theologia christiana*, III 6, p. 196; ABAELARDUS *Theologia 'Scholarium'*, II 29, p. 421.

things, ethics into "honestas", and logic or dialectic judges arguments. Abelard emphasises that logic is not a "scientia utendi argumentis sive componendi ea", but a "(scientia) discernendi et diiudicandi veraciter de eis". The logician, being a philosopher, can judge which arguments have strength and which are weak.[47]

47 ABAELARDUS *Logica 'Nostrorum petitioni'*, pp. 505-507.

„Via ad ipsum sunt scientia, disciplina, bonitas“ Theorie und Praxis der Bildung in der Abtei Sankt Viktor im zwölften Jahrhundert[1]

von RALF M.W. STAMMBERGER

Die Frage nach Wissensformen, nach Wissenstheorie und Wissenspraxis, und ihrem Wandel in der Zeit legt es nahe, vor allem die institutionalisierte Wissensweitergabe, also das Bildungswesen, genauer zu untersuchen. Dort, wo theoretisches Wissen und praktisches Handlungswissen an die nachfolgende Generation weitergegeben wird, zeigt sich in besonderer Weise, welche Elemente kollektiven Wissens eine bestimmte gesellschaftliche Gruppe, die Trägerin einer Bildungseinrichtung ist, für zentral erachtet. Bildungsprozesse zielen stets darauf ab, Wissen nicht in undifferenzierter Vielfalt und zufälliger Ordnung weiterzugeben. Vielmehr liegt jedem Bildungsprogramm eine Zielvorstellung dessen, was die Bildung bei ihren Adressaten erreichen soll, zugrunde. Ausgehend von dieser Zielvorstellung wird das zu tradierende Wissen systematisiert und organisiert.

Für die erste Hälfte des zwölften Jahrhunderts sind wir aufgrund der uns überlieferten Quellen in der günstigen Lage, am Beispiel des Mikrokosmos der Abtei Sankt Viktor in Paris exemplarisch ein solches Bildungsprogramm und dessen zeitgenössische theoretische Reflexion untersuchen zu können. Die Begriffe ‚scientia‘ und ‚disciplina‘ erweisen sich dabei als geeignete Schlüssel, um die Struktur des Bildungsverständnisses und des Bildungsprogramms der Viktoriner zu erschließen.

Die folgenden Ausführungen wollen die These belegen, daß die Begriffe ‚scientia‘ und ‚disciplina‘ bei Hugo von Sankt Viktor, und in der Abtei von Sankt Viktor allgemein, das notwendige Wissen und die Methode seiner Aneignung für ein auf die ‚beatitudo‘ ausgerichtetes Leben bezeichnen. Das Bildungsprogramm der Viktoriner integriert dabei die Sorge um das Seelenheil der ‚vita religiosa‘ mit dem Bildungsideal der Schulen.

Während sich die neuere Forschungsliteratur vielfach mit der Wissenschaftseinteilung der ‚artes‘ (bzw. der ‚scientiae‘ und ‚disciplinae‘), die Hugo im *Didascalicon de studio legendi*[2] leistet, befaßt hat,[3] soll hier sein Gesamtentwurf des

---

1 Für weiterführende Hinweise in bezug auf Inhalt und Form bei der Erarbeitung dieses Aufsatzes bin ich P. Rainer Berndt SJ dankbar. Herr Rainer Klotz half bei der Korrektur des Manuskripts und bei der bibliographischen Recherche.

2 HUGO *Didascalicon*.

3 So zuletzt ARDUINI 1999, vor allem S. 314-329.

Bildungsprozesses, den er mit Hilfe der Begriffe ‚scientia' und ‚disciplina' beschreibt, skizziert werden. Dies geschieht vor dem Hintergrund des zeitgenössischen *Liber Ordinis*[4] der Abtei, der ausführlich die Ordnung der Novizenausbildung in der Abtei regelt. Es läßt sich zeigen, daß Hugo von Sankt Viktors Traktat *De institutione novitiorum*[5], der sich ebenfalls mit der Bildung der Novizen befaßt, gänzlich von den Begriffen ‚scientia', ‚disciplina' und ‚bonitas' strukturiert wird.[6]

Die Erörterung dieser These gliedert sich in drei Teile. Zunächst wird beschrieben, wie sich die Innovation des viktorinischen Bildungsverständnisses in zeitgenössischen Reaktionen widerspiegelt (I.). Im zweiten Teil wird anhand der im *Liber Ordinis* kodifizierten Lebensordnung der Abtei (II. 1) und der Beschreibung der Einführung in das Leben als Novize in *De institutione novitiorum* des Hugo von Sankt Viktor (II. 2) gezeigt, welche Rolle ‚scientia' und ‚disciplina' in der Novizenausbildung der Regularkanoniker spielten. Im nächsten Abschnitt wird die Rolle von ‚scientia' und ‚disciplina' in den übrigen Werken Hugos, besonders im *Didascalicon*, das als Ausbildungsordnung für den Schulbetrieb von Sankt Viktor gelesen werden kann, dargelegt (III.). Schließlich wird als benediktinisches Alternativmodell zum Vergleich der ebenfalls an Novizen gerichtet Traktat *De natura et dignitate amoris* des Wilhelm von Saint-Thierry herangezogen (IV.).

---

4 *Liber Ordinis.*

5 Hugo *De institutione novitiorum.*

6 Jaeger 1993 hat in seiner Untersuchung des Bildungsprogramms von Sankt Viktor ausgehend vom *Liber Ordinis* der Abtei, sowie von Hugo von Sankt Viktors *De institutione novitiorum* und des *Didascalicon* festgestellt, daß dort die Behandlung des äußeren Verhaltens („conuersatio") eine ungewöhnlich bedeutsame Rolle spielt. Er führt die entsprechenden Passagen auf ein klassisches Bildungsprogramm (vor allem Cicero) zurück und sieht seine Zielsetzung in einer „quasi-monastischen Höflichkeit" (79).

I.
Das viktorinische Bildungswesen im Spiegel zeitgenössischer Quellen

Mit der zunächst informellen Gründung von Sankt Viktor als Gemeinschaft regulierter Chorherren vor den Toren von Paris im Jahre 1108 durch Wilhelm von Champeaux setzte zugleich eine Neuerung im Bildungswesen ein. Diese stieß bei manchen Zeitgenossen auf Ablehnung, da sie die bisher gewohnte Rollenaufteilung zwischen den Kathedralschulen als Orten des Unterrichts und den Klöstern als Orten der persönlichen Heiligung durchbrach, indem beide Funktionen in einem Kloster mit intensivem Schulbetrieb verbunden wurden.

Abaelard bringt dieses Unbehagen in seiner *Historia calamitatum* (ca. 1133) zum Ausdruck, wenn er im Rückblick auf seine Beziehung zu Wilhelm von Champeaux schreibt:

> ... da änderte Wilhelm von Champeaux, mein berühmter Lehrer und Archidiakon von Paris, plötzlich seine Lebensweise, indem er in den Orden der regulierten Chorherren eintrat – man sagte, mit der Absicht, auf diese Weise für frömmer gehalten zu werden und sich dadurch zu um so höherer Würde aufzuschwingen. Dies gelang ihm denn auch in kürzester Zeit: er wurde Bischof von Châlons, ohne daß ihn diese Umgestaltung seines Lebens von Paris oder von der gewohnten Beschäftigung mit der Philosophie abhielt; vielmehr hielt er eben in dem Kloster, in das er sich aus Frömmigkeit zurückgezogen hatte, öffentliche Vorlesungen in gewohnter Manier.[7]

Abaelard stößt sich hier nicht an der Tatsache, daß Wilhelm sein Leben als Kanonikus und Leiter der Schule von Notre-Dame aufgab, um ein Leben als ‚religiosus' zu beginnen. Peter Abaelard ist vielmehr dadurch irritiert, daß Wilhelm das Streben nach persönlicher Heiligung, welches den Anlaß für den Wechsel der Lebensform gegeben hatte, offenbar nicht für unvereinbar mit der Vermittlung von Wissen in einem öffentlichen Schulbetrieb hielt. Abaelards Kritik mag an dieser Stelle von seiner persönlichen Auseinandersetzung mit Wilhelm gefärbt sein.

Abaelard selbst allerdings wurde nach seiner Kastration 1118 seinerseits von seinem – und Wilhelms – Lehrer Roscelin dafür getadelt, daß er, nachdem er in

7 Abaelard *Briefwechsel*, S. 7; „... preceptor meus ille Guilhelmus Parisiacensis archidiaconus, habitu pristino commutato, ad regularium clericorum ordinem se convertit; ea ut referebant intentione ut quo religiosior crederetur ad majoris prelationis gradum promoveretur, sicut in proximo contigit, eo Catalaunensi episcopo facto. Nec tamen hic sue conversionis habitus aut ab urbe Parisius aut a consueto philosophie studio revocavit, sed in ipso quoque monasterio ad quem se causa religionis contulerat statim more solito publicas exercuit scolas" (Abaelardus *Historia calamitatum*, 71-80).

Saint-Denis eingetreten und somit selbst zum ‚monachus' geworden war, mit dem Unterrichten fortfuhr.[8]

Schon unmittelbar nach Wilhelms Umzug nach Sankt Viktor setzt sich auch Hildebert von Lavardin, Bischof von Le Mans, in einem Brief an Wilhelm mit der Tatsache auseinander, daß dieser trotz seiner neuen Berufung als ‚religiosus' mit dem Lehrbetrieb fortfährt.[9] Offenbar reagiert er damit auf Kritik an Wilhelms Verhalten oder will solcher zuvorkommen. Hildebert kommt dabei allerdings zu einem anderen Ergebnis als später Abaelard. Während Roscelin gegen Abaelard mit Hieronymus argumentieren wird, nach dessen Aussage das Amt des Mönches nicht das Lehren („docere"), sondern das Trauern („lugere") sei,[10] zitiert Hildebert zur Unterstützung Wilhelms Gregor den Großen. Dieser betont den Vorrang des Ganzopfers („holocaustum") vor dem nur teilweisen Opfer („sacrificium").[11] Entsprechend soll sich Wilhelm ganz und mit all seinen Fähigkeiten der neuen Berufung widmen, was konkret bedeutet, er solle den Schulbetrieb weiter fortführen:

> Das Wissen vermehrt sich auch, wenn es verteilt wird, dem geizigen Besitzer aber, von dem es verschmäht wird, entschwindet es, wenn es nicht öffentlich gemacht wird. Verschließe also die Flüsse deiner Lehre nicht ...[12]

Hildeberts Argument muß Wilhelm überzeugt haben, wenn er noch einer Bestätigung bedurft hatte. Jedenfalls fuhr er mit dem Unterricht fort. Die Verbindung des Lebens als ‚religiosus' mit der öffentlichen Lehre war aber nicht nur ein Spezifikum Wilhelms, sie sollte vielmehr für die regulierten Chorherren von Sankt Viktor insgesamt kennzeichnend werden. Sie entwickelten im Anschluß an ihren Gründer ein neues Verständnis des Miteinanders von Bildung und religiösem Leben, das die Alternative von öffentlicher Lehre als Aufgabe der Säkularkanoniker an den Kathedralschulen und persönlicher Heiligung als

---

8 Vgl. ROSCELINUS *Epistola*, hier S. 80; zum Thema insgesamt vgl. CLANCHY 2000, S. 291-296.

9 Vgl. HILDEBERTUS *Ad Willelmum*; vgl. dazu auch CHÂTILLON 1968/1992, hier S. 328f.

10 „Quia igitur suscepto habitu doctoris officium mendacia docendo usurpasti, utique monachus esse cessasti, quia beatus Hieronymus monachum, monachus ipse, diffiniens: ‚Monachus' inquit ‚non doctoris, sed plangentis habet officium, qui se vel mundum lugeat et domini pavidus praestoletur adventum'"; ROSCELINUS *Epistola*, hier S. 80. Das Zitat geht zurück auf HIERONYMUS *Contra Vigilantium*, 15 (Sp. 351). Auch Bernhard von Clairvaux verwendet dieses Zitat gerne: vgl. *Epistola 89* (PL 182, Sp. 221, bzw. BERNARDUS CLARAEVALLENSIS *Opera*, VII, hier S. 236); vgl. dazu DELHAYE 1947, hier S. 227.

11 HILDEBERTUS *Ad Willelmum*; vgl. für Gregor den Großen zu ‚holocaustum' GREGORIUS *In Hiezechielem*, II, 9, 16, S. 348f, und GREGORIUS *Moralia*, 32, 3, S. 1708.

12 „Scientia quoque distributa suscipit incrementum, et avarum dedignata possessorem, nisi publicetur, elabitur. Noli ergo claudere rivos doctrinae tuae ..." (HILDEBERTUS *Ad Willelmum*, Sp. 143; vgl. dazu CHÂTILLON 1968/1992, hier S. 329.

Aufgabe der Mönche überwand. Praktisch zeigte sich dies daran, daß Sankt Viktor eine Schule unterhielt, die auch Nichtmitgliedern des Konvents offenstand.[13] Hugo von Sankt Viktors Analyse des Verhätnisses von ‚scientia' und ‚disciplina' lieferte dazu das theoretische Fundament.

Grundsätzlich teilt Hugo die kritische Position Roscelins. Auch er übt im *Didascalicon* Kritik an Mönchen, die sich in der Lehre profilieren wollen. Wie Roscelin greift er dazu Hieronymus auf:

> Wer die Aufgabe eines anderen für sich selbst übernimmt, ist nicht frei von Schuld. Wenn du ein Mönch („monachus") bist, was machst du dann in der Menge? Wenn du die Stille liebst, warum freust du dich daran, ständig in der Gesellschaft von Redekünstlern zu sein? Du solltest dich beständig dem Fasten und Beten widmen, und willst doch als Philosoph auftreten? Die Philosophie des Mönchs ist die Einfachheit. ‚Aber ich will doch andere lehren', sagst du. Nicht das Lehren ist deine Aufgabe, sondern das Trauern.[14]

Hugo bezieht diese Kritik jedoch nicht auf seinen eigenen Unterricht; er ist ja kein ‚monachus', sondern ‚religiosus'. Die regulierten Chorherren halten so-

---

13 Vgl. dazu: SMALLEY 1978, S. 83f. Professor Johannes Fried, Frankfurt, hat in der Diskussion der Vortragsfassung dieses Artikels darauf hingewiesen, daß der Unterschied zwischen interner und externer Schule, wenn überhaupt vorhanden, nur gering gewesen sein kann, da auch diejenigen Studierenden, die nicht Mitglieder der Abtei waren, in der Abtei wohnten. Ein anschauliches Beispiel hierfür liefert der Empfehlungsbrief des Bernhard von Clairvaux für Petrus Lombardus an Abt Gilduin von Sankt Viktor, aus dem hervorgeht, daß Petrus als Student in Sankt Viktor auch Kost und Logis erwarten durfte (BERNARDUS CLARAEVALLENSIS *Epistola 410* [*Opera* VIII, S. 391]).

14 „Si monachus es, quid facis in turba? Si amas silentium, cur declamantibus assidue interesse delectat? Tu semper ieiuniis et fletibus insistere debes, et tu philosophari quaeris? Simplicitas monachi philosophia eius est. ‚Sed docere', inquis, ‚alios volo.' Non est tuum docere, sed plangere"; HUGO *Didascalicon*, V 8, S. 108-109. Die deutschen Übersetzungen sind jeweils entnommen: HUGO *Studienbuch*, hier S. 347-349. Ich zitiere die Seitenzahlen der Buttimer-Ausgabe, zitiere jedoch auch den lateinischen Text nach der zweisprachigen Ausgabe der Fontes Christiani, die eine eingängigere Orthographie bietet und deren Seitenzahlen ich unter der Sigle FC ebenfalls angebe. Hugo fährt fort: „Si tamen doctor esse desideras, audi quid facias. Vilitas habitus tui et simplicitas vultus, innocentia vitae et sanctitas conversationis tuae docere debent homines. Melius fugiendo mundum doces quam sequendo. Sed adhuc forte prosequeris, et quid inquiens: ‚Nonne saltem, si volo, discere mihi licet?' Supra dixi tibi: ‚Lege, et occupari noli.' Exercitium tibi esse potest lectio, sed non propositum. Doctrina bona est, sed incipientium est. Tu vero te perfectum fore promiseras, et ideo tibi non sufficit, si incipientibus coaequaris. Plus aliquid te facere oportet. Considera ergo ubi sis, et quid agere debeas facile agnosces." Hugo spricht, wie der *Liber Ordinis*, von der „conversio ad religionem" und von Sankt Viktor als „monasterium", jedoch wird der einzelne Regularkanoniker nicht als „monachus" bezeichnet. Er ist „religiosus".

wohl am Lehrbetrieb fest als auch am Bemühen um persönliche Heiligung, und sie verstehen es, beide Aspekte zu verbinden.

Der Gegensatz zwischen Abaelard und Sankt Viktor wurde allerdings in dessen Schriften wohl dramatischer dargestellt, als er in Wirklichkeit war. Dies zeigt sich daran, daß der Nekrolog der Abtei Sankt Viktor, der der Mitglieder, Freunde und Förderer der Abtei gedenkt, am 21. April den Sterbetag von Abaelard kommemoriert und auch die Schwestern des von ihm gegründeten Kloster des Parakleten dem Gebet empfiehlt.[15]

Mit der Berufung Wilhelms von Champeaux zum Bischof von Châlons 1113, an der sich Abaelard stieß, wurde dem neuen Modell von Sankt Viktor zugleich offizielle Anerkennung zuteil. Anläßlich der Bischofsweihe Wilhelms erhielt Sankt Viktor von Ludwig VI. den Status als Abtei mit dem damals außergewöhnlichen Recht der freien Abtswahl und zugleich eine reichhaltige Ausstattung an Besitz.[16] Das Modell, das Sankt Viktor darstellte, besaß offenbar eine große Attraktivität. Das zeigt sich auch daran, daß die wenigen Kleriker, die im 12. Jahrhundert etwa aus Deutschland kamen, um in Frankreich eine höhere Bildung zu erwerben, in der Regel den Reformbewegungen entweder der regulierten Chorherren oder aber der Zisterzienser beitraten.[17] Auch Hugo von Sankt Viktor, der sich aus der Nähe von Halberstadt in Sachsen nach Paris aufgemacht hatte, gehörte zu diesen. Noch während der Regierung Abt Gilduins (1114–1155) entstand eine lose viktorinische Kongregation, die am Ende des 12. Jahrhunderts mehr als 40 Häuser umfaßte.[18]

Auch über diese Kongregation hinaus stieß das Modell von Sankt Viktor schon im 12. Jahrhundert gerade in monastischen Häusern der benediktinischen Familie auf breites Interesse, wie etwa die Verbreitung von frühen Abschriften etwa von *De institutione nouitiorum* oder des *Didascalicon* zeigen kann.[19]

---

15 „It. ob. magister Petrus Abaelardus. – Eodem die commemoratio sollempnis sororum de Paraclito" (*Necrologium*, S. 554). Bislang gilt der genaue Todestag Abaelards in der Forschung als ungeklärt (vgl. etwa CLANCHY 2000, S. 44). Der Eintrag zum 21.4. im Nekrolog von Sankt Viktor ist offenbar eine bislang bekannte Quelle, die einen genauen Todestag angibt. Nach Auskunft von Professor David Luscombe ist er bislang in der Forschung nicht berücksichtigt worden.

16 Vgl. CHÂTILLON 1968/1992, hier S. 329f.

17 Vgl. BARROW 1989, hier S. 128.

18 So das *Testamentum Ludovici VI.*; vgl. auch BONNARD 1907, hier S. 12.

19 Siehe dazu den nächsten Abschnitt.

II.
‚scientia' und ‚disciplina' in der Novizenausbildung der Pariser Abtei Sankt Viktor

Für unsere Frage nach Wissenstheorie und Wissensvermittlung sowie deren praktischer Umsetzung im Spiegel der Ausbildung neuer Mitglieder sind zwei Texte aus der ersten Hälfte des zwölften Jahrhunderts einschlägig.

Der an Novizen gerichtete Vortrag *De institutione nouitiorum* des Hugo von Sankt Viktor fand zügig eine weite Verbreitung nicht nur in Sankt Viktor, sondern auch in Klöstern der Benediktiner und Zisterzienser. So findet er sich in heute noch erhaltenen Handschriften des 12. Jahrhunderts aus Cîteaux,[20] Clairvaux,[21] Marmoutier,[22] Saint-Étienne de Troyes,[23] Morimond,[24] Fontenay,[25] Signy,[26] bei den Jakobinern in Paris,[27] und aus Weihenstephan[28].

Wie das Leben der Abtei Sankt Viktor geregelt war, läßt der *Liber Ordinis* erkennen. Als grundlegendes Buch der Gemeinschaft war er wiederholten Veränderungen unterworfen. Die frühesten Fassungen werden in die späten zwanziger Jahre des zwölften Jahrhunderts datiert.[29] Auf den selben Zeitraum weisen die Datierungsversuche für *De institutione novitiorum.*[30] Das genaue chronologische Verhältnis der beiden Texte kann mangels einer kritischen Edition von *De institutione novitiorum* vorläufig nicht geklärt werden. Im Folgenden wird sich zeigen, daß die beiden Texte starke interne Bezüge aufweisen.[31]

Der *Liber Ordinis* widmete sich der praktischen Seite der Novizenausbildung, während *De institutione novitiorum* eine theoretische Erörterung desselben Themas bietet. Beide Texte verwenden teilweise das gleiche Vokabular. Vor dem Hintergrund der Frage nach dem Bildungswesen der Viktoriner sollen vor allem die Begriffe ‚scientia' und ‚disciplina' und ihr Umfeld untersucht werden. ‚Scientia' und ‚disciplina' kommt in beiden Texten eine weitgefaßte Bedeutung zu. Dies stellt eine Besonderheit gegenüber der Augustinusregel – der Sankt Viktor verpflichtet war – und zeitgenössischen – auch viktorinischen – *consuetudines* dar. Es handelt sich in beiden Fällen nicht um inhaltlich bestimmte Begriffe, die konkrete Wissens- oder Handlungsbereiche umfassen (wie die

---

20 Ms. Dijon, Bibliothèque municipale, 69; vgl. Baron 1959, hier S. 228.

21 Ms. Troyes, Bibliothèque municipale, 554; vgl. Baron 1959, hier S. 229.

22 Ms. Tours, Bibliothèque municipale, 396; vgl. Baron 1959, hier S. 232.

23 Ms. Troyes, Bibliothèque municipale, 1174; vgl. Baron 1959, hier S. 230.

24 Ms. Paris, Bibliothèque nationale de France, lat. 15692; vgl. Baron 1959, hier S. 233.

25 Ms. Paris, Bibliothèque de l'Arsenal, 323; vgl. Baron 1959, hier S. 234.

26 Ms. Charleville-Mézières, Bibliothèque municipale, 165; vgl. Baron 1959, hier S. 235.

27 Ms. Paris, Bibliothèque Mazarine, 729; vgl. Baron 1959, hier S. 235.

28 Ms. München, Bayerische Staatsbibliothek, clm 21570; vgl. Baron 1959, hier S. 240.

29 *Liber Ordinis*, hier S. IXf.

30 So zuletzt Poirel 1998, S. 37.

31 Châtillon 1968/1992 erwähnt *De institutione novitiorum* nicht.

‚scientiae' und ‚disciplinae'), sondern um formale. Sie bezeichnen die für den Bildungsprozess notwendige Kenntnis und Einsicht, bzw. deren Quellen, und die durch diese Einsicht beförderte äußerliche Übung, die ihrerseits die Einsicht weiter befördern soll. ‚Scientia' und ‚disciplina' meinen also in erster Linie Eigenschaften von Personen und erst in zweiter Linie Methoden des Wissenserwerbs und Gegenstände des Wissens.

1. Der *Liber Ordinis*

Im *Liber Ordinis* wird der Ausbildung neu aufgenommener Novizen viel Aufmerksamkeit gewidmet. Es läßt sich erkennen, daß sich die für das Frankreich des zwölften Jahrhunderts bezeugte Praxis, nur erwachsene Kandidaten – also keine ‚pueri oblati' – aufzunehmen, hier bereits durchgesetzt hat.[32] So werden etwa an das Auswendiglernen von liturgischen Texten deutlich geringere Ansprüche gestellt als etwa noch im 11. Jahrhundert, und die ‚lectio' nimmt einen breiten Raum ein neben dem ‚cantus'. Nach der Augustinusregel, genauer nach dem *Praeceptum*, müssen nur die Psalmen und Hymnen auswendig gelernt werden.[33] Auch die recht kurze Zeit des Noviziats von einem Monat[34] deutet darauf hin, daß einige Vorbildung vorausgesetzt wurde. Der Kandidat mußte offenbar schon mehr als Lesen und Schreiben können.

Ziel des Eintritts in das Kloster ist die persönliche Heiligung. So geschieht die Aufnahme des Novizen durch den Abt mit den Worten: „Gott der Herr gewähre dir die Erfüllung all dessen, so daß du zum ewigen Leben gelangen

32 Vgl. dazu Delhaye 1947, hier S. 230, und *Liber Ordinis*, XXII („De Susceptione Nouitiorum"), S. 97-99.

33 Vgl. *Praeceptum*, II 3: „Psalmis et hymnis cum oratis deum, hoc uersetur in corde quod profetur in uoce" (*Règle de s. Augustin*, I, S. 421); vgl. *Liber Ordinis*, XXII, S. 107: „Quando autem in claustro nouitius sedet, debet firmare psalterium suum, et cordetenus ad uerbum reddere, et postea hymnarium"; und *Liber Ordinis*, XXII, S. 109f: „Deinde postquam ad conuentum uenerit, debet abbas, si prior magister ei uacare non potest, aliquem prouidere alium, qui eum assidue doceat et cui ille cotidie lectionem suam reddat, qui etiam eum instruere debet et docere ea, quae eum specialiter in choro cantare uel legere oportet, id est antiphonas et responsoria, lectiones, uersiculos et cetera talia, et quando et quomodo cantare uel legere debeat ostendere." Vgl. dazu Boynton 2000. Ich danke der Autorin für die Möglichkeit zur Einsichtnahme in das Manuskript.

34 *Liber Ordinis*, XXII, S. 108f: „In hac autem tali eruditione per mensem unum teneri debent nouitii, antequam ad capitulum uel locutionem claustri admittantur." Vgl. auch *Liber Ordinis*, XXIII, S. 112. Das Recht, außerhalb der ‚audientia' zu sprechen, erhält der Novize nach einem Jahr. Vorher ist sein Gesprächspartner im Wesentlichen der ‚magister nouitiorum': „Postquam nouitius plene ad conuentum admissus fuerit, magister eius non tamen curam eius omnino postponere debet, sed saepius cum eo loqui sicut et prius, ne forte in his, quae necessaria sunt, aliquod incommodum paciatur, ..." (*Liber Ordinis*, XXIII, S. 111).

kannst.“[35] Zwar bleibt jeder auch nach der Aufnahme in aller Regel in seinem bisherigen Stand als Kleriker oder Laie,[36] doch wird auf fortgesetzte Bildung („eruditio“) aller Wert gelegt.[37]

Die persönliche Vorbildung der Kandidaten, die sie beim Eintritt mitbringen, wird im *Liber Ordinis* als „scientia“ bezeichnet:

> Der Novizenmeister soll, wenn ein Novize zum Konvent zugelassen wird, zum Abt gehen und jenem dessen Wissen („scientia“) und stimmliche Veranlagung und die übrigen Dinge, in denen jener erfahren ist, anzeigen. Danach ordne der Abt, unter Zuhilfenahme des Bibliothekars, an, daß er in Kürze zum Lesen und Singen eingeteilt werde, gemäß seinem Wissen („scientia“) und seiner Fähigkeit, zu den Lesungen und zu den Responsorien und zu den Antiphonen zu den Horen.[38]

Das regelgemäße Verhalten des Novizen hingegen wird als „disciplina“ bezeichnet. Der „magister nouitiorum“ überwacht dieses.[39] Spezieller Wert wird dabei auf die Einhaltung der „disciplina ordinis“ bzw. der „disciplina claustralis“ – in der Ausübung der Liturgie gelegt:

> Zu den gehobenen Wochendiensten, d. h. zum Invitatorium, zum Lesen im Refektor, zum Graduale, zum Halleluja und im Kapitel ist er solange nicht voreilig einzuteilen, solange er nicht den Gebrauch und die Disziplin des Ordens („disciplina ordinis“) vollkommener kenne („sciat“). Vor allem ist er für das Invitatorium, d. h. zum Wochendienst des Vorsängers, auf keinen Fall einzuteilen, solange er nicht zuvor wohlgebildet („eruditus“) und mit der klösterlichen Disziplin („disciplina claustralis“) vertraut ist …[40]

---

35 „Dominus Deus sic tibi haec omnia implere concedat, ut ad uitam aeternam peruenire possis“ (*Liber Ordinis*, XXII, S. 101).

36 *Liber Ordinis*, XXII, S. 99: „Laicos, ad conuersionem uenientes, non facile in clerum suscipiendos decreuimus, nisi tales fuerint personae, quae omnino refutari non possint. Ceteri omnes, qui in societatem ac fraternitatem suscipiuntur, in habitu laicali, qui eiusmodi conuersis ordinatus est, permaneant, scientes nichil se minus propter habitus differentiam habere a ueritate religionis et a plenitudine fraternitatis.“

37 *Liber Ordinis*, XXII, S. 97: „… boni, post susceptionem sine eruditione derelicti, graue detrimentum in religionis sustinere“; ibidem, S. 103: „… ducet eum magister nouitiorum in scolam, ubi nouicii erudiuntur.“

38 *Liber Ordinis*, XXII, S. 110: „Magister autem nouitiorum, quando nouitius ad conuentum admittitur, uenire debet ad abbatem, et indicare ei et scientiam illius et aptitudinem uocis et cetera prout expertus est. Deinde abbas, aduocato amario, iubet ut in breui ponatur ad legendum et ad cantandum, secundum scientiam suam et possibilitatem, ad lectiones et ad responsoria et ad horas.“

39 *Liber Ordinis*, XXII, S. 108: „… custodem disciplinae eorum …“; „… ut eos in disciplina custodiat …“

40 *Liber Ordinis*, XXII, S. 110: „Ad septimanas autem maiores, id est ad inuitatorium, ad legendum in refectorio, ad gradale, ad Alleluia et in capitulo non ita cito ponendus est, donec usum et disciplinam ordinis perfectius sciat. Maxime ad inuitatorium, id est ad septimanam praecentoris nullo modo ponendus est, nisi prius bene eruditus sit et disciplina claustrali usitatus, …“

Was aber hat der Novize im einzelnen zu lernen? Der entsprechende, ausführliche Abschnitt des *Liber Ordinis* behandelt den gleichen Gegenstandsbereich, dem sich auch Hugo von Sankt Viktors *De institutione novitiorum* widmet:

> In der Schule ist er sorgfältig zu unterrichten über die Verbeugungen, das Hinsetzen und Stehen und alle seine Gebärden („gesta"), und wie er bei jeder Tätigkeit seine Kleider („uestimenta") um sich anordnen soll, und wie er seine Gliedmaßen („membra") bei jeder Tätigkeit geordnet gebrauchen soll, daß er seine Augen („oculi") gesenkt haben soll, bescheiden und nicht hastig zu sprechen („loqui"), nicht zu schwören, außer ‚Es ist' und ‚Nein' oder ‚Glaubt mir' nichts zu verneinen oder zu bestätigen; wie er zum Abt und seinen übrigen Lehrern sprechen soll, wie zu den Brüdern und anderen Gleichgestellten und wie zu den Untergebenen. Auch die Zeichen soll er kennenlernen, mit denen er das, was ggf. beim Schweigen nötig ist, ausdrücken kann, auch die Orte („loci"), wohin es für ihn ohne Erlaubnis erlaubt ist zu gehen, wenn er einen Auftrag hat, und was nicht erlaubt ist, aber auch die Zeiten („tempora"), wann etwas zu tun ist oder nicht, und wann es erlaubt ist oder nicht. Schließlich unterrichte er ihn über alle seine Tätigkeiten („actiones") und Worte so vollkommen, daß er ihm nicht nur die Worte mitteile, welche zu tun oder zu sagen sind, sondern ihn auch dazu anleite, daß er auch für sich gemäß der Dinge sowohl handle als auch rede, die er ihm vermittelt hat, so daß er nicht nur hörend wisse („sciat"), sondern auch handelnd einübe den guten Gebrauch und das angemessene Maß in allen Worten und Handlungen; ...[41]

Es geht in der Novizenausbildung also nicht um die Vermittlung abstrakten Wissens, sondern um das Einüben konkreten, regelgemäßen Verhaltens. Im Einzelnen betrachtet werden dabei die „gesta", die „uestimenta", die „membra", die „oculi", die „locutio" mit Höhergestellten, Gleichrangigen und Geringeren. Zu beachten sind dabei die „loci" und die „tempora", die „actiones" und die „uerba".[42]

---

41 *Liber Ordinis*, XXII, S. 106f: „In scola diligenter instruendus est de inclinationibus, de incessu et statu, et omni gestu suo, et quomodo uestimenta sua in omni actione circa se coaptare debeat, et membra sua ordinate componere, oculos demissos habere, submisse et non festinanter loqui, iuramenta non facere, praeter ‚Est' et ‚Non' uel ‚Credite michi' nichil negare uel affirmare; quomodo ad abbatem uel alios compares, et quomodo ad inferiores. Signa etiam, quibus cum necesse fuerit in silentio, quod opus est exprimere possit, loca etiam discere quo ire eum liceat, cum opus habuerit, sine licentia et quo non liceat, sed et tempora, quando quid faciendum est uel non, et quando liceat et quando non liceat. Postremo de omnibus actionibus suis et uerbis ita perfecte eum instruat, ut non solum uerbis insinuet, quae facienda uel dicenda sunt, sed etiam coram se et agere et dicere faciat, quae praeceperit, ut non solum audiendo sciat, sed etaim faciendo assuescat bonum modum et competentem mensuram in omnibus uerbis et actionibus; ..."

42 Zu diesen hermeneutischen Fragen, deren Geschichte und ihrer Verwendung u. a. bei Hugo von Sankt Viktor vgl. Brinkmann 1980.

Exakt dieselben Begriffe (außer „oculus“ und zuzüglich von „in mensa“) greift Hugo in *De institutione novitiorum* auf. Auch wenn wir die beiden Texte nicht genau datieren können, so ist schon vom Titel des Werkes her, der die Überschrift des XXII. Kapitels des *Liber Ordinis* aufgreift, anzunehmen, daß Hugos Lehrvortrag den den Novizen bekannten *Liber Ordinis* auslegt und dieser somit früher anzusetzen ist. Die große begriffliche Nähe zu seiner Vorlage belegt, daß sich Hugo direkt zumindest auf das Kapitel über die Novizenbildung bezieht. Ob er selbst über den verschriftlichten Vortrag hinaus in die Ausbildung der Novizen in Sankt Viktor einbezogen war oder ob er auch ‚magister nouitiorum‘ war, ist den vorliegenden Quellen nicht zu entnehmen.

2. *De institutione novitiorum*

Der Unterschied von Hugos an die Novizen gerichtetem Vortrag *De institutione novitiorum* zum XXII. Kapitel des *Liber Ordinis* besteht darin, daß er nicht einfach die angesprochenen Punkte en detail ausführt und erläutert. Seine eigentliche Leistung, die sicher auch die Novizen zu schätzen wußten, liegt darin, daß er diese praktischen Handlungsanweisungen in einen theoretischen Rahmen stellt, der verdeutlicht, auf welche Weise sie der Erreichung des Ziels dienen, das die Novizen mit ihrem Eintritt anstrebten: die ‚uita aeterna‘. So beginnt *De institutione novitiorum* mit Worten, die genau diese Motivation aufgreifen:

> Weil ihr, Brüder, durch Gottes Freigiebigkeit von dem eitlen Lebenswandel („conversatio“) dieses Zeitalters durch ein heiliges Verlangen bekehrt seid, und zu jenem, der euch gemacht hat, mit der ganzen Ausrichtung eures Geistes und durch Gelübde bereit seid zurückzukehren, so geziemt es sich nun für Euch den Weg zu lernen („via discere“), durch den ihr zu jenem gelangen könnt, den ihr sucht. Jener ist das wahre und andauernde Leben, außerhalb von diesem kann niemand leben, wer jedoch in und mit ihm lebt, ist glückselig.[43]

Im ersten Schritt identifiziert Hugo also die nach dem *Liber Ordinis* erstrebte „vita aeterna“ (hier „vita sempiterna“) mit Gott selbst bzw. mit der „vita in ipso et cum ipso“. Diese Identifikation der persönlichen Heilssuche, der Suche nach ‚beatitudo‘, mit der Suche nach Gott, war offenbar nicht selbstverständlich, denn Hugo erläutert sie eigens: „Wenn ihr also Gott sucht (ihn sucht ihr nämlich) so verlangt ihr danach die wahre und andauernde Seligkeit zu haben.“[44] Er

---

43 „Quia, fratres, largiente Domino de vana conversatione hujus saeculi per desiderium sanctum conversi estis, et ad ipsum qui fecit vos tota mentis intentione ac voto redire disponitis, oportet vos nunc ipsam viam discere per quam possitis ad illum quem quaeritis pervenire. Ipse est enim vera et sempiterna vita, extra quem sicut nemo vivere potest, ita quicunque in ipso et cum ipso vivit, beatus est“ (*De institutione novitiorum*, Sp. 925).

44 „Si igitur Deum quaeritis (imo quia quaeritis) veram profecto ac perpetuam beatitudinem habere desideratis“ (*De institutione novitiorum*, Sp. 925).

erläutert dann, daß der Weg zur „beatitudo" die „virtus" ist und die Einübung der „virtus" durch die „disciplina" geschieht:

> Zur Glückseligkeit aber kann niemand gelangen, außer durch Tugend („virtus"), und die „virtus" kann nicht auf andere Weise wahrhaft gelernt werden, außer durch sorgfältige Überwachung der Disziplin der Tugend („disciplina virtutis"). Der Gebrauch der Disziplin nämlich richtet das Gemüt auf die Tugend aus, die Tugend aber führt zur Glückseligkeit. Und in dieser Einübung der Disziplin muß für Euch der Anfang bestehen, in der Tugend die Vervollkommnung, in der ewigen Glückseligkeit der Lohn der Tugend.[45]

Dieses Programm unterscheidet sich schon auf den ersten Blick von der Benediktsregel, die bis dahin das Ordensleben maßgeblich geprägt hatte. In ihr steht das Vorbild Christi (repräsentiert durch den Abt) und dessen Nachahmung im Mittelpunkt. Das Erstreben des ewigen Lebens wird dort nur als ein Ziel unter vielen genannt.[46] Nach Hugo hingegen ist das eigene Heil das Ziel des Ordenslebens, die Suche nach Gott das Mittel.

Diese Einübung in die „virtus" durch die „disciplina" als Weg („via") zu Gott wird dann im Folgenden biblisch fundiert durch ein Zitat aus Psalm 118: „Beati immaculati in via, qui ambulant in lege domini." Es ist sicher kein Zufall, daß der Beleg aus der Schrift gerade den Psalmen entnommen ist, die die Novizen ja auswendig kannten. Der Beginn von Psalm 118 (in der Zählung der Vulgata) wurde als Antiphon der Prim täglich gebetet. Der anonyme *Liber Quare*, der von seinem Editor ins 11. Jahrhundert datiert wird, erläutert die Bedeutung dieses Psalms: „Warum folgt nach ‚Hilf mir Gott durch deinen Namen' [Psalm 54] der Psalm ‚Wohl denen, deren Weg ohne Tadel ist' [Psalm 119]? Deshalb, weil jener Psalm voll von Sitten ist. Und es ziemt sich, daß diejenigen die Gott aus den Ketten und dem Gefängnis der Feinde befreit hat, ihm durch gute Sitten beistehen in jeglicher Verehrung."[47] Diese moralische Dimension dieses Psalms war offenbar auch bei Hugo im Blick.

Durch zwei weitere Psalmenzitate wird dann der Begriff „disciplina" weiter vertieft. Zunächst schreibt ein Zitat aus Psalm 17 (Vers 36 in der Fassung des

---

45 „Ad beatitudinem autem nemo venire potest nisi per virtutem, et virtus non alio modo veraciter apprehenditur, nisi disciplinam virtutis non negligenter custodiatur. Usus enim disciplinae ad virtutem animum dirigit, virtus autem ad beatitudinem perducit. Ac per hoc exercitium disciplinae esse debet vestra inchoatio, virtus perfectio, praemium virtutis aeterna beatitudo" (*De institutione novitiorum*, Sp. 925).

46 Vgl. *Regula Benedicti*, f. 13v und 14r.

47 „Quare post ‚Deus, in nomine tuo' [Ps 53] sequitur psalmus ‚Beati immaculati' [Ps 118]? Ideo quia ille psalmus plenus est moribus. Et oportet ut quod Deus liberauit de uinculis et carcere inimicorum, bonis moribus ei assistant in omni deuotione" (*Liber Quare*, *Quaestio 164*, S. 66). Auch eine Datierung in die erste Hälfte des 12. Jahrhunderts wäre m. E. möglich.

Psalterium gallicanum)[48] „disciplina" Gott selbst zu: „Disciplina tua correxit me in finem." Dieser Aspekt wird jedoch nicht weiter vertieft. Wichtiger ist das folgende, wiederum Psalm 118 (Vers 66) entnommene Zitat wegen der hinzukommenden Rolle der „scientia": „Bonitatem et disciplinam et scientiam doce me." Es lohnt sich, Hugos Auslegung dieses Verses ausführlich zu zitieren, da die Begriffe „scientia", „disciplina" und „bonitas" den Text *De institutione novitiorum* formal strukturieren und damit zugleich die Strukturelemente für den Bildungsprozess der Novizen beschreiben:

> Der Psalmist betrachtete nämlich, daß man durch das Gutsein („bonitas") zur Glückseligkeit gelangt und so erbittet er sich, das Gutsein gelehrt zu werden, weil er durch dieses begehrt zu jener zu gelangen. Aber weil er wiederum sieht, daß zum Erlangen des Gutseins Disziplin („disciplina") nötig wäre, fügt er hinzu und sagt: ‚Lehre mich Disziplin'. Er war nämlich bereit der Disziplin zu dienen, und nicht nur ihr zu dienen, nahm er freiwillig auf sich, sondern er bat auch darum, daß er würdig werde, jene anzunehmen. Schließlich, weil er sah, daß niemand der Disziplin des guten Werkes dienen kann, der nicht das Wissen der wahren Unterscheidung („scientia vere discretionis") hat, erbat er, ihm auch dieses gewissermaßen als Grundlage und Ursprung des heiligen Lebenswandels („sancta conversatio") zu geben.[49]

Die Erfüllung des letzten Ziels des Novizen – des Erlangens der Glückseligkeit – wird also durch die Ausbildung der Novizen, wie sie im *Liber Ordinis* darlegt ist, vorbereitet. Beiläufig wird hier auch das Anliegen der rechten „conuersatio" aus Kapitel XXIII des *Liber Ordinis* (*De conuersatione nouitiorum*) integriert. Von der „vana conversatio hujus saeculi" bekehrt, soll bei den Novizen die „sancta conversatio" an deren Stelle treten. Die „conversio" zum religiösen Leben zeigt sich in der geänderten „conversatio". Für den *Liber Ordinis* besteht die Einübung in die rechte „conuersatio" zunächst ganz praktisch darin, daß der „magister nouitiorum" für den ersten Monat der maßgebliche Gesprächspartner des Novizen sein soll und dieser erst nach einem Jahr außerhalb der „audientia" mit anderen Mitbrüdern reden soll. Durch äußerste Beschrän-

---

48 Diesen Hinweis verdanke ich P. Rainer Berndt SJ. Eine Untersuchung der Liturgie von Sankt Viktor müßte klären, inwieweit die Schriftzitate der an die *Vetus Latina* angelehnten Fassung der Liturgie entnommen sind, was allerdings zu vermuten steht.

49 „Consideravit namque quod per bonitatem venitur ad beatitudinem, atque ideo bonitatem doceri se petit, quia hanc ad illam pertingere concupivit. Sed quia rursum vidit quod ad bonitatem obtinendam disciplina necessaria est; adiunxit et dixit: ‚Disciplinam doce me'. Paratus enim erat disciplinam servare, et non solum ad illam servandam spontaneum se obtulit, sed ut illam quoque accipere mereretur, supplicauit. Postremo quia vidit neminem servare posse disciplinam boni operis, qui non habeat scientiam vere discretionis, hanc quoque sibi dari quasi quoddam fundamentum et principium sanctae conversationis postulavit." HUGO *De institutione novitiorum*, Sp. 925f.

kung der Gesprächszeiten und Gesprächspartner wird ein allmähliches Hineinwachsen in die „conuersatio“ der Gemeinschaft angestrebt.[50]

Bevor er das Bildungsprogramm für die Novizen im einzelnen skizziert, stellt Hugo den Bezug zur Nachfolge Christi her, indem er das Evangelium zitiert: „Wenn du vollkommen sein willst, geh, verkauf deinen Besitz und gib das Geld den Armen; so wirst du einen bleibenden Schatz im Himmel haben; dann komm und folge mir nach – Si vis perfectus esse, vade et vende omnia quae habes, et veni, sequere me et habebis thesaurum in coelo“ (Mt 19 21).

Die exegetische Grundlegung abschließend fügt Hugo beide Elemente zusammen und stellt fest: „Der Weg zu ihm sind Wissen, Disziplin und Gutheit, durch Wissen gelangt man zur Disziplin, durch die Disziplin zur Gutheit, durch die Gutheit zur Glückseligkeit – Via ad ipsum sunt scientia, disciplina, bonitas; per scientiam itur ad disciplinam, per disciplinam itur ad bonitatem, per bonitatem itur ad beatitudinem.“[51]

Hugo gliedert seinen Text durch knappe Darlegungen der begrifflichen Gliederung seines Themas, die er dann im einzelnen ausführt. Dabei zeigt sich, daß die Begriffe „scientia“, „disciplina“, „bonitas“ aus Psalm 118 die Grobstruktur abgeben. Die oben erwähnten, aus dem *Liber Ordinis* übernommenen, Begriffe

---

50 Vgl. Anm. 34.

51 HUGO *De institutione novitiorum*, c. 926. Die Trias „scientia, disciplina, bonitas“ findet sich auch in anderen Werken Hugos, jedoch ohne die hier vorliegende ausführliche biblische Begründung, die offenbar als bereits bekannt vorausgesetzt wird, nämlich im *Libellus de formatione arche* („In sinistro latere prime mansioni inscribo scientia secunde mansioni inscribo disciplina tercie bonitas. [...] Item recta scientia utilis disciplina necessaria bonitas.“ (nach Hs. Paris, Bibliothèque Mazarine 717, f. 4va; PL 176, Sp. 692, liest: „In sinistro latere primae mansioni inscribitur scientia, secunde mansioni inscribitur disciplina, tertiae bonitas. etc.“) und in *De archa Noe* („In prima ergo mansione est cognitio. In secunda opus. In tercia uirtus. In supremo premium uirtutis dominus Iehsus christus. Hos gradus habes in psalmo ubi dicit. Bonitatem et disciplinam et scientiam si conuertas scientiam et disciplinam et bonitatem doce me domine Iehsu christe.“ (nach Hs. Troyes, Bibliothèque municipale, 301, f. 179va; PL 176, Sp. 640 weicht hier nicht ab). Nach SICARD 1993 handelt es sich hierbei um die Exegese der Zeichnung, die im *Libellus de formatione arche* beschrieben wird. Durch die Gebetsform klingt der ursprüngliche Kontext von Psalm 118 in christologischer Auslegung an. Die von SICARD 1993, S. 40-45, bejahte Frage nach der Realität der Zeichnung (*pictura*) läßt sich m. E. mit Blick auf die Tituli des *Libellus* in den Handschriften aus dem 12. Jahrhundert aus Admont, Stiftsbibliothek 672 („De pictura arche“), und Linz, Bundesstaatliche Studienbibliothek, 353 (68) („Incipit quintus de pictura arche“) erhärten. In *De archa Noe* wird genau wie in *De institutione novitiorum* explizit der Bezug zu Psalm 118 hergestellt, was die Bedeutung dieses Zitats für Hugo unterstreicht. Die drei Begriffe sind auch im *Libellus de formatione arche* und in *De archa Noe* einem Erkenntnisprozess zugeordnet. Sie werden im Zusammenhang mit den drei Häusern, die die Arten der „cognitio“ bezeichnen, erwähnt.

stellen einen Teil der Feingliederung dar. (Vgl. dazu das Schema auf S. 113). Unter Absehung von der unkritischen Kapiteleinteilung in der Ausgabe der *Patrologia Latina* möchte ich mich für die Erstellung einer Gliederung des Textes vor allem von textimmanenten Anhaltspunkten, die Hugo selbst dem Leser an die Hand gibt, leiten lassen.[52]

Nach dem bereits erörterten Prolog beginnt der erste Hauptteil (I.) mit den Worten: „Zuerst müßt ihr wissen, daß es sich für den Menschen geziemt sich dieses Wissen auf viefältige Weise anzueignen und es zu vergleichen."[53] Es folgt die Aufzählung der verschiedenen Weisen, wie die „scientia" zu erwerben ist. Hugo erörtert sie im ersten Abschnitt der Reihe nach: „zum Teil durch Vernunft (1), zum Teil durch Lehre (2), zum Teil durch Beispiel (3), zum Teil durch Meditation der Heiligen Schriften (4), zum Teil durch unermüdliche Betrachtung der eigenen Handlungen und Sitten (5)."[54]

Zunächst entfaltet Hugo den Erwerb der „scientia" durch die „ratio" (1), der seinerseits unter verschiedenen Aspekten, die an Kapitel XXII des *Liber Ordinis* erinnern,[55] betrachtet wird:

> Er muß allerdings sorgfältig betrachten, was es heißt, für sich zu unterscheiden, was erlaubt ist und was nicht erlaubt ist, und was sich ziemt und was sich nicht ziemt, in jeder Handlung (a), an jedem Ort (b), zu jeder Zeit (c), gegen jede Person (d).[56]

Die „actus" (a) werden unterteilt in die Ausübung („impleri") der „sacra et divina mysteria", die „humana officia" und diejenigen „quae ad usum corporis pertinent".

---

52 Ich stütze mich – in Ermangelung einer kritischen Edition – für meine Auslegung von *De institutione novitiorum* auf die Ausgabe von Migne, die im übrigen – bis auf die Textgliederung – nicht wesentlich vom Textbestand etwa der Handschrift aus der Grande Chartreuse, Grenoble, Bibliothèque municipale, 246 aus dem 12. Jahrhundert, abweicht.

53 HUGO *De institutione novitiorum*, Sp. 927. „Primum igitur scire debetis quod hanc scientiam multis modis hominem colligere et comparare sibi oportet."

54 Ibidem, „partim ratione (1), partim doctrina (2), partim exemplo (3), partim meditatione sanctarum scripturarum (4), partim assidua inspectione operum ac morum suorum (5)."

55 Vgl. Anm. 41.

56 Ibidem, „Debet siquidem diligenter considerare, et quantum valet per semetipsum discernere quid liceat et quid non liceat, quid deceat, et quid non deceat, in omni actu (a), et in omni loco (b), in omni tempore (c), erga omnem personam (d)." Die Reihenfolge ist im Vergleich zum *Liber Ordinis*, XXIII, S. 106f., zitiert oben Anm. 41, leicht verändert. „Actus", „locus" und „tempus" werden dort ausdrücklich erwähnt, die „personae" tauchen implizit auf, wenn die Oberen, die Gleichgestellten und die Untergebenen behandelt werden. Die Kategorien „locus", „tempus" und „persona" werden von Hugo ausführlich erläutert in HUGO *De circumstantiis*, S. 484-493.

Die „loci“ (b) werden in verschiedene Gegensatzpaare aufgeteilt: „ubi Deus adoratur“, „ubi corpus reficitur“, in die Orte der „locutio“ und des „silentium“, in „intus“ und „foris“, in „secreto“ und „publico“. Ausgehend von dieser Differenzierung weist Hugo darauf hin, daß die „disciplina“ zwar niemals aufzugeben sei, die genannte Unterscheidung der Orte jedoch zu entscheiden erlaube, wo die „disciplina“ ggf. auch einmal unterbrochen werden könne.[57] Die „scientia“ verhilft hier ganz praktisch zur rechten „disciplina“.

Die „tempora“ (c) werden in vergleichbarer Absicht unterschieden in „dies“ und „nox“, „ante“ und „post sumptum cibum“, in „festi dies“ und „caeteri“. Mit dieser „discretio“ der Zeiten wird einer allzu rigoristischen Disziplin Einhalt geboten: „Weshalb bei einem guten Werk die Unterscheidung der Zeiten nicht nachlässig zu behandeln ist; denn wie das schlechte Werk zu keiner Zeit lobenswert ist, so wird das gute Werk als auf gewisse weise zu tadeln erachtet, wenn es nicht zur rechten Zeit getan wird.“[58] Die erwähnten Orte und Zeiten spiegeln die Raum- und Zeitgliederung eines Konvents wider: mit seiner Unterscheidung von Sakralraum und Funktionsräumen, von Innen und Außen, der Gliederung des Tages- und Jahresablaufs nach Arbeit und Gebet, nach Feier- und Werktag. Auch der *Liber Ordinis*, der hier im Hintergrund steht, übernimmt diese Strukturierung aus den älteren Regeln.[59]

Die „personae“ (d) unterscheidet Hugo wie der *Liber Ordinis* in „superiores“, „aequales“ und „inferiores“. Allerdings werden diese drei Gruppen noch einmal unter zwei verschiedenen Gesichtspunkten betrachtet: „secundum dignitatem“ und „secundum conversationem“. Der erste Aspekt betrifft das Handeln, der zweite das Gespräch bzw. den Lebenswandel. Während die „dignitas“ recht knapp abgehandelt wird unter den Stichworten ‚Gehorsam und Ehrfurcht den Höhergestellten gegenüber‘, ‚Eintracht und gegenseitige Fürsorge Gleichgestellten gegenüber‘ und ‚Hilfestellung für die Untergebenen‘, nimmt die „conversatio“, der ja auch der *Liber Ordinis* drei Kapitel widmet,[60] sehr viel breiteren Raum ein. Hugo sieht also eine Differenz zwischen der Ordnung der „dignitas“ und der Wertigkeit der „conversatio“. Das Schauen auf die hierar-

---

57 Hugo *De institutione novitiorum*, Sp. 927 „Et, quamvis in nullo loco disciplinam suam homo deserere debeat, diligentius tamen et magis sollicite ibi conservandae est, ubi vel neglecta pluribus generat scandalum, vel custodita bonae imitationis exemplum. Discernendum est igitur quae sint illa quae in custodienda disciplina nusquam intermitti possunt, et quae rursum illa sint quae pro loco et tempore nunc intermitti, nunc exerceri volunt.“

58 Hugo *De institutione novitiorum*, Sp. 928 „Quapropter non negligenter quidem habenda est in bono opere discretio temporum; quia sicut malum opus nullo tempore laudabile est, ita bonum opus quodammodo reprehensione dignum judicatur, si tempore opportuno factum non est.“

59 Vgl. zur Übersicht den „Elenchus Capitulorum“ des *Liber Ordinis*, S. 1-14.

60 IV „De Conuersatione Abbatis“; XXIII „De Conuersatione Nouitiorum“ und XXXIV „De Hora Locutionis“.

chische Ordnung genügt nicht, um zu wissen, mit wem die rechte „conversatio" zu führen ist. Hugo beschreibt eigens und ausführlich, woran die Qualität der „conversatio" zu erkennen ist, nämlich letztlich an der durch „exercitium disciplinae" erworbenen „virtus" der Gesprächspartner:

> Die Konversation („conversatio") jener ist uns überlegen, die durch lange Übung der Disziplin („longum disciplinae exercitium") soweit fortgeschritten sind, daß zwar ihre Tugend gewissermaßen unsere Schwäche anregt sie durch Liebe anzustreben, es jedoch nicht gilt, ihnen durch Nachahmung gleichzukommen.[61]

So ist auch nicht unbedingt die „conversatio" mit diesen anzustreben, sondern eher mit denen, deren „conversatio" der eigenen gleichgestellt ist:

> Unsere tägliche und häufige Konversation („conversatio") muß mit den mittleren und uns gleichen sein, so daß wir unter ihnen die im guten Werk eifrigeren erkennen und deren Gesellschaft und Vertrautheit begieriger erstreben.[62]

Diesen ersten Abschnitt über die „ratio" (1) faßt Hugo zusammen, indem er erneut das Ziel des Erwerbs der „scientia" in Erinnerung ruft, nämlich die Einübung der „disciplina", die zur „bonitas" führen soll:

> Dieser [Weg], Brüder, wenn ihr ihn sorgfältig bedenken wolltet, wüßtet ihr und würdet schnell verstehen, welcher der Weg der Disziplin sei, der euch durch Ausübung des guten Werkes zur Vollendung der Gutheit führt.[63]

„Scientia" ermöglicht demnach die rechte Einsicht, wie die „disciplina" so einzuüben sei, daß sie zum rechten Ziel führt. Hugo hatte fünf Quellen dieser „scientia" benannt, nämlich „ratio" (1), „doctrina" (2), „exemplum bonorum" (3), „sacra scriptura" (4) und „circumspectio" (5). Er stellt dann den Erwerb der „ratio" wieder in den Zusammenhang mit den übrigen Wegen, die „scientia" zu erwerben, indem er zur „doctrina" und den „exempla bonorum" überleitet.[64]

---

61 „Illorum conversatio superior nobis est, qui per longum disciplinae exercitium intantum profecerunt, ut virtutem illorum nostra infirmitas quamvis incipiat per amorem appetere, per imitationem tamen non valet coaequare." HUGO *De institutione novitiorum*, Sp. 929.

62 „Quotidiana igitur et frequens conversatio nostra cum mediis et aequalibus nobis esse debet, ita ut inter eos etiam quoscunque in bono opere ferventiores cernimus, eorum societatem atque familiaritatem avidius appetamus" HUGO *De institutione novitiorum*, Sp. 929.

63 „Ista, fratres, si assidue volueritis cogitare, scietis et cito intelligetis quae sit via disciplinae, quae vos per exercitium boni operis ducat ad consummationem bonitatis"; HUGO *De institutione novitiorum*, Sp. 931.

64 „Sed si forte ad haec investiganda atque discernenda quantum expedit per vos minus sufficitis, habebetis Domino adjuvante doctrinam (2) et exempla bonorum (3), ubi et facienda audietis et facta videbetis. Et ne in hac etiam parte vobis ministerium nostrae exhortationis desit, ostendam nunc breviter quales vos, vel ad percipiendam doctrinam (2), vel ad imitanda exempla bonorum (3) exhibere debeatis"; ibidem.

Der nun folgende Abschnitt über „doctrina“ (2) ist in erster Linie eine von Schriftzitaten untermauerte Aufforderung zum Hören: „magis auditores quam doctores esse eligite.“[65] Gehört werden soll die „sapientia quae desursum est“[66]. Damit ist aber das in der Schrift manifestierte Wort Gottes gemeint, dessen Auslegung mit „doctrina“ bezeichnet wird.[67]

Mit dem Bild vom Siegel und vom Wachs wird dann das „exemplum bonorum“ (3) erläutert. Die „boni“ stellen gewissermaßen das Gegenstück zu uns dar: Was bei ihnen ausgeprägt ist, sollen auch wir uns einprägen; was ihnen eingeprägt ist, sollen auch wir bei uns ausprägen.[68] Hugo begründet die „imitatio“ der Guten damit, daß bei ihnen die „similitudo Dei“ ausgeprägt sei, die auch wir anstreben sollen.[69]

Nach diesem Abschnitt fügt Hugo erneut einen Hinweis auf seine Textgliederung ein, bevor die letzten beiden Abschnitte über „sacra scriptura“ (4) und die „circumspectio“ bzw. „experientia“ (5) einsetzen.[70] Hugo scheint eine Art Stufenmodell der ‚quinquae viae ad scientiam‘ anzunehmen. Es müssen jedoch nicht alle Stufen nacheinander erklommen werden, um eine ausreichende ‚scientia‘ zu erwerben, um die ‚disciplina‘ einzuüben („... si forte ... per vos minus sufficitis habebetis ...“). Die fünf Wege sind vielmehr komplementär („tot viae ... possit ad scientiam veritatis pervenire“). Die ‚scientia‘ dient funktional dem Erwerb der ‚disciplina‘ und stellt keinen Wert in sich dar. Anders

65 Ibidem, Sp. 932.

66 Ibidem in Anlehnung an Jak 3 17.

67 In Hugos *De institutione novitiorum* wird „doctrina“ zwar nicht weiter erläutert, wohl aber in anderen Werken Hugos, so etwa in den *Institutiones in Decalogum*, wo ebenfalls Dtn 6 4 ausgelegt wird: „Audi Israel: Deus tuus Deus unus est ipsum adorabis et ei soli servies. Non hoc totum de precepto est quod dicitur quia ante preceptum per admonitionem ad obedientiam auditoris animus preparatur. Audi Israel hic nota obedientiam. Deus tuus hic nota gratiam. Deus unus est hic doctrinam.“ (Sp. 9); „Primum devotio ad bonam conscientiam postea exemplum operis ad bonam famam. Novissime verbum predicationis ad doctrinam.“ (Sp. 14).

68 „Quod ergo in illis eminet, in nobis introrsum recondi debet, et quod in illis depressum est, in nobis est erigendum, ...“ HUGO *De institutione novitiorum*, Sp. 933.

69 „Quare putatis, fratres, vitam et conversationem bonorum imitari praecipimur, nisi ut per eorum imitationem ad novae vitae similitudinem reformemur? in ipsis siquidem similitudinis Dei forma expressa est, et idcirco cum eis per imitationem imprimimur, ad ejusdem similitudinis imaginem nos quoque figuramur.“ HUGO *De institutione novitiorum*, Sp. 932.

70 „Nescio quam homo deinceps habeat excusationem ignorantiae, cui tot jam viae demonstrantur, quibus possit ad scientiam veritatis pervenire. Ecce post discretionem rationis (1) propriae per quam dirigitur, post doctrinam (2) sapientium per quam eruditur, post exempla bonorum (3) quibus instruitur, adduntur etiam praecepta Scripturarum (4), quibus ad omnem vivendi rationem informatur. Postremo adjunguntur tentationes, quibus exercitatus per quotidianam experientiam (5) de veritate praeceptorum certior efficitur“; ibidem, Sp. 933.

ausgedrückt: Die ‚scientia' hat eine spezifische Rolle in der Heilsökonomie („via ad ipsum sunt"), die aufgrund ihrer Funktionalität begrenzt ist.

Zur „lectio diuniarum scripturarum" (4) wird gewissermaßen ein Lektüreschlüssel an die Hand gegeben: „Vos autem, fratres, qui scholam disciplinae jam intrastis, in lectione divina prius debetis quaerere, quod mores instruat ad virtutem, ..."[71] Der moralische Schriftsinn ist derjenige, der den Novizen seiner persönlichen Heiligung näherbringt.

Schon die uneinheitliche Bezeichnung des letzten Abschnittes (5) deutet darauf hin, daß dieser weniger gut systematisch faßbar erscheint: Während zu Beginn von „assidua inspectio operum ac morum suorum" die Rede war, wird in der zweiten Zwischenzusammenfassung der Begriff der „quotidiana experientia" gewählt. Im fraglichen Abschnitt selbst kommt noch der Begriff der „circumspectio" hinzu. Gemeint ist die beständige und eigenständige Prüfung aller ethisch relevanten Bereiche, nämlich der Gedanken, Worte und Werke: „Es bleibt ..., daß jeder Mensch in all seinen Angelegenheiten umsichtig und vorausschauend sei und in täglicher Auseinandersetzung seine Gedanken, Worte und gleichermaßen seine Werke bei sich untersuche."[72] Unter Berufung auf die „experientia" wird ein ganzer Katalog von Fragen für diese Selbstprüfung an die Hand gegeben.

Hugo schließt den Abschnitt über den Erwerb der „scientia", indem er erneut auf das seine Darlegung strukturierende Zitat aus Psalm 118 hinweist:

> Wer auch immer sein Herz in solchem Bemühen übt, von dem erwarte ich, daß er schnell zu jenem guten und nüchternen Wissen („scientia") gelangt, das, wie wir oben gesagt haben, der Psalmist zum Dienste der Disziplin („disciplina") und des Gutseins („bonitas") gegeben zu bekommen sich erbat. Es fehlt nun noch, daß wir jene Dinge vortragen, die von uns über die Disziplin darzulegen sind. Wir unterrichten euch also zunächst, was die Disziplin sei („quid sit") (1), dann, was sie wert sei („quid valeat") (2) und schließlich, wie sie eingehalten werden muß („quomodo observari debeat") (3).[73]

Hugo beginnt den II. Hauptteil, die Diskussion des Begriffes „disciplina", mit der Antwort auf die Frage: „quid sit" (1):

---

71 Ibidem, Sp. 933.

72 „Restat ... ut videlicet homo in omnibus operibus suis sit circumspectus et providus, quotidiana discussione cogitationes, locutiones pariter et facta sua apud semetipsum examinet"; ibidem, Sp. 934.

73 „Quisquis cor suum in ejusmodi studio exercet, existimo quod cito ad illam bonam et salubrem scientiam pervenit, quam, sicut supra diximus, ad servandam disciplinam et bonitatem psalmista dari sibi postulabat. Restat igitur nunc ut ea quoque, quae de disciplina nobis demonstranda sunt, proferamus. Docebimus ergo vos primum quid sit disciplina, deinde quid valeat, postremo quomodo observari debeat"; ibidem, Sp. 935.

> Die „disciplina“ ist die gute und ehrliche „conversatio“, was soviel bedeutet wie keine schlechten Dinge zu tun, doch sie strebt auch an in jenen Dingen, die sie gut macht, nach Möglichkeit unanfechtbar zu erscheinen. Weiterhin ist die „disciplina“ die geordnete Bewegung aller Glieder und die geziemende Einstellung in jeglicher Haltung und Handlung.[74]

Der Begriff der „conversatio“ wird hier so weit gefaßt, daß er die Übereinstimmung von Wort und Tat bezeichnet. Der Gegenbegriff zu „facere“ bei Hugo ist „loqui“,[75] nicht „conversari“, das beide Aspekte umfaßt. Auch der „os“- wird von Hugo als „membrum“ betrachtet.[76] Angestrebt wird das äußerlich angemessene Handeln, dessen Wert darin besteht, die innere Haltung zu beeinflussen. Während die „scientia“ den Menschen von innen her formt, formt die „disciplina“ ihn von außen her.

„Ihr habt gehört, was die ‚disciplina‘ sei, nun beachtet wie nützlich und notwendig sie sei.“[77] So leitet Hugo den Abschnitt „quid valeat“ (2) ein.

> Die Disziplin ist die Fessel der Begierde, das Gefängnis der schlechten Sehnsüchte, die Bremse der Lüsternheit, das Joch des Hochmuts, das Band des Zorns, sie zähmt die Ungeduld, bindet die Leichtfertigkeit, und erstickt alle ungeordneten Bewegungen des Geistes und unerlaubten Bestrebungen.[78]

Die „disciplina“ sorgt für den „motus ordinatus corporis“. Das Ziel besteht darin, den „inordinatus motus mentis“ zu unterdrücken. Diese psychophysische Wechselwirkung wird von Hugo noch weiter unterstrichen, wenn er fortfährt: „Wie nämlich aus der Unbeständigkeit des Geistes die ungeordnete Bewegung des Körpers geboren wird, so wird auch, wenn der Körper durch die ‚disciplina‘ gefesselt wird, der Geist zur Beständigkeit befestigt.“[79] Als Ziel der Disziplinierung des Körpers wird die „virtus“ benannt. Dabei erscheint der Körper wie ein Indikator des Zustandes des Geistes: „Die Vollendung der

---

74 „Disciplina est conversatio bona et honesta, cui parum est mala non facere, sed studet etiam in iis quae bene agit per cuncta irreprehensibilis apparere. Item disciplina est membrorum omnium motus ordinatus, et dispositio decens in omni habitu et actione“; ibidem.

75 Vgl. etwa ibidem, Sp. 934A: „cogitationes, locutiones, pariter et facta.“

76 Vgl. etwa ibidem, Sp. 932: „Qui denique studium scientiae, morum diciplinae exornant, et mansuetudinem ac modestiam mentis suae non solum in custodia oris, sed etiam in habitu et gestu corporis sui demonstrant.“

77 „Audistis quid sit disciplina, nunc attendite quam utilis et quam necessaria sit“; ibidem, Sp. 935.

78 „Disciplina est compes cupiditatis, malorum desideriorum carcer, frenum lasciviae, elationis iugum, vinculum iracundiae, quae domat intemperantiam, levitatem ligat, et omnes inordinatos motus mentis atque illicitos appetitus suffocat“; ibidem, Sp. 935.

79 „Sicut enim de inconstantia mentis nascitur inordinata motio corporis, ita quoque dum corpus per disciplinam stringitur, animus ad constantiam solidatur“ (ibidem). Er fährt fort: „Et paulatim intrinsecus mens ad quietem componitur, cum per disciplinae custodiam mali motus ejus foras fluere non sinuntur.“

Tugend ist es, wenn durch die innerliche Wachsamkeit des Geistes die Glieder des Leibes in geordneter Weise geleitet werden."[80] Zwar kann die ,disciplina' zur Beruhigung des Geistes von außen her beitragen, doch soll der Körper letztlich durch den Geist kontrolliert werden („reguntur membra").

Diesen Weg von Außen nach Innen erörtert Hugo in vier Abschnitten, von denen drei der bereits zitierten Passage des *Liber Ordinis*[81] entsprechen; der vierte („in mensa") kann auf die Ausführungen des *Liber Ordinis* zum Refektor bezogen werden:[82]

> Vier sind es vor allem, in denen die ,disciplina' zu beachten ist: in der Kleidung („habitus") (a), den Bewegungen („gestus") (b), beim Sprechen („locutio") (c) und bei Tisch, das heißt beim Essen („comestio") (d).[83]

Im ersten Abschnitt des Teils über die „scientia", wo von der „ratio" gehandelt wurde, wurden die formalen Begriffe, die jenen im *Liber Ordinis* entsprechen, behandelt, nämlich „actus", „locus", „tempus", „persona". In diesem Teil werden nun diejenigen Begriffe erläutert, die ganz praktische Bedeutung im Ordensleben haben: „habitus", „gestus", „locutio" und „comestio". Dementsprechend sind die Ratschläge konkreter Natur, wobei weder Hugos Neigung zu systematisierender Gliederung seines Gegenstandes noch vielfältige Schriftbezüge zu kurz kommen. Im Abschnitt über die „gestus" (b) greift er mehrfach ausdrücklich das Verhältnis von Innen und Außen auf und bezieht sich dabei auf das Zeugnis der Schrift.[84] Die vier Themenbereiche legen detailliert dar, wie der geordnete äußere „habitus" auszusehen hat, der nach Innen rückwirken soll.

Nachdem Hugo die ,disciplina' viel ausführlicher als zuvor die ,scientia' erörtert hat, schließt er recht abrupt, indem er das dritte Element, die ,bonitas', aufgreift (III.):

---

80 „Integritas ergo virtutis est, quando per internam mentis custodiam ordinate reguntur membra corporis"; ibidem.

81 S. o. Anm. 41.

82 *Liber Ordinis*, XXXV und XXXVI.

83 „Quatuor sunt praecipue in quibus servanda est disciplina, in habitu (a), in gestu (b), in locutione (c), in mensa, id est comestione (d)"; HUGO *De institutione novitiorum*, Sp. 935.

84 Ibidem, Sp. 938: „Propterea omnes isti inordinati gestus, quia de interioribus animae prodeunt corruptionibus, in multis Scripturarum locis graviter argui et reprehendi, inveniuntur"; Sp. 941: „Nemo ergo deinceps putet parum relinquere eos qui contra disciplinam ad turpes motus, et inordinatas gesticulationes membra sua inflectunt, quia nunquam Scripturam tam severe istos exteriores corporis motus in nobis reprehenderet, nisi omnis exterioris hominis inhonesta figuratio et motio indicens, ab interiori mentis corruptione manaret"; Sp. 942: „Scire tamen debent unum esse vitium quod prius intrinsecus statum mentis dissipat, ac postmodum extrinsecus in membris ordinem actionis perturbat, ..."

Dies haben wir euch, Brüder, zwischenzeitlich von der ‚scientia' und der ‚disciplina' gesagt. Was die ‚bonitas' anbelangt, betet, daß Gott sie euch geben möge. Amen.[85]

Dieser knappe Schluß bestätigt zum einen die These von der Strukturierung des Textes durch das Zitat aus Psalm 118 bzw. die Begriffe ‚scientia', ‚disciplina' und ‚bonitas'. Er erhellt zum anderen, daß die ‚bonitas' von Hugo in *De institutione nouitiorum* nicht als lehr- und lernbarer Teil des Bildungsprozesses aufgefaßt wird, vielmehr hingegen als gnadenhaftes Geschenk Gottes, für dessen Empfang sich der Religiose durch ‚scientia' und ‚disciplina' im Erwerb von ‚virtus' rüstet.

In mindestens zwei Handschriften ist der Schluß des Werkes um jeweils einen weiteren Satz ergänzt worden, der wahrscheinlich nicht authentisch ist. Er vermag aber die These, ‚scientia' und ‚disciplina' seien die zentralen Begriffe des Textes, zu unterstreichen. In der Handschrift Dublin, Trinity College 97 (XIII./XIV. Jhdt.) lautet das Explicit: „... bonitatem uero orate ut uobis det deus. Amen. Per scientiam ad disciplinam, per disciplinam ad bonitatem, per bonitatem uenitur ad beatitudinem sicut psalmista declarauit. Explicit libellus de institucione nouiciorum etc."[86] In der Handschrift Sankt Pölten, Diözesanarchiv 117 (XV. Jhdt.) lautet das Explicit: „Explicit Hugo de scientia et disciplina claustralium."[87]

Die übrigen Texte Hugos, die sich mit ‚scientia' und ‚disciplina' befassen, übergehen – mit Ausnahme der beiden Texte über die Arche – den Begriff ‚bonitas'. Es wird zu zeigen sein, daß dies nicht bedeutet, das Ziel der ‚bonitas' – bzw. noch weitergehend das der ‚beatitudo' – stehe dort nicht im Hintergrund.

Der *Liber Ordinis* bezeichnet also das mitgebrachte Vorwissen der Novizen als ‚scientia' und meint mit ‚disciplina' die Ordnung der Gemeinschaft. Aus der Perspektive der Institution werden so das mitgebrachte Vorwissen und das zu erwerbende Handlungswissen desjenigen begrifflich erfaßt, der Mitglied des Konvents werden möchte. Hugo hingegen benutzt in *De institutione novitiorum* die beiden Begriffe, um den Bildungsprozess aus der individuellen Perspektive des Novizen zu beschreiben. Damit geht er über den *Liber Ordinis* hinaus. Dieser hatte durch die Einführung der beiden Begriffe die Situation des Novizen genauer zu erfassen vermocht als die Benedikts- und die Augustinusregel. Bildung und persönliche Heiligung standen aber weiterhin unvermittelt nebeneinander. Hugos Leistung besteht darin, beide Bereiche explizit miteinander in Beziehung zu setzen und so dem Bildungswesen der Abtei Sankt Viktor sein theoretisches Fundament gegeben zu haben.

Für Hugo stellt die ‚scientia' den theoretischen Aspekt der Bildung dar. Sie beinhaltet die Quellen des Wissens und die Fähigkeit zur ‚discretio', die erst

85 „Haec vobis, fratres, de scientia et disciplina interim nos diximus: Bonitatem vero orate ut vobis det Deus. Amen"; ibidem, Sp. 952.

86 F. 227; vgl. COLKER 1991, p. 192f.

87 F. 174r.

zum rechten Gebrauch der ‚disciplina' befähigt. Ziel des mit ‚disciplina' bezeichneten praktischen Moments der Bildung ist die Bestimmung des Körpers durch den Geist. Allerdings bedarf zuvor der Geist selbst der Disziplinierung durch Einübung in ein geordnetes Verhalten. Die Einheit von Körper und Geist wird geordnet, nicht überwunden.

Struktur von *De Institutione Novitiorum*

		PL 176 Sp.
Prolog: *Via ad ipsum sunt scientia, disciplina, bonitas*	Prologus	925–926
I. Scientia	cap. I-IX	927-935
(1) ratio		
(a) actus	cap. II	927
(b) locus	cap. III	927
(c) tempus	cap. IV	927-928
(d) persona	cap. V	928-931
(aa) dignitas		928–929
(bb) conversatio		929-931
(2) doctrina	cap. VI	931-932
(3) exempla bonorum	cap. VII	932-933
(4) sacra scriptura	cap. VIII	933-934
(5) circumspectio	cap. IX	934-935
II. Disciplina	cap. X-XXI	935-952
(1) quid sit	cap. X	935
(2) quid valeat	cap. X	935
(3) quomodo observari debeat	cap. XI-XXI	936-952
(a) in habitu	cap. XI	936-938
(b) in gestu	cap. XII	938-943
(c) in locutione	cap. XIII-XVII	943-949
(aa) quid	cap. XIII	943-944
(bb) cui	cap. XIV	944-945
(cc) ubi	cap. XV	946
(dd) quando	cap. XVI	946-948
(ee) quomodo	cap. XVII	948-949
(d) in mensa	cap. XVIII-XXI	949-952
(aa) quid	cap. XIX	950
(bb) quantum	cap. XX	950-951
(cc) quomodo	cap. XXI	951-952
III. Bonitas	cap. XXI	952

III.
Der Erwerb von ‚scientia' und ‚disciplina' durch ‚lectio' und ‚meditatio'

Die Begriffe ‚scientia' und ‚disciplina' als Leitbegriffe der ‚eruditio' finden sich bei Hugo von Sankt Viktor nicht nur für den Bereich der Novizenausbildung. Auch in anderen Kontexten, in denen Hugo sich mit Bildungsprozessen auseinandersetzt, wählt er dieselbe Begrifflichkeit.

In Sankt Viktor gab es neben der Novizenausbildung als bedeutsame Bildungseinrichtung die auch für Nichtmitglieder der Ordensgemeinschaft zugängliche Schule. Wir wissen aus mindestens einem Zeugnis, daß Sankt Viktor im 12. Jahrhundert eine offene Schule besaß, in der Hugo als Lehrer aktiv war. Ein gewisser Laurentius schreibt an den Mönch Mauritius:

> Oftmals, wie ich mich erinnere, bin ich von dir gefragt worden, weshalb ich Magister Hugo von Sankt Viktor ... neben den übrigen, ja vor allen übrigen aufgesucht habe ... so schnell ich eben konnte und als herausragenden Lehrer schätzte; seine Lehre habe ich mit höchster Aufmerksamkeit aufgenommen.[88]

Bislang galt das Forschungsinteresse nahezu ausschließlich dieser sogenannten ‚externen' Schule und ihrem Lehrbetrieb. So erörtert Jean Châtillon zwar den *Liber Ordinis* und die dort erwähnte „scola nouitiorum",[89] stellt jedoch weder einen Bezug zu *De institutione novitiorum* her, noch untersucht er das Verhältnis von internem und externem Bildungswesen in Sankt Viktor. Ineke van't Spijker geht zwar auf *De institutione novitiorum* ein, doch gibt ihre Zusammenfassung die Struktur des Textes nur unvollständig wieder.[90] Auch Roger Baron geht in seiner umfassenden Studie zu *Science et Sagesse chez Hugues de Saint-Victor* nur auf die ‚scientiae' im Sinne von Einzelwissenschaften oder Disziplinen der Philosophie ausführlich ein.[91] Ein Registereintrag zu ‚disciplina' fehlt in seinem Werk. Am eingehendsten hat zuletzt C. Stephen Jaeger *De institutione novitiorum* erörtert und Bezüge zum *Liber Ordinis* aufgezeigt. Er sieht die Bedeutung dieses Textes jedoch in erster Linie in der Erör-

---

88 „Sepenumere, ut recordor, a te rogatus sum quatenus magistrum Hugonem de S. Victore ... inter ceteros, immo pre ceteris frequentarem ... quem citius potui precipuum ac singularem doctorem delegi, eius doctrinam cum summa diligencia amplexus sum" zitiert nach Bischoff 1935, hier S. 250; vgl. dazu auch Delhaye 1947, hier S. 245f. Der Brief erwähnt auch, daß Hugo *Sententiae de divinitate* gelehrt, bzw. Laurentius diese niedergeschrieben habe, woraufhin Hugo sie korrigiert habe.

89 Châtillon 1968/1992, hier S. 330-334.

90 van't Spijker 1995. Gerade für ihr Thema „Learning by Experience" hätte der Unterabschnitt (5) im ersten Teil über „scientia" einiges Material geliefert. Allerdings bleibt die Frage, ob Hugo (und auch Richard) unter der Rubrik „monastic" von ihr richtig verortet werden.

91 Baron 1957.

terung der Einübung eines äußerlich wohlgeordneten Verhaltens in der Tradition klassischer Vorbilder und als Zielpublikum Adelige, denen hier eine Adaptation höfischen Verhaltens in klösterlichem Rahmen geboten werde.[92] Sein Urteil geht dementsprechend an dem oben erörterten Befund vorbei: „... it [sc. *De institutione novitiorum*] lacks the gravity, coherence, and systematic conception of other representatives of the genre [...] The organizing principle is a quotation from Psalm 118. [...] But the work is exclusively about ‚disciplina‘."[93] Auf diese Weise kann weder die große Popularität des Werkes im gesamten Mittelalter verstanden werden,[94] noch der innere Bezug zu Hugos anderen Werken, vor allem seinem anderem Bildungskompendium, dem *Didascalicon*, erklärt werden.

Die primäre Quelle für das Studium des Schulbetriebs von Sankt Viktor ist das *Didascalicon de studio legendi*. Allerdings wird in der Forschung aufgrund der Einschränkung des Blicks auf die „scientiae" der zweite Teil über die heiligen Schriften in der Regel nur sehr summarisch behandelt.[95] So fehlt oft der Blick für die Gesamtstruktur und Intention des Werkes, die sich ebenfalls anhand der Begriffe ‚scientia‘ und ‚disciplina‘ aufzeigen läßt.

Einleitend wird eine Art Typologie der verschiedenen Begabungen dargeboten; dann kommt Hugo zur Beschreibung von Intention und Struktur des *Didascalicon*: „Zwei Dinge sind es vor allem, durch die jeder Wissen („scientia") erlangt, nämlich Lesen („lectio") und Meditation („meditatio"). Von diesen beiden steht das Lesen an erster Stelle in der Unterweisung, und davon handelt auch dieses Buch, indem es Regeln zum richtigen Lesen gibt."[96]

Das Ziel ist also der Erwerb der ‚scientia‘. Während in *De institutione novitiorum* die Prinzipien des Erwerbs desjenigen Wissens, das unmittelbar praktisch werden soll, dargelegt wurden, wird im *Didascalicon* auf theoretisches Wissen abgezielt. Das unterstützt die These, daß das *Didascalicon* als Handbuch für den Schulbetrieb in Sankt Viktor zu verstehen sei.[97] Die Prinzipien des Erwerbs von ‚scientia‘ lauten hier nicht „ratio", „doctrina", „exemplum bonorum", „sacra scriptura" und „circumspectio", wie in *De institutione novitiorum*, sondern „lectio" und „meditatio". Im *Didascalicon* will sich Hugo nach eigener Aussage auf die „lectio" beschränken. Allerdings findet sich im 3. Buch als 10. Kapitel ein Abschnitt „De meditatione", der im Wesentlichen dem Werk *De contemplatione et eius speciebus* entspricht, dessen Authentizität allerdings

---

92 „*De institutione novitiorum* is directed to nobles." JAEGER 1993, hier S. 69.

93 Ibidem, S. 54.

94 GOY 1976, S. 340-367, verzeichnet 172 Handschriften.

95 Vgl. CHÂTILLON 1968/1992, hier S. 334-339, und CHÂTILLON 1966/1992.

96 „Due praecipuae res sunt quibus quisque ad scientiam instruitur, videlicet lectio et meditatio, e quibus lectio priorem in doctrina obtinet locum, et de hac tractat liber iste dando praecepta legendi"; HUGO *Didascalicon*, Praefatio, S. 2; FC S. 106-107.

97 Vgl. CHÂTILLON 1968/1992, hier S. 334.

umstritten ist. Den zweiten Teil des *Didascalicon*, und damit das Gesamtwerk, beschließt Hugo, indem er den Anfang wieder aufgreift, so daß deutlich wird, daß er die beiden Teile als Einheit verstanden wissen will:

> Nun ist das, was sich auf das Lesen bezieht, in aller uns möglichen Klarheit und Kürze dargelegt worden. Was den verbleibenden Teil der Unterweisung angeht, die Meditation, so will ich an dieser Stelle nicht davon sprechen, denn ein solches Thema erfordert eine eigene Abhandlung, und es ist angemessener, über einen solchen Gegenstand ganz zu schweigen, als etwas Unvollständiges darüber zu sagen. Denn es handelt sich um eine außerordentlich komplexe und zugleich angenehme Sache, welche sowohl den Anfänger bildet als auch den Fortgeschrittenen übt. Dieses Thema hat bislang keine schriftliche Darstellung erfahren, gerade deshalb verdient es um so größere Aufmerksamkeit.[98]

Dieser Hinweis darauf, daß er die „meditatio" im *Didascalicon* nicht behandeln wolle steht in einer gewissen Spannung dazu, daß er in Abschnitt 3, 10 tatsächlich über die ‚meditatio' schreibt. Allerdings geht es dort um die systematische Aufzählung derjenigen Elemente, die zur ‚lectio' befähigen, die unter die Aspekte „natura", „exercitium" und „disciplina" eingordnet werden, wobei die ‚meditatio' der „natura" zugeordnet wird. Es handelt sich also einfach um die Erwähnung der natürlichen Fähigkeit zur ‚meditatio', nicht um eine systematische Untersuchung derselben.

Um die Struktur des *Didascalicon de studio legendi* zu untersuchen, werde ich wiederum in Ermangelung einer kritischen Ausgabe auf die editio recepta von Charles Henry Buttimer zurückgreifen,[99] mich jedoch auch hier nicht an den sekundären Kapiteleinteilungen, sondern an den textimmanenten Gliederungsmomenten orientieren. Dabei wird sich die Bedeutung, die die Begriffe ‚scientia' und ‚disciplina' auch für diesen Text haben, erhellen. (Siehe das Schema der Gliederung auf S. 119).

Hugo ist nicht allein an den inhaltlichen Fragen der zu lesenden Materie interessiert, sondern in erster Linie am Bildungprozeß des Lesers, seiner ‚scientia' und ‚disciplina', die zur ‚sapientia' führen sollen. Dies wird bewerkstelligt durch ein Leseprogramm, das den Lektürekanon, die Reihenfolge der Lektüre und die Art und Weise der Lektüre beschreibt:

98 „Et iam ea quae ad lectionem pertinent, quanto lucidius et compendiosius potuimus, explicata sunt. De reliqua vero parte doctrinae, id est, meditatione, aliquid in praesenti dicere omitto, quia res tanta speciali tractatu indiget, et dignum magis est omnino silere in huiusmodi quam aliquid imperfecte dicere. Res enim valde subtilis est et simul iucunda, quae et incipientes erudit et exercet consummatos, inexperta adhuc stylo, ideoque amplius prosequenda" (Hugo *Didascalicon*, VI 13, S. 130; FC S. 400-401); Hugo schließt mit einer Anrufung der „sapientia", die zur „pura et sine animalibus cena" geleiten möge.

99 Vgl. Anm. 14.

> Drei Regeln sind in besonderem Maße für das Lesen notwendig: Erstens soll jeder wissen, was er lesen soll („quid"), zweitens, in welcher Reihenfolge er lesen soll („quo ordine"), also welches früher und welches später, und drittens, in welcher Weise er lesen soll („quomodo"). Diese drei Punkte werden, jeder für sich, in diesem Buch behandelt.[100]

Diese Grundstruktur von „quid", „quo ordine" und „quomodo" im Aufbau des *Didascalicon* scheint nicht so klar auf, wie es diese Ankündigung vermuten lassen würde. Allerdings bekräftigt sie Hugo selbst, wenn er die Einteilung des Buches in den ersten Teil für den „lector artium" und den zweiten für den „lector divinum" erläutert und dabei den Einschub einer Systematik der Wissenschaften („origo artium") begründet:

> Das Buch unterweist aber sowohl den Leser weltlicher wie auch den heiliger Schriften. Es gliedert sich daher in zwei Teile, von denen jeder drei Abschnitte enthält. [...] Es geht in der Belehrung so vor, daß es erst zeigt, was gelesen werden soll („quid"), und dann, in welcher Reihenfolge („quo ordine") und auf welche Weise („quomodo") gelesen werden soll.
>
> Um aber deutlich zu machen, was vor allem gelesen werden soll, führt das Buch im ersten Teil zunächst den Ursprung der Wissenschaften auf [...] Dann zählt das Buch die Autoren der jeweiligen Wissenschaften auf und zeigt anschließend, welche dieser Wissenschaften vornehmlich zu studieren sind und auf welche Weise. Zuletzt werden den Studierenden Weisungen für ihre Lebensführung („vitae suae disciplinam") gegeben, [...].
>
> Im zweiten Teil wird definiert, welche Schriften als die „heiligen" zu gelten haben (= „quid"), dann werden die Zahl und die Reihenfolge („ordo"), [...] angeführt. [...] Dann lehrt das Buch, wie („qualiter") derjenige die Heilige Schrift lesen soll, der darin die Besserung seines Verhaltens und eine Richtschnur für sein Leben sucht. Zuletzt schließlich unterweist es denjenigen, der die Heilige Schrift aus Liebe zur Wissenschaft („scientia") liest [...].[101]

---

100 „Tria autem sunt praecepta magis lectioni necessaria: primum, ut sciat quisque quid legere debeat, secundum, quo ordine legere debeat, id est, quid prius, quid postea, tertium, quomodo legere debeat. De his tribus per singula agitur in hoc libro"; HUGO *Didascalicon*, Praefatio, S. 2; FC S. 106-107.

101 „Instruit autem tam saecularium quam divinarum scripturarum lectorem. Unde et in duas partes dividitur, quarum unaquaeque tres habet distinctiones. In prima parte docet lectorem artium, in secunda parte divinum lectorem. Docet autem hoc modo, ostendendo primum quid legendum sit, deinde quo ordine et quomodo legendum sit. Ut autem sciri possit quid legendum sit aut quid praecipue legendum sit, in prima parte primum numerat originem omnium artium deinde descriptionem et partitionem earum, id est, quomodo unaquaeque contineat aliam, vel contineatur ab alia, secans philosophiam a summo usque ad ultima membra. Deinde enumerat auctores artium et postea ostendit quae ex his videlicet artibus praecipue legendae sint. Deinde etiam quo ordine et quomodo legendae sint, aperit. Postremo legentibus vitae suae disciplinam praescribit, et sic finitur prima pars. In secunda parte determinat quae scripturae divinae appellandae sint, deinde numerum et ordinem divinorum librorum et auctores eorum et interpretationes nominum. Postea agit de quibusdam proprie-

In den Abschnitt über den Ursprung der Wissenschaften fallen die Begriffe „scientiae", „disciplinae", „artes", die nahezu synonym verwendet werden. (Er hat im Übrigen deutliche Ähnlichkeit mit Hugos Werk *Epitome Dindimi in philosophiam.*) Auf diese Begriffe bezog sich die bisherige Forschung, die vor allem an der Einteilung der Wissenschaften bei Hugo interessiert war. Hugos Gebrauch der beiden Begriffe ‚scientiae' und ‚disciplinae' zur Bezeichnung der Fachdisziplinen der ‚artes liberales' ist von Isidor von Sevillageprägt, der sie am Beginn der *Etymologien* definiert, bevor er die einzelnen Disziplinen erörtert.[102] Die drei Begriffe ‚disciplina', ‚scientia' und ‚ars', werden von Isidor im Anschluß an Plato und Aristoteles differenziert, bleiben aber doch weitestgehend austauschbar. Diese Austauschbarkeit findet sich auch bei Hugo wieder.

Die grundlegende Zweiteilung – und ein guter Teil des Inhaltes – des Werkes geht auf die *Institutiones* des Cassiodor zurück. Allerdings stellt Cassiodor in seiner Sorge um ein gediegenes Schriftstudium den Teil über die Heiligen Schriften vor denjenigen über „saecularia litterae".[103]

Der Bezug zwischen der Lektüre und der Lebensordnung des Lesers, der mit den Begriffen ‚scientia' und ‚disciplina' bezeichnet wird, findet sich jedoch nicht in seinen Quellen, sondern ist Hugo eigentümlich. Im ersten Teil (nach dem „quomodo") findet sich eine Passage über die „disciplina vitae legentibus". Offenbar ist die Erörterung des Erwerbs von ‚scientia' für Hugo ohne einen Bezug zur ‚disciplina' der Lebensführung unbefriedigend. Im zweiten Teil über die Heiligen Schriften wird analog zur Einteilung der Wissenschaften im ersten Teil die Frage „quae scripturae divinae appellandae sint" erörtert. Die Passage findet sich in vergleichbarer Form in *De scripturis et scriptoribus sacris.*[104] Cassiodor hatte die Einteilung in profane und heilige Schriften als unproblematisch vorausgesetzt. Hugo begründet diese Einteilung eigens, indem er vor der Auflistung der Bücher darlegt, daß die heiligen Schriften diejenigen seien, die von der Kirche zu jenen gezählt würden.[105] Auch im zweiten Teil (nach dem „qua-

---

tatibus divinae scripturae quae magis sunt necessariae. Deinde docet qualiter legere debeat sacram scripturam is qui in ea correctionem morum suorum et formam vivendi quaerit. Ad ultimum docet illum qui propter amorem scientiae eam legit, et sic secunda quoque pars finem accipit" (HUGO *Didascalicon*, Praefatio, S. 2-3; FC S. 106-109). Die Übersetzung von ‚scientia' mit ‚Wissenschaft' scheint mir unangemessen.

102 „Disciplina a discendo nomen accepit; unde et scientia dici potest. Nam scire dictum a discere, quia nemo nostrum scit, nisi qui discit. Aliter dicta disciplina, quia discitur plena. Ars vero dicta est, quod artis praeceptis regulisque consistat"; ISIDORUS *Etymologiae*, I 1, S. 25.

103 Auch die Begriffe ‚lectio' und ‚meditatio' finden sich bereits bei Cassiodor. Allerdings hat ‚meditatio' bei ihm noch den rein mnemotechnischen Sinn der Wiederholung des Gelesenen. Vgl. CASSIODORUS *Institutiones*, Praefatio 3, S. 5.

104 HUGO *De scripturis*, hier Sp. 9-11.

105 HUGO *Didascalicon*, IV 1, S. 70; FC S. 270-273.

liter") findet sich ein Abschnitt, der die Frage nach dem Zusammenhang von Lektüre und Lebensführung des die ‚scientia' suchenden Lesers aufgreift: „quomodo docet illum qui propter amorem scientiae eam legit."[106]

Struktur des *Didascalicon de studio legendi*

Prolog

I. Prima pars: lector artium (Libri 1–3)

(1) artes (Libri 1–2)
(a) de origine artium (Liber 1)
(b) de discretione artium (Liber 2)
divisio philosophiae (Liber 2, 1)
(aa) theorica (Liber 2,2–18)
(α) theologia (Liber 2,2)
(β) mathematica (Liber 2,3–15)
(αα) arithmetica (Liber 2,11)
(ββ) musica (Liber 2,12)
(γγ) geometria (Liber 2,13)
(δδ) astronomia (Liber 2,14)
(γ) physica (Liber 2,16)
divisio theoricae (Liber 2,17–18)
(bb) practica (Liber 2,19)
(cc) mechanica (Liber 2,20–27)
(α) lanificium (Liber 2,21)
(β) armatura (Liber 2,22)
(γ) navigatio (Liber 2,23)
(δ) agricultura (Liber 2,24)
(ε) venatio (Liber 2,25)
(ζ) medicina (Liber 2,26)
(η) theatrica (Liber 2,27)
(dd) logica (Liber 2,28–30)
(α) grammatica (Liber 2,29)
(β) ratio disserendi (Liber 2,30)

(2) lectio artium (Liber 3,1–5)
(a) quid (Liber 3,1–2)
(b) quo ordine (Liber 3,3–4)
(c) quomodo (Liber 3,5)

106 HUGO *Didascalicon*, Praefatio, S. 3; FC S. 108; vgl. HUGO *Didascalicon*, VI, S. 113ff.; FC S. 358ff.

(3) natura, exercitium et disciplina vitae lectoris (Liber 3,6–19)
  (a) natura (Liber 3,7–12)
    (aa) ingenium (Liber 3,7)
      (α) lectio (Liber 3,8–9)
      (β) meditatio (Liber 3,10)
    (bb) memoria (Liber 3,11)
  (b) disciplina (Liber 3,13.16.18)
    (aa) humilitas (Liber 3,13)
    (bb) quietas (Liber 3,16)
    (cc) parcitas (Liber 3,18)
  (c) exercitium (Liber 3,14.17.19)
    (aa) studium quaerendi (Liber 3,14)
    (bb) scrutinium (Liber 3,17)
    (cc) exsilium (Liber 3,19)

II. Secunda Pars: divinus lector (Libri 4–6)

(1) scripturae divinae (Liber 4,1)

(2) lectio divinarum scripturarum (Liber 4,2–5,10)
  (a) quid
  (b) quo ordine (Liber 4,2–16)
  (c) qualiter (Liber 5,1–10)

(3) quomodo legenda sunt a quaerentibus scientiam in ea (Liber 6)
  (a) ordo (Liber 6,1–11)
    (aa) in disciplinis (Liber 6,2–5)
      (α) historia (Liber 6,3)
      (β) allegoria (Liber 6,4)
      (γ) tropologia (Liber 6,5)
    (bb) in libris (Liber 6,6)
    (cc) in narratione (Liber 6,7)
    (dd) in expositione (Liber 6,8–11)
      (α) littera (Liber 6,9)
      (β) sensus (Liber 6,10)
      (γ) sententia (Liber 6,11)
  (b) modus (Liber 6,12)

De meditatione hic esse praetermittendum (Liber 6,13)

Im Prolog zum *Didascalicon* weist Hugo darauf hin, der Weg zur ‚scientia' bestehe aus ‚lectio' und ‚meditatio'. Von diesen behandelt das *Didascalicon* nur die ‚lectio'. Die Begriffe „scientiae" und „disciplinae" im Plural finden sich im ersten Teil – wie bereits erwähnt – nur in dem Abschnitt, der sich mit der Einteilung der ‚artes' befaßt, sowie im zweiten Teil dort, wo die verschiedenen „disciplinae" der Schriftauslegung („historia", „allegoria", „troplogia") erörtert werden. An diesen Stellen haben sie die Bedeutung von Fachwissenschaften, wobei die Unterscheidung in inhaltliche Orientierung („scientiae") und formale („disciplinae") weiterhin mitschwingt. Sie stehen jedoch strukturell in einem untergeordneten Verhältnis zu „scientia" und „disciplina" als Eigenschaften und Aufgaben des „lector artium et divinarum scripturarum", der insgesamt am Erwerb von „scientia" als persönlicher Qualität interessiert ist. Diese doppelte Verwendungsweise des Begriffes ist Hugo wohl bewußt. Er schreibt:

> Man muß jedoch wissen, daß das Wort ‚scientia' üblicherweise in zweierlei Bedeutung gebraucht wird, nämlich einerseits für eine bestimmte Wissenschaftsdisziplin, wie wenn ich sage, daß die Dialektik ein ‚Wissen' ist, also eine Kunst oder Wissenschaft, und andererseits für eine Beliebige Art von Kenntnis, wie wenn ich sage, daß einer, der etwas weiß, Wissen hat.[107]

Wie schon im Prolog angekündigt, widmet sich Buch 3, das den ersten Teil beschließt, den natürlichen Voraussetzungen und den verschiedenen Aspekten der ‚disciplina' und des ‚exercitium' des Lesers, die für eine gewinnbringende Lektüre erforderlich sind. Zu den natürlichen Voraussetzungen zählen „ingenium" und „memoria". Entscheidend für den gewinnbringenden Erwerb von „scientia" ist, daß er mit moralischer Vervollkommnung einhergeht: „Wer nach Wissenschaft („scientia") strebt, muß deshalb vor allem darauf achten, die sittliche Disziplin („disciplina") nicht zu vernachlässigen."[108] Die Behandlung der jeweils drei Aspekte der „disciplina" und des „exercitium" schließt sich an ein

---

107 „Sed sciendum quod scientia duobus modis accipi solet, id est, per aliqua disciplinarum, sicut cum dico dialecticam esse scientiam, id est, artem vel disciplinam, et pro qualibet cognitione, sicut cum dico scientiam habere eum qui scit aliquid"; HUGO *Didascalicon*, II 30, S. 46; FC S. 210-213. Hugo fährt kurz darauf, die Zuordnung der beiden Begriffe erläuternd, fort: „De omni scientia quae est ars vel disciplina, verum est dicere quod sit pars philosophiae divisiva, non autem universaliter dici potest, quod omnis scientia quae est cognitio, pars sit philosophiae divisiva. Est tamen prorsus omnis scientia sive disciplina sive quaelibet cognitio pars philosophiae, vel divisiva vel integralis" (ibidem, S. 47; FC S. 212-213).

108 HUGO *Didascalicon*, III 12, S. 61; FC S. 250-251. Wiederum halte ich die Übersetzung von „scientia" mit „Wissenschaft" für verengt.

Zitat des Bernhard von Chartres[109] an und geschieht jeweils im Wechsel.[110] Zur „disciplina“ werden diejenigen Elemente gezählt, die eher eine innere Haltung der Person beschreiben („humilitas“, „quietas“, „parcitas“), während dem „exercitium“ der Bereich der äußerlichen Übung zugeordnet wird („studium quaerendi“, „scrutinium“, „exsilium“).[111] In Buch 6, das den zweiten Teil beschließt, wird dargelegt „quomodo legenda [sunt scripturae divinae] a quaerentibus scientiam in ea“. Damit wird noch einmal ausdrücklich das Ziel des Erwerbs der „scientia“ unter den beiden Aspekten des „ordo“ und des „modus“ hervorgehoben.

Die Anleitung zur Lektüre beinhaltet also für die Suche nach ‚scientia‘ den Erwerb einer ‚disciplina‘, die die Lebensführung des Lesers mit diesem Ziel in Einklang bringt und so erst das Erreichen desjenigen Ziels ermöglicht, das der Leser durch sie letztlich anstrebt: Auch im *Didascalicon,* wie in *De institutione novitiorum*, ist der Erwerb von ‚scientia‘ und ‚disciplina‘ hingeordnet auf die gnadenhafte Begegnung mit Gott. Das zeigt sich in dem Gebet, das dieses Werk beschließt: „Bitten wir nun also die Weisheit („sapientia“), daß sie in unsere Herzen scheinen und uns auf ihren Wegen erleuchten möge und daß sie uns führe, zu dem reinen und fleischlosen Fest'“[112] Es erinnert in der Form an das Gebet um ‚bonitas‘, welches *De institutione novitiorum* abschloß. Das Streben des Menschen hat nur vorbereitenden Charakter: Seine Vollendung wird von Gott geschenkt.

Die zentrale Bedeutung der Begriffe „scientia“ und „disciplina“ für die Analyse von Bildungsprozessen bei Hugo von Sankt Viktor findet auch in drei anderen Werken Bestätigung. In *De scripturis et scriptoribus sacris*, das ja Eingang in das *Didascalicon de studio legendi* gefunden hat, ist Hugo noch nicht auf den Begriff ‚disciplina‘ als terminus technicus festgelegt, wenn er schreibt: „Die Frucht der göttlichen Lektüre ist eine doppelte: da sie den sie den Geist durch Wissen („scientia“) unterrichtet und durch Sitten schmückt („moribus

109 „ ‚Mens‘ inquit, ‚humilis, studium quaerendi, vita quieta, scrutinium tacitum, paupertas, terra aliena, haec reserare solent multis obscura legendi.‘“ (HUGO *Didascalicon*, III 13, S. 61; FC S. 250-251); vgl. Johannes von Salisbury, *Policraticus*, VII 13 (PL 199, Sp. 666), der dieses Zitat Bernhard von Chartres zuschreibt. Siehe dazu FC S. 250, Anm. 60.

110 Diese strukturelle Beobachtung gilt bereits für die ersten beiden Abschnitte „humilitas“ und „studium quarendi“, auch wenn es erst für die letzten vier ausdrücklich gesagt wird. Vgl. HUGO *Didascalicon*, III 15, S. 67; FC S. 264-265.

111 Das spiegelt sich schon in der grammatischen Form der gewählten Substantiva wieder: Die der „disciplina“ zugeordneten enden auf ‚-as‘ und bezeichnen einen habituellen Zustand, während die dem „exercitium“ zugeordneten auf ‚-ium‘ enden und einen aktualen Zustand bezeichnen.

112 „Rogemus igitur nunc Sapientiam, ut radiare dignetur in cordibus nostris et illuminare nobis in semitis suis, ut introducat nos ‚ad puram et sine animalibus cenam‘“; HUGO *Didascalicon*, VI 13, S. 130; FC S. 400-401.

ornat").“[113] Die Komplementarität von Theorie und Praxis findet sich jedoch schon angelegt. In *De sacramentis* findet sich in Bezug auf die Bildung der Kleriker, die den Empfang der Weihen anstreben, der Hinweis auf „scientia“ und „disciplina“ als notwendige Momente ihrer Bildung.[114] In *De vanitate mundi* wird an die Mühsal erinnert, die damit einhergeht den „pueri“, „scientia“ und „disciplina“ beizubringen.[115] Die Begriffe ‚scientia‘ und ‚disciplina‘ bezeichnen für Hugo also grundsätzliche Elemente, wenn er Bildungsfragen erörtert: Sie beschreiben einerseits das Wissen und seine Quellen, andererseits artikulieren sie die zum Wissenserwerb und zur Applikation des erworbenen Wissens auf die eigene Lebensform erforderliche Praxis.

IV.
Ein benediktinisches Alternativmodell: ‚Amor‘ und ‚charitas‘ als Weg zur ‚sapientia‘

Der von dem Benediktinerabt Wilhelm von Saint-Thierry noch vor seinem Eintritt in Clairvaux verfaßte Traktat *De natura et dignitate amoris* stellt, wie der ungefähr zeitgleich entstandene Lehrvortrag *De institutione novitiorum* des Hugo von Sankt Viktor, eine spirituelle Einführung in das Ordensleben dar.[116] Er eignet sich von daher gut zu einem Vergleich, der die Besonderheit von Hugos theologischem Entwurf des Ordenslebens zu unterstreichen vermag.

Einige Themen werden in beiden Texten ganz ähnlich behandelt. Auch für Wilhelm ist die Suche nach der ‚beatitudo‘ die Grundbestimmung des Ordenslebens. Die Liebe als natürliche Kraft der Seele ist auf ihren natürlichen Ort, ihr Ziel, hin ausgerichtet. Diese natürliche Ausrichtung ist aber eine Ausrichtung auf Gott hin.[117] Neben dieser natürlichen Ausrichtung bedarf es aber eines

113 „Geminus est divinae lectionis fructus: quia mentem vel scientia erudit vel moribus ornat“; Hugo *De scripturis* (PL 175, Sp. 29).

114 „Postquam autem clericus factus est debet deinceps de stipendiis Ecclesiae sustentari, et sub tutela et custodia spiritualium magistrorum, scientia divina et ecclesiastica disciplina erudiri, quatenus ad sacros ordines ministerii divini cum ratio poposcerit digne possit accedere“; Hugo *De sacramentis* (PL 176, Sp. 421).

115 „... quis dicere potest, nisi qui expertus est, quantus labor, quanta molestia sit infantes excipere, et praeter caeteras miserias, quae magis tacendae sunt, lactare, educare, nutrire, pueros instruere, disciplina pariter et scientia informare, et ad legitimam aetatem perducere“; Hugo *De vanitate mundi* (PL 176, Sp. 709).

116 Daß auch Guillelmus de Sancto Theodorico *De natura et dignitate* an Novizen gerichtet ist, zeigt sich besonders deutlich Sp. 384, wo die Novizen zweimal ausdrücklich erwähnt werden.

117 „Est quippe amor vis animae naturali ...“; Guillelmus de Sancto Theodorico *De natura et dignitate* Sp. 379; „Naturali quidem pondere suo semper eo impellitur: cum beatitudinem desiderat, beatitudinem somniat, nonnisi beatus esse quaerit. Beatus autem ille, et non alius, cujus est Dominus Deus ejus. Sed beatitudinem quaerens non in regione sua, nec in via sua, longe aberrat a naturali intentione sua“; ibidem, Sp. 380.

menschlichen Lehrers, der lehrt, wo deren Objekt zu finden sei.[118] Die leitenden Fragen sind dabei die nach dem wo („ubi"), wodurch („quo"), in welcher Region („in qua regione"),[119] auf welchem Weg („qua via"). Es geht Wilhelm um eine spirituelle Lokalisierung des Heils. Der Ort des Menschen, zu dem es ihn zieht, ist das Haus Gottes, das er nach seinem Tode betritt.[120] Dabei ist mit Tod nicht nur der leibliche Tod gemeint, sondern auch der Ordenseintritt, der nach dem Modell der Taufe als Tod und Auferstehung gedeutet wurde, da man in ihm für die Welt starb, um für Gott zu leben.[121] Mit der Rede von Tod und Auferstehung klingt aber bereits an, wo Wilhelm den Ort sieht, an dem der Mönch den Zugang zu Gott finden kann. Über die vier Stufen von Wille („voluntas"), Liebe („amor"), selbstloser Liebe („charitas") und Weisheit („sapientia") gelangt der Mensch zu Gott,[122] wobei Wilhelm es nicht versäumt darauf hinzuweisen, daß die letzten drei selbst Gottesnamen sind. Den „amor" differenziert er weiter nach „amor carnalis parentum", „amor socialis", „amor naturalis", „amor spiritualis" und „amor Dei" und ordnet diese fünf wiederum den fünf Sinnen „tactus", „gustus", „odor", „auditus" und „visus" zu.[123] Eine besondere Rolle kommt dabei dem Geschmackssinn, dem „gustus" zu, der mit dem „amor socialis", welcher auch der „amor sanctae et catholicae Ecclesiae" ist, verglichen wird. Ausgehend von der Ethymologie des Wortes „sapientia", das von „sapere", schmecken, hergeleitet wird, entwickelt Wilhelm seine Lehre vom Verkosten Jesu Christi. Dieses „sapere" in der „consummatio corporis" der Eucharistie, also der Feier von Tod und Auferstehung Jesu Christi, setzt Wilhelm

---

118 „Ideoque amissa doctrina sua naturali, opus jam habet doctore homine, qui de beatitudine, quae naturaliter quaeritur amando, doceat; admonendo ubi, et quo, in qua regione, qua via quaeratur"; ibidem, Sp. 380f.

119 Zur Lehre von den Regionen vgl. BERNARDUS CLARAEVALLENSIS *Sententia*, 91 (*Opera* VI, 2, S. 139-144) und HUGO *Miscellanea*, V 72 (Sp. 795f.). In dem bislang unedierten *Liber sermonum Hugonis* (vgl. z. B. Admont, Stiftsbibliothek, 672) findet sich eine ausführlichere Fassung dieses Textes. Siehe dieses Werk z. B. in der Hs. Heiligenkreuz, Stiftsbibliothek, 253, f. 1-124v. Vgl. dazu SCHNEYER 1964, S. 262-276.

120 Vgl. GUILLELMUS DE SANCTO THEODORICO *De natura et dignitate*, Sp. 406f.

121 „Sed corpus morte sua mortificatur ab omnibus sensibus suis: anima autem morte sua proficit magis, et vivificatur, et roboratur in suis; fortiter, et constanter et prudenter incedens jam in semitis suis, et omnibus gressibus; ..." GUILLELMUS DE SANCTO THEODORICO *De natura et dignitate*, Sp. 393.

122 „Quatuor in Deum a nobis et toti exiguntur affectus. In eo quod dicit, ‚Ex toto corde tuo', totam sibi vindicat voluntatem: in ‚tota anima', totum amorem: in ‚omnibus viribus', virtutem designat charitatis: in ‚tota mente', fruitionem sapientiae. Primum enim ad Deum voluntas animam movet, amor promovet, charitas contemplatur, sapientia fruitur"; GUILLELMUS DE SANCTO THEODORICO *De natura et dignitate*, Sp. 397.

123 Vgl. GUILLELMUS DE SANCTO THEODORICO *De natura et dignitate*, Sp. 390-392.

gleich mit einem „intelligere“ des Gottmenschen Jesus Christus.[124] Er ist der Mensch, der uns lehrt, wie wir zu Gott gelangen können. Das Kloster, genauerhin die Klosterkirche, in der die Eucharistie gefeiert wird, ist der Ort, wo die Begegnung mit ihm stattfindet.

Wilhelm widmet sich wie Hugo den einzelnen Aspekten klösterlichen Zusammenlebens,[125] doch die knappe Skizze seines Gesamtentwurfs, der in seiner ‚eucharistischen Erkenntnislehre‘ seine Mitte hat, vermag bereits den Unterschied zu Hugos schriftzentrierter Erkenntnislehre aufzuzeigen, für die der Weg zur Weisheit zwar bei den Sinnen seinen Anfang hat, aber einen intellektueller Prozeß der Abstraktion von der Einzelerfahrung darstellt. In Wilhelms sakramental ausgerichtetem Modell des Ordenslebens spielen schulische Bildung und Wissenserwerb keine konstitutive Rolle. Bei ihm führen nicht ‚scientia‘ und ‚disciplina‘ zur ‚sapientia‘, sondern ‚amor‘ und ‚charitas‘.

Zusammenfassung

Im Denken Hugos von Sankt Viktor dienen ‚scientia‘ und ‚disciplina‘ demselben Ziel, nämlich die ‚mores‘ einzuüben und die ‚virtus‘ zu erwerben, um sich für das Geschenk der göttlichen Gnade bereit zu machen. Die ‚scientia‘ liefert dabei das Wissen, das mittels lebenspraktischer Anwendung (‚disciplina‘), den Novizen, – ja letztlich jeden Lernenden – diesem Ziel näherbringt: „Via ad ipsum sunt scientia, disciplina, bonitas.“

---

124 „Hic enim post Prophetas veniens et Patriarchas, limes quidam Legis et Gratiae, capitis et corporis, per mysteria humanitatis suae, et passionis, et resurrectionis, quaecunque in lege, et Prophetis, et Psalmis, et hymnis salubria, quaecunque corpori vitalia vel utilia, quasi quoddam ipsius os degustans, id est intelligens, et per se intelligenda corpori trajiciens, homo Christus, interiori quodam divinitatis suae sapore quo sapientia nobis factus est sapientia Dei Christus sapida ea habet; nobisque facit sapida vel utilia. In se enim vivens, et per se totum corpus vegetans et conformans, gaudium sibi, gaudium angelis facit de consummatione corporis; gaudium Patriarchis et Prophetis de visione diei suae, sicut ipse dicit, ‚Abraham pater vester exsultavit, ut videret diem meum; vidit, et gavisus est‘: gaudium universo corpori et vitam; ita ut quodam mentis tripudio universali illo tactu spirituali vivificati et confirmati clamemus, ‚Quod vidimus et audivimus, et manus nostrae contrectaverunt de Verbo vitae‘. Ideoque in omnibus orationibus nostris subjicimus, ‚per Christum Dominum nostrum‘: vel quia omnes orationes nostras et sacrificia ad Deum Patrem dirigimus per eum, sicut per mediatorem nostrum; vel quia quidquid speramus a Patre luminum, omne datum optimum, et omne donum perfectum, non per aurem, non per nares, sed per ipsum petimus infundi os nostrum, et gustum nostrum, et sapientiam nostram, ut sumenti possit esse proficuum“; ibidem, Sp. 398f. Die letzte Passage zitiert den Pseudo-Dionysius.

125 Vgl. etwa Guillelmus de Sancto Theodorico *De natura et dignitate*, Sp. 395f.

Theorie und Praxis bilden für den Viktoriner Hugo eine Einheit. Das hat sich durch die große begriffliche Nähe des *Liber Ordinis*, eines institutionellen Textes, und des verschriftlichten Lehrvortrags *De institutione novitiorum* gezeigt, aber auch durch die dort mit „recta conversatio" bezeichnete Übereinstimmung von theoretischer Einsicht und praktischem Handeln. Auch für den schulischen Lehrbetrieb, so wie ihn das *Didascalicon* prototypisch strukturiert, läßt sich diese innere Einheit von ‚scientia' und ‚disciplina', von Wissenstheorie und Wissenspraxis aufzeigen.

Damit gewinnt in Hugos Texten das Bildungsideal der regulierten Chorherren konkrete Gestalt, die bestrebt waren, den Gegensatz von Schule und Kloster aufzuheben und Wissenserwerb und persönliche Heiligung als einander ergänzend zu begreifen.

„Cognitio sui" bei Richard von Sankt Viktor

von Hideki Nakamura

Richard von Sankt Viktor († 1173) legt in seiner Schrift *Beniamin maior* eine Erkenntnistheorie vor, in der ein Aufstieg des menschlichen Geistes beschrieben wird.[1] In diesem Aufstieg nimmt die Selbsterkenntnis eine besondere Stellung ein. Sie bildet sozusagen die Schnittstelle von zwei Grunddimensionen menschlicher Existenz: der Erkenntnis und ihren Vermögen und Gegenständen einerseits und dem menschlichen Handeln im Horizont einer Tugendlehre andererseits. Die vorliegende Untersuchung hat zum Ziel, diese besondere Stellung der Selbsterkenntnis als Schnittstelle oder Scharnier herauszustellen. Gemäß dieser Zielsetzung skizziert der erste Teil zunächst die grundlegende Struktur der Wissenstheorie Richards. Dieser Skizze folgt dann im zweiten Teil die eingehende Erörterung des Stellenwerts der Selbsterkenntnis innerhalb des Bereiches der Erkenntnistheorie. Die Bedeutungsfülle der Selbsterkenntnis bei Richard ist aber damit noch nicht ausgeschöpft. Um sie auszuloten, wird im dritten Teil das gegenseitig sich ergänzende Zusammenwirken von Selbsterkenntnis und Tugenden erörtert, in dem die Selbsterkenntnis sich als ein Dreh- und Angelpunkt im menschlichen Streben nach Vollendung erweist.[2]

---

1 Richardus *Beniamin maior*. Zum Aufstieg des menschlichen Geistes vgl. Richardus *Beniamin maior*, IV 5 ([90], 11-18): „Debemus ergo a novissimis et notissimis incipere et scientiae nostrae promotionem paulatim sublevare et per exteriorum notitiam ad invisibilium cognitionem ascendere. Cum enim exteriorum scientiam apprehenderis et in eorum doctrina exercitatos sensus habueris, debes ad altiora ascendere et spiritualium creaturarum scientiam comparare. Sed cum in eiusmodi iterum plene pro posse exercitatus fueris, habes adhuc quo altius ascendere possis. Restant adhuc longe supra ista summa atque divina. Nitere, quantum potes, et conare ad illa."

2 Zur Thematik ‚Selbsterkenntnis' in der abendländischen Antike und dem Mittelalter vgl. Courcelle 1974/1975, über Richard von St. Viktor S. 242-246; s. a. Haas 1984b, über Richard S. 11-12; Haas 1984a, über Richard S. 59-61; vgl. bes. seine Erwähnung vom Wegcharakter der Selbsterkenntnis im Zusammenhang mit den Tugenden, ibidem, S. 61. Eine informationsreiche Behandlung über die Selbsterkenntnis findet sich in Ebner 1917, S. 65-71. Die neue Forschungsliteratur hat die Thematik des Zusammenwirkens von Selbsterkenntnis und Tugenden kaum behandelt. Kämmerlings erwähnt in seinem Aufsatz über die Erkenntnislehre Richards den Zusammenhang der Selbsterkenntnis mit der Affekt- und Tugendlehre nicht: vgl. Kämmerlings 1993, über die Selbsterkenntnis S. 89. Aris weist zwar darauf hin, daß die Gestaltung der Affekte als *virtus deliberationis* ein Gegenstand der Selbsterkenntnis ist, ohne aber das Wechselspiel zwischen Selbsterkenntnis und Tugend eingehend zu erklären: vgl. Aris 1996, hier S. 95–96 im Abschnitt ‚*Contemplatio* und Selbster-

1. Die Wissenstheorie Richards von St. Viktor

1.1. Drei Erkenntniswege: „contemplatio“ – „meditatio“ – „cogitatio“

Einen Gedanken Hugos von Sankt Viktor aufgreifend, unterscheidet Richard zunächst drei verschiedene Erkenntniswege: „contemplatio“ (Kontemplation), „meditatio“ (Betrachtung) und „cogitatio“ (Denken).[3] Er definiert: „Die Kontemplation ist die freie Geistesschärfe auf die Anblicke der Weisheit, begleitet von erhabenem Staunen. [...] Die Betrachtung ist die angestrengte Aufmerksamkeit des Geistes, die sorgfältig an dem Gegenstande festhält, den es zu erforschen gilt, oder so: ein behutsames Hinsehen des Geistes, das im Aufspüren der Wahrheit ganz angespannt ist; das Denken aber ist ein unbekümmertes Sich-Umsehen des Geistes mit der Neigung, abzuschweifen.“[4] Die drei Erkenntniswege des Geistes sind verschieden voneinander, weil sie sich auf unterschiedliche Art mit ihrem Gegenstand beschäftigen; zuweilen beziehen sie sich auf ein und denselben Gegenstand.[5] Falls allein der jeweilige Gegenstand den Erkenntnisweg bestimmte, wären die Bereiche der Erkenntniswege völlig getrennt, so daß der eine menschliche Geist in drei unabhängige Geistvermögen zerfiele. Richard aber lehnt diese Vorstellung ab, denn – wie im folgenden gezeigt wird – er betrachtet den Menschen als eine ganzheitliche Einheit.

Jedem Erkenntnisweg wird nun jeweils ein besonderes Vermögen des Geistes, sozusagen als Hauptvermögen des jeweiligen Weges, zugeteilt. Richard verfährt dabei hierarchisch: Die „contemplatio“ geht aus der „intelligentia“ (Einsicht)

---

kenntnis‘. McGinn faßt in seiner umfangreichen Darstellung kurz aber treffend zusammen, daß zwei für Richard zentrale Themen, Selbsterkenntnis und Mäßigkeit („discretio“), die Paradigmen seiner neuen Systematik sind: vgl. McGinn 1996, S. 611-612.

3 Richardus *Beniamin maior*, I 3 ([8], 11-13): „Ut autem ea, quae de contemplatione dicenda sunt, possimus commodius capere, rectiusque diiudicare, debemus prius quid ipsa sit determinando vel deffiniendo quaerere et quomodo differat a cognitione vel meditatione“; vgl. Hugo *In Ecclesiasten* (Sp. 116D): „Tres sunt animae rationalis visiones, cogitatio, meditatio, contemplatio.“

4 Richardus *Beniamin maior*, I 4 ([9], 25-32): „Videtur itaque sic definiri posse: Contemplatio est libera mentis perspicacia in sapientiae spectacula cum admiratione suspensa [...] Meditatio vero est studiosa mentis intentio circa aliquid investigandum diligenter insistens vel sic: Meditatio est providus animi obtutus in veritatis inquisitione vehementer occupatus. Cogitatio autem est improvidus animi respectus ad evagationem pronus.“ Hier in Richardus *Beniamin maior*, I 4 ([9], 27-28) zitiert Richard nach seiner eigenen Definition der „contemplatio“ auch die Definition Hugos. Aber er schreibt keine besondere Bemerkung dazu. Die von Richard zitierte Definition Hugos ist folgende: *In Ecclesiasten* (Sp. 117A): „Contemplatio est perspicax, et liber animi contuitus in res perspiciendas usquequaque diffusus.“ Hierzu Aris 1996, hier S. 51.

5 Richardus *Beniamin maior*, I 3 ([8], 15-16): „Multum a se invicem haec tria in modo differunt, quamvis quandoque in materia conveniunt.“

hervor, die „meditatio" aus der „ratio" (Vernunft), die „cogitatio" aus der „imaginatio" (Einbildungskraft). Dabei nimmt die Einsicht die höchste Stelle ein, die Einbildungskraft die unterste, die Vernunft die mittlere.[6] Die einzelnen Vermögen des Geistes stehen aber nicht unvermittelt übereinander. Sie operieren vielmehr miteinander, auch innerhalb eines Erkenntniswegs, wie wir im folgenden im Blick auf die Kontemplation feststellen können.

Der höchste und wichtigste Erkenntnisweg des menschlichen Geistes ist die Kontemplation, die aus dem höchsten Erkenntnisvermögen, der Einsicht, hervorgeht. Die Kontemplation weitet den menschlichen Geist. Gleichzeitig sensibilisiert sie ihn in so hohem Maße, daß er fähig wird, die Dinge zu schauen, die erst durch die göttliche Offenbarung erkennbar werden.[7] Wegen dieser hohen Bedeutung der „contemplatio" hat Richard zwei Schriften verfaßt, *De praeparatione animi ad contemplationem, liber dictus Beniamin minor* und *De gratia contemplationis, [...] hactenus dictum Beniamin maior*, die eine ausführliche Beschreibung der Kontemplation enthalten.[8]

1.2. Sechs Arten der „contemplatio"

Richard teilt die Kontemplation in sechs gestufte Arten ein:[9] „Es gibt nämlich sechs Arten der Kontemplation, an sich und untereinander gänzlich verschieden. Die erste ist in der Einbildungskraft und gemäß der Einbildungskraft allein. Die zweite ist in der Einbildungskraft gemäß der Vernunft. Die dritte ist in der Vernunft gemäß der Einbildungskraft. Die vierte ist in der Vernunft gemäß der Vernunft. Die fünfte ist über, aber nicht außerhalb der Vernunft. Die

6 Richardus *Beniamin maior*, I 3 ([8], 25-28): „Ex imaginatione cogitatio, ex ratione meditatio, ex intelligentia contemplatio. [...] Intelligentia obtinet supremum locum, imaginatio infimum, ratio medium."

7 Richardus *Beniamin maior*, I 3 ([9], 9-11): „Per intelligentiam siquidem sinus mentis in immensum expanditur et contemplantis animi acies acuitur, ut capax sit ad multa comprehendenda et perspicax ad subtilia penetranda." Ibidem, I 3 ([9], 19-22): „Specialiter tamen et proprie contemplatio dicitur, quae de sublimibus habetur, ubi animus pura intelligentia utitur. [...] contemplatio est in rebus [...] ex divina revelatione perspicuis."

8 *De praeparatione animi ad contemplationem, liber dictus Beniamin minor* (PL 196, Sp. 1-64) wird in einigen Handschriften *Liber de duodecim patriarchis* genannt. Die neueste Ausgabe von Châtillon/Duchet-Suchaux nimmt diese Benennung als Haupttitel: vgl. Richardus *Beniamin minor. De gratia contemplationis libri quinque occasione accepta ab arca Moysis et ob eam rem hactenus dictum Beniamin maior* (PL 196, Sp. 63-202) wird auch *De arca mystica* oder *Liber de contemplatione* genannt: vgl. McGinn 1996, S. 608; s. a. Aris 1996.

9 Dieses Aufstiegsmodell Richards scheint in gedanklicher Nähe zu dem Entwurf von Augustinus zu stehen. Augustinus entwickelt in der Schrift *De quantitate animae* einen über sieben Stufen führenden Aufstieg des Geistes. Vgl. Augustinus *De quantitate animae*, 32, 69, hier S. 217. Dazu Aris 1996, hier S. 60. Über den Einfluß des Aufstiegsmodells Richards auf Bonaventura vgl. Andres 1921; s. a. Anm. 39.

sechste geht über die Vernunft und scheint außerhalb der Vernunft zu sein. Zwei sind daher in der Einbildungskraft, zwei in der Vernunft und zwei in der Einsicht."[10]

Während der Geist auf der ersten Stufe der kontemplativen Erkenntnis konsequent in der Sinnenwelt bleibt,[11] erkennt der Geist auf der zweiten, dank des Beitrags der Vernunft, in der Sinnenwelt den Grund, die Ordnung, den Plan, die Ursache, die Art und den Zweck eines jeden Dinges.[12] Die Gegenstände der ersten zwei Kontemplationsstufen faßt Richard als das Sinnliche („sensibilia") zusammen, denn sie sind mit körperlichen Sinnen wahrnehmbar.[13] Das Sinnliche wird auf der ersten Stufe erkannt, wie es sich der Einbildungskraft darbietet. So ist die erste Kontemplation „in imaginatione et secundum solam imaginationem."[14] Auf der zweiten Stufe wird aber das Sinnliche, das von der Einbildungskraft als solches erkannt wird, auch seiner „ratio" (Grund) nach untersucht, d. h. mittels diskursiven, schlußfolgernden Vorgehens („ratiocinando") betrachtet. Die zweite Kontemplation besteht daher „in imaginatione secundum rationem."[15]

Auf der dritten Stufe erkennt der Geist durch sein Vernunftvermögen eine Gleichnisbeziehung zwischen dem Sichtbaren („visibilia") und dem Unsichtbaren („invisibilia").[16] Ausgehend von der Erkenntnis der sichtbaren Dinge der Welt erhebt sich der menschliche Geist zum Schauen des Unsichtbaren, das nicht mehr mit Sinnen faßbar ist. Bei dieser Erkenntnis des Unsichtbaren erhascht der Geist einen flüchtigen Blick auf das Göttliche, insofern in allem Sichtbaren das Wirken des Unsichtbaren Gottes („invisibilia Dei") abzulesen

10 Richardus *Beniamin maior*, I 6 ([12], 13-18): „Sex autem sunt contemplationum genera a se et inter se omnino divisa. Primum itaque est in imaginatione et secundum solam imaginationem. Secundum est in imaginatione secundum rationem. Tertium est in ratione secundum imaginationem. Quartum est in ratione et secundum rationem. Quintum est supra rationem, sed non praeter rationem. Sextum supra rationem et videtur esse praeter rationem. Duo itaque sunt in imaginatione, duo in ratione, duo in intelligentia."

11 Richardus *Beniamin maior*, I 7 ([14], 26): „Duo itaque ex his in imaginatione consistunt; quia solis sensibilibus intendunt."

12 Richardus *Beniamin maior*, I 6 ([12], 33–[13], 1): „... in isto earum utique rationem, ordinem, dispositionem et uniuscuiusque rei causam, modum et utilitatem rimamur, speculamur, miramur."

13 Richardus *Beniamin maior*, I 7 ([14], 28-29): „Sensibilia dico quaelibet visibilia et sensu corporeo perceptibilia."

14 S. o. Anm. 10.

15 Ibidem, Anm. 10.

16 Richardus *Beniamin maior*, I 6 ([13], 9-11): „Hoc autem contemplationis genere veraciter tunc utimur, quando per rerum visibilium similitudinem in invisibilium rerum speculationem sublevamur." Zur umfassenden Analyse der sehenden Wahrnehmungstheorie Richards vgl. Berndt 2001.

ist.[17] Die Erkenntnis des Unsichtbaren auf dieser Kontemplationsstufe leistet die Vernunft. Denn das Unsichtbare übersteigt die Vorstellung der Einbildungskraft und kann allein durch die Vernunft oder ein höheres Vermögen des Geistes erkannt werden.[18] Diese Erkenntnis wird aber der Einbildungskraft gemäß geformt, weil aus dem Abbild des Sichtbaren das Gleichnis („similitudo") gewonnen wird, das den Geist bei der Erforschung des Unsichtbaren stützt. Alle Erkenntnis auf dieser Stufe hat nämlich die Vorstellung der Einbildungskraft als Grundlage („fundamentum"), so daß sie ihre Weise der Erforschung von der Eigentümlichkeit der Vorstellung der Einbildungskraft her gewinnt.[19] So besteht die dritte Kontemplation „in ratione secundum imaginationem".[20]

Auf der vierten Stufe erkennt der Geist die unsichtbaren geistigen Wesenheiten: die Engel und den menschlichen Geist.[21] Zu dieser Stufe gehört die Selbsterkenntnis, die der Gegenstand unserer näheren Erforschung ist. Diese Erkenntnis der geistigen Wesenheiten erfolgt durch die Vernunft. Die mit äußeren Sinnen verbundene Vorstellung der Einbildungskraft ist zu dieser Kontemplation nicht mehr fähig. Denn der menschliche Geist findet den Gegenstand dieser Erkenntnis nicht mehr im Sinnlichen, sondern allein im unsichtbaren Geistigen, das nur von den höheren Geistesvermögen, nämlich von der Vernunft und der Einsicht, erkannt werden kann.[22] Die Vernunft ist die leitende Erkenntnisfähigkeit auf dieser Stufe, weil der Erkenntnisgegenstand durch ihre Schlußfolgerung („ratiocinatio") erkannt wird. Bei dieser Erkenntnis geht der

---

17 RICHARDUS *Beniamin maior*, II 12 ([34], 8-10): „... per visibilia mundi invisibilia Dei cognoscimus, ut constet quod scriptum reperitur, quia *invisibilia* Dei *a creatura mundi per ea, quae facta sunt, intellecta conspiciuntur*."

18 RICHARDUS *Beniamin maior*, I 6 ([13], 11-13): „Haec vero speculatio in ratione consistit, quia his solis, quae imaginationem excedunt, per intentionem et investigationem insistit, quia solis invisibilibus intendit et his solis maxime, quae per rationem comprehendit."

19 RICHARDUS *Beniamin maior*, I 6 ([13], 13-20): „Sed secundum imaginationem idcirco formari dicitur, quia ex rerum visibilium imagine in hac speculatione similitudo trahitur, unde in rerum invisibilium investigationem animus adiuvetur. Et recte quidem haec contemplatio in ratione quidem, sed secundum imaginationem esse dicitur, quamvis ratiocinando promovetur, quia omnis eius ratiocinatio et argumentatio ab imaginatione fundamentum sumit et firmamentum capit et ab imaginabilium proprietate investigationis et assertionis suae rationem trahit."

20 Ibidem, s. a. Anm. 10.

21 RICHARDUS *Beniamin maior*, III 1 ([55], 6-10): „Constat itaque hoc contemplationis genus, uti superius iam diximus, in incorporeis et invisibilibus essentiis utpote spiritibus angelicis et spiritibus humanis: digna sane materia, digna plane eorum scientia. Haec est enim nobilis illa, immo nobilissima creatura ad imaginem Dei creata, omnibus creaturis praelata, ad summum bonum facta in ipso et de ipso bonorum omnium creatore beanda."

22 RICHARDUS *Beniamin maior*, I 6 ([13], 27-29): „Haec autem contemplatio et in ratione consistit, quia sensibilibus semotis solis intelligibilibus intendit."

menschliche Geist von dem Unsichtbaren aus, das der Erfahrung („experientia") zugänglich ist. Dann sammelt er mittels der vernünftigen Schlußfolgerung weitere Kenntnisse, die durch Erfahrung nicht erkannt werden können.[23] So bezeichnet Richard die vierte Stufe als Kontemplation „in ratione et secundum rationem."[24]

Richard weist bezüglich der vierten Stufe auch darauf hin, daß bei einer entwickelten Selbsterkenntnis die Vernunft nicht mehr die Hauptrolle spielt, sondern das höhere Vermögen: die Einsicht („intelligentia"). Die hierarchisch differenzierten Kontemplationsstufen durchdringen sich im Erkenntnisprozeß.[25] Auf dem Niveau der vierten Stufe können die Betätigungen anderer Stufen, wie die Vorstellung der Einbildungskraft, auch präsent sein.[26] Erst aber, wenn die Einbildungskraft sich nicht mehr betätigt, beginnt die Einsicht, in ihrer reinen Gestalt („intelligentia pura") mit der Vernunft zusammenzuwirken. Die Einsicht kann nämlich nur, wenn die Einbildungskraft ausgeschaltet ist, „rein" sein.[27] Die Einsicht ist aber das höchste Erkenntnisvermögen und bildet somit den wichtigsten Bestandteil des menschlichen Geistes. Bei der Selbsterkenntnis handelt es sich daher, in ihrer fortgeschrittensten Form, um die Erkenntnis der Einsicht in sich selbst: „In dieser Kontemplation gebraucht der menschliche Geist zum ersten Mal die reine Einsicht, und nach der Beseitigung der ganzen Betätigung der Einbildungskraft scheint unsere Einsicht zum ersten Mal in dieser Tätigkeit sich selbst durch sich selbst aufzunötigen."[28]

---

23 RICHARDUS *Beniamin maior*, I 6 ([13], 32–36): „Sed pro hac tamen parte haec contemplatio etiam in ratione recte consistere dicitur, quia haec ipsa invisibilia nostra a ratione comprehenduntur et in eo ipso ratiocinationis modum minime supergrediuntur. Quae idcirco secundum solam rationem procedit, quia ex invisibilibus per experientiam notis alia et alia ratiocinando colligit, quae per experientiam non novit."

24 S. o. Anm. 10.

25 RICHARDUS *Beniamin maior*, I 9 ([17], 16-18): „Solent tamen haec, quae distinximus, contemplationum genera quandoque invicem permisceri et hic, quem assignavimus, proprietatum modus alterutra permixtione confundi."

26 RICHARDUS *Beniamin maior*, I 6 ([14], 1-2): „Nam licet illis prioribus contemplationum generibus videatur non deesse, nusquam tamen inest paene nisi mediante ratione seu etiam imaginatione."

27 RICHARDUS *Beniamin maior*, I 9 ([17], 1-2): „Simplicem intelligentiam dico quae est sine officio rationis, puram vero quae est sine occursione imaginationis."

28 RICHARDUS *Beniamin maior*, I 6 ([13], 36–[14], 1): „In hac primum contemplatione humanus animus pura intelligentia utitur et semoto omni imaginationis officio ipsa intelligentia nostra in hoc primum negotio seipsam per semetipsam ingerere videtur"; s. a. RICHARDUS *Beniamin maior*, I 9 ([16], 30-31): „[...] illud sublimius mediorum [i. e. quartum genus contemplationis] debet omnem a se imaginationem excludere"; RICHARDUS *Beniamin maior*, I 6 ([13], 21–24): „Quartum genus contemplationis est quod in ratione et secundum rationem formatur: quod utique fit quando, semoto omnis imaginationis officio, solis illis animus intendit, quae imaginatio non novit, sed quae mens ex ratiocinatione colligit vel per ratiocinationem comprehendit."

Die Gegenstände der beiden mittleren Kontemplationsstufen nennt Richard das Erkennbare („intelligibilia"). Sie sind nicht primär mittels unserer Sinne, sondern erst mit der Vernunft zu erkennen.[29]

Die fünfte und sechste Stufe bilden das Niveau der schauenden Kontemplation im eigentlichen Sinn. Auf der fünften Stufe der Kontemplation wird der Geist erhoben, so daß er mit Hilfe der göttlichen Offenbarung erkennen kann, was keine menschliche Vernunft voll begreift, keine Denktätigkeit genügend erkennt. Der Gegenstand dieser Stufe ist die Wesenheit Gottes. Die Erkenntnisse dieses Gegenstandes schöpft der Geist aus dem Glauben und nimmt sie durch die Autorität der Heiligen Schrift an.[30] Die fünfte Stufe steht schon über der menschlichen Vernunft, weil ihr Gegenstand nicht mehr im natürlichen Leistungsbereich der menschlichen Vernunft liegt, so daß allein die göttliche Offenbarung die Erkenntnis ermöglicht. Hier beginnt nämlich die Einsicht die Hauptrolle in der Erkenntnis zu spielen. Diese Kontemplation liegt aber nicht außerhalb der Vernunft, weil die Vernunft dem durch die Einsicht erworbenen Erkenntnisinhalt nachträglich zustimmen kann.[31] Die fünfte Stufe ist somit „supra sed non praeter rationem".[32]

Auf der sechsten und letzten Stufe schaut der Geist, durch die Einstrahlung des göttlichen Lichtes dazu befähigt, was aller menschlichen Vernunft widerspricht. Zum Gegenstand dieser Kontemplationsstufe gehört fast alles, was der Christ über die Dreieinigkeit Gottes zu glauben gehalten ist.[33] Auf dieser höchsten Stufe kann die Vernunft dem Erkenntnisinhalt, den die Einsicht gewinnt, nicht einmal zustimmen.[34] Der Erkenntnisgegenstand steht nämlich hier nicht nur über der Vernunft, sondern auch außerhalb der Vernunft und somit sogar

---

29 RICHARDUS *Beniamin maior*, I 7 ([14], 29-30): „Intelligibilia autem dico invisibilia, rationi tamen comprehensibilia."

30 RICHARDUS *Beniamin maior*, I 6 ([14], 7-11): „In hanc autem contemplationis speculam mentis sublevatione ascendimus, quando ea ex divina revelatione cognoscimus, quae nulla humana ratione plene comprehendere, quae nulla nostra ratiocinatione integre investigare sufficimus. Talia sunt illa, quae de divinitatis natura et illa simplici essentia credimus et scripturarum divinarum auctoritate probamus."

31 RICHARDUS *Beniamin maior*, I 7 ([15], 25-28): „Nam quod ex divina inspiratione prius agnoscitur, rationis postmodum attestatione firmatur. [...] quinto quidem humana ratio videtur satis consentanea."

32 S. o. Anm. 10.

33 RICHARDUS *Beniamin maior*, I 6 ([14], 18-22): „In hac utique suprema omniumque dignissima contemplationum specula tunc animus veraciter exsultat ..., quando illa ex divini luminis irradiatione cognoscit atque considerat, quibus omnis humana ratio reclamat. Talia sunt paene omnia, quae de personarum Trinitate credere iubemur." Mit dem Ausdruck „paene" deutet Richard an, daß die Menschen das Mysterium der Dreieinigkeit Gottes auch durch die Einsicht (intelligentia) nicht vollständig einsehen können.

34 RICHARDUS *Beniamin maior*, I 7 ([15], 28-29): „... sexto autem omnis humana ratio videtur esse contraria nisi fuerit fidei admixtione fulta."

wider die Vernunft. Die sechste Stufe besteht also „supra rationem“ und scheint „praeter seu etiam contra rationem“.[35] Hier ist das Zusammenwirken der Vernunft mit der Einsicht schon ausgeschaltet. Die Einsicht auf der höchsten Stufe der Kontemplation wirkt nämlich nicht nur als „intelligentia pura“, d. h. ohne Betätigung der Einbildungskraft, sondern auch in einer einfachsten, unvermischten Form, nämlich ohne Zusammenwirken mit der Vernunft. Diese reine, unzusammengesetzte Einsicht wird „intelligentia simplex“ genannt.[36] Sie nimmt im ganzen Aufstiegsprozeß des menschlichen Geistes den höchsten, einsamen Ort („locus solitarius et summus“) ein.[37]

Richard nennt die Gegenstände der beiden letzten Kontemplationsstufen das Einsehbare („intellectibilia“). Sie stehen schon über der menschlichen Vernunft („ratio“) und sind nur mit der Einsicht („intelligentia“) einsehbar.[38]

1.3. Hierarchische Ordnung des Wissens

Bei der oben skizzierten Struktur der menschlichen Erkenntnis in der Erkenntnistheorie Richards zeigt sich deutlich eine hierarchische Ordnung. Die sechs Kontemplationsstufen sind gemäß dem jeweiligen Erkenntnisgegenstand in drei Bereiche eingeteilt: die erste und die zweite in den des Sinnlichen („sensibilia“), die dritte und die vierte in den des Erkennbaren („intelligibilia“) und schließlich die fünfte und die sechste in den des Einsehbaren („intellectibilia“).[39] Der menschliche Geist steigt nun innerhalb dieser drei Wissensbereiche auf: vom Wissen des Sinnlichen zum Wissen des Geistigen. Je höherwertig der Erkenntnisgegenstand, desto höher steht das Wissen: „In den beiden ersten werden wir geschult zur Erkenntnis der äußeren und körperlichen Dinge. In den beiden mittleren bewegen wir uns vor zur Erfassung der unsichtbaren Dinge und geistigen Kreaturen. In den beiden letzten werden wir erhoben zur Einsicht dessen, was überhimmlisch und göttlich ist. Wir müssen also beim

---

35 RICHARDUS *Beniamin maior*, I 6 ([14], 17-18): „Sextum contemplationis genus dictum est, quod in his versatur, quae sunt supra rationem et videntur esse praeter seu etiam contra rationem.“

36 S. o. Anm. 27; s. a. RICHARDUS *Beniamin maior*, I 9 ([16], 29-30): „Et sicut illud sublimius novissimorum nullam paene solet humanam rationem admittere, …“

37 RICHARDUS *Beniamin maior*, I 8 ([16], 23-24): „In sexto intelligentia tenet locum solitarium et summum.“

38 RICHARDUS *Beniamin maior*, I 7 ([14], 30-31): „Intellectibilia hoc loco dico invisibilia et humanae rationi incomprehensibilia.“

39 Als Quelle dieses Schemas wird auf Boethius hingewiesen: vgl. MCGINN 1996, S. 611. Das dreiteilige Schema Richards entspricht der Einteilung der spekulativen Philosophie bei Boethius: *naturalia*, *intelligibilia* und *intellectibilia*. Richard gebraucht aber *sensibilia* statt *naturalia*: BOETHIUS *In Isagogen*, I 3, hier S. 8-9: „est enim una theoretices pars de intellectibilibus, alia de intelligibilibus, alia de naturalibus.“ Inwieweit Richard in seiner sechsstufigen Struktur der Kontemplation über Boethius platonisches Gut erarbeitet, wäre noch genauer zu erforschen: vgl. ROBILLARD 1939; VON IVÁNKA 1964, S. 352-361; bes. RUH 1990, S. 406; s. a. Anm. 9.

Untersten und Bekanntesten beginnen und allmählich unsere voranschreitende Erkenntnis erheben und durch die Erfassung des Äußeren zur Erkenntnis des Unsichtbaren aufsteigen."[40]

Auf der höchsten Sprosse dieser Erkenntnisleiter steht die Gotteserkenntnis. Denn über Gott hinaus ist nichts, und daher kann die Erkenntnis nicht höher oder weiter emporsteigen.[41] „Über Gott ist nichts, denn es kann weder sein noch möglich sein oder gedacht werden. Nichts ist, wohin die Erkenntnis höher stiege und höher zu steigen fähig wäre. Die Fülle der Erkenntnis ist darum, Gott zu erkennen."[42]

Alles Streben nach Wissen versucht, auf die höchste Sprosse der Erkenntnisleiter zu steigen. Das niedere Wissen findet in dieser gestuften Erkenntnisordnung erst im benachbarten höheren seinen Abschluß und seine Vollendung. Wenn der menschliche Geist sich schlicht auf die Erkenntnis der niederen, äußeren Dinge bezieht, besitzt er keine Weisheit, sondern nur Torheit. So bleibt die Erkenntnis der niederen, äußeren Dinge unvollendet, solange sie der höheren Erkenntnis, nämlich der Selbst- und Gotteserkenntnis ermangelt.[43]

Von dieser Wissensordnung her erschließt sich Richards Philosophieverständnis. Er erkennt an, daß die Philosophen in der Erforschung der verborgenen Natur der Dinge Vieles entdeckt haben.[44] Die Philosophie darf sich aber nicht mit der Erkenntnis des sinnlich Wahrnehmbaren und seiner Ursachen

---

40 RICHARDUS *Beniamin maior*, IV 5 ([90], 8-13): „In duobus namque primis erudimur ad scientiam rerum exteriorum et corporalium. In duobus autem mediis promovemur ad notitiam rerum invisibilium et spiritualium creaturarum. In duobus novissimis sublevamur ad intelligentiam supercaelestium et divinorum. Debemus ergo a novissimis et notissimis incipere et scientiae nostrae promotionem paulatim sublevare et per exteriorum notitiam ad invisibilium cognitionem ascendere."

41 RICHARDUS *Beniamin maior*, IV 5 ([90], 20-21): „Profecto ultra Deum nihil est et idcirco scientia altius vel ulterius ascendere non potest."

42 RICHARDUS *Beniamin maior*, IV 5 ([90], 28-31): „Supra Deum nihil est, sed nec esse vel esse posse vel cogitari potest. Non est quo scientia altius ascendat vel altius ascendere valeat. Plenitudo itaque scientiae: Deum cognoscere."

43 RICHARDUS *Beniamin maior*, III 3 ([58], 20-23): „Quo enim tibi scientia exteriorum nisi forte te adiuvet ad scientiam interiorum? Alioquin sapientia tua stultitia est apud Deum. Quid tibi prodest cetera omnia scisse et teipsum nescire creatoremque tuum ignorare?"

44 RICHARDUS *Beniamin maior*, II 9 ([31], 5-12): „Satagebant itaque et ipsi gentium philosophi sapientiam trahere de occulto occultas rerum causas rimantes et usque ad abditos naturae sinus ingenii sui acumine penetrantes eruebant aurum de profundo. Coeperunt ergo latentes rerum causas investigare, invenire et in palam proferre et dubia quaeque non dubiis assertionibus probare. Invenerunt itaque multa investigatione profunda et admiratione digna, unde tremor terris, qua vi maria alta tumescunt, et cetera multa in hunc modum invenientes scriptoque commendantes ad posteros transmittere curaverunt." Zur Entwicklung der Naturphilosophie im 12. Jahrhundert vgl. SPEER 1995, über die Kritik Richards gegen die „Pseudo-Philosophen" S. 296.

begnügen. Sie muß sich um die Erforschung des Geistigen, besonders der Selbsterkenntnis, bemühen und dann zur wahren Gotteserkenntnis erheben. Fehlt die Selbsterkenntnis und die Gotteserkenntnis, wird die Philosophie zur „sapientia insipida" und „doctrina indocta".[45]

2. „Cognitio sui": Eckstein der Wissenstheorie Richards

2.1. Notwendigkeit der Selbsterkenntnis

Der vierten Kontemplationsstufe, nämlich der Selbsterkenntnis, wendet Richard ganz besonders seine Aufmerksamkeit zu. Er hält die Selbsterkenntnis für die wichtigste Erkenntnis nach der Gotteserkenntnis, so daß er ihren Erwerb zur Grundforderung für den menschlichen Geist macht: „Der Geist, der zur Höhe des Wissens emporzusteigen strebt, dessen erste und grundlegende Aufgabe muß sein, sich selbst zu erkennen. Große Höhe des Wissens ist es, sich selbst vollendet zu kennen."[46]

Richard verlangt den Erwerb der Selbsterkenntnis aus verschiedenen Gründen. Erstens bildet der Geist nur durch die Selbsterkenntnis eine Urteilskraft aus, die zur Wahrheit fähig ist.[47] Die Erkenntnis des Geistigen ist gemäß der oben skizzierten Erkenntnisordnung vorzüglicher als die Erkenntnis des Sinnlichen.[48] Der Gegenstand der Selbsterkenntnis ist das Wesen des menschlichen Geistes selbst. Die Selbsterkenntnis führt daher zur Erkenntnis der Würde des eigenen Geistes und seiner Erhabenheit über die sinnlichen Wesen. Die Erkenntnis der eigenen Würde bewirkt dann die Hochschätzung seiner selbst und Achtung vor sich selbst. Diese Selbstachtung aber motiviert dazu, in der Erkenntnis voranzuschreiten und die nächsten höheren Stufen zu erklimmen.[49] Die Selbsterkenntnis bedeutet für den Geist auch, seine Stellung im Gesamt der Geschöpfe bestimmen zu können. Denn sie führt zuerst zur richtigen Einschätzung seiner selbst und infolgedessen zur exakten Wertung anderer Dinge.

---

45 RICHARDUS *Beniamin maior*, III 3 ([58], 24-26): „Profecto si haec tua sapientia insipida et doctrina indocta te ad cognitionem tui seu notitiam etiam Dei proveheret, te non tam tumidum quam timidum redderet."

46 RICHARDUS *Beniamin minor*, 75 (308, 19-21): „Animus qui ad scientiae altitudinem nititur ascendere, primum et principale sit ei studium seipsum cognoscere. Magna altitudo scientiae, semetipsum perfecte cognouisse."

47 RICHARDUS *Beniamin maior*, III 6 ([64], 1-4): „Nihil recte aestimat qui seipsum ignorat."

48 Vgl. Anm. 43.

49 RICHARDUS *Beniamin maior*, III 13 ([71], 3-10): „Sed de tertia assignatarum considerationum quid dicam, in qua admirando contemplamur et contemplando miramur animae essentiam, essentiae naturam, naturae excellentiam? Facile, ut arbitror, potest unumquemque propria experientia docere, quantum valeat haec speculatio animum vel contra vitium erigere vel ad bonum animare. Cognosce, quaeso, homo dignitatem tuam; cogita excellentem illam animae tuae naturam, quomodo fecerit eam Deus ad imaginem et similitudinem suam, quomodo sublimaverit eam super omnem corpoream creaturam, ..."

So ist sie der Maßstab für das ganze menschliche Erkennen. Erst aufgrund der Selbsterkenntnis kann der Geist wahre, zutreffende Urteile über alles bilden.[50]

Der zweite Grund dafür, daß Richard auf die Notwendigkeit der Selbsterkenntnis insistiert, liegt in ihrem Verhältnis zur Gotteserkenntnis. Die Selbsterkenntnis ist für den Aufstieg zur Gotteserkenntnis unentbehrlich. Ohne sie weiß der menschliche Geist nicht, was er vom göttlichen Geist wissen soll:[51] „Lerne aus deinem Geist erkennen, was du an anderen Geistern schätzen mußt. Das ist die Tür, die Stufe, hier der Eingang, dies der Aufstieg, hierdurch tritt man ins Innere ein, werden wir erhoben zur Höhe, das ist der Weg zum Gipfel dieses Schauens.“[52] Nur der menschliche Geist, der sich selbst erkannt hat, ist fähig zur wahren Gotteserkenntnis, denn der menschliche Geist ist der beste Spiegel („speculum“), um Gott zu schauen.[53] „Per cognitionem sui ad cognitionem Dei.“[54]

---

50 Richardus *Beniamin maior*, III 5 ([62], 4-10): „Cum enim incipis spiritualibus theoriis insistere et per spiritus tui considerationem in spirituum contemplationem assurgere et in hunc modum ex spiritualibus spiritualia comparare, incipis et tu pariter spiritualis esse, immo absque dubio in hac contemplatione perficeris, quod in praecedenti incipis esse, videlicet spiritualis. Et satis nosti quia spiritualis diiudicat omnia, et haec qualis erit scientia, quantave auri huius copia posse diiudicare omnia.“

51 Richardus *Beniamin maior*, III 6 ([64], 2-4): „Nescit omnino, nescit quid de spiritu angelico, quid de Spiritu divino sentire debeat, qui spiritum suum prius non cogitat.“

52 Richardus *Beniamin maior*, III 3 ([59], 31-33): „Disce ex tuo spiritu cognoscere, quid debeas de aliis spiritibus aestimare. Haec porta, haec scala, hic introitus, iste ascensus, hac intratur ad intima, hac elevamur ad summa, haec via ad huius speculationis fastigium, …“

53 Richardus *Beniamin minor*, 72 (296, 1-2): „Praecipuum et principale speculum ad uidendum Deum, animus rationalis absque dubio inuenit seipsum.“

54 Richardus *Beniamin minor*, 83 (330, 9). Die Selbsterkenntnis ist daher nicht nur die „Voraussetzung einer gewissen Art von Gotteserkenntnis“, wie Kämmerlings behauptet, sondern die unentbehrliche Bedingung für das Erlangen der Gotteserkenntnis überhaupt: Kämmerlings 1993, S. 89. Das Verfahren, durch die Selbsterkenntnis zur Gotteserkenntnis zu gelangen, ist das zentrale Element der Theologie Bernhards von Clairvaux, der auf Richards Denken unübersehbaren Einfluß ausgeübt hat: s. a. Anm. 136. Köpf meint, daß die spannungsreiche Verbindung von Selbsterkenntnis und Gotteserkenntnis in der Theologie Bernhards eine Mitte schafft, von der her er die verschiedenen Themen durchdenkt: Köpf 1995, S. 250. Vgl. Bernardus Claraevallensis *Sermones super Cantica Canticorum*, 24, 5 (*Opera* I, 157, 6-9): „Spiritus enim est Deus, et eos qui volunt similes ei vel perseverare vel fieri, oportet intrare ad cor, atque in spiritu id negotii actitare, ubi revelata facie speculantes gloriam Dei, in eamdem imaginem transformentur de claritate in claritatem, tamquam a Domini Spiritu.“ Bernardus Claraevallensis *Sermones super Cantica Canticorum*, 35, 1 (*Opera* I, 249, 9-12): „Quae enim anima semel a Domino didicit et accepit intrare ad seipsam, et in intimis suis Dei praesentiam suspirare, et quaerere faciem eius semper, – spiritus est enim Deus, et qui requirunt eum oportet eos in spiritu ambulare, et non in carne …“

Die Selbsterkenntnis ist für die Gotteserkenntnis als ihre Vorstufe notwendig, denn der menschliche Geist kann erst durch die Selbsterkenntnis zur wahren Gotteserkenntnis fähig sein. Diese Behauptung Richards ist ontologisch darin begründet, daß Gott den Menschen als sein Ebenbild geschaffen hat. Mit Hilfe biblischer Zeugnisse erläutert Richard, daß der menschliche Geist am deutlichsten in sich selbst die Spur des unsichtbaren Gottes ablesen kann: „Wenn das Unsichtbare Gottes durch das, was geschaffen ist, erkennbar geschaut wird (Röm 1 20), wo [...] werden die Erkenntnisspuren deutlicher eingezeichnet als in seinem Ebenbild gefunden? Der Mensch ist nach seiner Seele als Gottes Ebenbild geschaffen (Gen 1 26), [...] solange wir noch im Spiegel und in Rätseln [Gott] schauen (1 Kor 13 12), können wir [...] zu Seiner mittelbaren Schau einen geeigneteren Spiegel als den vernünftigen Geist nicht finden.“[55]

2.2. Vollzug der Selbsterkenntnis

Die Selbsterkenntnis vollzieht sich langsam und schrittweise. Richard vergleicht diesen mühsamen Weg mit dem Aufstieg auf einen hohen Berg.[56] Die vollkommene Erkenntnis des eigenen vernünftigen Geistes ist ein großer und hoher Berg. Diesen Berg identifiziert Richard allegorisch mit dem Berg der Verklärung Jesu (Mt 17 1-9).[57] Wer zu vollendeter Selbsterkenntnis gelangt, hat

---

55 RICHARDUS *Beniamin minor*, 72 (296,2-298,11): „Si enim *inuisibilia* Dei *per ea quae facta sunt intellecta conspiciuntur*, ubi, quaeso, quam in eius imagine cognitionis uestigia expressius impressa reperiuntur? Hominem secundum animam ad Dei similitudinem factam et legimus et credimus, et iccirco quamdiu *per fidem et non per speciem ambulamus*, quamdiu adhuc *per speculum et in enigmate uidemus*, ad eius, ut ita dixerim, imaginariam uisionem aptius speculum quam spiritum rationalem inuenire non possumus.“

56 Bei einem anderen Erklärungsmodell in RICHARDUS *Beniamin minor*, 74, vergleicht Richard die Selbsterkenntnis mit dem „ersten Himmel“, um die Höhe der Selbsterkenntnis zu zeigen. Nach 2 Kor 12 2 ist Paulus bis in den dritten Himmel entrückt worden. Richard identifiziert den dritten Himmel mit der Gottesschau, den ersten mit der Selbsterkenntnis: RICHARDUS *Beniamin minor*, 74 (302, 10-13): „Denique Apostolus gloriatur ad illud se non quidem isse, sed absque dubio raptum fuisse: *Scio*, inquit, *hominem, sive in corpore, sive extra corpus, nescio, Deus scit, raptum huiusmodi usque ad tertium coelum.*“ Ibidem (304, 21-25): „Ad horum igitur coelorum quodlibet cuiusuis animus tunc ueraciter erigitur, quando terrenarum cogitationum ima deserens, in eorum contemplatione defigitur. Ad primum itaque coelum pertinet cognitio sui, ad tertium autem pertinet contemplatio Dei.“

57 RICHARDUS *Beniamin minor*, 78 (316, 2-3): „In huius montis cacumine Ihesus transfiguratur.“ Ibidem (316, 6-8): „Vis uidere Christum transfiguratum? Ascende in montem istum, disce cognoscere teipsum.“ So betont Richard in *Beniamin minor*, 75-80, den christologisch-gnadenhaften Charakter der vollkommenen Selbsterkenntnis. RICHARDUS *Beniamin minor*, 77 (314, 6-8): „*Ego sum*, inquit, *uia, ueritas et uita*. Sequatur ergo ueritatem, qui uult ascendere in montem. Sequere Christum, quicumque cupis ascendere in montem istum.“ Ibidem, 79 (318, 16-19): „O quam multos hodie uidemus studiosos in lectione, desidiosos in opere, tepidos in oratione, praesumentes

den Gipfel dieses Berges erreicht.[58] Auf dem Gipfel wird dann das Geheimnis des himmlischen Vaters offenbart.[59] Dieser Berg übersteigt daher alle weltlichen Wissensgipfel, so daß er auf alle Philosophie und alles Weltwissen quasi von oben herabschaut.[60] Der Weg ist steil, verborgen und vielen unbekannt.[61] Die Selbsterkenntnis erfordert daher ein scharfes und reines intellektuelles Vermögen.[62]

Die Scharfsinnigkeit und die Reinheit des intellektuellen Vermögens werden außerdem durch die bildhafte Vorstellung des Körperlichen, nämlich die Phantasmen („phantasmata"), getrübt.[63] Die Phantasmen, von der Einbildungskraft („imaginatio") produziert, stellen schwere Hindernisse für die erstrebte Selbsterkenntnis dar. Sie führen den Geist dazu, das Geistige bildhaft nach der Vorstellung des Körperlichen zu denken. Die intellektuellen Vermögen müssen daher von bildhaften Vorstellungen gereinigt werden.[64] Denn erst ohne solche

---

tamen montis huius cacumina posse apprehendere! Sed quando, quaeso, apprehendent, qui Christum ducem non habent?" S. a. Anm. 77 und 78.

58 RICHARDUS *Beniamin minor*, 75 (308, 37-38): „Qui ad perfectam cognitionem sui peruenit, iam montis uerticem apprehendit."

59 RICHARDUS *Beniamin minor*, 78 (316, 11-14): „Vis audire paterni secreti archanum? Ascende in montem istum, disce cognoscere teipsum. De coelo enim descendit Γνῶθι σεαυτόν illud, id est: Nosce teipsum." Hier zitiert Richard die delphische Formel „Γνῶθι σεαυτόν": vgl. JUVENALIS *Satirica*, 11, 27, S. 141. Zur umfassenden Rezeptionsgeschichte der Formel vgl. COURCELLE 1974/1975. Über die Auslegung Richards dieser Formel in *Beniamin minor*, 78, schreibt Courcelle: „Une telle interprétation chrétienne du vers de Juvénal ne laisse pas de surprendre par son audace. Elle est plus hardie encore que la vue cicéronienne selon laquelle Socrate a fait descendre du ciel la philosophie en substituant aux inutiles recherches cosmologiques des anciens Sages une recherche morale fondée sur la connaissance de soi" (COURCELLE 1974/1975, I, S. 243). S. a. die Beiträge von Haas in Anm. 2.

60 RICHARDUS *Beniamin minor*, 75 (308, 21-25): „Magna altitudo scientiae, semetipsum perfecte cognouisse. Mons magnus et altus, plena cognitio rationalis spiritus. Omnium mundanarum scientiarum cacumina mons iste transcendit, omnem philosophiam, omnem mundi scientiam ab alto despicit."

61 RICHARDUS *Beniamin minor*, 77 (314, 13-14): „Via ardua, uia secreta et multis incognita, quae ducit ad montis huius fastigia."

62 RICHARDUS *Beniamin maior*, III 1 ([55], 15–16): „Illud iubetur fieri de auro puro et mundo. Tu doceris ex eo in hac [i. e. quarta] consideratione uti debere intellectu subtili et puro."

63 RICHARDUS *Beniamin maior*, III 1 ([55], 16-21): „Quid hic facit phantasmatum corporalium creatrix, moderatrix, reparatrix imaginatio? Recedat procul ab hoc negotio tot phantasiarum formatrix imaginatio, quae tot corporalium formas cotidie novas creat, antiquas reparat et peritam multiplices variosque modos pro arbitrio disponit et ordinat. Nihil prosunt, immo multum obsunt suorum simulacrorum tam copiosa multitudo."

64 RICHARDUS *Beniamin maior*, III 1 ([56], 10-11): „Mundet ergo aurum suum studeatque purgare intellectum ab omnium incursione phantasmatum, qui anhelat ad faciendum sibi propitiatorium."

Bindung an die körperliche Vorstellung wird der Geist frei für die intellektuelle Schau.[65]

Der Verzicht auf alle Vorstellungen ist schon deshalb geboten, weil sich der Erkenntnisgegenstand der Selbsterkenntnis nicht mehr außerhalb, sondern schon innerhalb des Geistes befindet. Daß die Einbildungskraft nicht beteiligt ist, gibt der Selbsterkenntnis einen besonderen Rang in der Hierarchie des Wissens.

Die Eigenart der Kontemplationstheorie Richards liegt darin, daß sich eine gewisse Kontinuität im ganzen Aufstiegsprozeß ausmachen läßt.[66] Der Geist steigt wie auf einer Treppe kontinuierlich empor. Gleichzeitig lassen sich zwei Erkenntnisvermögen, sozusagen als Halteseile, bestimmen. Die ersten drei Stufen der Kontemplation sind ohne Einbildungskraft nicht möglich, d. h. aber, die Einsicht kann in ihrer reinen Form noch nicht auftreten. Die letzen drei Stufen sind, genau umgekehrt, ohne reine Einsicht nicht möglich, und somit ist die Einbildungskraft ausgeschlossen. So teilt Richard den ganzen Aufstieg in zwei Teile.[67]

Auf der vierten Stufe der Kontemplation, nämlich der ersten des zweiten Teils, steht der Geist aufgrund seiner Selbsterkenntnis auf der Schwelle zum Bereich der höchsten Schau, d. h. der beiden letzten Stufen der Kontemplation. Es bleibt aber ein deutlicher Unterschied zwischen der Selbsterkenntnis und den letzten zwei Stufen. Er macht sich fest an dem ermöglichenden Grund der Erkenntnis. Bei den zwei letzten Stufen hängt das Erlangen der Erkenntnis nicht an der menschlichen Anstrengung, sondern allein an der Gnade Gottes. Bei der Selbsterkenntnis, wie bei den drei anderen niederen Stufen, wächst der Geist aus eigener Anstrengung („ex propria industria") und schreitet fort, obwohl ihm dabei von der göttlichen Gnade geholfen werden kann.[68] Im Falle der Selbsterkenntnis wirkt aber schon die Einsicht, die als höchstes Erkenntnisvermögen auf den zwei letzten Stufen die Hauptrolle spielt, in ihrer reinen

---

65 RICHARDUS *Beniamin maior*, III 1 ([56], 8-10): „Quanto enim corporalium phantasmatum perfectius obliviscimur, tanto profundius, tanto liberius supermundanarum essentiarum occulta rimamur."

66 Vgl. MCGINN 1996, S. 621.

67 RICHARDUS *Beniamin maior*, I 8 ([16], 6-9): „Cum sit autem tribus primis contemplationum generibus commune sine imaginatione non esse, ... cum sit tribus ultimis commune sine pura intelligentia non esse, ..."

68 RICHARDUS *Beniamin maior*, I 12 ([20], 33–[21], 2; ibidem, 5-6): „Et in illis quidem primis quattuor contemplationum generibus ex propria industria cum divino tamen adiutorio cotidie crescimus et ex uno ad aliud proficimus. Sed in ultimis istis duobus totum pendet ex gratia et omnino longinqua sunt et valde remota ab omni humana industria, ... eo fortassis quod sine huius supremae gratiae adiectione quis ad plenitudinem scientiae pertingere non possit." Zur Präsenz der göttlichen Hilfe bei der menschlichen Erkenntnis: s. u. Anm. 78 und 79.

Form.[69] Die Selbsterkenntnis enthält also schon die reine Einsicht („intelligentia pura“) als das gemeinsame Element mit der höheren Gottesschau.

2.3. „intelligentia pura“ und Selbstschau des Geistes

Auf den letzen drei Stufen der Kontemplation wirken die Vernunft und die Einsicht in unterschiedlicher Weise zusammen. Die Struktur dieses Zusammenwirkens bei der Selbsterkenntnis ist unter dem Gesichtspunkt des Verhältnisses zwischen Vernunft und Einsicht zu betrachten.

Die Selbsterkenntnis ist in der Einteilung der sechs Stufen der Kontemplationen, trotz der Präsenz der reinen Einsicht, der Vernunft zugeordnet.[70] Denn der menschliche Geist geht bei dieser Erkenntnis zuerst von der vernünftigen Schlußfolgerung („ratiocinatio“) aus.[71] Die Vernunft und die Einsicht streben hier schon nach einem gemeinsamen Ziel. Die Vernunft ergreift aber auf dieser Stufe noch die Initiative, so daß die Erkenntnis, zu der auch die Einsicht gelangt, aus der Vernunft hervorgeht.[72]

Die Vernunft („ratio“) stützt sich aber zugleich schon auf das Hauptvermögen der höheren Stufen: die Einsicht („intelligentia“). Der Grund dafür ist, daß die Vernunft aus sich selbst heraus nicht fähig zur vollkommenen Selbsterkenntnis ist.[73] Denn soweit der Geist hier in sich selbst tief zurückkehrt und im Inneren das Wesen seiner selbst schaut, handelt es sich bei dieser Erkenntnis vor allem um die Erkenntnis des höchsten und würdigsten intellektuellen Vermögens, nämlich der Einsicht. Die Selbsterkenntnis ist in ihrer reinsten Form eine Erkenntnis der Einsicht, in der die Einsicht ihr eigenes Wesen unmittelbar durch sich selbst einsieht.[74] Die Vernunft nimmt daher, nach der bildhaften Beschreibung Richards, die Einsicht, die sich sozusagen unter ihr eigenes Niveau begibt, auf und führt sie mit sich.[75] Von der Seite der Einsicht aus betrachtet, beugt sich die Einsicht zur Vernunft zu dem für sie Untersten hinab, weil die Einsicht überhaupt nichts hat, wohin sie von sich aus tiefer hinabsteigen kann.[76]

69 S. o. Anm. 27 und 28.

70 Richardus *Beniamin maior*, I 6 ([13], 21-22): „Quartum genus contemplationis est quod in ratione et secundum rationem formatur: ...“

71 S. o. Anm. 23.

72 Richardus *Beniamin maior*, I 7 ([15], 22-24): „In quarto et quinto ratio et intelligentia in unum concurrunt et in hoc maxime conveniunt. Sed in quarto ex ratione intelligentia promovetur; ...“

73 Richardus *Beniamin maior*, III 9 ([66], 16-19): „Intelligentiae siquidem oculus est sensus ille, quo invisibilia videmus, non sicut oculo rationis, quo occulta et absentia per investigationem quaerimus et invenimus, sicut saepe causas per effectus vel effectus per causas, alia atque alia quocumque ratiocinandi modo comprehendimus.“

74 S. o. Anm. 28.

75 Richardus *Beniamin maior*, I 8 ([16], 14-15): „... in quarto [ratio] intelligentiam quasi sub se descendentem expicit atque conducit, ...“

76 Richardus *Beniamin maior*, I 6 ([14], 4-5): „Hic ergo se quasi ad imum inclinat, cum

Da die Selbsterkenntnis auf der Schwelle zum Bereich der höheren Schau, nämlich der beiden letzten Stufen der Kontemplation, steht, nimmt sie eine vermittelnde Position zwischen der natürlichen Vernunfterkenntnis und der Schau Gottes ein. Wie jede wahre Erkenntnis wird auch der Aufstieg des Geistes bis zum Gipfel der Erkenntnis von der göttlichen Wahrheit ermöglicht. Insbesondere ist diese Hilfestellung für die Gottesschau selbst unerläßlich.[77] Richard spricht in diesem Zusammenhang von Erleuchtung. Er stellt den ganzen menschlichen Erkenntnisprozeß in einen Zusammenhang mit der göttlichen Erleuchtung.[78] Besonders betont er ihren Anteil an der Selbsterkenntnis. Bei der Selbsterkenntnis ist die erleuchtende Hilfe Gottes wohl keine Möglichkeitsbedingung für das Erlangen der Erkenntnis selbst.[79] Das aktuelle Wirken der göttlichen Erleuchtung bei der Selbsterkenntnis und die Reflexion über dieses göttliche Wirken entscheiden aber über die Tiefe der Selbsterkenntnis.[80] Richard zufolge liegt der Fehler der antiken Philosophen darin, daß sie dieses Licht der

---

omnino non habeat quo per semetipsam inferius descendat." Ibidem, I 8 ([16], 9–10): „... in eorum primo hoc est in quarto ipsa intelligentia rationi se inclinat, ..."

77 RICHARDUS *Beniamin minor*, 80 (322, 22-27): „O quantum est inter doctrinam qua docentur terrena, et inter doctrinam qua docentur coelestia, et quidem non sine Christo, quia sine ueritate non cognoscuntur uel ista, uel illa! ... Christus ergo est qui docet utraque, sed terrena in ualle, coelestia in monte." Ibidem, 81 (324, 11-13): „Si Christus docet me de rebus exterioribus uel de intimis meis, facile recipio, utpote in his quae comprobare possum proprio experimento."

78 RICHARDUS *In Psalmos*, 90 (Sp. 397D): „Lucerna cordis iudicium discretionis, haec cordis nostri lucerna toties a Domino illuminatur, quoties ex illuminante gratia intelligentia nostra illustratur et ad veritatis iudicium dirigitur. Omnino et absque dubio invalida est humana discretio ad veritatis iudicium, nisi illo illustrata lumine quod illuminat omnem hominem venientem in hunc mundum."

79 S. o. Anm. 68. Für die wahre Gotteserkenntnis ist die göttliche Erleuchtung erforderlich. Zu diesen Stufen des Schauens wird der menschliche Geist „erhoben" vgl. RICHARDUS *Beniamin maior*, IV 5 ([90], 1-11): „Quanta autem sit harum novissimarum speculationum supereminentia inde facile colligitur, quod omnis earum consideratio atque perspectio circa summa et divina usquequaque versatur. Cogitet ergo, qui valet, quantum humana scientia ascenderit, cum ad hos contemplationum gradus sublevari meruerit. [...] In duobus novissimis sublevamur ad intelligentiam supercaelestium et divinorum."

80 RICHARDUS *Beniamin maior*, III 9 ([66], 20-26; 28-31): „... intellectualis ille sensus invisibilia capit invisibiliter quidem, sed praesentialiter, sed essentialiter. Sed habet sane oculus hic intellectualis ante se velum magnum oppansum ex peccati delectatione fuscatum et tot desideriorum carnalium varia multiplicitate contextum, quod contemplantis intuitum a divinorum secretorum arcanis arceat, nisi quantum divina dignatio quemlibet pro sua aliorumve utilitate admiserit. Testatur hoc Propheta, qui Domino proclamabat: *Revela oculos meos*. [...] videt tamen anima isto oculo, quae citra velum sunt, hoc est invisibilia sua, ea videlicet quae in ipsa sunt, non tamen omnia, quia non omnia velum sunt. Et oculo quidem, quo sua quaedam videt, seipsam id est animae ipsius essentiam videre non valet."

göttlichen Gnade beim Zustandekommen der Selbsterkenntnis übersehen haben. Dadurch sind sie nicht zur wahren Selbsterkenntnis gelangt und infolgedessen auch nicht zur wahren Gotteserkenntnis.[81]

Die „intelligentia pura“, die sich auf der vierten Stufe der Kontemplation zum ersten Mal mit ihrem Vermögen betätigt, wird von der göttlichen Gnade unterstützt. Im Zuge der Auslegung von Ecl 1 5 erörtert Richard diese Unterstützung. Er vergleicht sie mit der Sonne:

> Die Sonne, die aufging und wieder unterging, atemlos jagt sie zurück an den Ort, wo sie wieder aufgeht (Ecl 1 5) [...]. Der Ort der Sonne ist nun der Geist selbst. Denn aus dem Geist selbst wird die Einsicht geboren, wenn der Geist von der göttlichen Gnade besucht wird. Also heißt, daß die Sonne an ihren Ort zurückkehrt, nichts anderes als das Zurückwenden des Geistes zur Betrachtung seiner selbst?[82]

Obgleich bereits in der Selbsterkenntnis ein übernatürliches Licht das Vernunftvermögen des Geistes anleitet, durch das Innerste seiner selbst zum Göttlichen hindurchzugehen, bleibt die Selbsterkenntnis dennoch im Bereich der natürlichen Erkenntnis des Menschen; denn der Erkenntnisgegenstand übertrifft nicht die natürliche Erkenntnisfähigkeit. Die Selbsterkenntnis ist ein Spezialfall der Erkenntnis, die sich auf Innerweltliches bezieht. Sie kann als solche durch zwei menschliche Erkenntnisvermögen, nämlich durch die Vernunft und die Einsicht, erreicht werden.

Sie ist darüber hinaus die unentbehrliche Basis für die wahre Gotteserkenntnis, die das höchste und wichtigste Ziel der ganzen menschlichen Erkenntnis ist. Umgekehrt aber wirkt die Gotteserkenntnis, auch wenn sie bloß fragmentarisch vorhanden ist, zurück auf die Selbsterkenntnis, die sich ständig zu vertiefen versucht. Denn die Selbsterkenntnis ist gerade vermittels der Gottebenbildlichkeit des Menschen der entsprechendste Zugang zur wahren Gotteserkenntnis.[83] Je tiefer die Ebenbildlichkeit in bezug auf das Urbild eingesehen wird, desto vollkommener wird die Selbsterkenntnis. Die Selbsterkenntnis und die Gotteserkenntnis bedingen also in ihrer weiteren Vervollkommnung einander und fördern sich gegenseitig: „Der Geist gewinnt nämlich die Selbsterkenntnis aus der Gotteserkenntnis und kommt auf gleiche Weise zur Gotteserkenntnis aus der

---

81 RICHARDUS *Beniamin minor*, 75 (308, 22-31): „Mons magnus et altus, plena cognitio rationalis spiritus [...] Quid tale Aristoteles, quid tale Plato inuenit, quid tanta philosophorum turba tale inuenire potuit? Vere et absque dubio, si hunc montem ingenii sui acumine ascendere potuissent, si ad seipsos inueniendos eorum eis studia sufficerent, si seipsos plene cognoscerent, nunquam idola coluissent, nunquam creaturae collum inclinarent, nunquam contra creatorem ceruicem erigerent.“

82 RICHARDUS *Beniamin maior*, III 6 ([64], 11-20): „*Oritur sol et occidit et ad locum suum revertitur. Ibique renascens*... Solis huiuscemodi locus ipse est animus. Ex ipso enim animo intelligentia nascitur, quando a divina gratia visitatur. Quid ergo est solem ad locum suum redire, nisi mentis intuitum ad sui considerationem reflectere?“

83 S. o. Anm. 55.

reichen Selbsterkenntnis empor."[84] Die Selbsterkenntnis ist, in ihrer reinsten Form, strukturell eine unmittelbare Erkenntnis der Einsicht über sich selbst. Inhaltlich bleibt sie aber unvollkommen und ist somit ständig zu vertiefen.[85] Dies geschieht dialektisch, d. h. im ständigen Hin und Her von Selbst- und Gotteserkenntnis. In diesem Zusammenspiel von sich gegenseitig antreibender und vervollständigender Selbst- und Gotteserkenntnis bahnt sich der menschliche Geist den Weg zu der letzten, endgültigen Wahrheit.

3. Selbsterkenntnis und Tugend

3.1. Selbsterkenntnis und affektive Dimension des Menschen

Bis hierher wurde die Bedeutung der Selbsterkenntnis bloß im Gebiet der Erkenntnislehre Richards nachgezeichnet. Einfluß auf den Gewinn der Selbsterkenntnis nimmt für den Viktoriner aber auch die affektive, praktische Dimension menschlichen Lebens. Die Selbsterkenntnis ist zwar in ihrer reinsten Form eine Selbstschau der Einsicht in sich selbst und verdankt sich somit diesem höchsten geistigen Vermögen. Das bedeutet aber nicht, daß das intellektuelle Vermögen in geschützter Isolation sein Erkennen vollzieht. Wie wir gesehen haben, ist die Beseitigung der Phantasmen bzw. der Betätigung der Einbildungskraft, notwendig, um zur Selbsterkenntnis zu gelangen.[86] Der Ausschluß der Einbildungskraft und ihrer Phantasmen geschieht aber nicht leicht, denn er setzt die Loslösung des menschlichen Willens vom Sinnlichen voraus, da die Hervorbringung der Phantasmen auf einem freien Akt des Willens beruht.[87] Soweit sich der Wille am Sinnlichen festmacht, bleiben die von der Einbildungskraft erzeugten Phantasmen im erkennenden Geist bestehen, und infolgedessen wird die wahre Selbsterkenntnis verhindert. Das Zustandekommen der wahren Selbsterkenntnis hängt also vom Willen ab.

Als Grundlage dieser Vorstellung dient der erkenntnistheoretische Gedanke, daß der Wille die Erkenntnis beeinflußt: „Wo die Liebe ist, da ist das Auge. Gern schauen wir an, wen wir viel lieben."[88] Was der Wille liebt, das will der Geist erkennen. Hängt der erkennende Geist am Sinnlichen, wendet er sich

84 Richardus *De eruditione*, II 47 (Sp. 1344B-1344C): „Nam et ex cognitione Dei proficit animus ad cogitationem sui, et eodem utique modo ex multa cognitione sui crescit ad cognitionem Dei."

85 Richardus *Beniamin minor*, 72 (298, 11-13): „Tergat ergo speculum suum, mundet spiritum suum, quisquis sitit uidere Deum suum. Hoc itaque speculum non desinit uerus Ioseph tenere, tergere et indesinenter inspicere."

86 S. o. Anm. 28.

87 Richardus *Beniamin minor*, 17 (134, 15-17): „Imaginatio ergo, [...] est illa uis animae qua cum uoluerit quodlibet imaginari potest."

88 Richardus *Beniamin minor*, 13 (126, 18-19): „Vbi amor, ibi oculus ; libenter aspicimus, quem multum diligimus." Zu diesem richardischen Grundsatz s. Berndt 2001, hier S. 160. Vgl. auch Mt 6 21: „ubi enim est thesaurus tuus ibi est et cor tuum." Lk 12 34: „ubi enim thesaurus vester est ibi et cor vestrum erit."

entweder gar nicht nach innen, um das Geistige zu erkennen, oder, wenn er es tun will, verfehlt er es.[89] Die Geneigtheit des Willens zum Sinnlichen muß also gelöst werden, um die Phantasmen beseitigen zu können, damit die Bedingung für die wahre Selbsterkenntnis erlangt wird.

Diese Loslösung des menschlichen Willens vom Sinnlichen beschreibt Richard mit den Wörtern „redire" und „intrare".[90] Die Abkehr („redire") vom Sinnlichen ist der erste Schritt auf dem Weg zur wahren Selbsterkenntnis. Dieser erste Schritt kann als negativ insofern bezeichnet werden, als dahinter die Einsicht steht, daß alles Sinnliche vergänglich ist. Auf diesen ersten, negativen Schritt folgt dann als zweiter Schritt die Einkehr („intrare") ins Innerste seiner selbst. Dieser Schritt bezeichnet einen positiven Effekt. Die bloße Abkehr genügt nämlich nicht. Sie muß durch einen positiven Schritt der Einkehr ergänzt werden. Erst durch diese Einkehr erlangt der Geist einen tieferen Einblick in sein Wesen und seine Tätigkeiten.[91]

---

89 RICHARDUS *Beniamin minor*, 14 (126, 1-6): „Sed quis nesciat quam sit difficile, immo quam pene impossibile, mentem carnalem, et adhuc in studiis spiritualibus rudem, ad invisibilium intelligentiam assurgere, et in illis contemplationis oculum figere? Nulla quippe nouit adhuc nisi corporalia, nil aliud cogitanti occurrit, nisi quae cogitare consueuit, sola visibilia." Ibidem (128, 14-15): „Cogitat [mens carnalis] per imaginationem, quia necdum uidere ualet per intelligentiae puritatem."

90 RICHARDUS *Beniamin maior*, III 2 ([57], 36–[58], 6): „Nihil verius, nihil certius utique et absque ulla dubitatione mundanorum mutabilitas quanto diligentius conspicitur, tanto melius, tanto manifestius et per fortitudinem fugienda et per despectum calcanda cognoscitur. Quamvis enim in ipsis sint innumera ex divina dispositione miranda, sunt tamen eadem ipsa et pro sui mutabilitate contemnenda et pro nostra utilitate fugienda. Quid est quod propitiatorium, ne lignis immediate iungatur, deaurationis interpositione semovetur, nisi quod ex mutabilium cognitione et mutabilitatis contemplatione ab eorum amore repellimur? Attendat ergo unusquisque nostrum in huiusmodi propitiatorium et tunc redeat ad seipsum." Ibidem, III 3 ([59], 27-28): „Primum ergo est in hac consideratione, ut redeas ad teipsum, intres ad cor tuum, discas aestimare spiritum tuum." Ibidem, VI 6 ([64], 4-5): „Si nondum idoneus es intrare ad teipsum, quomodo ad illa rimanda idoneus eris, quae sunt intra vel supra temetipsum?" Ibidem, VI 6 ([64], 9-10): „Prius redi ad te quam rimari praesumas, quae sunt supra te."

91 Die Abkehr von der sinnlichen Welt und die Einkehr ins Innerste seiner selbst nennt Richard in seiner Schrift *De exterminatione mali et promotione boni* „transitus primus". Der menschliche Geist muß aber noch mehr leisten, um durch das Innerste seiner selbst weiter zum Göttlichen durchzubrechen. Dieses „Mehr", nämlich der „transitus secundus" geschieht durch die Selbstverachtung: vgl. RICHARDUS *De exterminatione*, I 5 (Sp. 1076D): „Primus ergo transitus est de Aegypto, secundus de deserto. Primo transi de mundo ad teipsum, secundo de teipso in Deum, Mundum amasti, mundum despice, et transi. Desere curas saeculi, et age curam tui, et incipis esse cultor eremi." Ibidem, I 6 (Sp. 1077A-1077B): „Redi ergo ad teipsum, et omni custodia custodi cor tuum. Sed vae tibi, si remanes ibi. Noli remanere, sed transi pergens, et pertransiens in locum tabernaculi admirabilis, usque ad domum Dei. Transi ergo et teipsum, perge in Deum tuum, quaere et apprehende summum bonum.

Die Selbsterkenntnis, die sich mit der Einkehr einstellt, differenziert Richard in fünf Arten. Zuerst erkennt der Geist sein Wesen als Ebenbild Gottes im allgemeinen.[92] Darauf folgt die Einsicht in das Wesen des Erkenntnisvermögens selbst und seine Tätigkeiten.[93] Drittens gelingt es dem Geist, das Wesen des Willensvermögens und seine Tätigkeiten sowie seine verschiedenen Affekte einzusehen.[94] Viertens erkennt der Geist insbesondere die Tugend der „deliberatio" und ihre regulierende Funktion bei allen Handlungen, die als tugendhaft gelten.[95] Hier geht es also um die Tugenderkenntnis. Schließlich sieht der Geist das Wesen der helfenden Gnade und ihre Wirkungsweise ein.[96] Die dritte und vierte Art müssen genauer in Betracht gezogen werden. Denn an diesen Stellen verknüpft sich die erkenntnistheoretische Seite der Selbsterkenntnis mit der menschlichen Praxis, in der der Wille eine entscheidende Rolle spielt.

Die Selbsterkenntnis wird erlangt, wenn die Einbildungskraft („imaginatio"), d. h. ihre Phantasmen beseitigt werden. Sich dem Sinnlichen zuzuwenden oder von ihm abzuwenden ist ein Vermögen des freien Willens. So hängt das Zustandekommen der Selbsterkenntnis von der richtigen Wahl des Willens ab. Bei dieser Erklärung des Abhängigkeitsverhältnisses handelt es sich nicht um eine phänomenologische Beschreibung. In seiner Problemstellung fragt Richard nach dem ermöglichenden Grund der wahren Selbsterkenntnis, die eine Selbstschau der reinen Einsicht ist.[97]

[...] Primum ergo transitum facit contemptus mundi, secundum transitum efficit contemptus sui." Ibidem, I 13 (Sp. 1081B-1081C): „... humanusque animus sua spernens, seseque contemnens totus in Deum transeat, et in illum a quo omne datum optimum, et omne donum perfectum per desiderium currat, et ad Deum fontem vivum totum amoris sui impetum retorqueat."

92 RICHARDUS *Beniamin maior*, III 20 ([78], 23-24): „In primo itaque gradu huius contemplationis consideramus ea, quae pertinent ad animae qualitatem vel essentiae ipsius proprietatem, ..."

93 RICHARDUS *Beniamin maior*, III 21 ([79], 14-16): „In secundo huius contemplationis gradu considerantur illa, quae ad cognitionem sunt vel veritatis studio deservire possunt et quaecumque in augmenta scientiae concurrunt atque conducunt."

94 RICHARDUS *Beniamin maior*, III 22 ([80], 30-31): „In tertio huius contemplationis gradu consideramus rationalis animi voluntatem multiplicemque eius affectionem."

95 RICHARDUS *Beniamin maior*, III 23 ([82], 3-5): „In quarto huius contemplationis gradu virtutem deliberationis contemplamur pariter et admiramur, quomodo tot animi affectiones cotidie in virtutes redigit, in quantum eas et per discretionem disponit et in bona intentione figit."

96 RICHARDUS *Beniamin maior*, III 24 ([83], 19-21): „In quinto huius contemplationis gradu, [...] aspirantis gratiae qualitatem vel modos cum attentione miramur et cum admiratione attendimus."

97 Dieses Auslegungsprinzip gilt sowohl für die Beschreibung Richards über die geordnete Reihenfolge der Hervorgänge der Tugenden, als auch für seine Bezeichnung der endgültigen Selbsterkenntnis als „vollkommen": *„plena cognitio sui"*.

In der Realität der menschlichen Erkenntnis kann nämlich die Beseitigung der Phantasmen unvollkommen bleiben. Die Selbsterkenntnis kann aber mittels der Schlußfolgerung der Vernunft in ihrer frühen Phase schon zum Teil gelingen.[98] Die schon teilweise gewonnene Selbsterkenntnis übt nun Einfluß auf die Gesamtheit des menschlichen Geistes aus. Die Loslösung des menschlichen Willens vom Sinnlichen kann nämlich aufgrund der teilweise gewonnenen Selbsterkenntnis geschehen. Durch die schon partiell erworbene Selbsterkenntnis erkennt der Geist die Vergänglichkeit des Sinnlichen und damit, daß es als Objekt seiner verschiedenen Vermögen unwürdig ist. Diese Einsicht hilft dem Willen als einem der Geistvermögen, sich vom Sinnlichen zu befreien.[99] Es bedarf aber neben der Abwendung des Willens vom Sinnlichen noch der Ordnung der verschiedenen Affekte („affectus“). Denn ungeordnete Affekte stören die Solidität der Entscheidung des Willens.[100] Die Affekte müssen also geordnet werden, und werden es durch die Tugenden („virtutes“). So soll jetzt die Tugendlehre Richards im Zusammenhang mit der Selbsterkenntnis betrachtet werden.

3.2. Grundstruktur der Tugendlehre Richards

Richard definiert die Tugend als „der geordnete und in rechtem Maß gehaltene Affekt.“[101] Richard nennt nun sieben Grundtugenden, die den sieben Grundaffekten korrespondieren.[102] Daraus ergibt sich eine Ordnung der Tugen-

98 S. o. Anm. 23.

99 Richardus *Beniamin maior*, III 2 ([57], 31-36): „Sic nimirum sic ex rerum visibilium cognitione ex vanitatis mutabilitatisque consideratione cogitur animus ea ipsa, quae in imis miratur, fugere et de quodam quasi immensae fluctuationis diluvio in auram verae libertatis effugere, cui est periculum plene evasisse inferiora omnia per despectum calcare et in summis et veris bonis per desiderium requiescere.“ S. a. Richardus *De exterminatione*, I 7 (Sp. 1077C): „Cum enim poteris mundum plene evadere, cum coeperis nulla ejus prospera concupiscere, nulla ejus adversa pertimescere, quid jam erit quod tuam mentem poterit perturbare?“

100 Richardus *Beniamin maior*, III 22 ([81], 9–14): „Nec tamen adeo mirum quod pro diversis rebus animus saepe et subito contrariis se qualitatibus induit, sed illud multo mirabilius quod propter unam eandemque rem contrariis affectionibus contrarios affectus superducit. Nam diu multumque dilecta nimio postmodum odio saepe persequimur et vehementer approbata atque desiderata subito detestamur.“

101 Richardus *Beniamin minor*, 7 (108, 6-7): „Siquidem, nichil aliud est uirtus quam animi affectus ordinatus et moderatus.“ Richardus *Beniamin maior* III 23 ([82], 5-7): „Cum enim nihil aliud sit virtus quam affectio ordinata et moderata ex intentione bona, agitur ut sit affectio ordinata et per discretionem efficitur ut fiat moderata.“

102 Richardus *Beniamin minor*, 7 (108, 10-12): „Principales ergo affectus septem sunt, qui ab una animi affectione alternatim surgunt. Spes uidelicet et timor, gaudium et dolor, odium, amor et pudor.“ Ibidem, 60 (264, 9-11): „Principales enim affectus septem esse longe superius iam diximus, quos cum in nobis ordinamus, in numerum uirtutum redigimus.“

den. In der Darstellung dieser Ordnung intendiert Richard nicht, die Entstehung der Tugenden phänomenologisch zu beschreiben. Er fragt vielmehr nach dem ermöglichenden Grund einer Tugend als solcher und der gegenseitigen Ordnung unter den Tugenden.[103]

Nach der im *Beniamin minor* geschilderten Ordnung ergibt sich zuerst die Furcht („timor") aufgrund der Beobachtung der Fehlhandlungen, bzw. der Sünden.[104] Der Furcht vor der begangenen Schuld folgt dann Schmerz („dolor").[105] Da es für die schmerzvoll Büßenden nur einen Trost gibt, nämlich die Hoffnung auf Verzeihung, gründet sich die Hoffnung („spes") auf den Schmerz.[106] Die auf Schmerz gegründete Hoffnung führt dann zur Liebe („amor"). Sie erwächst aus dem vertrauten Umgang und der daraus resultierenden Freundschaft, die zwischen dem Geist und dem göttlichen Grund seiner Hoffnung auf Verzeihung entsteht.[107] Nach Ausschluß falscher Objekte der Liebe ergibt sich nun die wahre Freude („gaudium").[108] Weil die innere Freude den Geist zu einem starken Entschluß ermuntert, regt sich dann der Haß gegen die Laster („odium uitiorum").[109] Aus der Verabscheuung des Bösen und der Sünde bildet sich die Scham („pudor").[110]

---

103 Vgl. Anm. 97.

104 RICHARDUS *Beniamin minor*, 8 (110, 1-5): „Scriptum est: *Initium sapientiae timor Domini*. Haec ergo est prima uirtutum proles, sine qua ceteras habere non potes. Qui talem filium habere desiderat, mala quae fecit, non solum frequenter sed et diligenter attendat, hinc magnitudinem sui sceleris, illinc potentiam iudicantis."

105 RICHARDUS *Beniamin minor*, 9 (112, 1-2): „Primo filio nato, et paulatim crescente, secundus nascitur, quia magnum timorem necesse est ut dolor sequatur."

106 RICHARDUS *Beniamin minor*, 10 (114, 1-2): „Sed quae, quaeso, consolatio potest esse paenitentibus uere et lugentibus amare, nisi una spes ueniae?"

107 RICHARDUS *Beniamin minor*, 11 (116, 1-118, 5): „Incipit ex tunc quaedam familiaritas inter Deum et animam fieri, et amicitia confoederari, eo quod haec se sentiat ab illo saepius uisitari, et ex eius aduentu non tantum iam consolari, immo aliquotiens quodam ineffabili gaudio repleri." Ibidem, 11 (118, 16-19): „Vides iam, ut arbitror, quod quemadmodum post crescentem cotidie timorem, necessario subortus est dolor, sic utique post spem natam, et per cotidiana incrementa proficientem, nascitur amor."

108 RICHARDUS *Beniamin minor*, 36 (190, 17-21): „Vnde et ei dicitur: *Intra in gaudium Domini tui*. Hoc itaque internum gaudium, spiritualis ista dulcedo quae intus sentitur, est ille filius Liae qui ei quinto loco nascitur." Ibidem, 36 (190, 23-25): „Ordinatum autem et uerum gaudium ueraciter tunc habemus, quando de ueris et internis bonis gaudemus."

109 RICHARDUS *Beniamin minor*, 40 (210, 40-42): „Sic sic post Ysachar Zabulon gignitur, quia per internae dulcedinis degustationem odium uitiorum generatur, et uerae fortitudinis robur acquiritur." Ibidem, 40 (206, 3-8): „Hinc est quod post Ysachar Zabulon nascitur, qui habitaculum fortitudinis interpretatur. Quid enim per Zabulon intelligimus, nisi odium uitiorum. Odium bonum, odium ordinatum, odium uitiorum. Hunc procul dubio in nobis affectum Propheta ordinare cupiebat, cum dixit: *Irascimini, et nolite peccare*." Der Haß („odium") gegen die Laster wird, wie diese Stelle zeigt, mit dem Zorn („ira") gegen die Laster identifiziert; s. u. Anm. 112.

110 RICHARDUS *Beniamin minor*, 46 (224, 1-4): „Disce prius peccatum odisse, et tunc

Diese Tugenden sind geordnet („ordinata“), soweit sie in der skizzierten Ordnung aufeinander folgen und aufeinander bezogen bleiben. Sie müssen aber auch in rechtem Maß gehalten sein („moderata“).[111] Es handelt sich bei diesem Maßhalten um die ausgewogene Intensität der Tugenden. Denn übermäßige Furcht fällt leicht in Verzweiflung, übermäßiger Schmerz in Bitterkeit, maßlose Hoffnung in Vermessenheit, überfließende Liebe in unwürdige Verehrung, unangebrachte Fröhlichkeit in Leichtsinn, unbeherrschter Zorn in Wut.[112] Auf solche Weise wandeln sich die Tugenden in Laster. Für das rechte Maß sorgt nun eine Tugend, die über allen anderen Tugenden eine Sonderstellung einnimmt: die „discretio“.[113] Die „discretio“ moderiert alle übrige Tugenden. Ohne diese Moderation der „discretio“ stehen alle übrigen Tugenden in der Gefahr, sich wegen Übermäßigkeit in Laster zu wandeln.[114]

3.3. „discretio“: Moderatorin aller Tugenden

Die „discretio“ hat bei Richard verschiedene Bedeutungen. Sie ist zunächst eine grundlegende Tätigkeit der Vernunft („ratio“): sie trifft nämlich Unterscheidungen („discernere“). Allein der Vernunft kommt die Tätigkeit des Unterscheidens wie die des Verstehens zu.[115] Jede Unterscheidungstätigkeit beruht also auf der Vernunft als Grundvermögen.

In einem engeren Sinn verwendet Richard die Bezeichnung „discretio“ auch für die Tätigkeit der Vernunft auf sittlichem Gebiet. Hier bedeutet „discretio“ zuerst die sittliche Unterscheidung, sowohl nach der Qualität, d. h. nach gut oder böse, als auch nach der Quantität, d. h. nach dem Grad von gut oder böse.

---

illud incipies ueraciter erubescere. Si ueraciter odis, citius illud erubescis. Ille pudor uerus esse cognosciutr, quem uitiorum odium praecedit et comitatur.“

111 Richardus *Beniamin minor*, 7 (108, 6-9): „Siquidem, nichil aliud est uirtus quam animi affectus ordinatus et moderatus. Ordinatus, quando ad illud est ad quod esse debet; moderatus, quando tantus est quantus esse debet.“ Ibidem, 66 (280, 7-8): „Caute ergo circa omnes [affectus] debet custodiri, ut non solum sint ordinati, sed etiam moderati.“

112 Richardus *Beniamin minor*, 66 (280, 8-12): „Timor enim nimius saepe cadit in desperationem, dolor nimius in amaritudinem, spes immoderata in praesumptionem, amor superfluus in adulationem, laetitia superuacua in dissolutionem, ira intemperata in furorem.“

113 Richardus *Beniamin minor*, 67 (282, 1-5): „Hic est ille Ioseph qui quidem sero nascitur, sed a patre plus ceteris amatur. Quis enim nesciat uera bona animi sine discretione nec posse acquiri, nec posse conseruari? Merito ergo illa uirtus singulariter diligitur, sine qua nulla conquiritur, nulla consummatur, nulla conseruatur.“

114 Richardus *Beniamin minor*, 66 (280, 13-282, 15): „In hunc itaque modum uirtutes in uitia uertuntur, si per discretionem minime moderentur. Videsne quemadmodum ceterae omnes uirtutem discretionis requirant, ne uirtutis nomen amittant?“

115 Richardus *Beniamin minor*, 67 (284, 40-41): „... sed solius est rationis discernere, sicut et intelligere.“

Denn jedes „gut oder böse“ läßt ein mehr oder weniger zu.[116] Richard teilt die sittlichen Unterscheidungen der „discretio“ fünffach ein: 1) eine solche zwischen gut und böse, 2) zwischen böse und schlimmer, oder zwischen schlimmer und schlimmstenfalls, 3) zwischen gut und besser, oder zwischen besser und bestens, 4) die richtige Beurteilung jedes Lasters, 5) die Beurteilung jeder Tugend gemäß ihrer eigenen Würde.[117] Für die gelingende Selbsterkenntnis ist vor allem die vierte und fünfte Unterscheidung von Gewicht.

So leistet die „discretio“ auf sittlichem Gebiet eine Unterscheidung, die das theoretische, spekulative Urteil zuerst über gut oder böse an sich (die ersten drei Arten), und somit auch über die praktische Dimension menschlichen Lebens fällt (die vierte und fünfte Art). Sie ist ein Akt der theoretischen sittlichen Vernunft. Diese theoretische Funktion der „discretio“ hat aber zugleich eine unmittelbare Beziehung zu den Affekten und den Tugenden. Denn allein durch die „discretio“ können die Affekte und die aus dem jeweiligen Affekt entstehenden Tugenden gegeneinander richtig abgemessen werden.[118] Die „discretio“ moderiert in diesem Bereich sämtliche Affekte und Tugenden. Diese moderierende Funktion der „discretio“ bezeichnet Richard mit dem Wort „deliberatio“.[119]

Die „deliberatio“ ist von der theoretisch urteilenden Funktion der „discretio“ in folgender Weise zu differenzieren. Es ist etwas anderes, theoretisch zu unterscheiden („discutere“), was gut oder böse an sich ist, als zu erwägen („deliberare“), was für eine konkrete Person zuträglich oder nicht zuträglich ist.[120]

---

116 Richardus *De statu*, 25 (90, f. 105c): „Duobus autem modis in judicii nostri examine peccamus, dum adhuc frequenter sub tante ambiguitatis nubilo viam carpimus. Erramus enim modo in discernenda qualitate, modo in examinanda quantitate: qui dicit bonum malum vel malum bonum, in rerum qualitate errat; et qui dicit quod majus est esse minus, et quod minus est esse majus, in quantitate peccat.“

117 Richardus *De statu*, 25 (92, f. 106b-106c): „Inter diem et noctem judicamus, quando bona a malis segregamus. Inter noctem et noctem judicat qui a malis pejora, a pejoribus pessima discernere non ignorat. Similiter inter diem et diem judicare est ex bonis meliora, ex melioribus optima eligere. Omnem noctem dijudicat qui unumquodque vitium digna examinatione pensat. Omnem item diem judicare est unamquamque virtutem juxta propriam dignitatem estimare.“

118 Richardus *Beniamin minor*, 69 (290, 10-13): „... per discretionem illa tota uirtutum fraterna germanitas modificatur, et uirtutum quaelibet, quae eius consilio non acquiescit, quae se discretioni non subdit, citius uirtutis nomen amittit.“

119 Richardus *Beniamin maior*, III 23 ([82], 3-5); „In quarto huius contemplationis gradu virtutem deliberationis contemplamur pariter et admiramur, quomodo tot animi affectiones cotidie in virtutes redigit, in quantum eas et per discretionem disponit et in bona intentione figit.“ Ebner hat mit Recht darauf hingewiesen, daß die „discretio“ in Richardus *Beniamin minor* inhaltlich identisch ist mit der „deliberatio“ in Richardus *Beniamin maior*: vgl. Ebner 1917, S. 36.

120 Richardus *De statu*, 28 (94, f. 107c): „Aliud est discutere quid sit bonum vel malum in se, et aliud est deliberare quid expediat vel non expediat cuique. Illud est judicii, istud est consilii.“

Richard legt dieser praktisch orientierten Erwägung („deliberatio") einen Willenscharakter, bzw. den Charakter des Wählens („electio") bei, während jene rein theoretische Unterscheidungsfunktion der „discretio" auf einer erkennenden beurteilenden Tätigkeit („judicium") beruht. Die praktische, wählende Erwägung ist ihrer Natur gemäß schwieriger als jene theoretische, beurteilende Unterscheidung.[121] Bei der praktischen Erwägung muß nämlich der Erwägende seine gesamte Umgebung berücksichtigen, um das Zuträglichste für ihn konkret wählen zu können. Denn die Menschen unterscheiden sich darin, was für sie zuträglich ist, so daß ein an sich richtig gefälltes theoretisches Urteil nicht ausreicht. Oft ist ein an sich größeres Gut für manche weniger zuträglich; umgekehrt ist ein an sich geringeres Gut für manche zuträglicher.[122] Der Erwägende muß daher, sich auf die an sich richtig getroffene Unterscheidung zwischen gut und böse berufend, genau überlegen, was er aus der ihm zur Verfügung stehenden Palette an Möglichkeiten auswählt, um sich selbst am besten zu verwirklichen.

Diese umfassende Erwägungsfunktion („deliberatio") der „discretio" wirkt als Wächter („custos") aller Tugenden regulativ.[123] Die „discretio" reguliert nämlich zunächst die gesamten menschlichen Affekte qualitativ: sie führt alle Affekte anhand ihrer theoretischen Beurteilung in eine sittlich erlaubte Richtung, damit keine verkehrten Affekte mehr entstehen. Einfluß auf diese Erwägung nehmen auch körperliche Zustände, denn sie beeinflussen zu regulierende Affekte.[124]

Die sittlich regulierten Affekte bzw. Tugenden werden dann im Weiteren durch die Erwägungsfunktion der „discretio" quantitativ balanciert: sie bekommen durch die „discretio" das richtige Maß an Intensität.[125] Bei dieser erwägenden Tätigkeit der „discretio" werden aber nicht nur die Intensität der einzelnen Tugenden, sondern auch die Verhältnisse aller Tugenden gegeneinander abge-

---

121 RICHARDUS *De statu*, 28 (95, f. 107d-108a): „Vides certe quia facilius est judicare quid liceat, quid non liceat, quam eligere quid expediat et quid non expediat. Illud est discretionis, istud deliberationis; illud judicii, istud consilii."

122 RICHARDUS *De statu*, 28 (94, f. 107c): „Sicut enim non omnes omnia possunt, sic *nec omnibus omnia expediunt*. Sepe enim quod in se est majus bonum, quibusdam expedit minus; et quod in se quidem est minus, magis tamen expedit aliquibus."

123 RICHARDUS *Beniamin minor*, 68 (286, 4-6): „Hic est ille Ioseph qui a patre plus cunctis fratribus amatur, quia cunctarum uirtutum uirtus custos ceteris iure praefertur."

124 RICHARDUS *Beniamin minor*, 70 (294, 12-13): „Ipse debet non solum uitia cordis, uerum etiam inualitudines corporis perfecte cognoscere …"

125 RICHARDUS *Beniamin maior*, III 23 ([82], 7-11): „Debemus autem semper omne deliberationis nostrae studium circa hoc negotium vehementer impendere et huic exercitationi tam fortiter quam frequenter insistere, ut omnis nostra affectio ab illicitis terrenis transiens per licita discurrat, et ut in licitis etiam desideriis aequitatis modestiam ubique custodiat."

messen.[126] Darüber hinaus unterscheidet der menschliche Geist durch die umfassend erwägende „discretio“ sorgfältig zwischen den Gütern der Natur („bona naturae“) und den Gaben der Gnade („dona gratiae“).[127] Der Geist erkennt also dank der erwägenden „discretio“ den ganzen Zustand und die gesamte Haltung des inneren und des äußeren Menschen. Er bestimmt somit nicht nur die aktuelle Verfassung eines Menschen, sondern erkennt, wie er sein müsse.[128]

3.4. Wechselspiel von Selbsterkenntnis und Tugend

Für die moderierende Erwägung der „discretio“ ist nun zum Teil Selbsterkenntnis erforderlich. Denn die „discretio“ kann nur aufgrund bereits erworbener Affekt- und Tugenderkenntnis die gesamten Affekte und Tugenden moderieren. Die Grundlage bildet die dritte Art der Selbsterkenntnis.[129] In dieser Selbsterkenntnis werden das Wesen des Willens und seine Tätigkeiten sowie die verschiedenen Affekte eingesehen. Da für die moderierende Funktion der „discretio“ eine schon vorhandene Erkenntnis der eigenen Affekte und Tugenden nötig ist, kann die „discretio“ erst in der letzten Phase der Formung der Tugenden erworben werden.[130] Um diese Phase zu erreichen, muß sich der menschliche Geist zunächst infolge genügender Verwendung („usus“) und Probeerfahrung („experimenta“) durch die einzelnen Phänomene seiner gesamten Affekte und Tugenden belehren lassen.[131] Erst anhand dieses umfassenden Lernens durch Erfahrungen kann der Geist über alle Affekte und Tugenden genügend Material sammeln. Dieses Erfahrungsmaterial über alle Affekte und vorhandenen Tugenden ist nun die Voraussetzung für die moderierende Erwägung der „discretio“ zu jedem einzelnen Affekt und zu jeder Tugend.[132] Denn es handelt sich bei dieser Erwägung der „discretio“ nicht nur um die Moderation

---

126 RICHARDUS *Beniamin minor*, 69 (290, 10-11): „… per discretionem tota illa uirtutum fraterna germanitas modificatur …“

127 RICHARDUS *Beniamin minor*, 70 (294, 16-19): „Ipsum nosse oportet non solum uitia sua, sed et gratiarum munera et uirtutum merita, sed et ipsa diligenter distinguere, et quae sint bona naturae, uel quae dona gratiae, subtiliter pensare.“

128 RICHARDUS *Beniamin minor*, 70 (294, 27-31): „Et ut totum breuiter concludam, debet hic noster Ioseph totum interioris et exterioris hominis statum et habitum, in quantum possibile est, plene cognoscere, nec solum qualis sit, uerum etiam qualis esse debeat, subtiliter quaerere, diligenter inuestigare.“

129 S. o. Anm. 94.

130 RICHARDUS *Beniamin minor* 67 (282, 1-2): „Hic [i. e. discretio] est ille Ioseph qui quidem sero nascitur, sed a patre plus ceteris amatur.“

131 RICHARDUS *Beniamin minor*, 67 (282, 6-8): „Sed uix sero talem filium accipere meremur, quia ad discretionis perfectionem non sine magno usu, non nisi per magna experimenta erudimur.“

132 RICHARDUS *Beniamin minor*, 67 (282, 8-11): „Prius nos oportet in singulis uirtutibus exerceri, et quid in unaquaque possimus experiri, quam possimus de omnibus plenam scientiam percipere et de singulis sufficienter iudicare.“

einzelner Tugenden, sondern um die Festsetzung des Verhältnisses aller Tugenden gegeneinander.[133]

Der menschliche Geist muß sich daher zuerst damit bescheiden, den Erwerb und die Konsolidierung einzelner Tugenden zu üben. Während dieser Übung ist nicht zu vermeiden, daß der Geist an dem Erwerb der Tugenden scheitert und ungeordnete Affekte in ihm zurückbleiben. Solche Erfahrungen des Mißerfolgs helfen aber, weil der Geist dadurch schrittweise erlernt, mit welcher Wachsamkeit („vigilantia") und Vorsicht („cautela") die Tugenden zu erwerben und bewahren sind. Erst durch solche lange Übung kann die Zucht der Tugend („disciplina virtutum") vom Geist erlernt werden, so daß der schon lange geschulte Geist zur „plena discretio morum" geführt und schließlich in die Lage versetzt wird, aufgrund dieser „discretio" das Zusammenspiel aller Tugenden zu moderieren.[134]

Solange der Geist nicht in der Lage ist, sich die „discretio" anzueignen, kann er keinen Affekt in vollständiger Weise, nämlich in der Form einer Tugend, ordnen und dirigieren. Die Affekte, die vor dem Erwerb der „discretio" partiell schon geordnet werden, sind nach Richard noch keine Tugenden im echten Sinn.[135] Sie werden erst zu Tugenden, wenn sie durch die „discretio" in der Ganzheit eines Menschen miteinander geordnet und moderiert werden. Ohne die „discretio" kann keine Tugend erworben, vollendet und bewahrt werden.[136]

---

133 S. o. Anm. 125.

134 RICHARDUS *Beniamin minor*, 67 (282, 16-284, 23): „Primum ergo est ut satagamus singulis uirtutibus studium frequens impendere, quod dum facimus, necesse est nos saepius cadere. Oportet ergo nos saepe resurgere, et per frequentem lapsum addiscere qua uigilantia, qua cautela oporteat uirtutum bona adquirere uel custodire. Sic sic, dum longo usu uirtutum disciplina addiscitur, quandoque mens diu exercitata ad plenam morum discretionem perducitur, et quasi de nato Ioseph iure laetatur."

135 S. o. Anm. 114. S. a. die Ausdrücke Richards wie: „uirtutum bona adquirere" in RICHARDUS *Beniamin minor*, 67 (284, 20, Anm. 134); „uera bona animi sine discretio nec posse acquiri ... sine qua nulla conquiritur" in RICHARDUS *Beniamin minor*, 67 (282, 2-5, Anm. 136).

136 RICHARDUS *Beniamin minor*, 67 (282, 2-5): „Quis enim nesciat uera bona animi sine discretione nec posse acquiri, nec posse conseruari? Merito ergo illa uirtus singulariter diligitur, sine qua nulla conquiritur, nulla consummatur, nulla conseruatur." Bernhards Verständnis der „discretio" steht in einer auffälligen gedanklichen Nähe zu dem Richards. Nach Bernhard von Clairvaux ist die „discretio" Moderatorin aller anderen Tugenden, von der der Erwerb und die Bewahrung aller Tugenden abhängt. Die „discretio" nimmt daher eine Sonderstellung über den anderen Tugenden ein, so daß sie „die Mutter der Tugenden" genannt wird. Vgl. BERNARDUS CLARAEVALLENSIS *De consideratione*, 2, 11 (*Opera* III, 428, 12-14): „Oportet innotescat tibi zelus tuus, clementia tua, discretio quoque moderatrix earumdem virtutum." BERNARDUS CLARAEVALLENSIS *Sermones de diuersis*, 91, 4 (*Opera* VI, 1, 343,26–344,1): „In eo autem quod sequitur TERRIBILIS UT CASTRORUM ACIES ORDINATA, discretio mater virtutum, per quam terrentur et fugantur daemones, acquiruntur et conservantur virtutes." BERNARDUS CLARAEVALLENSIS *Sermones super Cantica Canticorum*, 49, 5 (*Opera* II,

Vermittels der „discretio" ist die Selbsterkenntnis mit den Affekten und den Tugenden verbunden. Die Moderation der Affekte und der Tugenden setzt einerseits zu ihrer schrittweisen Vollendung bereits erreichte Stadien der Selbsterkenntnis voraus. Denn die „discretio" muß sich auf die Erkenntnis des Zustandes der Affekte und der Tugenden richten, um durch ihre Ausbalancierung die Affekte und die Tugenden zur Vollendung zu führen. Aber die Moderation der Affekte und der Tugenden durch die „discretio" liegt, andererseits, der vollständigen Selbsterkenntnis voraus. Die durch „discretio" bereits geordneten und moderierten Affekte und Tugenden sind, wie wir schon gesehen haben, für die Beseitigung der Phantasmen erforderlich.[137] Die Beseitigung der Phantasmen ist wiederum eine wichtige Bedingung für das Mitwirken der reinen Einsicht („intelligentia pura") an der Selbsterkenntnis. Denn durch die reine Einsicht wird der eigentliche Gegenstand der Selbsterkenntnis, nämlich das Geistige, eingesehen.[138] Der menschliche Geist wird also durch die „discretio" und ihre Moderation der Affekte und der Tugenden zur Vollendung der Selbsterkenntnis geführt.[139]

So stehen die partiell erworbene Selbsterkenntnis und die Tugenden in einem wechselseitigen Zusammenwirken. Sie ergänzen sich auf dem Weg zu ihrer Vollendung gegenseitig. Wenn die Selbsterkenntnis und die Tugenden durch dieses gegenseitige Zusammenwirken zu ihrer Vollendung gelangen, ist die Vorbereitung für eine höhere Erkenntnis, nämlich die Gotteserkenntnis, abgeschlossen.[140] Diese genügend ausgereifte Selbsterkenntnis („plena cognitio sui") ist die

---

76, 9-10): „Est ergo discretio non tam virtus, quam quaedam moderatrix et auriga virtutum, ordinatrix que affectuum, et morum doctrix." Die im Mittelalter häufig verwendete Bezeichnung der „discretio" als „die Mutter der Tugenden" ist auch bei Abaelard zu finden. Abaelard identifiziert aber an einer Stelle „discretio" mit „prudentia", die eine der vier Kardinaltugenden ist. Vgl. ABAELARDUS *Dialogus*: „Socrates quidem, per quem primum vel maxime moralis discipline studium convaluit, quatuor virtutis species distinguit: prudentiam scilicet, iustitiam, fortitudinem, temperantiam. Nonnulli vero prudentie discretionem matrem potius sive originem virtutum quam virtutem nominant. Prudentia quippe est hec ipsa morum scientia, que, ut tractatus ethice tradit, rerum bonarum et malarum scientia dicitur, hoc est ipsa bonorum discretio sive malorum, que videlicet in seipsis proprie bona dicenda sunt aut mala." Zu der umfassenden Analyse der „discretio" bei Abaelard vgl. JACOBI 2000, S. 60-65. Zur Tugendlehre Abaelards vgl. MARENBON 1997, S. 282-287; s. a. CABASSUT 1957.

137 S. o. Abschnitt 3.1.

138 S. o. Anm. 28 und 73.

139 RICHARDUS *Beniamin minor*, 71 (294, 1-296, 4): „Per hunc itaque Ioseph animus assidue eruditur, et quandoque perducitur ad plenam cognitionem sui, sicut per uterinum eius fratrem Beniamin quandoque subleuatur ad contemplationem Dei."

140 Die Gotteserkenntnis setzt das Zusammenwirken der Selbsterkenntnis und eines durch die Tugenden geleiteten Lebens voraus. Die Behauptung von Haas, daß Richard in seiner streng kontemplativ-mystischen Konzeption, die die Selbsterkenntnis aufs strengste an die Gotteserfahrung bindet, die moralische Ebene der anderen zeitgenössischen Autoren in der Anwendung des Juvenal-Zitats konsequent verläßt,

Erkenntnis des eigenen Selbst in seinem ganzen Umfang.[141] Bei dieser Darlegung der vollendeten Selbsterkenntnis handelt es sich nicht um die phänomenologische Beschreibung, wie der Mensch zur umfassenden Selbsterkenntnis gelangt. Richard fragt vielmehr nach dem ermöglichenden Grund zur höheren Erkenntnis, nämlich der wahren Gotteserkenntnis. Sie ist durch die wahre Selbsterkenntnis ermöglicht.[142] Die hier erwähnte Reife der Selbsterkenntnis schließt die Möglichkeit der weiteren Vertiefung nicht aus. Die reife Selbsterkenntnis kann, wie wir gesehen haben,[143] in einer sich ergänzenden Reziprozität mit der Gotteserkenntnis gefördert werden.

Um in diese Reziprozität einzutreten, muß aber der menschliche Geist zuerst aufgrund der gefüllten Selbsterkenntnis zur höheren Stufe der Erkenntnis, zur Gottesschau, erhoben werden. Denn der Geist, der nicht in der Erkenntnis seiner selbst lange geübt und ganz erzogen ist, ist noch nicht fähig, Gott zu schauen. Der Geist muß zuerst lernen, sich selbst zu erkennen, bevor er unterfängt, das Göttliche erfassen zu wollen: „Das erste ist, daß du das Unsichtbare deines Geistes erkennst, bevor du fähig werden kannst zur Erkenntnis des Unsichtbaren Gottes."[144]

Die reife Selbsterkenntnis, die in die Reziprozität mit der Gotteserkenntnis bereits eingetreten ist, wirkt als wahre Klugheit („prudentia vera"), um die echten Güter zu erwerben, zu vermehren und zu bewahren.[145] So dient sie der ganzheitlichen Vollendung des Menschen in ihrem Zusammenwirken mit der Gotteserkenntnis. Auf diesem Niveau ist die menschliche Vernunft schon dazu bereit, mit jener Wahrheit zusammenzuklingen, die durch göttliche Offenbarung bekannt wird. Richard beschreibt dieses Zusammenwirken von Vernunft und Offenbarung Gottes in seiner allegorischen Auslegung der Wiederversöhnungsgeschichte von Beniamin und Josef (Gen 45 14). Beniamin symbolisiert die Gnade der Gotteschau, Josef die in der ausgereiften Selbsterkenntnis mitschwingende Vernunft:[146] „Beniamin und Josef vereinen ihre Küsse, wenn göttliche Offenbarung und menschliches Vernunftdenken in der Bezeugung der Wahrheit zusammenklingen."[147]

---

hält daher einer Überprüfung angesichts des gesamten Kontextes nicht stand. Richards Konzeption der Selbsterkenntnis kann auch nicht allein auf die Anwendung des Juvenal-Zitats reduziert werden. Vgl. Haas 1984b, hier S. 12.

141 S. o. Anm. 128.

142 S. o. Anm. 97.

143 S. o. Anm. 84.

144 Richardus *Beniamin minor*, 71 (296, 14-15): „Prius est ut cognoscas inuisibilia spiritus tui, quam possis esse idoneus ad cognoscenda inuisibilia Dei."

145 Richardus *Beniamin minor*, 87 (344, 22-23): „Prudentia uera est de acquirendis, multiplicandis, conseruandis ueris bonis, ..."

146 Richardus *Beniamin minor*, 71 (296, 4-6): „Sicut enim per Ioseph gratiam discretionis, sic per Beniamin intelligimus gratiam contemplationis." Zu der Methode der Auslegung des Alten Testamentes bei Richard vgl. Berndt 2000.

147 Richardus *Beniamin minor*, 87 (344, 29-31): „Tunc Beniamin et* Ioseph oscula

Schluss

Die Selbsterkenntnis ist zwar der Eckstein der Wissenstheorie Richards. Sie stellt aber nicht das letzte Ziel allen Strebens nach Wissen dar. Sie bleibt auch kein Selbstzweck, sondern dient der höheren Erkenntnis, nämlich der Erkenntnis Gottes. Ob der Mensch das letzte und höchste Ziel seiner Erkenntnistätigkeit und -fähigkeit erreicht, hängt davon ab, daß seine Selbsterkenntnis vollständig ist. Insofern ist sie das unhintergehbare Stadium, das der menschliche Geist mit aller Mühe versuchen muß, zu erreichen.

Selbsterkenntnis und Gotteserkenntnis vertiefen sich gegenseitig. Diese sozusagen vertikale Reziprozität thematisiert die Beziehung zwischen dem Menschen und Gott im Zusammenhang mit erkenntnistheoretischen Überlegungen. Ferner findet sich ein wechselseitiges Zusammenwirken zwischen der Selbsterkenntnis und den Tugenden. In dieser horizontalen Reziprozität tritt die Beziehung des Menschen mit sich selbst und mit anderen Seienden im Zusammenhang mit der menschlichen Praxis an den Tag.

So fallen im Denken Richards die drei wesentlichen Beziehungen, in denen sich das menschliche Leben entfaltet, in der Selbsterkenntnis zusammen: die Beziehung zu sich selbst, zu den anderen und zu Gott. Vertikale und horizontale Reziprozität kreuzen sich, und an der Kreuzung befindet sich die Selbsterkenntnis. Die Wissenstheorie Richards findet an dieser Kreuzung eine feste Verknüpfung mit der praktischen Dimension menschlichen Lebens. Diese Stellung der Selbsterkenntnis als Schnittpunkt sich kreuzender Beziehungslinien, die den menschlichen Geist zur Vollkommenheit führen, zeigt deutlich, daß Richard den Menschen als ganzen im Blick hat. Indem Richard der Selbsterkenntnis innerhalb seiner Wissenstheorie einen zentralen Platz zuweist, wendet er sein anthropologisches Prinzip der Ganzheit an.

---

iungunt, quando diuina reuelatio et humana ratiocinatio in una ueritatis attestatione consentiunt." *Hier lese ich *et* statt *ex*. Das Letztere scheint ein Druckfehler zu sein.

„Agendo phisice ratione“ Von der Entdeckung der Natur zur Wissenschaft von der Natur im 12. Jahrhundert – insbesondere bei Wilhelm von Conches und Thierry von Chartres

von ANDREAS SPEER

I.

Im folgenden geht es um einen Beitrag zur Theoriegeschichte, genauer zu jenem Vorgang, der allgemein als ‚Verwissenschaftlichung' gekennzeichnet wird und im 12. Jahrhundert seinen Ausgangspunkt hat. Dieser Vorgang wird – ebenso allgemein – vorrangig mit dem Phänomen der sogenannten ‚Aristotelesrezeption' in eine ursächliche Beziehung gebracht, wenn nicht gar als unmittelbare Folge des Bekanntwerdens des gesamten *corpus Aristotelicum* angesehen, das mit den *Zweiten Analytiken* das Modell für jenes Wissenschaftsverständnis bereithält, das – nicht zuletzt in Anlehnung an das Vorbild der *libri naturales*, der *Metaphysik* oder der *Nikomachischen Ethik* – nunmehr seinen unaufhaltbaren Siegeszug in den neugegründeten Universitäten antritt und deren Gesicht bis heute maßgeblich bestimmt.

Ein wichtiges Kapitel dieser Geschichte verbindet sich mit der Grundlegung einer Wissenschaft von der Natur im 12. Jahrhundert. Bereits Alexander Birkenmajer hat darauf aufmerksam gemacht, daß der wesentliche Impuls in der Hinwendung zur Theorie, die sich in der Philosophie vollzieht und in der Aristotelesrezeption ihren Niederschlag findet, im wesentlichen von Naturwissenschaftlern und Medizinern eingeleitet wurde, und nicht von den Theologen und Artisten der Dom-, Kathedral- oder Klosterschulen.[1] Dies scheint auch in der emphatischen Art und Weise ihren Ausdruck zu finden, in der Adelard von Bath nach der Rückkehr von seiner siebenjährigen Bildungsreise, die ihn an die Wissenschaftsstätten rund um das Mittelmeer führt, die *Arabica studia* den traditionellen *Gallica studia* entgegensetzt. In seinen *Quaestiones naturales* liefert Adelard zugleich ein Beispiel für diese theoretisch motivierte Hinwendung ‚zu den Sachen selbst'.

Mit Recht hat daher Marie-Dominique Chenu gleich zu Beginn seiner zum Klassiker gewordenen Untersuchung zur Theologie im 12. Jahrhundert[2] die „Entdeckung der Natur“ – „la découverte de la nature“[3] als erstes und vorzüg-

---

1 Cf. WIELAND 1981, S. 61.

2 CHENU 1976, S. 21-30.

3 CHENU 1976, S. 21.

liches Kennzeichen des Aufbruchs zu einer „première scolastique" genannt. Diese eingängige Formulierung Chenus ist geprägt von der noch tastenden Suche nach einem Anfang für ein epochemachendes geistesgeschichtliches Phänomen. In der Tat zeichnet Chenu das Bild eines Aufbruchs zu einem neuen Naturverständnis, dessen Konturen, nimmt man die genannten Merkmale zum Maßstab, sich erst in Ansätzen abzuzeichnen beginnen. Von der Dichtung über die Chronistik bis zur Skulptur reicht das Tableau, das zunächst als atmosphärisches Vorspiel für eine erste Skizze des Profils jenes Entdeckungsvorgangs der Natur dient. Und doch geht es Chenu um etwas anderes als um einen lediglich kulturgeschichtlichen Zusammenhang: Seine Aussage zielt auf einen Wandel im theoretischen Verständnis von Natur und im Verhältnis zur Natur, der in einer Abkehr von einer symbolisch-spekulativen Interpretation der Natur besteht, die in hermeneutischer Parallele zum Buch der Schrift ebenfalls als ‚Buch' gelesen wurde – mit Bezug auf Gott als den Autor beider Bücher, durch welche der Mensch gleichermaßen den Schöpfer zu erkennen vermag. An die Stelle dieses symbolischen Naturverständnisses tritt zunehmend ein originäres Interesse an der Struktur, der Konstitution und Eigengesetzlichkeit der physisch-physikalischen Realität durch die Vernunft, die sich ihrer Erkenntnis nunmehr unter ausdrücklicher Absehung von traditionellen, auf die Offenbarung Bezug nehmenden Deutungsmustern allein durch wissenschaftliche, nämlich der logischen Form des Arguments verpflichtete Begründungsverfahren zu versichern sucht. Das zunehmende Wissen von der ‚natürlichen Welt' korrespondiert folgerichtig mit den Begründungsversuchen einer „scientia naturalis", die – bezogen auf ein als zusammengehörig aufgefaßtes Feld von Gegenständen und unter der Maßgabe argumentativer Kohärenz – als Erkenntnis aus Ursachen verstanden wird. In diesem Sinne ist einerseits die entdeckte Natur Gegenstand der „scientia naturalis", andererseits wird die Natur durch die „scientia naturalis" entdeckt.

II.

Damit ist die im folgenden zu erläuternde These benannt.[4] Doch was ist unter dem Begriff einer „scientia naturalis" zu verstehen, was bedeutet ‚Wissenschaft von der Natur'? Nimmt man gängige Überblickswerke zur Geschichte der Naturphilosophie oder Naturwissenschaft zum Maßstab, so existiert der im Titel dieses Aufsatzes avisierte Gegenstand buchstäblich nicht. Denn abgesehen von einigen Lexikoneinträgen,[5] die zwangsläufig eher summarisch ausfallen müssen, sucht man in der Regel vergeblich nach Darstellungen von die Natur

4 Diese These ist in meiner Studie *Die entdeckte Natur. Untersuchungen zu Begründungsversuchen einer ‚scientia naturalis' im 12. Jahrhundert* (SPEER 1995) ausführlich dargelegt und begründet worden.

5 Cf. etwa LORENZ/MOJSISCH/SCHRÖDER 1984 und DONATI/SPEER 1993.

betreffenden wissenschaftlichen Bemühungen im Mittelalter. Und auch neuere Darstellungen zur Geschichte der Naturphilosophie können einen erwähnenswerten eigenständigen Beitrag des Mittelalters in der Regel nicht ausmachen.[6]

Das gilt gerade auch für das 12. Jahrhundert; die Naturforscher jener Zeit sind allenfalls einigen Spezialisten bekannt. Keinem von ihnen wird offensichtlich der Rang eines ‚Klassikers der Naturphilosophie' zugebilligt. Wenn überhaupt, so wird das Bemühen mittelalterlicher Autoren im unmittelbaren Zusammenhang mit den *libri naturales* des Aristoteles gesehen.[7] Damit ist bereits implizit ein Urteil über mittelalterliche Naturphilosophie abgegeben: Da diese konstitutiv in der Nachfolge des Aristoteles stehe, könne von einer mittelalterlichen Naturphilosophie erst im Gefolge der sogenannten Aristotelesrezeption gesprochen werden, deren Beginn gemeinhin nicht vor dem Anfang des 13. Jahrhunderts angenommen wird; hierbei wird zumeist entsprechend dem eigenen Standpunkt bald dem griechischen, bald dem arabischen Traditionsstrom der Vorrang eingeräumt. Pierre Duhem beispielsweise stellt in seinem enzyklopädischen Werk *Le système du monde* das Kapitel über das 12. Jahrhundert programmatisch unter die Überschrift „Le tribut des Arabes avant le XIIIe siècle",[8] und bringt damit eine weitere historische Leitvorstellung zum Ausdruck: Die Naturwissenschaften im lateinischen Westen gehen zu einem wesentlichen Teil auf den arabischen Einfluß vornehmlich im 12. Jahrhundert zurück, der zusammen mit den aristotelischen Schriften zur Naturphilosophie die Voraussetzung für die naturphilosophischen Diskussionen und naturwissenschaftlichen Fragestellungen bildet, die mit dem 13. Jahrhundert einsetzen. Diese Auffassung vertritt auch Alistair C. Crombie, der „die neue Naturwissenschaft, die im 12. Jahrhundert in das christliche Abendland einzusickern begann", gleichfalls im Schnittpunkt dieser beiden Einflußsphären sieht. Denn diese sei der Form nach großenteils arabisch gewesen, während ihre Grundlagen die Werke der alten Griechen waren.[9] So bilden die überwiegend von außen angeregten naturwissenschaftlichen Anfänge des 12. Jahrhunderts gewissermaßen das Vorspiel zu den „naturwissenschaftlichen Gedankensystemen des 13. Jahrhunderts".[10]

Ein derartiges Antwortmuster kann jedoch nicht befriedigen. Denn es läßt die wohl entscheidende Frage außer Betracht: Was hat das Interesse an den aristotelischen Schriften überhaupt ausgelöst? Warum unterzog man sich der Mühe einer umfangreichen Übersetzungsarbeit aus dem Griechischen und Arabischen? Wie ist das Verhältnis zwischen Übersetzertätigkeit und Rezeption zu bewerten? Vor allem im Ausgang von der letzten Frage wird das Ungenügen der bekannten Antworten augenfällig, das wieder erwachende Interesse an der

---

6 Siehe etwa KANITSCHEIDER 1984.

7 So beispielsweise bei BÖHME 1989; dort erhält allein einen Platz, S. 74-85.

8 DUHEM 1954, III, S. 163-230.

9 CROMBIE 1977, S. 35.

10 CROMBIE 1977, S. 35-47 und 62.

Naturphilosophie, der ‚zweite Anfang' der Metaphysik, die wissenschaftstheoretische Neuorientierung und die Begründung der Ethik als eigenständiger philosophischer Disziplin seien allein die Folge der Rezeption der Schriften des Aristoteles einschließlich ihrer arabischen Kommentatoren. Denn eine solche Antwort übersieht die historische Tatsache der Diachronie zwischen Übersetzertätigkeit und Rezeption. Was bereits die Rezeptionsgeschichte von Platons *Timaios* zeigt, der etwa ein halbes Jahrtausend lang ein Schattendasein als ein fast vergessenes Buch führte, bis er zu Beginn des 12. Jahrhunderts im Kontext des Unterrichts an den großen Kathedralschulen und insbesondere in Chartres ‚wiederentdeckt' wurde,[11] das gilt auf vergleichbare Weise auch von den Schriften des Aristoteles. Denn zwischen dem Bekanntwerden des gesamten *corpus Aristotelicum* sowie seiner Übersetzung ins Lateinische und dessen tatsächlicher Rezeption liegt annähernd ein Jahrhundert,[12] das zumeist im Dunkel des Milieus der Pariser Magister bleibt. Diese zum Topos gewordene Formulierung der Forschung muß bei Lichte besehen jedoch eher als Eingeständnis angesehen werden, daß die Vorgeschichte und die eigentlichen Motive, die zu dem Interesse an Aristoteles führen und die Entwicklung der genannten philosophischen Fragestellungen bestimmen, noch nicht hinreichend erforscht sind.[13]

Derartige Motive sind vor allem im 12. Jahrhundert zu suchen, und, diese These sei gewagt, sie sind in erster Linie philosophischer, nicht historisch-kontingenter Natur. Denn zweifelsohne müssen die bereits erwähnten systematischen Entwürfe der Philosophie und Theologie im 13. Jahrhundert auch als Antworten auf jene Fragen verstanden werden, die im 12. Jahrhundert zur Erschließung und Aneignung neuer Quellen führten. Diese Quellen werden nicht nur übersetzt; ihre Wirkung setzt erst zusammen mit ihrer systematischen Erschließung ein, die stets im Zusammenhang bestimmter Fragen und Problemstellungen erfolgt. Eine adäquate Sicht des historischen Rezeptionsvorgangs, der wesentlich als Vermittlungsleistung verstanden werden muß, kann folglich nur von den interesseleitenden philosophischen Fragen her gewonnen werden.[14] Allein in dieser Hinsicht kann mit Charles Homer Haskins von einer „Renaissance" im 12. Jahrhundert gesprochen werden.[15] Zu diesen interesseleitenden Problemstellungen gehört die ‚Entdeckung der Natur'.

---

11 Bernardus Carnotensis *Glosae super Platonem*, S. 3.

12 Dod 1982, bes. S. 54-55 und S. 77; zu Iacobus Venetus Grecus cf. Minio-Paluello 1952, bes. S. 284-291; zu den griechisch-lateinischen Übersetzungen der Metaphysik cf. auch Diem 1967.

13 Ansätze einer solchen Motivforschung liegen vor bei Wieland 1985, Wieland 1986, sowie Dreyer 1994.

14 Cf. Speer 1994, hier S. 134.

15 Cf. hierzu ausführlich Speer 1994, S. 129-130; cf. auch Haskins 1927, S. V-VI.

III.

Thierry von Chartres, einer der eindrucksvollsten Magisterpersönlichkeiten des 12. Jahrhunderts, der der naturphilosophisch ausgerichteten Schule von Chartres zugerechnet wird,[16] bezeichnet die Physik als Wissen von der Natur („naturalis scientia"), die betrachtet, was in Bewegung („in motu") und nicht abstrakt („inabstractam"), mithin stofflich ist. Genauer beziehen sich diese der kommentierten Textgrundlage des Boethius entnommenen Bestimmungen auf die Art und Weise, wie die Physik die Naturen der Dinge betrachtet, nämlich als mit der Materie verbundene, nicht jedoch als von dieser abstrahierte Formen. Die Betrachtungsweise der Physik und mithin einen physikalischen Beweisgrund („ratio phisica") zu wählen, heißt daher, die Formen und den Status der Dinge „in materia" zu begreifen.[17] Sofern die Dinge jedoch in ihrer stofflichen Gestalt betrachtet werden, sind sie u.a. durch Bewegung und Veränderung bestimmt. Bewegung nämlich besagt Veränderung, und – so schlußfolgert Thierry – wo Veränderung ist, dort ist demnach auch Bewegung. Die Veränderung hat ihre Ursache in der Materie.[18] Aus diesem Grunde kann der ‚natürliche' Bereich der spekulativen Erkenntnis, demgemäß sie sich den Dingen in ihrer wahrnehmbaren, stofflichen Gestalt und damit auch in ihrer Bewegung zuwendet, nicht von diesem materiellen Prinzip abstrahieren. Vielmehr sind die Formen der Dinge als Gegenstand der Physik gerade dadurch gekennzeichnet, daß sie untrennbar von der Materie („inseparabiles a materia") und nur in dieser sind und nur auf diese nicht abstrakte Weise von der Physik betrachtet werden können.[19]

Diese Bestimmung der Betrachtungsweise der Physik deckt sich präzise mit der systematischen Anlage von Thierrys *Tractatus de sex dierum operibus*, dessen methodische Eingangsüberlegung zugleich wie kaum ein anderes Wort das Pathos des neu aufgebrochenen Naturinteresses zum Ausdruck bringen und

16 Zur Schule von Chartres cf. Anm. 47.

17 Theodoricus Carnotensis *Lectiones*, II 19, S. 161, 19-24: „Naturalem in motu et inabstractam appellat phisicam. Naturalem appellat eo quod naturas considerat i. e. formas immateriatas. Natura enim uocatur forma inmateriata. Et phisica formas inmateriatas considerat cum materia: nunquam abstrahendo formas ab ipsa materia. Unde et ratione utitur phisica que scilicet formas et status rerum in materia comprehendit."

18 Theodoricus Carnotensis *Lectiones*, II 21, S. 161, 39-44: „In motu uero dicitur esse propter mutabilitatem materie cum qua formas rerum considerat. Motum enim appellat mutabilitatem. Nam ubi mutabilitas ibi motus: et ubi motus ibi mutabilitas. Sed phisica in motu queritur et in mutabilitate. [...] Materia autem mutabilitas est."

19 Theodoricus Carnotensis *Lectiones*, II 21, S. 161, 49-53: „Est igitur una pars speculatiua naturalis in motu inabstracta ut expositum est. Hec est uero phisica. [...] Quasi diceret: inabstracta dicitur i. e. inseparabilis eo quod forme quas considerat inabstracte uel inseparabiles sunt a materia i. e. non possunt esse nisi in materia."

dabei als Programm wie als methodisches Prinzip des diesem korrespondierenden Naturverständnisses angesehen werden können, das der Chartreser Magister sich anschickt, in seinem Traktat zu entfalten: Er, Thierry, wolle den ersten Teil des Buches Genesis, also die biblische Kosmogonie, „secundum phisicam et ad litteram“ auslegen und sich dabei nur auf den „sensus littere hystorialis“ stützen, die „allegorica et moralis lectio“ jedoch übergehen.[20] Diese „lectio physica“ umfaßt im eigentlichen Sinne vor allem die Explikation des „ordo temporum“, d. h. der natürlichen Ordnung als in „primo momento temporum“ geschaffener zeitlicher Ordnung,[21] sowie die sich anschließende „expositio littere“ des Genesistextes,[22] in der es Thierry insbesondere um die Erklärung der mit der Weltentstehung auftretenden konkreten Naturphänomene geht. Charakteristisch für seine Methode ist das Bestreben, die größeren kosmologischen Phänomene immer wieder anhand unmittelbar erfahrbarer und nachzuvollziehender Naturzusammenhänge zu demonstrieren oder zu exemplifizieren. So veranschaulicht er beispielsweise anhand der Beobachtung, wie sich auf einem mit einer dünnen Wasserschicht gleichmäßig bedeckten Tisch bei Wärmezufuhr auf der Tischoberfläche bald einzelne trockene Stellen bilden, während sich an anderen Stellen das verbleibende Wasser sammelt und zusammenzieht,[23] den naturhaften Vorgang der Entstehung des zunächst noch inselförmigen Landes aus dem Urozean am dritten Schöpfungstag. Dieses noch sehr feuchte Land aber verfügt über die Eigenschaft, die Wärme der Luft besonders gut aufzunehmen – auch dies eine nachvollziehbare Beobachtung –, so daß aus beidem, der Feuchtigkeit des Wassers und der Wärme des Feuers die Erde die Kraft empfängt, Kräuter und Bäume hervorzubringen. Diese Kraft („vis“) gelangt naturhaft („naturaliter“) aus der Wärme der Himmelsphäre in die Erde, die aus dem sich teilenden Wasser auftaucht.[24]

---

20 THEODORICUS CARNOTENSIS *Tractatus*, 1, S. 555, 1-6: „De septem diebus et sex operum distinctionibus primam Geneseos partem secundum phisicam et ad litteram ego expositurus, inprimis de intentione auctoris et de libri utilitate pauca premittam. Postea vero ad sensum littere hystorialem exponendum ueniam ut et allegoricam et moralem lectionem que a sanctis doctoribus aperte execute sunt ex toto pretermittam.“

21 THEODORICUS CARNOTENSIS *Tractatus*, 5, S. 557, 67-68.

22 THEODORICUS CARNOTENSIS *Tractatus*, 17, S. 562, 19-20.

23 THEODORICUS CARNOTENSIS *Tractatus*, 9, S. 559, 19-24: „Nam ex caldario quanto maior fumus ascendit tanto aqua que in ipso continetur minoratur. Similiter si super mensam aliquam superficies aque continetur et postea ignis illi continue aque superponatur, statim contingit ut per superpositum calorem superficies illa aque attenuetur et in ipsa superficie quedam macule ride appareant, aqua in quibusdam locis contracta et congregata.“ Cf. HÄRING 1969, hier S. 178.

24 THEODORICUS CARNOTENSIS *Tractatus*, S. 559, 28–31: „In eadem etiam conuersione contingebat ut ex superioribus aeris calore inmixto humori terre ex aquis nuper discooperte – ut ex his inquam duobus ipsa terra conciperet vim producendi herbas atque arbores. Que vis ex calore celi naturaliter procedit in terram ex aquis nuper discoopertam.“ Cf. ZIMMERMANN 1990, S. 113-114.

Was jedoch versteht Thierry unter „naturaliter“ oder „ex natura sua“?[25] Ein Rückblick auf die physikalische Auslegung des dritten Schöpfungstages zeigt bei allem Interesse an Naturphänomenen einen theoriegesättigten Text, der den „ordo naturalis“ als ein Zusammenspiel der den Elementen innewohnenden Wirkkräfte und Wirkweisen („causae seminales“) beschreibt.[26] Unter diesen kommt dem Feuer als lebensspendender Wärme („vitalis calor“) sowie als gewissermaßen schöpferisch Tätiges und Wirkursache („quasi artifex et efficiens causa“) eine besondere Bedeutung zu.[27] Daß der „ordo naturalis“ jedoch nicht nach dem Modell der griechischen Naturphilosophie als selbst ursprünglich gedacht werden kann, macht Thierry unmißverständlich klar: denn Zeit und Materie sind geschaffen; auch das Feuer ist in diesem Zusammenhang letztlich eine abgeleitete Ursache, die ihre Wirkkraft einer ihr übergeordneten Ursache verdankt.[28] Die vier Elemente, also die primären Wirkkräfte des Naturprozesses, werden folglich auf eine ihnen vorausliegende Ursachenordnung bezogen, auf jene Ursachen, aus denen die Welt ihren Bestand hat („ex quibus habeat mundus existere“).[29] Diese primäre Ursachenordnung, welche die Grundlage der „fabrica mundi“[30] darstellt, expliziert Thierry mit Hilfe der aristotelischen Lehre von den vier Ursachen: Gott selbst ist die Wirkursache („causa efficiens“), seine Weisheit die Formursache („causa formalis“), seine Güte die Zweckursache („causa finalis“), während die vier Elemente die Materialursache („causa materialis“) bilden.[31] Damit ist die Tatsache der Anfanghaftigkeit und des Erschaffenseins des Kosmos festgehalten, ohne daß aber seine Natürlichkeit aufgehoben ist. Denn Thierry bestimmt das „operari in materia“ des trinitarischen Schöpfers als eine schöpferische Wechselwirkung zwischen der weltimmanenten und der dieser vorausliegenden Ursachenordnung.[32]

Doch kommen wir noch einmal auf die Eigentümlichkeit des Naturprozesses zurück. Wilhelm von Conches, ein weiterer Chartreser Magister beschreibt das Wirken der Natur als ein Formen und Trennen von etwas ursprünglich

25 Cf. THEODORICUS CARNOTENSIS *Tractatus*, 10, S. 559, 31 und 36; *Tractatus*, 11, S. 560, 41-42; *Tractatus*, 14, S. 561, 79.

26 THEODORICUS CARNOTENSIS *Tractatus*, 16, S. 562, 1-3: „ex causis seminalibus quas in spacio illorum sex dierum elementis inseruit affirmamus ...“; cf. ZIMMERMANN 1990, S. 116.

27 THEODORICUS CARNOTENSIS *Tractatus*, 14, S. 561, 79; *Tractatus*, 17, S. 562, 9.

28 THEODORICUS CARNOTENSIS *Tractatus*, 17, S. 562, 9; cf. auch HEDWIG 1980, S. 71.

29 THEODORICUS CARNOTENSIS *Tractatus*, 2, S. 555, 15.

30 THEODORICUS CARNOTENSIS *Tractatus*, 2, S. 556, 31.

31 THEODORICUS CARNOTENSIS *Tractatus*, 2, S. 555, 18-19: „Mundane igitur substantie cause sunt quatuor: efficiens ut deus formalis ut dei sapientia finalis ut eiusdem benignitas materialis quatuor elementa.“

32 THEODORICUS CARNOTENSIS *Tractatus*, 3, S. 556, 50-53: „In materia igitur que est quatuor elementa operatur summa Trinitas ipsam materiam creando in hoc quod est efficiens causa: creatam informando et disponendo in eo quod est formalis causa: informatam et dispositam diligendo et gubernando in eo quod est finalis causa.“

Gemischtem, wobei der erste und grundlegende Trennungsakt entsprechend der Schwere bzw. der Leichtigkeit vollzogen wird.[33] Dieser Formulierung verweist einerseits auf den Hintergrund der Elementenlehre, die vor allem durch die Aristotelesreferate im *Timaios*-Kommentar des Calcidius und durch die *Pantegni* des Constantinus Africanus beeinflußt ist, und andererseits auf den kosmogonischen Ausgangspunkt des naturhaften Wirkens, einschließlich seines göttlichen Ursprungs. Denn die wirkende Natur („natura operans") ist nicht selbst ursprünglich, noch läßt sie sich auf eine zufällige Ursachenreihe zurückführen; ihr geht notwendig der göttliche Wille des Schöpfers voraus.[34] Dieser ermöglicht und begrenzt folglich das Wirken der Natur, wie Wilhelm am Beispiel der Erschaffung des Menschen verdeutlicht. Zwar kann die Erschaffung des menschlichen Körpers der „natura operans" zugeschrieben werden.[35] Damit ist jedoch die besondere ‚Natur' des Menschen als vernunftbegabtes sterbliches Lebewesen noch nicht hinreichend erfaßt.

Auch wenn die Redeweise von einer wirkenden Natur es nahelegen könnte, so begreift Wilhelm von Conches Natur keineswegs als hypostasierten Träger von Eigenschaften. Er denkt die „natura operans" vielmehr als einen wirkursächlichen Zusammenhang, der seine Notwendigkeit von einer letzten Ursache her besitzt, die den Charakter eines ersten Prinzips hat.[36] Dieser wirkursächliche Zusammenhang erschließt sich in der näheren Auslegung des „opus naturae", sofern nicht die Natur selbst als Träger der Kraft aufgefaßt wird, die Gleiches aus Gleichem hervorbringt, sondern der Same („semen") oder der Keim („germen").[37] Im gleichen Sinne spricht Wilhelm, wenn er die Wirkweise

33 GUILLELMUS DE CONCHIS *Dragmaticon*, I 7 § 4 (cf. G. GRATAROLO, Straßburg 1567 [Ndr. Frankfurt a. M. 1967], I, S. 32): „Sed cum natura aliquid operatur, primitus rude quiddam et commixtum operatur, deinde paulatim format et diuidit. Prius namque operatur mustum, deinde quod in eo est faeculentum et graue ad infimum locum trahit, quod uero leue est ad supremum, quod mediocre ad medium locum."

34 GUILLELMUS DE CONCHIS *Philosophia*, I 13, § 44 (cf. PL 172, Sp. 56A): „[...] ut aliquid sit natura operante, necesse est divinam voluntatem praecedere." – Eine eingehendere Beweisführung findet sich in *Philosophia*, I 2, § 6 (cf. PL 172, Sp. 44B-C).

35 GUILLELMUS DE CONCHIS *Glosae (In Timaeum* 30 A), LII, S. 122. – *Philosophia*, I 13, § 44 (cf. PL 172, Sp. 56B): „Iterum dicet hoc esse divine potentie derogare sic hominem esse factum dicere: Quibus respondemus e contrario id esse ei conferre quia ei attribuimus et talem rebus naturam dedisse et per naturam operantem corpus humanum creasse." – Cf. ferner zur Frage der Beseelung des Menschen: *Philosophia*, I 13, § 43 (cf. PL 172, Sp. 55D): „Non enim credendum est animam, quae spiritus est et levis et munda, ex luto factam esse, sed a deo homini collatam."

36 GUILLELMUS DE CONCHIS *Glosae (In Timaeum* 28 A), XXXVI, S. 103: „Mundus est id quod gignitur. Sed omne quod gignitur habet principium existentie. Gignitur ex aliqua causa necessario, ac si diceret: nihil gignitur sine causa, ergo nec mundus." – Cf. ferner *Glosae (In Timaeum* 29 C), XLVII, S. 115; siehe hierzu ausführlich SPEER 1995, S. 139-150.

37 GUILLELMUS DE CONCHIS *Glosae (In Timaeum* 28 A), XXXVII, S. 104: „Opus nature est quod similia nascuntur ex similibus, ex semine vel ex germine. Et est natura

des „spissus fumus" beschreibt, von diesem „dichten Dampf" als einer „natürlichen Kraft" („naturalis virtus"), die als das unmittelbare Wirkprinzip für bestimmte klimatische Phänomene, aber auch für Wachstum und Stoffwechsel im Bereich des Lebendigen angesehen werden muß.[38] „Natürlich" („naturaliter") sind ferner die spezifischen Eigenschaften der Elemente, die Leichtigkeit des Feuers wie die Schwere der Erde.[39] Folglich kann Wilhelm auch von der „Natur" der Usprungsmaterie, der „natura iles" sprechen.[40] Es wird somit deutlich, daß Wilhelm von Natur ganz offensichtlich in zweifacher Hinsicht spricht. Zum einen bezeichnet er mit Natur den Gesamtzusammenhang des geschaffenen „mundus" und in der spezifischen Formulierung als „natura operans" den zugehörigen wirkursächlichen Zusammenhang und die diesem zuzurechnenden Kräfte, zum anderen jedoch steht Natur für die Eigentümlichkeit oder das Wesen eines Dinges oder Gegenstandes.[41]

IV.

Die bisherigen Ausführungen haben deutlich gemacht, daß die Versuche, die natürlichen Phänomene auf die „causae rerum", auf die Ursachen in den Dingen selbst zurückzuführen, ursächlich theoretisch motiviert sind und nicht einem praktischen Impuls entspringen. Ausdruck dieses Theoriebildungsprozesses ist, wie wir gesehen haben, zum einen die Reflexion auf den Naturbegriff selbst, der auf seine systematische Konsistenz hin befragt wird. Ausgehend von den vier Definitionen in der boethianischen Schrift *Contra Eutychen et Nestorium* gelangt insbesondere Thierry von Chartres zu einer spekulativen Grundlegung des Naturbegriffs, indem er die implizite Systematik der vier Boethius-Definitionen von „natura" auf die Entsprechung von „natura" und „forma" zurück-

vis rebus insita similia de similibus operans." – Ibidem, S. 105: „Opus nature, etsi in se esse desinat, in semine remanet."

38 Cf. GUILLELMUS DE CONCHIS *Philosophia*, IV 13, § 20 (cf. PL 172, Sp. 90C); *Philosophia*, IV 16, § 24 (cf. PL 172, Sp. 91B-C); *Glosae super Platonem (In Timaeum* 45 B), CXXXVII, S. 237.

39 Cf. GUILLELMUS DE CONCHIS *Philosophia*, XX 10, § 35 (cf. PL 172, Sp. 52D-53A): „Elementorum vero talis est dispositio, quod inferiorem locum obtinet terra, deinde aqua, postea aer, superiorem ignis. Si enim aliquid inferius terra esset naturaliter gravis, ad illud tenderet (gravia enim naturaliter tendunt ad deorsum)." – *Glosae (In Timaeum* 34 A), LXIX, S. 143: „est enim ignis qui naturaliter est in motu." – *Glosae (In Timaeum* 30 A), LIII, S. 122: „Cum enim terra naturaliter tendat deorsum, ignis sursum, nisi terra optineret locum inferiorem, ignis superiorem, hec semper tenderet ad inferiorem, hic ad superiorem."

40 GUILLELMUS DE CONCHIS *Glosae (In Timaeum* 49 A), CLXI, S. 269: „Premissa questione de vi et natura iles prius ostendit vim, deinde naturam."

41 Cf. hierzu ausführlich SPEER 1995, S. 265-277.

führt und damit dem Naturbegriff – gemäß dem boethianischen Axiom „omne esse ex forma est" – eine metaphysische Fundierung gibt.[42]

Ein anderes Element dieses Theoriebildungsprozesses hatte ich bereits zu Beginn als These formuliert: Die entdeckte Natur ist Gegenstand der „scientia naturalis" – und umgekehrt ist es die „scientia naturalis", welche die Natur entdeckt. Doch zeigt sich auch hier eine Entwicklung vom Wissen zur Wissenschaft von der Natur, die im Zusammenhang mit der Aneignung oder der „relecture" eines bestimmten Traditionshintergrundes gesehen werden muß. Dieser Zusammenhang bestätigt sich auch ex negativo beim Fehlen dieses Hintergrundes. Hierfür steht Adelard von Bath, der in seinen *Quaestiones naturales* „nicht durch Erdichten, was nicht ist, sondern durch Erklären der Natur der Sache, die verborgen ist",[43] die aufgeworfenen Fragen beantworten will, die sich vornehmlich mit biologisch-physiologischen und kosmologisch-klimatologischen Themenstellungen befassen. Obgleich bei Adelard somit auch der theoretische Impuls leitend ist, so hat er doch noch keinen zureichenden Begriff von der Wissenschaft, die er betreibt. Denn obwohl ihm ein methodischer Zugriff auf eine Betrachtungsweise der Wirklichkeit gelingt, die vorwiegend an den Phänomenen selbst und den diesen unmittelbar inhärierenden Ursachen interessiert ist, so kommt die Reflexion auf die Prinzipien dieser Wirklichkeitsbetrachtung in systematischer wie in wissenschaftstheoretischer Hinsicht über erste Anfänge nicht hinaus. Das zeigt sich auch im Fehlen eines Begriffs wie „physica" und „scientia naturalis" für die betriebene Wissenschaft. Von „physica" spricht eine Generation später Wilhelm von Conches in dem *accessus* zu seinen *Timaios-Glossen*. Zusammen mit Theologie und Mathematik gehört die Physik – gemäß dem aristotelisch-boethianischen Modell – zu den theoretischen Wissenschaften.[44]

Der wohl wichtigste Grund für diesen Sachverhalt dürfte also darin liegen, daß Adelard, obgleich er immer wieder auf den „familiaris meus Plato" Bezug nimmt, dessen *Timaios* bis auf wenige Auszüge im Wortlaut nicht gekannt hat.[45] Erst durch die *Glosae super Platonem* Bernhards von Chartres rückt der *Timaios* wieder insgesamt – wenngleich in der fragmentarischen Überlieferung bis *Timaios* 53 C – in den Blickpunkt und findet Eingang in den Lehrbetrieb, und

---

42 Cf. hierzu ausführlich SPEER 1995, S. 205-221. Cf. BOETHIUS *De trinitate*, II, S. 8, 16-18.

43 ADELARDUS *Quaestiones naturales*, S. 132 (s. MÜLLER 1934, S. 6, 22-23: „Non fingendo, quod non est, sed naturam rei exprimendo, quae occulta est ..." Cf. auch die Einleitungsszene ADELARDUS *Quaestiones naturales*, S. 82 (s. MÜLLER 1934, S. 1-2). Zur rhetorischen Figur dieser Einleitungsszene und der *Quaestiones naturales* im allgemeinen siehe SPEER 1999, hier S. 206-214.

44 Cf. SPEER 1995, S. 210, mit Anm. 241.

45 ADELARDUS *De eodem et diverso*, S. 24 (s. WILLNER 1903, S. 13, 20-21). Ein ausführliches *Timaios*-Zitat in der Übersetzung des Calcidius findet sich in ADELARDUS *Quaestiones naturales*, S. 142 (s. MÜLLER 1934, S. 30, 24-31, 5); cf. *Platonis Timaeus* 45B-D, S. 41, 13-42, 4.

zwar bezeichnenderweise in den Unterricht einer alten – im Falle Bernhards der Chartreser – Kathedralschule. Darin kommt zugleich, wie Winthrop Wetherbee mit Recht feststellt, ein neues Interesse an Platon zum Ausdruck, das – im Unterschied zum augustinisch oder pseudo-dionysisch geprägten Neuplatonismus – in der Tradition spätantiker Autoren wie Macrobius, Calcidius und Boethius nicht nur auf die ideale, sondern auch an der phänomenal erfahrbaren Welt ausgerichtet ist. Vor allem in Chartres bildet Platons *Timaios* zusammen mit den Schriften des Boethius die Grundlage für eine gemeinsame philosophische Orientierung, zu der maßgeblich das bereits erwähnte Naturverständnis gehört. Gemeinsam ist den der sogenannten ‚Schule von Chartres‘ zugerechneten Magistern in diesem Zusammenhang das Interesse an kosmologischen Fragen, die oftmals den Ausgangs- oder Bezugspunkt naturphilosophischer Überlegungen bilden.[46] Wenngleich diese Kennzeichnung als Schule, die sich der Chartreser Lokalforschung des ausgehenden 19. Jahrhunderts verdankt, im historischen Sinne nicht unumstritten ist, so steht sie doch für eine gemeinsame intellektuelle Tendenz, die eine bestimmte, auch lokal aufeinander bezogene Gruppe von Gelehrten des 12. Jahrhunderts verbindet, die in einem lebendigen Austausch miteinander standen. Hiervon berichtet bereits Johannes von Salisbury in seinem *Metalogicon*. Zu diesen Chartreser Magistern gehören unter anderem Thierry von Chartres, der dort auch Kanzler war, und Wilhelm von Conches, die außer an der Chartreser Kathedralschule ebenfalls in Paris lehrten.[47] Ihre Schriften, die einen Einblick in einen wichtigen Teil der philosophischen Diskussion in der Mitte des 12. Jahrhundert gewähren, können stellvertretend für die ersten naturphilosophischen Begründungsversuche genannt werden.

Die offenkundige Leitvorstellung für dieses theoretische Motiv, das auch für die übrigen Chartreser Naturforscher gilt, bildet Platons Aussage im *Timaios* 28 A, daß „alles, was entsteht, aus einer notwendigen Ursache entsteht; denn nichts wird, dessen Entstehung nicht eine gesetzmäßige Ursache und ein gesetzmäßiger Grund vorausgeht“.[48] Die Suche nach der „legitima causa et ratio“ wird zum Programm einer „philosophia mundi“. Gleichwohl meint Wilhelm, wenn er in der Glosse zu *Timaios* 28 A davon spricht, für alles Werdende müsse es eine gesetzmäßige und vernunftgemäße Ursache („legitima et rationabilis causa“) geben,[49] nicht nur die unmittelbare Ursache einer bestimmten Erscheinung:

---

46 Wetherbee 1988, S. 23-25; cf. ebenso Bernardus Carnotensis *Glosae super Platonem*, S. 3-21; Dutton 1984; Mensching 1965, bes. S. 50-55; Gibson 1969; Schrimpf 1995; hinsichtlich „les platonismes au XIIe siècle“ siehe Chenu 1976, S. 108-141.

47 Siehe Southern 1979; Southern 1982; Häring 1974; Häring 1984.

48 *Platonis Timaeus*, 28A, S. 20, 20-22: „Omne autem quod gignitur ex causa aliqua necessaria gignitur; nihil enim fit, cuius ortum non legitima causa et ratio praecedat.“

49 Guillelmus de Conchis *Glosae (In Timaeum* 28 A), XXXVI, S. 104: „Vere nichil gignitur sine causa quia nichil fit quod non precedat causa. Et hoc est: Nichil fit ortum, non precedat vel tempore, ut ea que facta sunt in tempore, vel dignitate, ut est

beispielsweise die Entstehung des Regens durch zunehmende Verdichtung von Dampf bis zur Überschreitung der Tragfähigkeit der Wolken[50] oder die Abhängigkeit der Gezeiten von den Mondphasen; diese wiederum haben ihre Ursache in der schwankenden Sonneneinstrahlung auf den Mond, sofern diese nämlich zu einer unterschiedlichen und nach entsprechendem Ausgleich drängenden Trockenheit des Mondes führt.[51] Vielmehr verweist der Kontext von *Timaios* 28 A ausdrücklich auf die Rückbindung des „opus nature" an das „opus Creatoris", sofern der nach immanenten Ursachen verlaufende „gewöhnliche Lauf der Natur" („consuetus cursus nature") seine Ursache in einem ersten, ursprünglichen Schöpfungsakt („prima creatio") besitzt.[52] Daß die Natur als solche Gegenstand der Erforschung ist, verlangt folglich eine entsprechende prinzipientheoretische Begründung. Dennoch können die Erklärungen von Naturbeobachtungen nicht im Sinne eines „platonischen Konstruktionalismus" als Deduktion aus allgemeinen Prinzipien begriffen werden.[53]

Das untrennbare Ineinander-verwoben-sein von beobachtender und begründender Erkenntnishaltung verdeutlicht Wilhelm am Gesichtssinn („visus"), in dem er wie sein Lehrer Bernhard von Chartres gleichsam die Ursache der Philosophie sieht; ebenso bezeichnet er umgekehrt die Philosophie als den vorzüglichsten Nutzen des Sehens. Als nämlich der Mensch – so die aitiologische Begründung – die Beschaffenheit der geschaffenen Dinge sah, so war damit bereits die Neugier verbunden, nach den ‚Naturen' und Eigentümlichkeiten der Dinge zu fragen. Als er diese fand und sah, daß sie mit Weisheit erschaffen und angeordnet sind, so fragte er nach der Weisheit dessen, der die Dinge auf diese Weise geschaffen und angeordnet hat. Und da er fand, daß die Weisheit eines geschaffenen Seienden solches nicht vollbringen könne, so nahm er eine ungeschaffene und ewige Substanz an, deren Weisheit dieses vollbrachte.[54]

In dieser Aitiologie wird die Methode der theoretischen Philosophie verdeutlicht, die nach Art der Zerlegung („ratione divisionis") komplexer Strukturen

---

mundus, [...] legitima causa et ratio, id est legitima et rationabilis causa." – Cf. *Platonis Timaeus*, 28A, S. 20, 20-22. Ferner zur Bedeutung der ‚Glosa' für die Entwicklung der Naturphilosophie: Nauta 1997.

50 Guillelmus de Conchis *Philosophia*, III 2, § 5 (cf. PL 172, Sp. 76B).

51 Guillelmus de Conchis *Dragmaticon*, V 12, § 5–6 (cf. Gratarolo, V, S. 208-209).

52 Guillelmus de Conchis *Glosae (In Timaeum* 28 A), XXXVII, S. 104-105.

53 So G. Maurach in Guillelmus de Conchis *Philosophia mundi*, S. 59-61.

54 Guillelmus de Conchis *Glosae (In Timaeum* 47 A), CXLIX, S. 252: „Hic ostendit precipuam utilitatem visus, cuius precipua utilitas est philosophia. Nichil enim maius est sapientia. Huius causa est visus sic. Cum homo visu notaret creationes rerum et creaturarum dispositiones, iniuncta est ei cura inquirendi naturas rerum sapienter disponi, quesivit, cuius sapientia sic res crearet et disponeret; reperiensque nullius creature sapientiam hoc agere posse, confirmavit quandam substantiam esset ingenitam, eternam, cuius sapientia hoc ageret. Et ea que invenit, scripto et voce alios docuit: et sic philosophia inventa est. Visus igitur est causa philosophie." Cf. Bernardus Carnotensis *Glosae super Platonem*, (*In Timaeum* 47A 7), S. 215, 389-400.

vom vielgestaltigen Sichtbaren schließlich bis zu den zugrundeliegenden einfachen und unsichtbaren Prinzipien führt, und damit der immanenten Systematik der theoretischen Philosophie entspricht. Der Verlust an sinnlich wahrnehmbarer Vielgestaltigkeit infolge wachsender Abstraktheit der Erkenntnisgegenstände geht einher mit zunehmender Gewißheit der Erkenntnis.[55] Doch löst Wilhelm diese methodische Schwierigkeit in Hinblick auf das jeweilige Ziel nicht einseitig auf, indem er etwa den Gegenstand des philosophischen Interesses alleine in den Bereich des Unsichtbaren und Notwendigen verlegt oder aber auf Notwendigkeit verzichten zu können glaubt. Dies hat Konsequenzen für das Verständnis der Physik, die – folgt man der mit der Anschauung anhebenden Methode der „divisio" – als Naturphilosophie in gewisser Hinsicht den Ausgangspunkt einer jeden philosophischen Weltdeutung bildet. Zwar weist Wilhelm der Physik ihren eigenen Gegenstandbereich zu, nämlich die Körperwelt in ihrer Bewegung und in der aktuellen Untrennbarkeit der Formen der Körper von ihrer Materie, doch hat eine derartige auf das Sichtbare und Körperliche beschränkte Betrachtung nur den Charakter einer wahrscheinlichen Rede („ratio verisimilis") und vermag somit nicht die Eigentümlichkeiten der Welt („proprietates mundi") aufzuzeigen. Um von der ‚Natur', nämlich von den Eigentümlichkeiten der Welt zu handeln, bedarf es der Einführung notwendiger Beweise. Diese betreffen vor allem die Frage ihres Ursprungs, denn „nichts entsteht ohne Ursache, also auch nicht die Welt".[56]

Die Aufgabe der Physik zu beschreiben, was die natürliche Welt ist, geht für Wilhelm notwendig einher mit der Frage nach dem Warum des Kosmos, ja setzt diese Frage eigentlich voraus. Demnach kann die Physik, will man einen vollständigen Begriff ihres Wissenschaftscharakters gewinnen, als eine beschreibende Naturwissenschaft nicht hinreichend begriffen werden; sie ist im eigentlichen Sinne Naturphilosophie, welche die phänomenale Natur zusammen mit ihren durch Beobachtung allein nicht zu erkennenden Ursachen und Prinzipien bedenkt. Ja, das der Physik eigentümliche Subjekt, die körperlichen Substanzen in ihrer Bewegung und Verbindung untereinander und in ihrer sinnlichen Wahrnehmbarkeit aufgrund der aktuellen Untrennbarkeit der Formen der Körper von ihrer Materie, kann nur in der Verbindung mit jenen Prinzipienfragen adäquat erfaßt und behandelt werden.

Folglich bleiben die methodischen Unterscheidungen von Physik und Philosophie[57] bezogen auf den Rahmen eines umfassenderen Philosophieverständ-

---

55 Cf. Guillelmus de Conchis *Philosophia*, I 7, ed. Maurach, § 19–21 (cf. PL 172, Sp. 48C-49C).

56 Guillelmus de Conchis *Glosae (In Timaeum* 28 A), XXXVI, S. 103: „Sed omne quod gignitur habet principium existentie. Gignitur ex aliqua causa necessario, ac si diceret: nihil gignitur sine causa, ergo nec mundus." – Cf. ferner Guillelmus de Conchis *Glosae (In Timaeum* 29 C) XLVII, S. 115.

57 Cf. Guillelmus de Conchis *Philosophia*, I 7, § 19 (cf. PL 172, Sp. 48C-D); § 24 (cf. PL 172, Sp. 50B-C); Guillelmus de Conchis *Glosae (In Timaeum* 29 C), XLVII, S. 115; cf. hierzu Speer 1995, S. 163-169.

nisses, welches die „physica" gleichfalls umfaßt. Ein solches an Aristoteles wie an Boethius und Cassiodor anknüpfendes Modell hatte Wilhelm in seinem *Accessus ad Timaeum* vorgestellt. Dieser theoretisch-kontemplative Zugang, nicht aber die praktische Beherrschung der in den Naturphänomenen erkannten Wirkkräfte, bestimmt das eigentliche Interesse an der Natur als Natur. Die Orientierung am Modell neuzeitlicher Naturwissenschaft verstellt jedoch den Blick dafür, daß dieses naturphilosophische Physikverständnis Wilhelms insoweit auch für die moderne Naturforschung modellhaften Charakter besitzt, als es neben dem auf Erfahrung beruhenden Wissen über Naturzusammenhänge vor allem die dabei aufgeworfenen Grundfragen in den Mittelpunkt rückt.[58]

V.

Damit tritt die systematische Gestalt jener ersten Begründungsversuche einer „scientia naturalis" deutlicher zutage. Das Kennzeichen der Chartreser Naturphilosophie ist ihre unifikatorische Gestalt, die sich in dem Anspruch ausdrückt, die den Naturphänomenen zugrundeliegenden „causae rerum" auf gemeinsame letzte Ursachen zurückzuführen, die umgekehrt den gesamten „mundus" als den Gegenstand der „physica" bestimmen. Insbesondere im Zusammenhang kosmologischer Fragen, zu denen auch die Frage nach dem Ursprung des Universums gehört, kommt das Streben nach einer – modern gesprochen – vereinheitlichten Theorie des Universums zum Ausdruck, das offenkundig zunächst einer Verselbständigung von einzelnen Disziplinen innerhalb der „scientia naturalis", wie Biologie, Chemie und Physik, entgegensteht. Dieser unifikatorische Charakter der hier untersuchten Begründungsversuche einer „scientia naturalis" hat seine Ursache nicht zuletzt in dem doppelten Ausgangspunkt: der Genesis und dem *Timaios*. In Entsprechung zu der mittels des *Timaios* „secundum phisicam" ausgelegten Kosmogonie der Genesis bildet die prinzipientheoretische Begründung der Welt im ganzen die unverzichtbare Grundlage für eine auf der Erkenntnis natürlicher Zusammenhänge, Strukturen und Ursachen beruhenden Naturforschung und Naturphilosophie.

In diesem Zusammenhang kommt der Mathematik eine besondere Bedeutung zu. In welchem Umfang die Rezeption mathematischer Quellen mit einem methodischen Zugriff auf die beobachteten Naturphänomene zusammenhängt, zeigt vor allem das Werk Adelards von Bath, insbesondere seine zahlreichen Übersetzungen mathematischer und astronomischer Traktakte aus dem Arabischen.[59] Erst im Zusammenhang des *Timaios* aber gelingt es Bernhard von

58 Cf. ZIMMERMANN 1990, S. 108-109 und 118.

59 Zu nennen sind vor allem die Adelard zugeschriebene erste lateinische Übersetzung der *Elementa* des Euklid aus einer arabischen Vorlage und die Übersetzung der sogenannten „astronomischen Tafeln (Zîj) des al-Khwârizmî", die er „Ezich Elkauresmi per Athelardum Bathoniensem ex Arabico sumptus" überschreibt. Hinzu kommen

Chartres, die Mathematik zur Grundlegung der Physik heranzuziehen mit dem Ziel, den „mundus sensilis" sowohl in allen seinen Erscheinungen als auch in seiner Gesamtheit von den kleinsten Bausteinen, den „principalia corpora" oder Elementen, an als sinnenfälligen Ausdruck mathematischer Gegebenheiten so einsichtig wie möglich zu machen. Auf diese Weise wird die Physik zur Wissenschaft von der mathematisch zu begreifenden Natur der sinnenfälligen Welt. Dabei wird zugleich der rein formale Begriff der vier quadrivialen Disziplinen überwunden. Diese werden aus dem Bereich der Propädeutik herausgelöst und nunmehr auch von ihrem Gegenstand, den Naturen der Dinge, her als einheitliche Wissenschaft begreiflich. Diese ist gestuft aufgebaut, beginnend mit der Erfassung der Natur eines den Sinnen zugänglichen Dinges in dessen eindimensionalem Bereich und über den zweidimensionalen zum dreidimensionalen Bereich aufsteigend, um schließlich ihre Vollendung in der Erfassung der Harmonie, nämlich des Zusammenspiels aller Verhältnisse zu finden.[60] – Die Idee einer Mathematisierung der Natur ist also alles andere als eine Entdeckung des späten Mittelalters. Allerdings handelt es sich insgesamt, wie sich insbesondere am Beispiel der Elementenlehre zeigt, noch in erster Linie um eine qualitative Physik.

Die Grundlegung einer „physica" als Wissenschaft von der Natur, genauer von der mit mathematischen Methoden zu begreifenden Natur der sinnenfälligen Welt, hat die Beschränkung einer derartigen Wissenschaft auf den „mundus sensilis" zur Voraussetzung. Denn die Physik geht „rationabiliter" vor, weil wir mittels der Vernunft – „agendo phisice ratione" – die mit der Materie verbun-

---

Übersetzungen weiterer vorwiegend mathematischer und astronomischer Werke, von denen das *Centiloquium Ptolomei per Adaelardum Bathoniensem translatum*, eine Übersetzung der 39 ersten Sätze des dem Ptolemäus zugeschriebenen *katâb al-thamara*, und der *Liber ysagogarum Alchoarismi in artem astronomicam*, eine Zusammenstellung verschiedener mathematischer, insbesondere algorithmischer Lehrstücke, besonders zu erwähnen sind. Schließlich ist seine Schrift über das Astrolabium *De opere astrolapsus* zu nennen, in der Adelard den Versuch unternimmt, die Ergebnisse seiner arabischen Studien zusammenzufassen und auf die ihn von Anfang an leitende Frage nach den natürlichen Ursachen der Dinge zu beziehen. Cf. hierzu Busard 1983; Burnett 1987; ferner Speer 1995, S. 44-51, mit weiterführenden Literaturangaben in den Anmerkungen.

60 Cf. Bernardus Carnotensis *Glosae super Platonem* (*In Timaeum* 53B-C 8), S. 234, 443-448: „Nunc iam ordinationem, scilicet quibus opportunitatibus inter se ordinentur et habitudinibus, demonstrari conuenit nouo genere, scilicet per quasdam proportiones arithmeticas, geometricas, armonicas, qui sunt gradus philosophiae. Dixi nouo genere, sed uobis cognito, qui in omni scientia perfecti estis. Hic innuit se uelle docere ueras et incommutabiles substantias quattuor principalium corporum, quod superius promiserat." – Ferner Bernardus Carnotensis *Glosae super Platonem* (*In Timaeum* 35B 5), S. 178, 143-179, 147. Cf. auch Theodoricus Carnotensis *Tractatus*, 32, S. 569, 2-7, und *Tractatus*, 33, S. 569, 22–25; hierzu Jeauneau 1963, bes. S. 290-291.

denen Formen begreifen.[61] Diese Beschränkung aber bedarf ihrerseits einer Begründung, welche die Grundfragen einer „scientia naturalis" mit einer umfassenden Grundlegung des Wissens verknüpft, die sich nicht mehr auf die christliche Offenbarung, sondern, wie Thierry von Chartres im Anschluß an Boethius ausführt, auf die „rationabiliter" („de naturalibus"), „disciplinaliter" („de mathematicis") und „intellectualiter" („de divinis") zu behandelnden Prinzipien einer auf das menschliche Verstandesvermögen gegründeten Wissenschaft beruft[62]: auf „die Theologie, die ein Wissen von der Einfachheit („simplicitas") verleiht, das heißt ein Wissen von der Gesamtheit der Dinge in der Einfachheit [Gottes], (2) [auf] die Mathematik, die ein Wissen von den abstrahierten Formen, das bedeutet von der Notwendigkeit der Verknüpfung ermöglicht, (3) schließlich [auf] die Physik, die ein Wissen und eine Kenntnis der Gesamtheit der Dinge gibt, wie sie in der absoluten und in der determinierten Möglichkeit ist".[63] Hinter dieser Einheit der spekulativen Wissenschaften steht die Vorstellung einer „universitas rerum". Die Gesamtheit der Dinge, sofern sie in der Einfachheit Gottes eingefaltet ist, ist Subjekt der Theologie; denn die die Gesamtheit der Dinge einfaltende Einfachheit („simplicitas") ist Gott.[64] Die Explikation dieser Einfaltung ist die Vielheit. Und wie die Einheit („unitas") der Vielheit („pluralitas") vorausgeht, so geht auch die Einfachheit („simplicitas"), in welche die Gesamtheit der Dinge eingefaltet („conplicata") ist, der Verschiedenheit („diuersitas") und Vielheit („pluralitas") voraus. Damit wird die Einheit zum Prinzip und zum Ursprung der Vielheit. Die Ausfaltung der Einfaltung („conplicationis explicatio") aber ist alles, was wurde, werden wird und ist.[65]

---

61 Theodoricus Carnotensis *Commentum*, II 15, S. 73, 55-57: „Rationabiliter inquit ut scilicet agendo phiisice ratione utamur que formam adiunctam materie comprehendit eo scilicet modo ipsa participatur."

62 Theodoricus Carnotensis *Commentum*, II 1, S. 68, 6-10: „Considerare quidem debemus unumquodque prout intelligi potest quia ut a quodam dictum est sapientis est rationes inducere iuxta qualitatem rei proposite ut de naturalibus rationabiliter, de mathematicis disciplinaliter, de diuinis agamus intellectualiter ut paulo post explicabitur."

63 Theodoricus Carnotensis *Lectiones*, II 18, S. 160, 9-14: „Sed speculative tres sunt partes: theologia que dat scientiam simplicitatis i. e. uniuersitatis in simplicitate et mathematica que dat scientiam abstractorum scilicet necessitatis conplexionis et phisica que dat scientiam et cognitionem uniuersitatis ut est tum in absoluta possibilitate tum in determinata." – Zur näheren Kennzeichnung der Theologie cf. ibidem, II 7, S. 156, 72-73: „Theologia uero considerat simplicitatem unitatem omnium in quadam simplicitate que deus est."

64 Theodoricus Carnotensis *Lectiones* II 4, S. 155, 31-33: „Rerum uniuersitas subiecta est theologie ut est in simplicitate. Est enim rerum uniuersitas conplicata in quadam simplicitate. Que simplicitas conplicans in se rerum uniuersitatem est deus."

65 Theodoricus Carnotensis *Lectiones*, II 5, S. 155, 41-44: „Cuius conplicationis explicatio est omnia que fuerunt que erunt et que sunt. Nam sicut unitas precedit pluralitatem ita simplicitas que deus est in qua conplicata est uniuersitas precedit rerum diuersitatem et pluralitatem."

Diese Notwendigkeitsordnung wird determiniert durch die die Gesamtheit aller Dinge in sich einfaltende Einfachheit und Einheit Gottes, die als absolute Notwendigkeit („necessitas absoluta") begriffen werden muß.[66] Absolute Notwendigkeit und nicht Zufall ist also das Strukturprinzip der „universitas rerum". Damit besitzt Thierry einen Schlüssel, um das komplexe Subjekt der „scientia speculativa" sowohl hinsichtlich seines immanenten Zusammenhanges als auch in Hinblick auf seine Erkennbarkeit entsprechend der Maßgabe der drei Bereiche der theoretischen Wissenschaft konsistent begründen zu können.

Der Naturphilosoph und Physiker sieht sich also vor die Notwendigkeit gestellt, die naturphilosophische Erklärung der Natur vor allem gegenüber den Theologen als legitim und zugleich als möglich auszuweisen, wenn er, wie Clarembaldus von seinem Lehrer Thierry sagt, „allein gemäß naturhaft-physikalischer Beweisgründe" („iuxta phisicas tantum rationes") lehrt, wie die urbildliche Form („forma exemplaris") in der Materie wirkt und dabei alles hervorbringt[67]. Diese Notwendigkeit einer spekulativen Begründung führt schließlich, um ein weiteres Stichwort Marie-Dominique Chenus aufzugreifen, zu einem „éveil métaphysique". Dieses Erwachen der Metaphysik muß demnach in einem ursächlichen Zusammenhang mit dem von Chenu als „la découverte de la nature" beschriebenen Vorgang gesehen werden.[68] Von hier führt ein direkter Weg zu einem philosophischen Motiv für das aufkommende Interesse an den Schriften des Aristoteles, das zugleich zu einer Ablösung dieses an Platon orientierten naturphilosophischen Modells führt.

Gleichwohl wäre es verfehlt, die Begründungsversuche einer „scientia naturalis" im 12. Jahrhundert gleichsam nur als ein Vorspiel der Aristotelesrezeption anzusehen, wenn sie auch für diese ein entscheidendes philosophisches Motiv darstellen. Gleiches gilt für den boethianischen Hintergrund der wissenschaftstheoretischen Diskussion insgesamt, die in den Theoremata-Traktaten ihren Höhepunkt erreicht. Vielmehr muß die eigene Gestalt und der eigenständige philosophische Rang dieser Begründungsversuche hervorgehoben werden, die durch die angesprochene Wende von Plato zu Aristoteles[69] für einige Zeit in den Hintergrund treten, ohne aber gänzlich marginalisiert zu werden. Während die Boethius-Traktate auch innerhalb der Diskussion um das Wissenschaftsverständnis im 13. Jahrhundert ihren Platz haben, ebenso exemplarisch wie prominent bei Thomas von Aquin, besitzt die Chartreser Naturphilosophie eine

---

66 THEODORICUS CARNOTENSIS *Lectiones*, II 8, S. 156, 84-85: „unitas scilicet conplicans in se omnium rerum uniuersitatem in simplicitate que ab antiquis uocatur absoluta necessitas."

67 CLAREMBALDUS ATREBATENSIS *Epistola ad dominam*, 3, in HÄRING 1965, S. 226: „In quo quantum philosophiae contineatur, liquido apparet cum ipse – utpote totius Europae philosophorum praecipuus – qualiter exemplaris forma in materia operans cuncta produxerit, iuxta phisicas tantum rationes edoceat."

68 CHENU 1976, S. 21-30 und 309-322.

69 Siehe WIELAND 1985, S. 618-624.

wichtige Vermittlungsfunktion in Hinblick auf die kosmologischen Entwürfe der Renaissance – erinnert sei beispielsweise an Nicolaus Cusanus – und bis hin zu gegenwärtigen kosmologischen Entwürfen, deren systematische Begründung einer Naturphilosophie sich am Modell des *Timaios* orientiert.[70]

70 Siehe Crombie 1977; Koyré 1968; von Weizsäcker 1974, insbesondere S. 208-224.

"Discipline" and "Science" in Peter Lombard

by Marcia L. Colish

The concepts of 'discipline' and 'science' play important roles in the theology of Peter Lombard. "Scientia" appears, with a range of specific meanings, in a number of contexts, sometimes serving as a vehicle for particularly Lombardian teachings or emphases. Peter does not use the Latin term "disciplina". But he has a clear understanding of 'disciplines' as distinct fields of academic study. He certainly regards his own specialty, systematic theology, as a professional discipline in that sense. Although it could and did borrow from other academic disciplines in the schools of his day, systematic theology had several specific agendas of its own, bespeaking its professionalization, which its practitioners sought to impart to their students to equip them to teach it in turn. Systematic theologians had to decide what subject matter their students needed to know and had to devise a curriculum that was logically organized and thematically coherent. They also had to introduce students to the methodological principles and analytical skills they would need in order to find answers to the questions, old and new, posed by the Christian tradition. In this connection, 'discipline' and 'science' are not the same thing, for the Lombard. But they are interrelated and even interdependent at some points in his theology, which we will consider here as he presents it in his *Sentences*.

The Lombard was scarcely alone in feeling the need to teach systematic theology and to regard it as a professional academic discipline. He stood shoulder to shoulder here with the other scholastic theologians of the first half of the twelfth century. To meet this need, he and his immediate predecessors and contemporaries created a new genre of theological literature, the sentence collection. This genre has received a bad press until quite recently from modern scholars, who dismissed it as a 'florilegium' or mere anthology of the opinions of earlier authorities. But, when one reads the sentence collections of this period side by side, it becomes clear that this view is wide of the mark. For, each master who produced a sentence collection used it as a means of presenting and organizing the topics he thought systematic theology should address, with the schema and emphasis he thought was appropriate. The particular authorities he cited and the ways in which he applied them represent his own personal focus on the Christian tradition, used to bolster his own positions and to criticize those he opposed. Were we to make a comparison of the sentence collections of the first half of the twelfth century, it would also be apparent why the Lombard's *Sentences* took the palm, swiftly acquiring its classic status as the basic introduction to systematic theology during the remaining medieval centuries.[1]

Let us turn, then, to Peter's schema in the *Sentences* and to its underlying rationale. He takes the themes he plans to orchestrate from Augustine's distinctions between signs and things, use and enjoyment in the *De doctrina christiana*, expanding their application from biblical exegesis to systematic theology as a whole. God, he affirms, is the supreme being, the "res" that is the only object of knowledge and love to be enjoyed for its own sake. Human beings, also, are moral ends, whose goal is to attain that enjoyment of God. The created universe is ordered, in turn, to the needs of human beings. In this life, signs, both verbal and non-verbal, are used for the theological instruction, ethical direction, and sacramental healing and perfection of Christians. In one way or another, these signs flow from Christ's saving work, now available to believers in the ecclesiastical dispensation. The goal of the theologian is to explain how this redemption works, so that he and those he teaches can move beyond the "signa" and "utilia" of this life to the unmediated enjoyment of God in the next.

If this rationale explains the relevance of each of the topics Peter includes in the *Sentences*, their relative importance in his eyes emerges from the amount of space he allocates to them, the way he organizes them, and the thematic principles that he uses to coordinate subjects in adjacent subdivisions of his work. For the Lombard, God is the single most important subject in systematic theology. Accordingly, his doctrine of God comes first, occupying all of Book I of the *Sentences*. Apart from God's intrinsic importance, He requires extended treatment because there were many debated questions on the divine nature in Peter's day, on which he held express opinions. He has a powerful urge to stress God's transcendence, immutability, and incommutability, over against Platonizing theologies of one kind or another that, from his perspective, threaten to undermine these attributes by viewing the deity in emanationist, immanentalist, or participationist terms.[2] Peter's way of organizing the doctrine of God reflects a strategy that is both logical and polemical. After considering how God may be known – a topic to which we will return – he begins with the Trinity, then treats the attributes of the divine nature as such, and then presents the attributes that God displays in relation to the creation. This schema enables him to distinguish between the deity as unmanifested, "in se", and in the eternal interrelations of the persons of the Trinity, and the deity as manifested in time, "ad extra", in His relations with creatures. Since this last topic comes at the end of Book I, it provides a neat transition to the creation, Peter's first topic in Book II.

In dealing with God's attributes when He acts "ad extra", the Lombard makes some polemical points. These acts, he stresses, are all acts of the God-

1 Colish 1994, I, p. 42-90. The material in this paper is derived from the book cited. Footnotes will direct readers to the loci in the book where primary source citations and secondary literature can be found.

2 Ibidem, I, p. 283-302.

head. They are not acts of individual Trinitarian persons. And, when God acts "ad extra", the choices He makes never exhaust His freedom and power to act differently, or better. In this connection the Lombard makes one of his most salient borrowings from a sister discipline, logic. And it is cutting edge logic at that, a doctrine drawn from the twelfth-century nominalists.[3] This group, whose teachings in the Lombard's day had nothing to do with universals, held that nouns and verbs have a univocal significance in the nominative case and present tense, respectively, and that they consignify the same things and actions when the original nouns and verbs are used in oblique cases or past and future tenses. Thus, what God could do once, He can do always. God's omnipotence is never limited by anything He does. It is worth noting that the Lombard's antagonist on this issue, Peter Abelard, also invokes the nominalist opinion in framing his own argument. While both thinkers freely draw on logic, however, the thrust of the Lombard's analysis is that it is appropriate to use logic to help explain divine attributes, but that God's nature and relations with creatures should not be reduced to exercises in formal logic.

In considering what the discipline of theology should treat in dealing with the creation, and what it should or should not borrow from neighboring disciplines, the Lombard takes a distinctive stand, one that distances him from many of his patristic and post-patristic authorities and from some contemporaries as well. He is decidedly uninterested in the scientific anomalies embedded in the hexaemeral account of creation in Genesis and is similarly disinclined to reflect on whether or not that biblical account squares with the cosmogenetic theories of the known schools of philosophy. His own treatment of creation is streamlined to the point of being telegraphic,[4] something he must get out of the way before turning his attention to the only creatures that really interest him, those possessing reason and will, that is, angels and human beings, and their use of those faculties. Peter is also interested in the metaphysical constitution of both types of rational beings.

According to the Lombard, angels are purely spiritual beings, metaphysically graded when first created, with different degrees of intellect and will. This primordial angelic ontology provides a metaphysical substratum for the nine orders of angels and devils resulting from their respective confirmation in goodness or in their fall. As purely spiritual beings, angels resemble God in their metaphysical make-up. But the Lombard thinks that they can be distinguished quite adequately from God. For, unlike Him, they are creatures. The quantity of their knowledge and the occasions for the exercise of their virtue or malice are conditioned by time.[5] If the Lombard's account of creation shows him disinclined to wear the hat of the natural philosopher, he is clearly willing to draw on metaphysics in his angelology.

---

3 Ibidem, I, p. 290-303.

4 Ibidem, I, p. 336-342.

5 Ibidem, I, p. 347-353.

The fall of the angels serves as a dry run for the fall of the primal parents, Peter's theme after he discusses human nature before the fall and before the effects and transmission of original sin, with which he ends Book II.[6] The state of angels as fallen or as confirmed in goodness also forecasts the moral state of the damned or blessed, with which he concludes Book IV of the *Sentences*. Although prelapsarian human nature is no longer available for inspection, Peter does not dismiss this subject as frivolous. He is committed to a hylomorphic understanding of human nature, firmly opposing a Platonizing anthropology that views human beings as souls using bodies. We were created with bodies and souls, both originally good. When we sin, we sin in thought, word, and deed. We are to be redeemed in body and soul, using both spiritual and physical means. The Lombard's anthropology moves in two directions. On the one hand, he sees the needs and activities of the body as natural and not as a consequence of sin. On the other hand, he sees sin as a mental act, a conscious choice not necessarily inspired by physical promptings. Original sin dims the intellect and depresses the will, as well as weakening the body. But even the worst of sinners retain conscience, the "scintilla rationis" inclining us to the good. At the same time, the vitiated seeds, or corrupted genetic materials with which postlapsarian parents engender children, passing on equally weakened bodies to them, leads to the corruption of the pure, God-given soul inserted into each humanly engendered fetus, owing to the intimate union of body and soul.

If the grimmest feature of the human condition still testifies to the integral union of body and soul in humankind, that same anthropology is linked to our salvation through a redeemer Who unites a fully human body and soul with His divine nature.[7] Christology, the redemption, and Christ's human attributes thus occupy Book III of the *Sentences*, followed by ethics – the cardinal virtues, the theological virtues, and virtues resulting from gifts of the Holy Spirit.[8] Christians join the ethical life, seen as the "imitatio Christi", with reception of the sacraments, Peter's main topic in Book IV.[9] Finally, at the end of that book, he spells out the posthumous consequences of following that path, or not, in his treatise on last things.[10]

When he addressed sacramental theology, Peter faced a situation in which there was no agreement on how many sacraments needed discussion or on the best order in which to discuss them. His chosen schema presents first the five sacraments received by all Christians, in the sequence in which they are typically received, followed by holy orders and marriage, sacraments received only by some Christians. The single largest section of his sacramental theology is the

6 Ibidem, I, p. 353-397.
7 Ibidem, I, p. 338-470.
8 Ibidem, II, p. 471-516.
9 Ibidem, II, p. 516-698.
10 Ibidem, II, p. 698-717.

treatise on marriage, reflecting both the intensely controversial nature of marriage at the time and the Lombard's decision – a first among scholastic theologians – to include Gratian's teaching on the sacraments along with his catalogue of authorities. While Peter holds that some topics, like ecclesiology, lie in the disciplinary bailiwick of canon law, he agrees that canonists and theologians alike need to treat the sacraments, even though their conclusions and operative presuppositions may differ, colored by their contrasting professional perspectives.

Practitioners of both disciplines also agreed that a major subtopic under the heading of marriage requiring discussion was marital impediments. However, no one writing on this subject organized his material the same way. Nor did anyone offer a rationale for his chosen schema. Peter alone did so.[11] He draws a basic distinction between impediments that are natural and permanent and impediments that are conditioned by will, circumstance, or changeable disciplinary rules. Since he holds that the present consent of spouses, and not consummation, is what makes a marriage – a contested issue in his day – but that marital consent normally includes consent to sexual relations between spouses, the Lombard defines as natural and permanent impediments those that would prevent both free and informed consent and marital relations. The former impediments include coercion, fraud, error, and insanity. The impediment to marital relations is "frigiditas", that is, congenital sexual dysfunction, as contrasted with dysfunction that is accidental, supervening, or occasioned by "maleficium". Under the heading of will, circumstance, and changeable disciplinary rulings Peter places impediments created by prior vows of continence whether monastic or private, delicts sexual and otherwise, holy orders, age, cognation, affinity, legal status, and disparity of cult. Now it might seem that conditions such as age and cognation are natural impediments. But, Peter argues, like all the other impediments listed in his second subdivision, they are not part of the natural order. As for prior vows, the commission of crimes, or the decision to take holy orders, they stem from free acts of will. As for legal status or disparity of cult, they reflect conditions subject to change. As for definitions of unmarriagability based on age, cognation, affinity, or clerical celibacy, they are conventions, whether deriving from successive revelations of God's law, from secular legal norms, or from policies of the church that have changed in the past and are subject to change in the future.

Aside from imparting a coherent and rationally defensible order to the topic of marital impediments, which makes this single example emblematic of the Lombard's approach to the task of structuring systematic theology more generally, his consideration of the conventional impediments provides a point of transition to the second sense in which 'discipline' applies to his work, the critical approach to authorities. As the case just mentioned indicates, Peter holds that all authorities, be they the Bible, secular laws, theological and canon-

11 Ibidem, II, p. 681-694.

ical teachings, or papal decisions, can be relativized in their force, or even dismissed, if it can be shown that they were conceived in the light of superseded historical conditions or cultural needs. Outside of historical criticism, other criteria he invokes in evaluating authorities include inconsistency or self-contradiction, whether logical or theological, the law of love and pastoral utility over against legalism and punitive action and, more generally, the question of whether or not an authority supports his own theological desiderata and conclusions.

In this connection, the Lombard was certainly on the contemporary wavelength, since his practice accords with that of other early twelfth-century theologians and canonists. Where he stands out is in two other areas. First, the range and depth of his authorities is far richer than anyone else's. Not only was Peter the first theologian to incorporate Gratian on the sacraments, he was also the first Latin theologian to draw on the newly translated work of John Damascene, which he uses to critical effect in his doctrine of God, his Christology, and his analysis of theological language. Even when dealing with the traditional Latin sources, the Lombard's citations reveal a fresh and independent reading and an insightful application of them. The disciplinary message he thereby conveys is that systematic theologians must have an exhaustive command of their sources, based on independent research and study. It is not sufficient to rely on "catenae", or just to recycle the sources other theologians cite.

Second, unlike those contemporary theologians who were content merely to state their authorities' conclusions, indicating whether they agreed or disagreed, Peter thinks it vital to analyze the rationale for an authority's opinion. Theologians need to be alert to the contextual issues, the priorities informing the authority, and the cogency of his argumentation if they are to evaluate the force and pertinence of his conclusions. Theologians, furthermore, have a disciplinary right, and duty, to make principled judgments on the weight, relevance, and applicability of authorities to the arguments that they themselves make. We are far indeed here from the nude citation of authoritative "sententiae" as prooftexts designed to close off debate. Rather, the disciplinary goal of the Lombard in his treatment of authorities is to unpack their reasoning; to display their skills, or lack of them, as working theologians; and thereby to present them to his students as positive or negative role models.

In both of these areas – the development of a cogent schema for systematic theology and the critical analysis and evaluation of authorities – the Lombard's *Sentences* provide an excellent sense of what systematic theology means to him as a professional scholastic discipline. While defining its own intellectual profile vis-à-vis other academic disciplines, it draws on them where they are appropriate and helpful. It is clear that "scientia", in the general sense of information and the techniques of reasoning and judgment, plays an essential role in Peter's approach to his discipline. At the same time, he also understands "scientia" in a number of specific senses, found in several areas of his theology. To these we now turn.

The first one he tackles in the *Sentences* is God's knowledge, or "omniscientia".[12] As with all divine attributes, God's knowledge is identical with His essence. It does not name a particular person of the Trinity. Peter makes this point, "inter alia", by discussing God's knowledge under the heading of the attributes He manifests in His relations with creatures. We can, and should, distinguish between God's knowledge "in se", which, like God Himself, is one and simple, and God's knowledge "quoad nos", which He displays in the modes of foreknowledge, disposition, predestination, and wisdom. Foreknowledge is God's knowledge, from all eternity, of everything that will happen, whoever or whatever causes it. Disposition is God's foreknowledge, before the creation, of the laws of nature He will impose on it when He reifies it, and His concession that these laws will continue to govern it. Predestination is the preparatory grace God grants to the elect, His salvation and glorification of them in the next life, and His foreknowledge from all eternity of who they will be. Wisdom is God's knowledge of all things, past, present, and future. In making these distinctions, all of which apply to God's knowledge "ad extra", Peter reminds us that God would still be eternally omniscient absent the created universe, since omniscience is one of His perfections "in se"; it is not affected by the ways He manifests it in the created order.

By the same token, although God's omniscience is of His essence, it would be incorrect to say that the things He knows partake of His essence. Thus, God knows what agents possessing free will are going to do, just as He knows what outcomes will eventuate as consequences of the laws of nature, without His being the cause directly responsible for them. Thus, God's knowledge is not causative and it is fully compatible with contingency and free will. To be sure, God also foreknows events of which He will be the sole cause. And, His foreknowledge is causative in the case of predestination, although the elect will have to respond to and collaborate with divine grace. In this case, He foreknows events that combine divine and human agency. But God also foreknows events that will derive from the behavior of creatures acting as secondary causes, on the basis of the aptitudes with which He endowed them. When contingent outcomes occur, God will not know more about them than He did before they occurred, since His knowledge is exhaustive. In sum, Peter's treatment of God's knowledge, under which he subsumes the theme of God as cause, accomplishes two things at once: it preserves his stress on God's transcendence and incommutability, even as it affirms a contemporary consensus position, the rejection of the idea that grace is irresistible.

At the head of the list of creatures exercising agency stand the angels. As rational beings, they possess "scientia" as well as free will.[13] As we have noted, Peter holds that angels exercise these faculties in their decision to fall or not to fall, the psychogenesis of these moral choices being independent of the posses-

12 Ibidem, I, p. 263-264 and 268-290.

13 See note 5 supra.

sion of bodies, since they are essentially mental acts. The Lombard thinks that angelic knowledge is easily differentiated from God's knowledge. God's knowledge is eternal, immutable, and total. But since angels are creatures, their knowledge is changeable, partial, and conditioned by time. They can have no knowledge of what occurred or existed before their own creation and they do not possess foreknowledge. As time proceeds, their knowledge will expand to include events as they unfold. And, once confirmed in virtue or vice, they will continue to affirm the mental acts that have placed them in those states. Thus, they will continue to merit their conditions as God's helpers or enemies. Among other things, this conclusion helps explain, for the Lombard, why the fallen angels cannot be saved.

The other major group of creatures possessing "scientia" are human beings. The initial context in which the Lombard first discusses this human attribute is the fall.[14] In so doing he develops a position that is "sui generis" on two related, and currently debated, questions: Which of the primal parents sinned more seriously in the fall? And, what motivated Adam and Eve, respectively? In contrast with those who argued that Adam's sin was rational while Eve's was infrarational, or that Eve sinned through inordinate curiosity while Adam sinned through inordinate love of his wife, Peter argues that both were guilty of the misuse of "ratio". Neither can be excused on grounds of ignorance. But there is more than one way to sin against the rational faculty possessed by both sexes. Eve sinned against "scientia", that is, the correct knowledge of particulars. Adam sinned against "sapientia", that is, the more comprehensive grasp of how particulars fit into the big picture. Adam's sin was more serious, which is why we call original sin the sin of Adam. From an epistemological standpoint, Peter views the human "scientia" and "sapientia" available before the fall as thoroughly natural.

Christ's redemption remedies the fall and, as noted, the Lombard vigorously defends the idea that the incarnate Christ had a fully human nature, not altered or divinized when it was united with the Word. Hence, the "scientia" of Christ, as a human being, requires consideration, in and of itself and also because it was a hotly contested contemporary question.[15] Peter agrees with most current theologians that, by an instant infusion of wisdom at the moment of His conception, the human Christ knew by grace everything the Word knew by nature. He is sensitive to the dilemmas that the acceptance of this notion poses: if the human Christ possessed divine omniscience, then it cannot be said that He underwent a psychological development like that of other mortals, paralleling his physical development from fetus to adult. He did not grow in grace and wisdom. Further, in making decisions, He did not have to process and evaluate information the way we do. He was not subject to error. The Lombard tries to respond to these difficulties by softening the consensus formula. The human

14 Ibidem, I, pp. 378-380.
15 Ibidem, I, pp. 438-443.

Christ, he argues, did know by grace what the Word knows by nature, but less exhaustively and with less penetration. This concession helps somewhat, but difficulties still remain. Particularly problematic is the way that Christ's human "scientia" factors into the doctrine of Christ as the supreme moral exemplar for humankind. One the one hand, the Lombard holds that Christ was incapable of making the mistaken judgments that lead to bad ethical decisions in the case of ordinary mortals. On the other, Peter ascribes to Christ the virtues of faith and hope,[16] although, given Christ's virtual omniscience, it is hard to defend the claim that He ever saw through a glass darkly or that His knowledge of and communion with God the Father were ever imperfect during His earthly life.

The very definition of faith, in the Lombard's theology, dramatically underscores this Christological loose end.[17] Largely in response to the controversy surrounding Peter Abelard's use of the phrase "existimatio rerum non apparentium"[18] in defining faith – despite its sound Pauline credentials – contemporaries proposed alternative formulae designed to clarify the nature of faith as a cognitive state. The most seminal was that of Hugh of St. Victor. Combining Pauline language with the concerns of Victorine epistemology, he states: "Fides est certitudo rerum absentium supra opinionem et infra scientiam constituta."[19] The Lombard joined other theologians in the generation after Hugh in seconding and refining his definition.[20] Although he does not always use strictly Victorine language, Peter agrees that faith lies between opinion and science, having continuities and discontinuities with both epistemic states. Like "opinio", faith consists of indirect knowledge, knowledge based on hearsay. Like "scientia" and unlike "opinio", faith provides certitude of its objects of knowledge. Unlike either "opinio" or "scientia", faith deals with objects of knowledge that are not available to the senses, not subject to empirical verification. The data of faith, he notes, are not conveyed to the mind corporeally, nor by imagination, but "intellectualiter" only. One can easily extract from this analysis an understanding of "scientia" consistent with the exercise of natural reason and the ways its findings are validated. As we will see, the Lombard agrees with Hugh that the created universe affords accurate, if limited, information about the deity, as well as about created beings. He also extends this claim from physical to metaphysical analysis.

As we observed in considering the Lombard on Eve's misuse of human "scientia" in the fall, this "scientia" can be a natural aptitude and virtue. But "scientia" can also be a gift of the Holy Spirit.[21] As such, "scientia" conforms to the rules Peter lays down for the interaction of divine grace and human free will

16 Ibidem, II, pp. 499-500.
17 Ibidem, II, pp. 493-499.
18 Abaelardus *Theologia 'Scholarium'*, p. 318 and p. 322–325.
19 Hugo *De sacramentis*, I 10, 2 (c. 330C).
20 Colish 1994, II, p. 495-499.
21 Ibidem, II, pp. 507-510.

in the development of virtue in general.[22] Thus, when God imparts "scientia" as a charism, what He imparts is a power, or "virtus", enabling its recipients to activate their capacity to collaborate with God in developing virtues and working out their own salvation. God does not grant, thereby, a participation in the divine nature. The virtues which the gifts of the Spirit help us to acquire and activate are and remain human virtues, moral attributes of the persons in whom they inhere. This point is worth stressing, since some readers of the Lombard, modern as well as medieval, have misapprehended his teaching on this issue. As a charism, "scientia" operates no differently than do other graces and other gifts of the Holy Spirit. Peter defines "scientia", as a gift of the Holy Spirit, as the knowledge of things human, so far as they conduce to beatitude. That said, it is by no means clear how "scientia" so understood is distinguishable from "scientia" as a natural human activity and attainment, whether in prelapsarian or postlapsarian humankind. It is a fact that the Lombard does not address or answer this question, a notable weakness in his account of "scientia". One thing clear, however, is that, despite the darkening of the intellect that results from original sin, he firmly maintains that natural reason, which he gives a habitation in the human mind and a name as such – "ratione naturale" – is capable of providing a knowledge of the deity that can be verified physically and metaphysically. His warrant is the "invisibilia dei" passage in St. Paul (Rom. 1 20), which he first discusses in his exegesis of that epistle and then reprises in the *Sentences*.[23] He explains how this knowledge of God is to be had in one of the most oddly neglected parts of his theology, his proofs of God's existence in Book I.

Before considering these proofs, it is worth flagging a feature of Peter's conception of our natural knowledge of God that is striking for its absence. He makes no reference whatever to the "via negativa". Given the sources with which he was conversant, it is impossible to conclude that he was not familiar with this concept. His refusal to discuss it, even for the purpose of criticizing and rejecting it, suggests that he regarded its claims as counterfactual and as unworthy of mention. The absence of any reference to this doctrine thus looks to be a deliberate, salient, and tactical omission.

Now on to the proofs of God's existence, of which Peter gives four.[24] Aside from presenting an implicit argument in favor of the availability of positive knowledge about God through philosophical "scientia" over against the claims of the "via negativa", these proofs also delimit the applicability of philosophical "scientia" to the existence and basic attributes of the Godhead. Here, Peter dissociates himself explicitly from attempts to prove the doctrine of the Trinity by natural reason. His first two proofs are "a posteriori" proofs. The first combines the argument from effects to causes and from causes to a first cause

22 Ibidem, II, pp. 588-592.
23 Ibidem, I, pp. 212-213 and 238-239.
24 Ibidem, I, pp. 238-242.

with the argument from design: the coherent order of created nature points to the existence of a first cause that is also an intelligent cause. Peter's second proof is also an "a posteriori" proof, but it begins to shift from inductive logic to a more analytic mode of reasoning. Created beings are mutable; they must therefore derive their existence from a ground of being that is immutable. This analysis of being then serves to undergird Peter's third and fourth proofs. Our consideration of beings yields the conclusion that they exist in a hierarchical order, with degrees of eminence. Thus, there must exist a supreme being, and one that transcends the hierarchy and is not merely the topmost link in the chain of being. Finally, in the fourth proof, the Lombard notes that, in addition to possessing degrees, created beings are both composite and changeable. Thus, they require a creator that is a single, simple essence, not composed of parts, not subject to change, and not subject to modification by accidents.

These proofs are interesting not only for the way in which Peter borrows from the discipline of philosophy and for the way he applies the human "scientia" drawn from it to our knowledge of God, but also for two other reasons. The chief divine attributes that Peter elicits by means of these proofs are the deity as first cause, as intelligent, as immutable, as one, and as simple. Of these traits, the attribute of immutability is the one he gives the most attention, since it plays a key role in the second and fourth proofs. And, with these attributes in hand, he holds that, by analyzing their implications, he can deduce the divine attributes of omnipotence, wisdom, and goodness, all as traits inhering in the Godhead. These latter attributes, he stresses once more, cannot be used as proper names of Trinitarian persons. A second feature of Peter's proofs of God's existence, one that is a striking index of the ways in which he thinks that philosophical "scientia" can and should be applied to theology, lies in the nature of the arguments themselves. The proofs take the examination of nature that we can make with our physical senses and reason as their ostensible point of departure. But the proofs are metaphysical as well as physical. The Lombard is less concerned with the ways that created beings act than in the structure of created being as such, and what it requires as a necessary metaphysical substratum. And, in examining the creation as a means of knowing the Creator, he is as interested in underscoring the respects in which the divine mode of being is radically different from, and transcendent of, created beings as he is in showing the ways in which created being is ontologically dependent on God. The proofs, therefore, are a fitting beginning to the discussion of the doctrine of God, which they launch, as well as stating major themes that Peter pursues systematically throughout the *Sentences*.

On that note, we may conclude. For Peter Lombard, "scientia", as an attribute of all rational beings, is central to his doctrine of God, to his angelology, to his anthropology, and to his Christology. As a mode of human cognition, "scientia", along with "opinio", can be invoked, along Victorine lines, to clarify the nature of faith as an epistemic state. In addition, human "scientia", understood as erudition displaying a command of the Christian tradition and its interpreters past and present, understood as logic and as philosophy both physical and metaphysical, understood as the historical knowledge that informs the analysis and evaluation of authorities, and understood as the acumen enabling practitioners to offer defensible and responsible solutions to particular theological problems, is part and parcel of the discipline of early scholastic theology as Peter articulates it. "Scientia" also informs his ability to develop a coherent, systematic schema. There are also two senses of "scientia" that contribute less visibly to the success of that enterprise: "scientia" as a gift of the Holy Spirit, whose relationship to, or difference from, human "scientia" as found in natural reason remains opaque, and the Lombard's treatment of Christ's human "scientia"; despite his disclaimers, he does tend to endow the Savior with a superhuman psychology. These problems aside, the Lombard's views on the place of human "scientia" in the discipline of scholastic theology help to explain the durability of his *Sentences* as a foundational text, able to serve as scaffolding for a wide range of theological and philosophical contributions, as European thinkers first appropriated, and then creatively critiqued, the legacy of Greco-Arabic "scientia" in the centuries following his own.

Von der Unmöglichkeit der „translatio“ Zur Bestimmung von Philosophie und Theologie als „scientia“ bei Alanus ab Insulis

von Andreas Niederberger

1. Das Problem des Gilbert von Poitiers

Es ist in der Forschung unumstritten, daß Alanus ab Insulis (1120–1202/03) zur großen Schar der Schüler Gilberts von Poitiers zu zählen ist und deshalb in den Handschriften auch immer wieder Alanus Porretanus genannt wird. Umstrittener ist dagegen die Frage, ob er direkter Schüler, Schüler eines oder mehrerer Schüler ist oder ausschließlich dessen Texte kennt. Während die erste Variante angesichts des großen Altersunterschieds und der Tatsache, daß Gilbert spätestens 1142 Bischof von Poitiers wird, sehr unwahrscheinlich ist, gibt es viele Hinweise darauf, daß die Varianten zwei und drei keine Alternativen darstellen, sondern gemeinsam zutreffen. Auch dies klärt allerdings weniger, als daß es neue Fragen nach den involvierten Personen, den Zugehörigkeiten dieser zu den verschiedenen porretanischen Schulen sowie der möglichen Textkenntnis aufwirft.[1] Der vorliegende Artikel befasst sich jedoch nicht mit diesen, nur historisch zu klärenden, Zusammenhängen, statt dessen wird das Verhältnis von Alanus und Gilbert in einem theoretisch zentralen Problemzusammenhang untersucht. Dazu werden zunächst kurz einige wissens- und wissenschaftstheoretisch grundlegenden Überlegungen Gilberts rekonstruiert, damit dann gezeigt werden kann, wie Alanus das sich abzeichnende Problem aufnimmt und welche Lösung er vorschlägt.

Zuvor ist es aber notwendig, den systematischen Kontext zu umreißen, der den heuristischen Rahmen der hier präsentierten Überlegungen darstellt.[2] Die Mehrheit der Bildungs- und Wissensverständnisse des 12. Jahrhunderts operiert im Anschluß an die spätantike Konzeption der ‚artes liberales‘ mit einer teleologischen Struktur, nach der das Trivium und das Quadrivium auf der Basis ihrer spezifischen Aufgaben- und Verhältnisbestimmung auf die Ermöglichung des Betreibens der Theologie ausgerichtet sind, aber auch andere, schwächere Artikulationen einer ‚Wissenschaftsklassifikation‘[3] setzen zumindest eine in-

---

1 Zu den historischen Zusammenhängen vgl. Walsh 1977, S. 119-121. Den Beginn einer inhaltlichen Rekonstruktion möglicher Übermittlungen entwickelt Châtillon 1980, S. 48-51.

2 Vgl. auch die Kontextualisierung der Wissenschaftstheorie Gilberts bei Jacobi 1995, S. 512f.

3 Zu den Problemen dieses Begriffs mit Blick auf das 12. Jahrhundert vgl. Haas 1987.

terne Verbindung aller Typen und Bereiche des Wissens voraus. Die verschiedenen Prozesse der Spezialisierung in den bekannten ,artes' sowie des Hinzukommens neuer Interessensfelder und Wissensgebiete, die z. B. als ,artes mediae' oder ,artes mechanicae' nur noch bedingt im Rahmen der tradierten Schematisierungen und Gliederungen zu verorten sind,[4] induzieren bei einzelnen Autoren eine direkte Wendung zu Reflexionen darüber, was die Unterscheidungen und den Zusammenhalt der Wissenschaften und der ,artes' sichert. Dies führt zu ganz verschiedenen Überlegungen, die von der strikten Begrenzung jeweiliger Geltungsansprüche von Wissenschaften[5] über die Ausdehnung der Methodologie einer Disziplin auf alle anderen (wie es die Diskussion um das Verhältnis zwischen Theologie und Dialektik nahe legt)[6] bis hin zur (Wieder-)Einführung platonischer oder neoplatonischer Vorstellungen der Einheitlichkeit oder eines kontinuierlichen Grundes des Wissens[7] reichen. Die Frage nach dem Zusammenhalt der Wissenschaften ist für die Autoren in zweifacher Hinsicht relevant, denn erstens bedarf es einer solchen Bestimmung, damit das Studium und die Bildung sinnvoll strukturiert und konzipiert werden können; zweitens ist sie aber zudem notwendig, um das Verhältnis der Disziplinen sowie die Möglichkeit des Übergangs zwischen ihnen in methodologischer und inhaltlicher Hinsicht zu verstehen.

Diese systematisch relevanten Aspekte tragen auch zur Möglichkeit der Reaktion auf die historischen Neuerungen des 12. Jahrhunderts bei, so daß die Autoren mit Blick auf die vielfältigen Häresien erklären können, wie es trotz ähnlicher inhaltlicher und methodologischer Prämissen zu entgegengesetzten Schlüssen kommen kann und warum diese falsch sind, während sich für sie andererseits die Option ergibt zu explizieren, inwiefern die neu erschlossenen Theorien und Wissensbestände des islamischen und jüdischen Denkens kompatibel mit den bestehenden sind.

Selbst wenn der historische Kontext den bisher edierten und bekannten Arbeiten Gilberts von Poitiers nicht so sichtbar einbeschrieben ist, wie beispielsweise denjenigen des Alanus, sind auch sie sicherlich ein herausragendes Beispiel für die Klarheit im Erfassen des sich in diesen Überlegungen abzeichnenden Problems.[8] So arbeitet Gilbert in der Erörterung der boethianischen Wissenschaftseinteilung aus *De Trinitate* mit der Unterscheidung zwischen

4 Die wichtigsten Texte, an denen die neuen Integrationsversuche ablesbar sind, sind das *Didascalicon* Hugos von Sankt Viktor und die Abhandlungen *De scientiis* und *De divisione* von Dominicus Gundissalinus. Vgl. JOLIVET 1988.

5 Vgl. FIDORA/NIEDERBERGER 2001.

6 Vgl. FIDORA/NIEDERBERGER 2000; JOLIVET 1997, S. 69-77.

7 Vgl. WETHERBEE 1988.

8 Zur Diskussion der Frage, ob die Antworten Gilberts und anderer seiner Schüler neben Alanus ebenso klar sind wie ihre Rekonstruktionen des Problems vgl. DREYER 1994, S. 150-156; JACOBI 1995; den Beitrag desselben Autors zu diesem Band; MARENBON 1988; seinen Beitrag zu diesem Band; SCHMIDT 1956.

zwei Seinsordnungen, die er nach dem Modus ihrer Genese als „creatio" und „concretio" benennt. Physik, Mathematik und Theologie lassen sich mit Blick auf diese Seinsordnungen lokalisieren und in ihrem jeweiligen ‚Objektbereich'[9] bestimmen, wobei diese Zuordnung zu den Objektbereichen jedoch nicht hinreichend ist, um die Wissenschaftseinteilung abzuschließen, da bei einer Zuordnung dreier Disziplinen zu zwei Bereichen mindestens zwei Disziplinen einem Bereich zukommen würden. Gilbert begegnet diesem Problem bereits in der Gesamtanlage seiner Rekonstruktion des Boethius, indem er grundsätzlich zwei Kriterien der Differenzierung der Wissenschaften einführt: dasjenige nach dem Erkenntnisobjekt sowie dasjenige nach dem Modus des Erkennens.[10] Wichtig ist aber, daß Gilbert die Unterteilung in dieser Reihenfolge vornimmt, d. h. zunächst ordnet er die Theologie der „creatio" zu, während er Physik und Mathematik auf der Seite der „concretio" verortet, um dann darüber hinaus Physik und Mathematik in der Differenz ihrer Erkenntnisweisen zu bestimmen und zu unterscheiden.[11]

Da Gilbert „creatio" und „concretio" deutlich voneinander trennt, begegnet er dem Problem des begrifflichen Übergangs, der „transsumptio"[12] oder des „transferre"[13], zwischen den verschiedenen Wissenschaften. Im Verhältnis der Mathematik und der Physik, die sich beide auf den Bereich der „concretio" beziehen, fungiert die erste als Metatheorie der zweiten und klärt so deren Begrifflichkeit sowie ihre Bedingungen möglicher Prädikation. Damit gibt es nicht nur einen gemeinsamen Bezugsbereich der beiden Wissenschaften, sondern auch die in ihnen getroffenen Aussagen – obwohl sie nicht dieselben sind –

9 Der Ausdruck ‚Objektbereich' ist insofern problematisch, als er das Nebeneinander der Gegenstände der drei Wissenschaften suggeriert, ohne das Operieren der Wissenschaften z. B. auf verschiedenen Abstraktionsstufen eines einzelnen Gegenstandes wiederzugeben. Aber auch dies ist hier gemeint, wie sich gleich zeigen wird.

10 „Propter quod etiam ipsa animi speculatio diuiditur et uel ex his que inspicit uel ex modo inspiciendi cognominatur." Gislebertus Pictavensis *In Boethium* (*De Trinitate*), I, 28, n. 25, S. 83.

11 „Gilbert trennt hier genau zwischen dem Gebrauch des Wortes ‚abstrakt' als Objekt zu Verben des Erkennens einerseits und als Adverb zu solchen Verben andererseits. Abstraktes betrachten wir, wenn wir Formen oder Stoffe als Prinzipien betrachten, der Gegenbegriff ist: Konkretes betrachten. Dieses Konkrete aber, so unterscheidet Gilbert, können wir entweder auf nicht-abstrakte oder aber auf abstrakte Weise betrachten. Wenn wir Konkretes abstrakt betrachten, dann betrachten wir es nicht in seiner Ganzheit, sondern wir abstrahieren einzelne Formbestimmungen und sehen von anderen Momenten ab." Jacobi 1995, S. 517.

12 „Ut ergo non tam ex rationis plenitudine quam ex eius aliqua, sicut dictum est, proportione intelligatur huius nominis, quod est ‚persona', a naturalibus ad theologica facta transsumptio, dicendum uidetur que subsistentium qua ratione uocantur persone." Gislebertus Pictavensis *In Boethium* (*De Trinitate*), I, 5, n. 21, S. 143.

13 „Ideoque cum hec ad theologica transferuntur, ibi quoque ea predicandi modus est multiplex." Gislebertus Pictavensis *In Boethium* (*De Trinitate*), II, 1, n. 5, S. 164.

sind wechselseitig übersetzbar. Gilbert konstatiert nun jedoch zudem, daß jegliche Terminologie und sprachliche Verknüpfung nur in dem Bereich der „concretio“ entsteht, woraus aufgrund der Diskontinuität zwischen den beiden Objektbereichen die Frage resultiert, wie die Übertragung der mathematisch erklärbaren physikalischen Rede in die Theologie zu begreifen ist und ob in solcher Übertragung die ‚Objekte‘ der Theologie nicht notwendig verfehlt werden.

Die Beschreibung der Bestimmungen Gilberts sollen an dieser Stelle abgeschlossen werden,[14] da das Problem zumindest in Umrissen erkennbar ist. Es wurde zurecht darauf hingewiesen, daß es andere Autoren vor und neben Gilbert gab, die ein Problem der „translatio“ aufgeworfen haben und daß daher die bloße Existenz dieser Problematik bei ihm kein hinreichender Grund dafür ist, ihn als Bezugspunkt des Alanus zu identifizieren, wenn er dieses Problem erörtert.[15] Einer detaillierten Analyse des Problems der „translatio“ bei Gilbert wird es jedoch gelingen zu zeigen, daß er aufgrund der spezifischen Bestimmung des Problems im Anschluß an die boethianische Wissenschaftseinteilung und Diskussion der Theologie sowohl auf der positiven Seite mit Blick auf den Übergang der „rationes propriae“ zu den „rationes translatae“, wie auch auf der negativen Seite in der Beschreibung der Konsequenzen der unangemessenen „translatio“ als Wegbereiter für Alanus zu betrachten ist, selbst wenn natürlich zu konstatieren ist, daß nicht nur weitere Autoren wie z. B. Johannes Scotus Eriugena oder aus dem 12. Jahrhundert Thierry von Chartres, die das Problem ähnlich verstehen, ebenfalls sein Denken beeinflussen, sondern daß er möglicherweise auch von der Erörterung der „translatio“ in den Logikdiskussionen der Zeit profitiert.[16]

Schließlich ist noch ein Charakteristikum der gilbertschen Position anzuführen, das in seiner spezifischen Form eine Besonderheit seines Werkes darstellt, in allgemeiner Hinsicht aber repräsentativ für verschiedene weitere Autoren des 12. Jahrhunderts ist, unter die auch Alanus fällt. Weder die Mathematik noch die Theologie sind einfachhin mit anderen geläufigen Verständnissen derselben in Verbindung zu bringen. Während sich bei Alanus die Diskussion vollends auf die Gegenüberstellung von „philosophia naturalis“ und Theologie konzentriert, wird die Mathematik schon bei Gilbert von der Physik her verstanden und besetzt tendenziell die Rolle einer Metareflexion zur Physik. Noch deutlicher wird sein spezifisches Verständnis der Wissenschaften aber bei der Bestimmung der Theologie, deren ‚Objektbereich‘ Gilbert an zwei Stellen seines *De Trinitate* Kommentars auf jeweils andere Weise präzisiert und sie damit in einem Spannungsfeld verortet. Im Prolog wird allgemein Gott, d. h. „Deus“ als Thema des

---

14 Eine Darstellung von Gilberts Lösung in seiner Theorie der „translatio“ findet sich bei DREYER 1996, S. 118-129.

15 Vgl. DE LIBERA 1987, S. 439f. Der Verfasser nennt hier neben Gilbert Augustinus, Boethius, Pseudo-Dionysius, Thierry von Chartres und Johannes Scotus Eriugena.

16 Vgl. EVANS 1983, S. 29.

gesamten Kommentars ausgemacht,[17] während in der Kommentierung der boethianischen Konzeption der Theologie diese als aus drei Teilen bestehend beschrieben wird, was es nahe legt, sie spätestens an dieser Stelle als philosophische Theologie oder sogar als Metaphysik bzw. als Lehre der ersten Prinzipien zu begreifen. Denn sie umfasst, wie er hier ausführt, die Betrachtung der „prima materia", der „prima forma", die die οὐσία des Schöpfers, d. h. des „opifex" benennt, sowie die Betrachtung der εἴδη der Sinnendinge.[18] Selbst wenn sich diese Fassung des Theologiebegriffes so nicht bei Alanus findet, ist doch auch er als Repräsentant einer philosophischen Theologie zu begreifen, wie die Erörterung seiner Texte zeigen wird. Allerdings beanspruchen seine Überlegungen insofern weiter in die nicht-philosophische Theologie hineinreichend zu sein als diejenigen Gilberts, als sie unter dem Titel der „fides" zusätzlich eine Eigentümlichkeit der Theologie in die Betrachtung miteinbeziehen, die den Gewißheitsstatus ihrer Überzeugungen betrifft und nicht deren analytisches Verhältnis zu ihren ‚Objekten'.[19]

Im Folgenden werden nun zunächst zwei Prologe des Alanus betrachtet, um dann in eine genauere Analyse der *Summa ‚Quoniam homines'* und ihres Verständnisses der Wissenschaftlichkeit überhaupt sowie der Wissenschaftlichkeit von Theologie und Philosophie insbesondere einzutreten. Dabei wird, aus Dar-

---

17 „Deus enim, de quo his agitur libris, magnitudine interminabilis, contemplatione incomprehensibilis, sermone inexplicabilis recte intelligitur ac laudabiliter predicatur." GISLEBERTUS PICTAVENSIS *In Boethium* (*De Trinitate*), I, 1, n. 2 Prolog, S. 53.

18 „His ita diuisis addendum est quod primaria materia i. e. yle et primarie forme i. e. usia opificis et sensilium idee eo quod simplices sunt et abstracte – non enim uel illa formis uel iste materiis debent quod sunt – omni motu carent." GISLEBERTUS PICTAVENSIS *In Boethium* (*De Trinitate*), I, 2, n. 24, S. 83.

19 Wieland sieht im Bewusstsein des spezifischen *fides*-Charakters theologischer Aussagen einen wesentlichen Grund für eine sich im 12. Jahrhundert abzeichnende Aporie: „Das klarere Bewußtsein der theologischen Verwurzelung im Glauben stellt die Theologie nun scheinbar vor die Alternative: Sie wird entweder fromm ohne Bezug auf die universale Rationalität der Zeit (das würde bedeuten: Theologie scheidet aus dem Bereich der kulturell bestimmenden Kräfte aus und wird zu einem bloß erbaulichen Faktor des christlichen Lebens) oder sie wird rational ohne Bezug auf die Einmaligkeit ihrer Grundlagen. Dieses Dilemma entsteht nicht zufällig, sondern ist Resultat des Verwissenschaftlichungsprozesses von Theologie. Man kann den gesamten Vorgang als Kompensation begreifen. In dem Maße, in dem Theologie sich wissenschaftlich versteht, muß sie – um Theologie bleiben zu können und nicht Metaphysik zu werden – ihre nichtwissenschaftlichen Grundlagen um so deutlicher hervortreten lassen." WIELAND 1985, S. 617f. – Bei Alanus wird sich allerdings zeigen, daß die doppelte Bezugsmöglichkeit von ihm nicht als Aporie erfahren wird. Dies mag allerdings auch daran liegen, daß Alanus den *fides*-Aspekt nicht unter dem Blickwinkel einer singulären Heilsgeschichte thematisiert und insofern kein wirklicher Repräsentant der wielandschen Problemlage ist. Aber gibt es überhaupt einen solchen Repräsentanten?

stellungsgründen und nicht weil dies immer noch einer der unklaren Aspekte des Œuvres des Meisters aus Lille ist, die zeitliche Differenz der Texte außer acht gelassen.

2. Einige Betrachtungen zu zwei Prologen des Alanus ab Insulis

In seiner 1896 veröffentlichten Studie zu Alanus ab Insulis stellt Baumgartner seiner Darstellung die These voran,

> daß die christliche Spekulation schon längst mit grundlegenden Punkten der aristotelischen Metaphysik gerechnet hatte. Wenn diese später durch die Araber ihrem vollen Umfange und ihrer ganzen Tragweite nach bekannt wurden, so erschienen sie den christlichen Denkern nicht als etwas völlig Neues oder Fremdes, sondern vielfach nur als eine Vertiefung und Ergänzung christlicherseits bereits überlieferter, ursprünglich durch Boethius vermittelter Lehren.[20]

Im Verlauf der Studie bekommt diese Behauptung etwas Appellierendes, ohne daß es Baumgartner wirklich gelingen würde, die These anhand der von ihm besprochenen Werke des Alanus zu belegen. Die zu klärende zentrale Frage, inwiefern Alanus als Kulminationspunkt der Boethius-Kommentierung, ohne dies zu wissen, auf die in dessen Werken präsenten Motive und Überlegungen des Aristoteles stößt, bearbeitet Baumgartner kaum.[21] Im Folgenden wird argumentiert werden, daß mit Blick auf Alanus die These zwar vertretbar ist, sie jedoch einer Präzisierung bedarf, die schließlich auf die Ambivalenz dieser „Erwartung des Aristoteles" hinweist.

Die Texte des Alanus weisen eine stilistische Vielfalt auf, die ihnen nicht nur äußerlich ist. Denn neben dem durch sie artikulierten Bewusstsein der Differenz der Gegenstände, von denen die Rede ist, und dem Aufmerken auf die Verschiedenheit der Kontexte, in denen die Äußerungen vollzogen werden, ist sie auch die Konsequenz der Reflexion der sprachlichen Gestalt der Aussagen über einen bestimmten Objektbereich. Diese verschiedenen Elemente erfahren vor allem in den Prologen zu seinen Texten eine ausdrückliche Klärung und Aufnahme, wobei diese Prologe aber mit großer Vorsicht zu betrachten sind, da sie jeweils ideale Bestimmungen von Wissenschaftseinteilungen oder Vorgehensweisen vornehmen, denen die folgende Ausführung zumindest in der vom Prolog versprochenen und entworfenen Form zumeist nicht gerecht wird.

---

20 Baumgartner 1896, S. 39.

21 Jacobi z. B. stellt die These auf, dem ersten Buch des boethianischen *De Trinitate* liege unmittelbar das sechste Buch der aristotelischen *Metaphysik* zugrunde: „Ein wichtiges Einteilungsschema, mit dem besonders theologische Untersuchungen oft eröffnet werden, stammt aus dem ersten Buch des Boethius über die Trinität. Boethius entnimmt die Einteilung dem Buch E (VI) [1026 a 10–16] der *Metaphysik* des Aristoteles. Allerdings hatte Boethius einen anderen Text als den, den wir in modernen Editionen zu lesen gewohnt sind." Jacobi 1995, S. 513f.

Gleichzeitig sind sie jedoch sehr aufmerksam zu betrachten, da sie über das Verständnis des eigenen Vorgehens Auskunft geben und daher Informationen darüber vermitteln, wie der Autor die Geltungsbedingungen seiner Aussagen bestimmt, was nicht nur zur Erklärung der Argumentation des durch den Prolog eingeführten Textes beitragen kann, sondern auch dazu, warum in anderen Texten andere Herangehensweisen gesucht werden. Darüber hinaus finden sich in den Prologen neben allgemeinen Bestimmungen zum Verhältnis der Wissenschaften zueinander, offenbar auch solche, die den erkenntnis- und wissenschaftstheoretischen Erläuterungen eine normative Dimension verleihen, indem gesagt wird, daß die falschen Weisen des Erkenntnisvollzugs und des Wissensgewinns auch eine falsche Lebensform induzierten.[22] Selbst wenn sich zeigen lässt, daß diese Deutung der entsprechenden Passagen einer Modifikation bedarf, da sich der scheinbare Normativismus als durchaus rationale Folge des Arguments und als Aufgreifen literarisch-rhetorischer Topoi erweist, sind diese Ausführungen doch zumindest von historischem Interesse, da sie Informationen über das Selbstverständnis eines Intellektuellen im Umfeld der Zisterzienser in der zweiten Hälfte des 12. Jahrhunderts vermitteln.[23]

In seinem wohl bekanntesten Werk, den *Regulae caelestis iuris*, die auch unter dem Titel *Regulae theologicae* firmieren, beginnt Alanus mit einer allgemeinen Begründung seiner Herangehensweise an die Bestimmung der Theologie als Wissenschaft, indem er konstatiert, jede Wissenschaft habe ihre jeweiligen Regeln, die sie nicht nur ermöglichen, sondern die auch ihre jeweiligen Grenzen angeben.[24] Auffallend in diesem Prolog, wie auch in dem der *Summa*, ist der

---

22 Vgl. zum Inhalt und zur Leitfunktion der Prologe auch Speer 1991, S. 110.

23 Zum zisterziensischen Selbstverständnis als ‚Ritter des Glaubens' vgl. Duby 1979, S. 86. Bei Alanus korrespondiert diesem Motiv folgende Passage: „Equum est igitur ut ipsius familiares sui ipsius presidio militantes, ad ipsius defensionem divinarum auctoritatum munimentes armati, necessariumque rationum armatura muniti, nostre regine hostes iniuriosos debellent, et hostibus debellatis cum errantibus errores exterminent." Alanus *Summa Quoniam homines*, S. 120. – Erläuterungen zu Alanus' Verhältnis zu den Zisterziensern und zur möglichen Relation mit den Cluniazensern finden sich in Alanus *Opera inedita*, S. 14-17 und 25-29.

24 „Omnis scientia nititur regulis uelud propriis fundamentis et (...) cetere scientie proprias habent regulas quibus nituntur et quasi quibusdam certis terminis clauduntur." Alanus *Regulae caelestis iuris*, S. 121. – „Toute science prend appui sur ses règles comme sur ses fondements propres et (...) toutes les autres sciences ont leur règles propres sur lesquelles elles s'appuient et qui les contiennent comme en des bornes assurées." Alanus *Regulae theologicae*, S. 93. – Unklar ist, in welchem Verhältnis in diesem ersten Satz die Regeln zu den Fundamenten stehen, d. h. ob es Regeln sowie Fundamente gibt oder ob die Regeln gleich den Fundamenten sind. Da die Fundamente in der weiteren Argumentation keine Rolle mehr spielen, ist die Übersetzung, die Dreyer vorschlägt, in ihrer leichten Tendenz zur zweiten Variante unter Wahrung der Offenheit für beide vielleicht die beste: „Alanus eröffnet die Einleitung mit dem Hinweis darauf, daß jede Wissenschaft sich auf Regeln gleich auf Fundamente stütze." Einleitung, S. 28, zu Nicolaus Ambianensis *Ars*.

offenbar wenig spezifische Gebrauch, den Alanus vom Begriff der „scientia" macht. So nennt er in den *Regulae* (in dieser Reihenfolge) Grammatik, Dialektik, Rhetorik, Ethik, Physik, Arithmetik, Musik, Geometrie, Astronomie und Theologie, womit er zu erkennen gibt, daß er offenbar kein Problem darin sieht, die ‚artes' als „scientiae" zu bezeichnen, und daß er Ethik und Physik als zusätzliche Wissenschaften zwischen dem Trivium und dem Quadrivium plaziert. Alanus nimmt dabei eine dreistufige Klassifikation der verschiedenen Wissenschaften nach dem Notwendigkeitsgrad der jeweiligen Regeln vor,[25] wobei die erste und die letzte Stufe jeweils nur eine Disziplin enthalten: Die unterste Stufe bildet so ausschließlich die Grammatik, deren Regeln vom Willen der Menschen abhängig sind, während die Regeln der Disziplinen der mittleren Stufe topischen Charakter haben und daher zwar über eine Form der Notwendigkeit verfügen, diese aber wiederum nur durch den Lauf der Natur bedingt ist. Absolute Notwendigkeit können nur die Regeln der Theologie beanspruchen, die damit alleine die höchste Stufe besetzt.[26] Hinzuweisen ist darauf, daß schon die erste Bestimmung der spezifischen Regeln der Theologie eine interessante Präzisierung enthält: Die Regeln der Theologie erzeugen („faciunt") „fides" von den Dingen, die weder aktual noch ihrer Natur nach wandelbar sind. Ein Gedanke, der bis zu den Ausführungen zur *Summa*, wo der Begriff der „fides" schließlich als Typusbezeichnung den sonstigen Wissenschaften entgegengestellt wird, häufiger wiederkehren wird.

Unabhängig von der schwierigen Frage, wie der Regelbegriff und das Kriterium der Unterscheidung zwischen den „scientiae" genau zu verstehen sind – das zuvor angeführte Notwendigkeitskriterium wird ergänzt durch einen offenbar quer zu ihm liegenden Rekurs auf die „subtilitas" –, ist zu konstatieren, daß Alanus über diese Wissenschaftsklassifikation zwei Bezugspunkte des eine jeweilige Wissenschaft Ermöglichenden und Begrenzenden ausmacht: Einerseits ist die Wissenschaftlichkeit der Wissenschaften in ihrer Regelhaftigkeit verankert. Andererseits erweisen sich die Regeln als von einem Gegenstandsbereich abhängige und daher Wissen produzierende, weil erst durch sie die Wahrheit des jeweiligen Gegenstandsbereiches verstanden werden kann, wie er z. B. mit Blick auf die Geometrie, die bei ihm keine apodeiktische Wissenschaft ist, ausführt: „Theoremata vero geometrarum sunt regule (...) quia per eas geometria veritatem eorum que ad ipsam pertinent speculatur."[27] – „Theoremata sind die

25 Dies wird ausführlich von DREYER 1996, S. 154f., sowie von JOLIVET 1980, S. 89f., dargestellt und diskutiert.

26 „(...) ut de grammatica taceamus que tota est in hominum beneplacitis et uoluntate et de eius regulis que sunt in sola hominum positione (...). Et cum ceterarum regularum tota necessitas mutet, quia in consuetudine sola est consistens penes consuetum nature decursum, necessitas theologicarum maximarum absoluta est et irrefragabilis quia de his fidem faciunt que actu uel natura mutari non possunt." ALANUS *Regulae celestis iuris*, S. 121f.

27 ALANUS *Regulae celestis iuris*, S. 122 – Der vollständige lateinische Text macht darüber hinaus klar, daß die Regeln der Geometrie offensichtlich der Namensgeber für

Regeln der Geometrie (...), weil durch sie die Geometrie die Wahrheit derjenigen Dinge erkennt, worauf sie sich bezieht." Kompliziert wird diese Relation durch die in den Prolog eingeschobene allgemeinste Regel, die dem Traktatus *De hebdomadibus* des Boethius direkt entnommen ist: „Communis animi conceptio est enuntiatio quam quisque probat auditam." – „Ein gemeinsamer Begriff des Bewußtseins ist eine Verlautbarung, die jeder bestätigt, der sie hört."[28] Denn im Folgenden macht Alanus zwar klar, daß sie vor allem so etwas wie eine Metaregel zu den theologischen Regeln ist, gleichzeitig sagt er aber auch, daß sie alle Regeln in ihrer Allgemeinheit umschließe („conplectitur").[29] Wie dies für die Regeln der anderen Wissenschaften außerhalb der Theologie zu verstehen ist, die ja keinen apodeiktischen sondern bloß topischen Charakter haben sollen, bleibt unklar.

Bei einem Blick auf den kurzen zweiten Prolog zum *Liber in Distinctionibus dictionum theologicalium*, einem Wörterbuch der Theologie, ist dort ein zweites Motiv der Wissenschaftsdiskussion des Alanus zu identifizieren. Obwohl in einzelnen Regeln der *Regulae* die Sprache Thema ist, legt deren Prolog nahe, die Differenz der Theologie zu den anderen Wissenschaften, aber auch die Unterschiede zwischen diesen am Notwendigkeitsstatus der Regeln abzulesen. Dies setzt eine positive Herangehensweise in dem Sinne voraus, daß die Regeln der Theologie – zumindest suggeriert dies der Prolog – unmittelbar gewonnen werden können. Die *Summa* und der *Liber in distinctionibus*, stehen dagegen von Beginn an vor der Frage, wie sich die Terminologie und die methodische Vorgehensweise der Theologie zu denjenigen der zuvor erworbenen Wissenschaften verhalten. In letzterem konstatiert Alanus daher, es sei in der Theologie

---

das Erkennen überhaupt sind, denn Alanus konstatiert, die lateinische Übersetzung der griechischen „theoremata" seien die „speculationes". Da das Verb zur Beschreibung des Erkenntnisgewinns in den meisten *scientiae* unterhalb der Theologie *speculari* ist, scheint die Geometrie zumindest das Modell für diese abzugeben. Ein weiteres Beispiel des Wissensgewinns führt Alanus mit den Axiomata für die Musik an: „Sunt et anxiomata musicorum que sunt regule artis musice que dicuntur anxiomata quasi conponderationes quia secundum eas musica uocum conponderationes i. e. consonantias speculatur." ALANUS *Regulae celestis iuris*, S. 121f.

28 BOETHIUS *Theologische Traktate*, S. 34f. – Alanus entnimmt diese Regel wahrscheinlich nicht direkt dem boethianischen Text, sondern dem Kommentar Gilberts. Vgl. GISLEBERTUS PICTAVENSIS *In Boethium* (*De hebdomadibus*), I, 12, S. 190. – Die Angabe, die Häring in seiner Fußnote zu dieser Regel bei Alanus macht („DHeb 1, 16"), ist offensichtlich falsch (ALANUS *Regulae celestis iuris*, S. 123 – FN 41).

29 „Hec omnes maximas, cuiuscumque sint facultatis, sua generalitate conplectitur." ALANUS *Regulae celestis iuris*, S. 123 – „Cette définition dans sa généralité embrasse toutes les maximes, à quelque faculté qu'elles appartiennent." ALANUS *Regulae celestis iuris*, S. 97 – Die französische Übersetzerin fügt in einer Fußnote hinzu, daß sich ihrer Ansicht nach „facultatis" auf die verschiedenen noch nicht in der Universität zusammengeschlossenen Fakultäten bezieht. Einen Beleg für diese Interpretation bleibt sie leider schuldig.

gefährlich, die vorzüglichen Eigenschaften oder gar die Stärken („virtutes") – und dieser Ausdruck ist bei Alanus ganz wörtlich zu verstehen – der theologischen Ausdrücke nicht zu kennen. Dies unterstreicht er, indem er sechzehn mit „ubi" angeschlossene Aussagen über die Theologie und ihren Gegenstand anführt.[30] Mindestens zehn davon betreffen das Problem des Redens sowie der Veränderungen der Sprache beim Reden über den Gegenstand der Theologie. Da Evans in ihrer umfangreichen Studie zu Alanus alle Aussagen ausführlich und unter Verweis auf mögliche Bezugsautoren oder -diskussionen erläutert hat,[31] soll hier nur auf diejenigen hingewiesen werden, die hinsichtlich der weiteren Rekonstruktion von Relevanz sind: Es gibt keine „sermones", die von dem zuvor genannten Gegenstand sprechen [3], und selbst wenn sie sich auf ihn beziehen, sprechen sie nicht von ihm [4]. Alanus begnügt sich jedoch nicht mit dieser skeptischen Aussage, denn in bildlicher Sprache, bei der sicherlich daran zu denken ist, daß er selbst – folgt man den Anzeichen in seinen Texten – häufig auf Reisen unterwegs war, fügt er hinzu, anderswo gewonnenes Vokabular könne aus seinen eigenen Bedeutungen auswandern („peregrinantur") und in seinem neuen Bereich neue bewundernswerte Bedeutungen annehmen [5]. Dieser Gedanke scheint ein zentraler für den Vorschlag des Alanus zur Lösung des zuvor mit Gilbert entwickelten Problems zu sein: Alte Bedeutungen werden nicht nur auf einen neuen Gegenstand übertragen und müssen dann auf ihre Angemessenheit im Verstehen des Gegenstandes hin befragt werden, sondern die sie tragenden Ausdrücke oder Aussagen nehmen neue Bedeutungen an, die es nun als diese neuen zu begreifen und zu bewundern gilt. So werden beim theologischen Gegenstand z. B. Adjektive zu Substantiven [8]. Evans redet in diesem Zusammenhang davon, daß dieser Gegenstand das Brechen der grammatischen und dialektischen Regeln zur Folge hat.[32] Allerdings liege dieses Bre-

30 „Quoniam juxta Aristotelicae auctoritatis praeconium, qui virtutum nominum sunt ignari cito paralogizantur, in sacra pagina periculosum est theologicorum nomine ignorare virtutes, [1] ubi periculosius aliquid quaeritur, [2] ubi difficilius inventitur, [3] ubi non habemus sermones de quibus loquimur, [4] ubi rem ut est sermo non loquitur, [5] ubi vocabula a propriis significationibus peregrinatur et novas admirari videntur; [sic] [6] ubi divina descendit excellentia ut humana ascendat intelligentia; [sic] [7] ubi nomina pronominantur, [8] ubi adjectiva substantivantur, [9] ubi verbum non est nota ejus quod de altero dicitur, [10] ubi sine inhaerentia praedicatio, [11] ubi sine materia subjectio, [12] ubi affirmatio impropria, negatio vera, [13] ubi constructio non subjacet legibus Donati, [14] ubi translatio aliena a regulis Tullii, [15] ubi enuntiatio peregrina ab Aristotelis documento, [16] ubi fidei remota a rationis argumento." ALANUS *Liber*, Sp. 687.

31 Zur ausführlichen Diskussion sowie einer ansatzweisen Übersetzung des Prologs, die allerdings über einige Unklarheiten des Textes glättend hinweggeht, vgl. EVANS 1983, S. 34-39.

32 „This is a principle on which Alan builds a very great deal, here and elsewhere in his writings. If it is theological language which is normal and correct, then it sets the standard of normal usage, even when it appears to break the rules of grammar and

chen in der Eigentümlichkeit der Sprache selbst, da sie nicht bloß in den Wissenschaften vor der Theologie ‚erfunden' würde, sondern auch Ausdruck des Willens Gottes sei.[33]

Obwohl in der Theologie die „fides" dem Beweis mit Gründen – „a rationis" – fern steht [16], ist es die Aufgabe des Theologen, die neuen Bedeutungen herauszustellen und die „rationes" der dadurch entstehenden Metaphern zu bestimmen, und schließlich sollen sogar dunkle Stellen unter Licht besehen werden.[34] Alanus betont also die Eigentümlichkeit der Theologie und deren Auswirkungen auf die ihren Gegenstand erschließende Sprache. Aus ihr resultiert nicht eine bloße Zerstörung der verständlichen Sprache, sondern es ist dem Theologen möglich, die neuen Erkenntnisse zurückzuübersetzen. Dies ist offensichtlich ein wichtiger Aspekt der Überlegungen des Alanus: Während Gilbert sich vor allem mit der Frage auseinandersetzt, wie verhindert werden kann, daß die dem theologischen Gegenstand unangemessene Sprache, die aus den anderen Wissenschaften stammt, diesen Gegenstand verdeckt oder verkehrt wiedergibt, ist dies nur der erste Schritt bei Alanus. Als nächstes ist zu klären, wie die durch eine übersetzte Sprache gewonnenen Einsichten in „rationes" zurückübersetzt werden können. Wenn also Gilbert als Vertreter einer Position „der Unmöglichkeit der ‚translatio'" zu betrachten ist, muß dann nicht hier anerkannt werden, daß Alanus die Möglichkeit der „translatio" von der „philosophia naturalis" zur „theologia" und umgekehrt beschreibt?

Es bietet sich vor dem Übergang zur *Summa* an, noch einen kurzen Moment bei einer der zentralen Regeln der *Regeln der Theologie* zu verbleiben. Die Regel 26 lautet: „Omnis translatio in divinis nominis est et non rei." – „Jede Übersetzung ins Göttliche ist eine des Namens und nicht der Sache."[35] Zur

---

dialectic. That is not to say that the rules of these and of the other arts have no force. Theological language breaks the rules by transcending them, by setting an altogether higher standard of ‚propriety', and in this way it turns them into new, higher rules." Evans 1983, S. 33f.

33 „This problem, he [Alan, A.N.] feels, is bound to arise where human language, a created thing, is used to speak of the Creator. Words have a tendency to wander from their ‚proper' senses and to take on strange and novel meanings under such pressure. If God has come down to meet human understanding in framing the text of the Holy Scripture, however, we must take it that he himself has adapted them for their special purpose. We must, therefore, treat their strange meanings with respect and revise our notion of what is ‚proper'. Scripture's figurative sayings are not mere images. They are God's own usages, and that is why they are truly ‚proper'."Evans 1983, S. 35.

34 „Et ideo ne falsum pro vero affirmet theologus, ne ex falsa interpretatione errorem confirmet haereticus, ut a litterali intelligentia arceatur Judaeus, ne suum intellectum sacrae Scripturae ingerat superbus, dignum diximus theologicorum verborum significationes distinguere, metaphorarum rationes assignare, occultas troporum positiones in lucem reducere (...)." Alanus *Liber*, S. 687f.

35 Alanus *Regulae celestis iuris*, S. 141 – Die französische Übersetzung verändert das Vokabular ein wenig: „Toute *transposition* dans l'ordre divin est nominale et non réelle." Alanus *Regulae celestis iuris*, S. 129 (Kursivierung A.N.).

Erläuterung dieser Regel führt Alanus drei verschiedene Arten der „translatio" an, die sich aus den Kombinationsmöglichkeiten von Name und Sache ergeben und die für alle Wissenschaften gelten. Erstens gibt es Übersetzungen des Namens und der Sache, wie in dem Beispiel, daß die Linie lang ist, da hier sowohl der Name „lang" als auch die Langheit, deren Name „lang" ist, auf die Linie übertragen werden („transfertur").[36] Zweitens gibt es Übertragungen der Sache aber nicht des Namens. Hierzu wird das Beispiel einer Metapher angeführt, die nur schwer im Deutschen wiederzugeben ist: „Seges est leta" – „Die Ernte ist üppig." Diese zweite Art der Übersetzung wird so erläutert, daß in ihr der Gehalt des Ausdrucks „leta" übertragen wird, nicht jedoch die sprachliche Verortung, d. h. das Wort ist z. B. nicht durch die Ausdrücke ersetzbar, durch die es beim eigentlichen Gebrauch ersetzbar ist.[37] Diese beiden Arten der Übertragung sind für die Übersetzung in die Theologie irrelevant, wie die Regel erklärt. Die dritte Art der „translatio" schließlich ist diejenige der Neuverwendung eines Ausdrucks, ohne daß die bisherige Bedeutung dafür relevant wäre. Alanus führt dazu das Beispiel des ‚weißen Mönches' an, demzufolge der Mönch in keiner Hinsicht von der Weißheit affiziert sei, sondern lediglich sein Habit weiß sei.[38] Diese „translatio" kommt auch in der Theologie zur Anwendung, wenn z. B. gesagt wird, daß Gott gerecht sei: Hier findet keinerlei Übertragung der Bedeutung statt, sondern allein der Ausdruck benennt nun Gott und damit etwas grundsätzlich Neues. Die „translatio" beschränkt sich also mit Blick auf die Theologie auf die Wiederverwendung sprachlicher Ausdrücke.[39] Diese Aussage zeigt, daß es berechtigt ist zu fragen, inwieweit es überhaupt eine Möglichkeit der „translatio" gibt, was nun in der *Summa* genauer zu untersuchen sein wird.

---

36 „Aliquando enim fit translatio nominis et rei, quando nomen et res transfertur ab eo cuius est ad id ex quo est uel ad id secundum quod est ut cum dicitur: Linea est longa. Et hoc nomen longa et res huius nominis i. e. longitudo transfertur ab eo cuius est i. e. a lineato ad id secundum quod est i. e. lineam secundum quam et longitudo conuenit lineato et hoc nomen longum." ALANUS *Regulae celestis iuris*, S. 141f.

37 „Aliquando fit translatio rei et non nominis ut cum dico: Seges est leta, leticia attribuitur segeti, sed non omne nomen quod significat leticiam ut hoc nomen gaudens uel exultans." ALANUS *Regulae celestis iuris*, S. 142.

38 „Aliquando fit translatio nominis et non rei ut cum dicitur: Monachus est albus, transfertur hoc nomen albus ad hoc ut conueniat monacho, sed non res nominis. Non enim monachus dicitur albus quod sit affectus albedine sed quia est albi habitus." ALANUS *Regulae celestis iuris*, S. 142.

39 Interessanterweise findet nun für Alanus eine retrospektive Klärung, d. h. eine Art der *re-translatio* statt, da die Prädikation der göttlichen Gerechtigkeit die Koprädikation von deren Wirkung in unserer Gerechtigkeit zur Konsequenz hat: „In diuinis autem fit translatio nominis et non rei. Cum enim dicitur: Deus est iustus, hoc nomen iustus transfertur a sua propria significatione ad hoc ut conueniat deo sed res nominis non attribuitur deo sed potius ipsa iusticia diuina deo attribuitur, non illa a qua datum est hoc nomen iustus. Predicatur enim diuina iusticia. Conpredicatur effectus iusticia in nobis." ALANUS *Regulae celestis iuris*, S. 142.

3. Theologie und Philosophie als „scientia" in der *Summa ,Quoniam homines'*

Der Prolog der *Summa ,Quoniam homines'* ist wie derjenige des *Liber* von dem der *Regulae* deutlich sowohl inhaltlich als auch stilistisch verschieden. Wahrscheinlich handelt es sich chronologisch um den frühesten der drei Texte. Die Aufteilung der Wissenschaften ist hier auf eine Einleitung zum ersten Buch verschoben, während im Prolog selbst das Problem der „translatio" in den Mittelpunkt gerückt wird, und Alanus eine besondere Lösung desselben skizziert. In diesem Teil der *Summa* wird deutlich, daß die obzwar schon weite, sich aber immer noch im Rahmen des Bekannten bewegende Anwendung des Begriffes der „scientia", wie sie in den *Regulae* beobachtbar ist, hier nochmals überschritten wird, denn schon im dritten Absatz spricht Alanus von den theatralischen und szenischen Wissenschaften.[40] In der Verlängerung des Prologs, die sich dem Leser als Auftakt des ersten Buches darbietet, ist sogar von „philogea" als der „scientia" die Rede, die aus der Liebe zur Erde erwächst,[41] sowie wenig später von „philolobia", die aus dem Wunsch nach ständiger Lobpreisung resultiert und in der Bösartigkeit endet.[42] Später wird nochmals darauf zurückzukommen sein, was denn in der *Summa* unter „scientia" überhaupt verstanden wird.

Neben dieser scheinbar ,unkontrollierten' Ausdehnung des Gebrauchs des Ausdrucks „scientia" spielt in dem Prolog – anders als in den *Regulae* – auch der Begriff der ,artes liberales' eine wichtige Rolle. Thema des Prologs ist der spezifische Status der Wissenschaft der Theologie oder besser der Wissenschaft der Theologen („theologicorum scientia"). Die „theologica" oder „theologia" wird in zwei Hinsichten betrachtet: einerseits in ihrem Verhältnis zu den Wissenschaften vom Natürlichen, von denen später grundsätzlich unter dem Titel der „philosophia naturalis" die Rede ist, und andererseits in ihrer Kontinuität oder Differenz zu den ,artes liberales'. Mit dem Verb „transferuntur" nimmt Alanus das Problem der „translatio" wieder auf, das in den beiden zuvor kommentierten Texten beobachtbar war. Während Gilbert, wie zu Beginn ausgeführt, darin vornehmlich ein Problem der Theologie sieht, war spätestens im *Liber* zu konstatieren, daß sich in Alanus' Augen nicht nur die Theologie, sondern auch die ,artes liberales' bzw. die „philosophia naturalis" in Gefahr befinden.

---

40 „Qui dum vix scenicas et theatrales scientias comprehendere possunt (...)" Alanus *Summa Quoniam homines*, S. 119.

41 „Ex hac surgit scientia que dicitur philologea, quasi amatrix terrenorum (...)" Alanus *Summa Quoniam homines*, S. 121.

42 „Et ex hac surgit philolobia, que est amor proprie excellentie; et dicitur a ,philos' quod est amor, et ,lobos' quod est iactantia." Alanus *Summa Quoniam homines*, S. 122. – Alanus muß hier allerdings einem philologischen Fehler aufgesessen sein, denn das griechische λοβός bezeichnet einen Lappen oder die Leber, nicht aber die Lobpreisung, wie das lateinische *iactantia*.

Nahezu in einer Wiederholung der Worte des Prologs des Wörterbuchs beschreibt er die Übertragung der „termini" – dieser Ausdruck wiederum ist einer, der sich auch in den *Regulae* findet – von der „philosophia naturalis" auf die Theologie so, daß diese in dem neuen Gebiet nicht nur uneigentlich gebraucht werden, sondern daß neue Bedeutungen zu bewundern sind („novas significationes admirantur"), während die alten aufgegeben werden („antiquas exposcere videntur").[43] Vielen Menschen entgehen diese neuen Bedeutungen, so daß sie die göttlichen Wahrheiten den irdischen Dingen angleichen. Damit ist die Kritik des Alanus aber nicht beendet, denn für ihn hat dieser Fehler eine weitere Konsequenz: Diejenigen, die diesen Fehler begehen, können auch keine Rückübersetzung der neuen Bedeutungen vornehmen. Sie verhalten sich wie Tiere, die sich nicht über ihre irdische Verhaftetheit erheben können. Unterstützt durch das namentliche Anführen des Dionysius Areopagita führt Alanus bereits zu Beginn seiner *Summa* den neoplatonischen Gedanken in die porretanische Wissenschaftslehre ein, nach dem die Einsicht in die besonderen Bedeutungen der Theologie den Menschen in der Seinshierarchie aufsteigen lässt.[44] Erkenntnislehre und Wissenschaftstheorie sind bei Alanus nicht von

---

43 Der gesamte Satz lautet: „Cum enim termini a naturalibus ad theologica transferuntur, novas significationes admirantur et antiquas exposcere videntur." ALANUS *Summa Quoniam homines*, S. 119 – Die hier vorgelegte Darstellung folgt der Übersetzung d'Alvernys, die trotz einer grammatisch-vokabularen Unklarheit mit anderen parallelen Stellen des Alanus in Einklang steht: „Lorsque les termes usités dans la philosophie naturelle sont transférés à la théologie, ils prennent une nouvelle et admirable signification, et l'ancien sens est aboli." ALANUS *Opera inedita*, S. 36 – Dreyer schlägt dagegen folgende Übersetzung vor, in der auch, obwohl die Differenz wesentlich beim Verständnis des zweiten Teilsatzes liegt, das „admirantur" nicht so stark begriffen wird, wie es früher in diesem Artikel bereits mit Blick auf den Prolog des *Liber* erläutert wurde: „Wenn diese Menschen die Termini der Naturdinge, d. h. die der scientia naturalis, in die Theologie übertrügen, (...) bewunderten sie zwar die neuen Bedeutungen, schienen aber zugleich nach den alten zu verlangen." DREYER 1996, S. 149.

44 „Hoc ignorantes plerique iuxta naturalium semitam de divinis sumentes iudicium celestia terrenis conformant, quasi in terris bestialiter viventes, non ad veram intelligentiam ingenii fastigium attollere valent; et ut magnus testatur Dionisius Areopagita, non sursum ferunt purgans anime, in turpibus imaginibus suum materiale cogentes quiescere." ALANUS *Summa Quoniam homines*, S. 119. – „Ignorant ceci, bien des hommes apprécient les vérités divines en fonction des connaissances naturelles, et assimilent les choses du ciel aux choses de la terre, se conduisant en animaux terrestres, incapables d'élever le sommet de leur esprit vers la véritable intelligence; ainsi que le dit le grand Denys l'Aréopagite, ils ne sont pas transportés au-dessus d'eux-mêmes en purifiant leur âme, et ils obligent leur être matériel à se fixer sur des images viles." ALANUS *Opera inedita*, S. 36. – Alanus bezieht sich hier – zumindest indirekt – auf die Ausführungen des Pseudo-Dionysius im 2. Kapitel des Textes *Von der himmlischen Hierarchie*. Vgl. DIONYSIUS AREOPAGITA *Hierarchien*, S. 102f. Bisher gibt es nur wenige Arbeiten zum Verhältnis von Alanus zu Pseudo-Dionysius

einer – sich allerdings sehr rudimentär präsentierenden, aber dennoch Erkenntnis und Ontologie zusammenhaltenden – Emanationslehre getrennt, denn im Verlauf des wissenschaftlichen Aufstiegs von der „philosophia naturalis" zur „theologia" wird auch der Ursprung des Vokabulars und der „sermones" der Philosophie deutlicher.

Anders aber als es die Vorgehensweise anderer an den Neoplatonismus anschließender Autoren erwarten ließe, kommt Alanus auf dem Hintergrund der Einsicht in den Gewinn neuer Bedeutungen durch die „translatio" der Wörter und Aussagen auf den Gegenstand der Theologie, wie es auch schon in den anderen Texten beobachtbar war, nicht zu dem Schluß, daß mit dem Übergang zur Theologie die anderen Wissenschaften überflüssig werden. Sie bleiben sogar – wie der Verlauf der Argumentation in der *Summa* erweisen wird – in zweifacher Hinsicht relevant: Erstens findet keine ‚Aufhebung' von deren Resultaten in der Theologie statt, da trotz der in der Hierarchie höheren Stellung der Theologie diese die Erkenntnis der „philosophia naturalis" nicht negiert. Diese behält ihren eigenen Zuständigkeitsbereich und operiert, wie ein späterer Artikel erläutert, vor allem mit kausalen Analysen. Zweitens wird die „philosophia naturalis" darüber hinaus zum methodischen Vorbild für das, was die Theologie mit ihren neuen Erkenntnissen leisten muß. Auch dieser Punkt war im *Liber* bereits ersichtlich.

Bevor die Fortführung dieses Gedankens verfolgt wird, ist noch kurz auf eine Überlegung des Alanus zu den ‚artes liberales' hinzuweisen, die sich im Text an die erste Einführung des neoplatonischen Deutungsangebotes der Theologie anschließt. Einerseits ist das Studium der ‚artes liberales' notwendig, um überhaupt die Voraussetzungen für ein Verständnis der Theologie zu entwickeln, mit einem ironisierenden Wortspiel, wie sie sich bei ihm häufig finden, stellt er nämlich fest, es gebe keinen unmittelbaren Zugang zum Wissen der Theologie, zum Unaussprechlichen also („ad ineffabilia"), denn solche Unmittelbarkeit könne nur unaussprechlich zu Fehlern führen („in varios errores ineffabiliter descendunt"). Andererseits setzt eine angemessene Kenntnis der ‚artes liberales' auch das Wissen um deren Grenzen voraus, da sie als Brücke zur Einführung in die Theologie auch zu Häresien führen können.[45] Aus dieser doppelten Bestim-

---

und Eriugena. Einige interessante Bemerkungen, denen weiter nachzugehen ist, finden sich in JEAUNEAU 1987, S. 41f. Er vertritt die These, daß Alanus wahrscheinlich über Zugang zu einer Gesamtfassung des eriugenischen Textes *Expositiones in Hierarchiam caelestem* verfügte, die die Übersetzung der *Himmlischen Hierarchie* des Dionysius inklusive des Kommentars Eriugenas enthielt.

45 „Qui dum vix scenicas et theatrales scientias comprehendere possunt, divinis colloquiis et angelicis disputationibus interesse contendunt; sicque liberalium artium non preconsulentes scientiam, non earum recta aurigatione deducti, dum ad ineffabilia conscendunt, in varios errores ineffabiliter ruinosi descendunt. Cumque liberalium artium ponte introductorio in imperialem theologice facultatis regiam intruduntur, in varias hereses et in varia hereseos precipicia detrusi naufragantur." ALANUS *Summa Quoniam homines*, S. 119.

mung lässt sich folgern, daß der Theologie Betreibende nicht nur ein Wissen haben muß, sondern daß er auch über ein Wissen über sein Wissen verfügen muß, und dies impliziert – wie es sich ebenfalls in der Bestimmung der verschiedenen Regeln abzeichnete – ein Wissen über die Grenzen des jeweils spezifischen Wissens, da nur dies davor schützt, fälschlicherweise mit einem Wissen und den Voraussetzungen dieses Wissens auf Gegenstände eines anderen Wissens auszugreifen. Auch mit diesem Gedanken setzt Alanus die Reflexionen Gilberts fort.

Nachdem Alanus in stilvollen Wendungen und in Parallele zu Boethius' *Consolatio philosophiae* die Lage der Theologie seiner Zeit beklagt hat, kommt er zu einer Beschreibung seiner Vorgehensweise in diesem Text: Die Theologie solle mit notwendigen Gründen ausgestattet werden, damit sie ihren Feinden entgegentreten könne. Diese Ausstattung lasse sich aber nicht bloß im Rückgriff auf die heilige Schrift und die Kirchenväter gewinnen, sondern sie müsse auch mit Hilfe der Texte der heidnischen Autoren erarbeitet werden. Diese kurze, rhetorisch den an der höfischen Literatur der Zeit orientierten Texten der Zisterzienser nahe stehende Vorstellung der Vorgehensweise beschreibt allgemein sehr gut den Aufbau der einzelnen Artikel der *Summa*, die jedoch, anders als es aus späteren Summen bekannt ist, nicht deutlich von einander getrennt sind. Grundsätzlich gehen die Artikel aber so vor, daß jeweils pro und contra Autoritätsaussagen und „rationes" präsentiert werden, woraufhin Alanus seine Lösung der entsprechenden Frage entwickelt, um dann die richtige Deutung der nicht passenden Autoritätsaussagen anzugeben. Interessanterweise unterscheidet er dabei im Bereich der Autoritäten nicht zwischen christlichen und heidnischen Autoren, während in die „rationes" Bezüge auf das Argument stützende Autoren nur am Rande einfließen. In dem Artikel, der weiter unten diskutiert werden wird und in dem es um die Frage geht, ob Gott unverständlich ist und was aus einer Affirmation dessen für die Wissenschaftlichkeit der Theologie folgt,[46] führt er beispielsweise neun Autoritätsaussagen an, die die Unverständlichkeit Gottes behaupten, und fünf, die dagegen sprechen.[47] Die neun Aussagen, die der später von Alanus übernommenen Position entsprechen, stammen aus so verschiedenen Quellen wie Macrobius, Hermes Trismegistus, Platon, Pseudo-Dionysius und den Psalmen. Die Aussagen, die er später neu deuten wird, damit sie richtig verstanden werden, stammen dagegen alle aus der Bibel.

46 Durch die Beschreibung dieser doppelten Frage eines Artikels ist bereits offensichtlich, wie wenig systematisch Alanus in der Bearbeitung seiner *quaestiones* vorgeht, denn es verschränken sich in ihnen jeweils ganz verschiedene Aspekte, die systematisch korrekt getrennt zu erörtern wären. Vgl. zu diesem Punkt auch DREYER 1996, S. 152.

47 ALANUS *Summa Quoniam homines*, S. 134-139.

Es ist auch interessant, der Frage nachzugehen, was Alanus in seinen Artikeln unter „rationes“ versteht. Offensichtlich bezeichnen sie nämlich ganz verschiedene sprachliche Aussagen. In genanntem Artikel z. B. werden Schlüsse, Parallelisierungen, aber auch bloße Erläuterungen zu feststehenden – in diesem Fall aus der Theologie stammenden – Redewendungen darunter gefasst. An anderen Stellen exemplifizieren dagegen komplexe Argumentationen, die sich über mehrere Absätze ziehen können, sowie einzelne der Topikdiskussion entnommene „maximae propositiones“ die „rationes“.

Diese verschiedenen Arten des Begründens beschreiben offensichtlich das Operieren eines Vermögens, wie die Einleitung in das erste Buch nahe legt, in dem der präzise Entwurf der Aufteilung der Wissenschaften und damit die Intention und Selbstverortung der vorliegenden Schrift präsentiert wird. Alle Wissenschaften haben ihren Ursprung in zwei Vermögensbereichen des Geistes („animus“), die in „thesis“ oder „ratio“ und „extasis“ unterschieden werden.[48] Die „ratio“ benennt das Vermögen des Menschen, mit dem er die menschlichen und irdischen Dinge betrachtet und aus dem die „philosophia naturalis“ hervorgeht,[49] während er mit den Vermögen der „extasis“ in der Lage ist, die Dinge außerhalb seines Status zu erkennen. Sie teilen sich wiederum in das Ausgreifen auf zwei Ebenen, wovon die eine die über dem Menschen liegende Seinsordnung angibt, während die andere das unter dem Menschen Liegende bezeichnet.[50] „Intellectus“ und „intelligentia“ benennen das die Erkenntnis des über dem Menschen Befindlichen Ermöglichende. Mit dem „intellectus“ erkennt der Mensch die „spiritualia“, womit Alanus die Engel und die Seelen meint, und seine Perfektionierung führt zur „theologia subcelestis“ oder „hypothetica“. Da Alanus offenbar die bei den jeweiligen Vermögen gebrauchten Verben zu unterscheiden gedenkt, lässt sich als Erkenntnisweise des „intellectus“ das Aufmerken („intenditur“) bestimmen.[51] Die „intelligentia“ ist das Vermögen, mit dem

---

48 „Iste autem due species originem habent ex duabus potentiis anime. Anime enim varie sunt potentie: una que dicitur thesis, scilicet ratio, secundum quam potentiam homo in suo statu consideratur, nec suum statum egreditur quia ea humana et terrena considerat; alia est que extasis nuncupatur, cuius speculatione homo extra se constituitur.“ ALANUS *Summa Quoniam homines*, S. 121.

49 „Ex thesi vero nascitur naturalis philosophia que circa terrena vertitur.“ ALANUS *Summa Quoniam homines*, S. 121.

50 „Extaseos autem due sunt species: una inferior qua homo infra se est, alia superior qua raptitur supra se.“ ALANUS *Summa Quoniam homines*, S. 121.

51 „Sed superioris due sunt species: una que dicitur intellectus, qua homo considerat spiritualia, id est angelos et animas; secundum quam homo fit spiritus, et ita supra se fit. (…) Ex intellectu, subcelestis sive ypothetica theologia, que circa spirituales creaturas intenditur; unde ypothetica, ab ‚ypo‘ quod est ‚sub‘, ‚thesis‘ quod est ‚positio‘, nuncupatur; quia de his que divine auctoritati subposita sunt, in ea agitur.“ ALANUS *Summa Quoniam homines*, S. 121.

wir intuitiv („intuetur") in der Lage sind, die Trinität zu begreifen. Sie bringt die „theologia supercelestis" oder „apothetica" hervor und führt den Erkennenden selbst zur Apotheose.[52]

Das erste Buch konzentriert sich auf die „theologia supercelestis". Aber obwohl Alanus in der allgemeinen Bestimmung der Vermögen ein intuitives Vorgehen der Erkenntnis in diesem Bereich angab, tritt die Intuition in der Ausführung hinter eine argumentative Vorgehensweise zurück. Da aus dieser – uneingestandenen – Inkonsequenz systematische Fragen nach der Geltung der Aussagen dieser Theologie resultieren, werden nun neben der im Zentrum stehenden Diskussion des Trinitätsproblems auch Metafragen der Wissenschaftstheorie erörtert.

Mit Blick auf den Prolog der *Summa* wurde bereits auf das Problem der offensichtlichen Bedeutungsvielfalt des Ausdrucks „scientia" hingewiesen. Der Text des ersten Buches konzentriert die metatheoretische Auseinandersetzung nun auf die Gegenüberstellung der „philosophia naturalis" und der „theologia", so daß verglichen mit den Boethius-Kommentaren selbst die Mathematik als von der „speculatio naturalis" distinkte Disziplin wegfällt und Alanus sich unmittelbarer mit der unterschiedlichen Geltungsart der beiden Bereiche der Wissenschaften befassen kann. Es kehren hier viele einzelne Überlegungen wieder, die sich schon in den anderen Texten zeigten: So erläutert Alanus die Transformationen, die die Sprache beim Übergang in die Theologie erfährt,[53] die Probleme, die aus der Übersetzung der Zahlen von der „philosophia" in die „theologia" resultieren,[54] oder die Prädikationen von Gott und die damit zusammenhängenden Inhärenzverhältnisse.[55] Wie zuvor schon bemerkt, schreitet die Argumentation weder systematisch von „quaestio" zu „quaestio" voran, noch haben die einzelnen „quaestiones" in sich eine stabile Form. Es wäre daher vermessen, hier zu versuchen, eine Systematisierung des gesamten Textes zu beginnen. Es gibt offensichtlich gute Gründe, warum ein solches Unternehmen immer noch aussteht.

Um aber nicht doch letztlich nur die Prologe behandelt zu haben, soll nun zum Schluß auf die zentralen Artikel 8 und 9 nach Glorieux' Zählung des Textes der *Summa* eingegangen werden, weil sich dort die Legitimität des Titels dieses Aufsatzes endgültig erweist. Nachdem Alanus zuvor die Einfachheit

52 „Alia est que intelligentia dicitur, qua homo trinitatem intuetur; secundum quam homo fit homo deus, quia per hanc speculationem quodammodo deificatur. Unde et illa speculatio apotheosis, quasi divina censetur. (...) Ex intelligentia vero, supercelestis sive apothetica oritur qua divina considerantur; unde supercelestis sive apothetica, quasi super posita appellatur." ALANUS *Summa Quoniam homines*, S. 121. – Der Vollständigkeit halber führt Alanus zuletzt noch die zwei Vermögen der auf das unter dem Menschen Liegende abzielenden „extasis" an: die „sensualitas" und die „metamorfosis".

53 Vgl. Kapitel 41 (ALANUS *Summa Quoniam homines*, S. 182).

54 Vgl. Kapitel 43a (ALANUS *Summa Quoniam homines*, S. 185).

55 Vgl. Kapitel 53c (ALANUS *Summa Quoniam homines*, S. 195-197).

Gottes bewiesen hat, wirft er nun die Frage auf, ob Gott auch unverstehbar („incomprehensibilis") sei. Er kommt zu dem Schluß, daß Gott weder eigentlich erkennbar („intelligitur") sei, noch gebe es eigentlich eine Wissenschaft von ihm. Diese negativen Folgerungen resultierten aber lediglich daraus, daß unter „scientia" gewöhnlich die „scientia certitudinis", die Wissenschaft aus Gewißheit also verstanden werde – von Gott könne es aber nur „scientia per fidem" geben.[56]

Eine der spannenden Fragen des hier behandelten Zusammenhangs ist, wie die „fides" zu verstehen und ins Deutsche zu übertragen ist. Mit Albertus Magnus wird es im 13. Jahrhundert einen Autoren geben, der – wie Alanus – im Anschluß an Dionysius Areopagita der Theologie über die „fides" eine eigene Art der höheren Einsicht verschaffen will, die sie zu einer besonderen Wissenschaft macht. Bei unserem Autoren der zweiten Hälfte des 12. Jahrhunderts wurde mit Blick auf die *Regulae* deutlich, daß die „fides" durch die Regeln der Theologie hervorgebracht wird. Im *Liber* schrieb Alanus, daß sie dem Argument aus „rationes" fern stehe und in diesem Artikel der *Summa* bietet er nun eine zusätzliche Explikation an, die die Irritation bezüglich dieses Begriffes weiter steigert und zugleich den Weg zur negativen Theologie darstellt: Selbst wenn derjenige, der glaubt, daß Gott ist, weiß, daß er ist, d. h. daß er eine wirksame („vehementem") Meinung davon hat, und wenn er weiß, daß und was er glaubt, weiß er das, was er glaubt, nicht durch „Namen der Wissenschaft" oder durch „Namen des Intellekts".[57] Die „fides" führt also zu einem Wissen, das zwar in den Kategorien der „philosophia naturalis" unverstehbar ist, trotzdem jedoch den Status eines positiven Wissens im emphatischen Sinne hat. Weil es aber in der Sprache der Übersetzung positiv unausdrückbar ist, kann dies nur die Konsequenz haben, daß mit dieser Sprache negativ operiert werden muß. Die explizite und verstehbare Theologie als „fides" muß daher im Medium der „rationes" negative Theologie sein.[58] Und weil die Sprache Gott radikal unangemessen ist, erweist er sich grundsätzlich als unnennbar („innominabilem").[59]

---

56 „Hanc controversiam sub breviloquio dirimentes, dicimus quod non proprie intelligitur, nec proprie de Deo scientia habetur. Sed cum sciri vel intelligi dicitur, pocius ad scientiam fidei et credulitatis quam ad scientiam certitudinis referendum est. Habetur enim de eo scientia per fidem, non per certitudinem." ALANUS *Summa Quoniam homines*, S. 136.

57 „Sic qui credit Deum esse, scit ipsum esse id est vehementem habet opinionem de ipso, et ipse scit quod credat, et quid credat, sed nescit illud quod credit per veri nominis scientiam vel per veri nominis intellectum." ALANUS *Summa Quoniam homines*, S. 137.

58 „Ad hoc quod dictum est Deum non posse comprehendi nisi negative iterum videntur multa posse obici." ALANUS *Summa Quoniam homines*, S. 137.

59 „Sicut probatum est Deum esse incomprehensibilem, ita evidens est ipsum esse innominabilem. Ullum enim nomen proprie convenit Deo." ALANUS *Summa Quoniam homines*, S. 139 – Hier bleibt die Bedeutung des „ullum" für den zweiten Satz zu klären: es könnte suggerieren, daß alle Eigennamen auf Gott passen.

Diese Unnennbarkeit schließt aber nicht aus, daß die theologische Einsicht eine ontologische Reflexion über die Sprache anstößt. Alanus konstatiert, Gott würden die verschiedenen Prädikate aufgrund seiner Wirkungen in der Welt zugeschrieben, wobei die Autoritäten, in deren Texten dies zu lesen sei, eine „translatio" aus der „philosophia naturalis" auf die Theologie vollzögen. Da diese beiden Aspekte zusammenkommen, d. h. der Kausalzusammenhang auf der einen Seite und die „translatio" auf der anderen Seite, ist zu sagen, daß die Prädikate über Gott nur uneigentlich ausgesagt werden, während sie ihm eigentlich zukommen. Das Beispiel klingt bei Alanus wie folgt: „Deus inproprie dicitur esse iustus, sed proprie est iustus, quia immutabiliter est iustus."[60] – „Gott wird uneigentlich gerecht genannt, aber er ist eigentlich gerecht, weil er unwandelbar gerecht ist." Das hat aber auch zur Folge, daß zwar die Benennung bei den Objekten der „philosophia" eigentlich verläuft, diesen das Prädizierte aber nur uneigentlich zukommt, wie das Beispiel Sokrates illustriert: „Socrates dicitur proprie iustus, (...) sed improprie est iustus, quia mutabiliter est iustus."[61] – „Sokrates wird eigentlich gerecht genannt, (...) aber er ist uneigentlich gerecht, weil er wandelbar gerecht ist."

Diese letzten Ausführungen zur *Summa* verdeutlichen, daß trotz der prominenten Stelle der Theologie im Werk des Alanus und trotz seiner Betonung ihrer Eigentümlichkeit, er letztlich doch Philosoph bleibt – nicht nur in seinem Leben, in dem er erst im Alter Mönch wurde und davor offenbar viel Wert auf seinen Status als „magister" legte. Er bleibt Philosoph, weil seine Reflexion über die Theologie zumindest in den bisher thematisierten Werken wenig spezifisch Christliches hat. Seine Überlegungen, wie die zuletzt vorgestellten zur Verteilung von Eigentlichkeit und Uneigentlichkeit zwischen Sprache und Sein, bewegen sich evidentermaßen in dem weiten Bereich der platonisierenden philosophischen Theologie. Selbst wenn einzelne Themen christlicher Provenienz in den Vordergrund treten, werden daraus keine dezidiert systematischen Konsequenzen gezogen. Jean Châtillon hat mit Bezug auf die Trinitätsdiskussionen des Alanus gezeigt, daß diese sich ausschließlich auf grammatische Fragen und Probleme beziehen, so daß letztlich die Theologie als Grammatik der Rede über Gott erscheine.[62]

---

60 Alanus *Summa Quoniam homines*, S. 141.

61 Alanus *Summa Quoniam homines*, S. 141.

62 Châtillon 1980, S. 53.

4. Ist die „translatio" unmöglich?

Die dargebotenen Beobachtungen zu Alanus ab Insulis zeigen, daß er in einigen Punkten alles andere als eindeutig ist und systematisch relevante Fragen unbeantwortet lässt. Einerseits führt er den die Aristotelesrezeption antizipierenden Gedanken der Distinktheit der Disziplinen zu einem neuen Höhepunkt,[63] andererseits behält er ein neoplatonisches Verständnis der Relation zwischen „philosophia naturalis" und „theologia" nicht nur aufgrund fehlender Alternativen bei, sondern führt es gezielt zur Deutung des Problems der „translatio" ein. Offensichtlich ist er eine wirkliche Schwellenfigur des Übergangs vom 12. ins 13. Jahrhundert. Und dies, wie die Analysen gezeigt haben, nicht nur weil es viele Anzeichen dafür gibt, daß er einer der ersten Rezipienten der aus Toledo und anderen Orten kommenden arabischen und darüber vermittelt griechischen Philosophie ist. Seine Texte zeigen an sich alle Symptome einer Unzufriedenheit mit dem Bestehenden und einer Suche nach dem Neuen. Es ist daher wenig verwunderlich, wenn es ihm nicht gelingt, zentrale Gedanken über viele hundert Seiten lange Ausführungen kohärent und überzeugend zu entwickeln. Gleichzeitig zeigt er aber ein höheres Problembewusstsein als die meisten seiner Zeitgenossen sowohl mit Blick auf die in den Wissenschaften, den ‚artes liberales' und der Theologie behandelten Gegenstände als auch in der wissenschaftstheoretischen Reflexion.

Anhand des Prologs der *Regulae* konnte demonstriert werden, wie er über den Regelbegriff eine Differenzierung und Vergleichbarkeit der wissenschaftlichen Disziplinen einführt, bevor dann die Betrachtung einer der Regeln deutlich machte, wie er dem Begriff der „translatio" eine dreifache Deutung gibt, aber nur eine davon dem Übergang zwischen der Terminologie der Philosophie und der Theologie vorbehält. Der Blick auf den *Liber* führte vor Augen, wie er sich die „translatio" vorstellt: Neue Bedeutungen entstehen, die es auf angemessene Weise zu empfangen und dann in „rationes" zurückzuübersetzen gilt. Die Erkenntnis der Theologie wird dabei wie zuvor auch in den *Regulae* mit dem Begriff der „fides" in Verbindung gebracht. Das Insistieren auf der Erscheinung neuer Bedeutungen und der Verortung der eigentlichen theologischen Einsicht in der „fides" warf zum ersten Mal die Frage auf, ob die sich vollziehende „translatio" nicht letztlich nur die Umschreibung einer „via negativa" ist. Diesen Verdacht bestätigte schließlich die *Summa ‚Quoniam homines'*, in der die wissenschaftstheoretischen Überlegungen und die neoplatonische Ontologie zu einer negativen Theologie führen, auf deren Hintergrund sich die Unmöglichkeit der „translatio" erweist. Da das Projekt einer Integration aller wissenschaftlichen Disziplinen verworfen wird und die besondere Eigentümlichkeit

63 Dreyer hat mit Blick auf die Geometrie überzeugend gezeigt, daß sich die Antizipation des Aristoteles nicht auf das Verständnis der Einzeldisziplinen ausdehnt, da bei Alanus – wie oben gezeigt – die Geometrie topisch und nicht apodeiktisch begriffen wird. Vgl. Dreyer 1996, S. 155.

der Theologie in den Vordergrund rückt, muß die „translatio" als Modus eines unproblematischen oder korrigierbaren Übergangs zwischen den sprachlich verfassten Erkenntnissen der Wissenschaften zumindest für die Theologie unmöglich werden. In den *Regulae* klingt es – werden einige Passagen von dieser Warte aus nochmals betrachtet – teilweise sogar so, als ob die „translatio" zwischen den Disziplinen überhaupt unmöglich sei. Übrig bleibt nur eine Art der ontologischen „translatio": Hinter den auf Gott nur uneigentlich übertragbaren Prädikaten enthüllt sich sein eigentliches Wirken.

Die Rezeption der boethianischen Wissenschaftseinteilung bei Dominicus Gundissalinus

von Alexander Fidora

Der Archidiakon von Cuéllar Dominicus Gundissalinus (* ca. 1110, † nach 1190), spanisch Domingo Gundisalvo,[1] darf gewiß als der systematisch relevanteste Vertreter der sog. Schule von Toledo[2] bezeichnet werden, in der im 12. Jahrhundert unter dem Mäzenat von Raimund von Toledo zahlreiche Werke arabisch-jüdischer Denker ebenso wie später das *Corpus aristotelicum arabicum* ins Lateinische übersetzt wurden. Denn Dominicus Gundissalinus übertrug nicht nur gemeinsam mit Avendauth, dessen Identität noch immer ungeklärt ist,[3] und anderen an die zwanzig Werke ins Lateinische, u.a. von al-Farabi, Avicenna und al-Ghazali,[4] sondern ist daneben auch der Verfasser von fünf Abhandlungen, deren chronologische Abfolge bislang nicht ermittelt werden konnte. Es sind dies erstens die Schrift *De processione mundi*, zweitens der *Tractatus de anima*, drittens die vermutlich von Wilhelm von Auvergne plagiierte Abhandlung *De immortalitate animae*, viertens der lange Zeit Boethius zugeschriebene Kurztraktat *De unitate* und nicht zuletzt seine wohl wirkungsmächtigste Schrift, die den Titel *De divisione philosophiae* trägt.[5]

Das Hauptaugenmerk bei der Untersuchung dieser Abhandlungen lag bislang auf der durch Gundissalinus geleisteten Aufnahme der arabisch-jüdischen Quellen, die in seine Werke eingegangenen sind. Überhaupt scheint Gundissalinus auf mehr Zuspruch von seiten der Arabistik als von seiten der Erforschung der Philosophie des lateinischen Mittelalters gestoßen zu sein. So sind uns zwar

1 Für eine ausführlichere Würdigung von Leben und Werk des Gundissalinus sowie eine Darstellung des ‚status quaestionis' der gegenwärtigen Forschung siehe Fidora 2000a.

2 Die Existenz eines genuinen Schulzusammenhangs ist für Toledo immer wieder bestritten worden, so zuletzt von Vegas González 1997. Für die vorliegenden Ausführungen ist dies jedoch unerheblich; der Begriff der Schule wird hier wie in anderen Fällen, etwa dem der Schule von Chartres, in einem weiteren Sinne gebraucht.

3 Es ist strittig, ob Avendauth identisch ist mit Johannes Hispalensis und Johannes Hispanus. Vgl. hierzu d'Alverny 1954/1956. Sowie d'Alverny 1982, hier S. 444-447.

4 Siehe zu Gundissalinus' (und Avendauths) Übersetzungen Alonso 1947.

5 Die Werke des Dominicus Gundissalinus sind an folgenden Orten veröffentlicht worden: Gundissalinus *De processione*; Gundissalinus *De anima*; Gundissalinus *De immortalitate*, übers. ins Span. in Kinoshita 1988, S. 129-149; Gundissalinus *De unitate*, davor Gundissalinus *De unitate* 1891, übers. ins Span. in Kinoshita 1988, S. 123-128; Gundissalinus *De divisione*, teilweise übersetzt ins Engl. in Grant 1974, S. 59-76.

die Quellen der lateinisch-christlichen Tradition ebenso wie die Bibelstellen[6], auf die Gundissalinus zurückgreift, durch die einzelnen Nachweise in den entsprechenden kritischen Editionen zu einem Großteil bekannt, es fehlen jedoch nähere Untersuchungen zu Gundissalinus' genauerem Umgang mit diesen Quellen. Dabei ist es durchaus verständlich, daß sich die Forschung zunächst auf das Neue an Gundissalinus stürzte, nämlich die Aufnahme arabisch-jüdischer Motive in sein Denken – und es ist unbestritten, daß genau dies geschichtlich sein philosophisches Verdienst ist. Will man jedoch diese Aufnahme des arabisch-jüdischen Denkens adäquat verstehen, so wird man danach fragen müssen, wie sich diese Integration des Fremden ins Eigene im einzelnen vollzog. Sicherlich ist es dafür wesentlich, die Rezeption des arabisch-jüdischen Denkens bei Gundissalinus im engeren Sinne zu untersuchen, mindestens genauso wesentlich in diesem Zusammenhang ist es aber zu klären, wie die lateinisch-christliche Tradition bei Gundissalinus rezipiert wurde, um mit dem neuen Denken harmonisiert werden zu können, also nach den Voraussetzungen für das Neue im Eigenen zu fragen, oder zumindest nach den Wechselwirkungen zwischen beiden.[7] Genau dies soll im folgenden anhand eines Beispiels, nämlich der Rezeption der boethianischen Wissenschaftseinteilung bei Gundissalinus, geschehen.

Boethius scheint für Gundissalinus neben Isidor von Sevilla[8] eine der wichtigsten lateinisch-christlichen Quellen gewesen zu sein. In allen seiner fünf Abhandlungen finden sich Zitate aus zahlreichen Werken des Boethius, etwa aus *De consolatione philosophiae*, *De institutione arithmetica*, *De institutione musica*, *De differentiis topicis*, *In Ciceronis topica*, *De Trinitate* u. a. m.[9] Allein die Fülle

6 Auf die wichtige Rolle der Bibel im Zusammenhang der Wissensaneignung im Toledo des ausgehenden 11. und 12. Jahrhunderts und die Notwendigkeit weiterer (Einzel-)Untersuchungen hierzu hat Klaus Reinhardt aufmerksam gemacht. Vgl. Reinhardt 1989.

7 Die Relevanz dieser Fragestellung hat Thomas Ricklin in seiner Studie über die Motive Gerhards von Cremona für seine Übersetzung des *Liber de causis* unter Beweis gestellt: „Nach den Motiven Gerhards zu fragen heißt zuallererst anzuerkennen, daß eine Übersetzung selbst im Horizont der Geschichte der Philosophie mehr ist als das bloße Zurverfügungstellen eines Textes [...] Die Übersetzungsbewegung ist, und das wird nur zu gerne übersehen, auch der Ausdruck des Bewußtseins eines Mangels, das Eingeständnis der eigenen intellektuellen Inferiorität." Vgl. Ricklin 1995, S. 69-70. Was Ricklin hier für die Übersetzungen aus dem Arabischen reklamiert, gilt in entsprechender Weise auch für die Rezeption der arabischen Philosophie in den Werken des Gundissalinus.

8 Vgl. hierzu Fidora 2000c, wo gezeigt wird, wie Isidor dem Archidiakon von Cuéllar die entsprechenden materialen und formalen hermeneutischen Grundbegriffe für die Integration der neuen arabischen Wissenschaften in den tradierten *ordo scientiarum* zur Verfügung stellt.

9 Eine vollständige Auflistung der Boethius-Zitate bei Gundissalinus hat Manuel Alonso vorgelegt; allerdings ohne eine weitergehende Interpretation derselben. Vgl. Alonso 1959.

des Materials legt nahe, daß Gundissalinus über die Werke des Boethius im Original verfügte. Dies bestätigt im übrigen auch das Manuskript 10109 (*olim* Tol. 13-6) der Biblioteca Nacional in Madrid, das aus dem Toledo des 12. Jahrhunderts stammt und neben einigen Werken des Laktanz die *Consolatio philosophiae* des Boethius enthält.[10]

Der für die Wissenschaftseinteilung des Boethius einschlägige Text aus dem zweiten Abschnitt seines Traktats *Quomodo Trinitas unus Dei ac non tres Dii*, kurz *De Trinitate* genannt, wird mindestens viermal in *De divisione philosophiae*[11] und einmal in *De processione mundi*[12] zitiert,[13] wobei Gundissalinus ausdrücklich auf Boethius als Quelle hinweist. So heißt es gleich im Prolog der *Divisio philosophiae*, in dem Gundissalinus verschiedene Grundeinteilungen[14] der Philosophie vorführt:

> Et ob hoc dicit Boethius, quod physica est inabstracta et cum motu, mathematica abstracta et cum motu, theologia vero abstracta et sine motu.[15]

Um dieses scheinbar harmlose Boethius-Referat des Gundissalinus in seiner ganzen Tragweite zu erfassen, scheint ein Blick auf die Einteilung der Philosophie des Boethius und ihr Fortleben bis zu Gundissalinus angebracht. Der entsprechende Passus aus dem bereits erwähnten zweiten Abschnitt von *De Trinitate* lautet folgendermaßen:

> Nam cum tres sint speculativae partes, ‚naturalis', in motu inabstracta ἀνυπεξαίρετος (considerat enim corporum formas cum materia, quae a corporibus actu separari non possunt [...]), ‚mathematica', sine motu inabstracta (haec enim formas corporum speculatur sine materia ac per hoc sine motu, quae formae cum in materia sint, ab his separari non possunt), ‚theologica', sine motu abstracta atque separabilis (nam dei substantia et materia et motu caret) [...][16]

---

10 Vgl. zu diesem Manuskript Rubio Fernández 1984. Leider war es mir bisher nicht möglich, weitere boethianische Manuskripte ausfindig zu machen, die Dominicus Gundissalinus hätten zugänglich sein können. Ich danke in diesem Zusammenhang Ramón Gonzálvez, dem Direktor der Biblioteca Capitular de Toledo, für seine Unterstützung. Die folgenden Ausführungen stehen mithin unter dem Vorbehalt, zukünftigen Manuskript-Befunden nicht zu widersprechen.

11 Gundissalinus *De divisione*, S. 15, 27, 36 und 113.

12 Gundissalinus *De processione*, S. 2.

13 Im folgenden beschränke ich mich auf die Diskussion der Wissenschaftseinteilung gemäß ihrer Gegenstände, die Gundissalinus in seiner Divisionsschrift vornimmt. In *De processione mundi* steht dagegen die Methodologie der Wissenschaften nach Boethius im Vordergrund, die ich andernorts behandle: Fidora 2000b.

14 Neben der im folgenden zitierten boethianischen Klassifikation finden sich Bestimmungen der Philosophie von Isidor von Sevilla und Isaak al-Israeli. Vgl. dazu Chroust 1951.

15 Gundissalinus *De divisione*, S. 15.

16 Boethius *Theologische Traktate* S. 6-8. – Zwar wurde bereits 1918 eine kritische Edition der *Opuscula sacra* für das *Corpus scriptorum ecclesiasticorum latinorum* angekündigt, doch ist diese bislang nicht erschienen. Einige Varianten (zumeist von

Boethius entwirft hier im Anschluß an das 6. und 12. Buch der *Metaphysik* des Aristoteles eine Tripartition der Philosophie in Naturphilosophie, Mathematik und Theologie, deren Kriterien er mit Hilfe von Abstraktheit und Bewegung angibt. So ist die Naturphilosophie oder Physik durch Inabstraktheit und Bewegung ihrer Gegenstände bestimmt, die Mathematik durch Inabstraktheit und Bewegungslosigkeit und die Theologie durch Abstraktheit und Bewegungslosigkeit. Die Schwierigkeit dieser Bestimmung wird insbesondere in der Definition der Mathematik als „inabstracta" sichtbar. Wie kann gerade die Mathematik, die abstrakte bzw. abstraktive Wissenschaft ‚par excellence' von Boethius als „inabstracta" bezeichnet werden?[17] Will man die Konsistenz der boethianischen Einteilung garantieren, so wird man von einem aus heutiger Sicht kontra-intuitiven Gebrauch der Qualifikation „inabstracta" ausgehen müssen. Diese dient Boethius gerade nicht zur Bezeichnung einer Leistung des Geistes, durch die die Gegenstände der Mathematik aus der Materie herausgelöst würden, sondern ist eine Beschreibung des ontologischen Status der Gegenstände der Mathematik. Diese sind ihrem Sein nach von der Materie nicht abtrennbar und insofern „inabstracta", ἀχώριστα, wie es bei Aristoteles heißt.[18] Entsprechend wird die Qualifikation „inabstracta" auch von Boethius selbst erklärt. Im Falle der Physik etwa mit dem Zusatz „formae cum materia, quae a corporibus actu separari non possunt". Das heißt, die Physik betrachtet diejenigen Formen zusammen mit ihrer Materie, die ihrem Sein nach, „actu", nicht abgetrennt werden können. Wenn dies aber die Erläuterung des Boethius zu „inabstracta" ist, so bewegt sich dieser Begriff eindeutig auf einer ontologischen Ebene. Eine epistemologische Komponente hingegen gelangt in die Einteilung des Boethius erst mit dem Bewegungskriterium. So heißt es in der zitierten Definition der Mathematik: „mathematica [...] speculatur sine materia ac per hoc sine motu." Der Art der Betrachtung ohne Materie entspricht also die

---

Manuskripten aus dem deutschen Sprachraum) bietet die Boethius-Ausgabe von Rudolf Peiper, die allen neueren Editionen zugrunde liegt: BOETHIUS *Consolatio philosophiae*.

17 In diesem Sinne definiert denn auch Isidor von Sevilla die Mathematik als Wissenschaft vom Abstrakten: „Mathematica latine dicitur doctrinalis scientia, quae abstractam considerat quantitatem. Abstracta enim quantitas est, quam intellectu a materia separantes [...] in sola ratiocinatione tractamus." ISIDORUS *Etymologiae*, I, III, praef.

18 Vgl. z. B. ARISTOTELES *Metaphysik*, VI 1, 1026a 13–16: „Denn die Physik handelt von abtrennbaren (selbständigen), aber nicht unbeweglichen Dingen, einiges zur Mathematik Gehörige betrifft Unbewegliches, das aber nicht abtrennbar [= ἀχώριστα] ist, sondern als an einem Stoff befindlich; die erste Philosophie aber handelt von sowohl abtrennbaren (selbständigen), als auch unbeweglichen Dingen." (ARISTOTELES *Metaphysik I-VI*, S. 252 und 253). Sämtliche Codices geben für die Bestimmung der Physik 'ἀχώριστα'. Die Lesart 'χώριστα' geht auf eine Konjektur Albert Schweglers zurück. Zu Recht hat Klaus Jacobi Bedenken gegen diese Korrektur des aristotelischen Textes angemeldet, der auch ohne sie einen guten, vielleicht sogar besseren Sinn gibt. Vgl. JACOBI 1995, hier S. 514.

Betrachtung ohne Bewegung, wohlgemerkt nicht die Seinsweise – genau das also, was mit Abstraktion im heutigen Sprachgebrauch als einer Leistung des Geistes bezeichnet wird. Die Qualifikation „sine" bzw. „in motu" verweist somit bei Boethius implizit auf den epistemologischen Status der Gegenstände der Erkenntnis.

Festzuhalten ist nach diesem Durchgang, daß der Abstraktionsbegriff des Boethius primär ontisch konnotiert ist, daher auch die Möglichkeit, die Mathematik als „inabstracta" zu bezeichnen. Ein noetischer Abstraktionsbegriff wird zwar mit dem Kriterium der Bewegung vorbereitet, ist jedoch insgesamt nur sehr zaghaft und ansatzweise formuliert.[19]

Dieser ontische Abstraktionsbegriff des Boethius ist nicht nur aus heutiger Sicht als kontra-intuitiv zu bezeichnen. Bereits die Boethius-Kommentatoren des 12. Jahrhunderts hatten ihre liebe Not mit ihm. Zu nennen sind hier v.a. Thierry von Chartres, Gilbert von Poitiers und Clarembald von Arras aus dem Umkreis der Schule von Chartres. Sie alle erkennen die Schwierigkeit des boethianischen Textes und bemühen sich darum, die Möglichkeit von Abstraktion innerhalb der Mathematik mit ihrer Qualifikation als „inabstracta" in Einklang zu bringen. In der entsprechenden Boethius-Vorlesung Thierrys von Chartres heißt es z. B.:

> Unde ‚sine motu' dicitur, quia res abstracte et immutabiliter considerat. ‚Inabstracta' vero dicitur mathematica eo quod ‚formas considerat' quae non possunt esse ‚sine materia'.[20]

Diese Erklärung läuft auf einen zweifachen Gebrauch von „abstracte" bzw. „inabstracta" hinaus: „Abstracte" wird hier zunächst adverbial als epistemologischer Begriff gebraucht, der die Art der Betrachtung der Gegenstände der Mathematik näher bestimmt, andererseits jedoch wird im Hinblick auf den ontologischen Status derselben von „inabstracta" gesprochen.[21] In eine nachgerade paradoxe Formulierung mündet die Schwierigkeit mit dem boethianischen Abstraktionsbegriff bei Gilbert. In seiner Exposition zu *De Trinitate* liest man im Hinblick auf die Mathematik:

> ‚Inabstracta' [vocantur] quidem eo quod inseparabilia sunt quae nisi separatim non perspicit.[22]

---

19 Bereits Bruder 1928, S. 30 erkannte die hier dargelegte Eigenart des boethianischen Abstraktionsbegriffs, als er feststellte: „[...] so deckt sich dieser Begriff der Abstraktion nicht völlig mit dem der Abstraktion im gewöhnlichen Sinne." Auf den Punkt gebracht, hat die rein ontische Auslegung von „abstracta" allerdings erst Neumann 1965, S. 36-48.

20 Theodoricus Carnotensis *Lectiones*, no. 23, S. 162.

21 Siehe zu Thierry und seinen Boethius-Kommentaren Dronke 1988. Bedauerlicherweise konzentriert sich Dronke sehr stark auf Thierrys Rezeption der boethianischen Methodologie der Wissenschaften, so daß seine Rezeption der boethianischen Bestimmung der Gegenstandsbereiche der Wissenschaften kaum diskutiert wird.

22 Gislebertus Pictavensis *In Boethium* (*De Trinitate*), S. 85, no. 31.

Damit wird der zweifache Gebrauch von „abstracta" und „inabstracta" bei Thierry auf ein anderes, für Gilbert synonymes Begriffsfeld verlagert, nämlich das der „separatio", um hier jedoch wieder in der gleichen Zweideutigkeit zu enden. Die Gegenstände der Mathematik sind zwar „inseparabilia", können aber nur „separatim" betrachtet werden.[23] Entschiedener als seine beiden Chartreser Kollegen thematisiert Clarembald die Schwierigkeiten der boethianischen Klassifikation der Mathematik in seinem Traktat zu *De Trinitate*:

> Mirum autem quod mathematicam dixit ‚inabstractam' cum propter formarum abstractarum speculationem eam esse censuit ‚sine motu'. Sed ut doceret formas mente abstractibiles naturae actu materiae inhaerere non est veritus dicere ‚inabstractam' simulque quod mathematica aliter a ‚theologica' non differret.[24]

Zum ersten Mal wird hier explizit ein Unverständnis bezüglich der boethianischen Einteilung artikuliert.[25] Damit scheint sich bei Clarembald bereits ein noetischer Abstraktionsbegriff gegenüber einem ontischen durchzusetzen. Doch wird dieser Übergang noch nicht konsequent vollzogen, denn letztlich stimmt Clarembald Boethius wieder zu, wenn er den Abstraktionsbegriff auch für die ontologische Ebene gelten läßt, wo er ohne Bedenken („non est veritus") angewandt werden kann. Entscheidender als dieses Argument ist für Clarembald jedoch vermutlich die Überlegung, daß durch eine Korrektur des boethianischen „inabstracta" zu „abstracta" die Distinktheit von Mathematik und Theologie bedroht wäre, die dann beide als „abstracta" und „sine motu" beschrieben werden müßten.

Insgesamt läßt sich beobachten, daß die zitierten Autoren das Problem erkannt haben, dennoch halten sie trotz der Schwierigkeiten bei der Interpretation des boethianischen Textes an dessen Einteilung fest, womit sie einen äquivoken Abstraktionsbegriff in Kauf nehmen, der sowohl epistemologisch als auch ontologisch gewendet werden kann und der zugleich eine nicht geringe begriffliche Unschärfe in ihre Ausführungen bringt.

Anders, und damit schließt sich der Kreis, verhält es sich bei Gundissalinus, der Boethius im bereits angeführten Prolog seiner *Divisio philosophiae* mit den Worten „mathematica, abstracta et cum motu" zitiert und damit stillschweigend

---

23 Jacobi 1995, S. 517 hat versucht, diesen Widerspruch aufzulösen, indem er Gilbert (das gleiche ließe sich entsprechend auch für Thierry behaupten) eine bewußte Unterscheidung zwischen dem Gebrauch des Wortes ‚abstrakt' bzw. ‚separatus' als Objekt zu Verben des Erkennens einerseits und als Adverb zu solchen Verben andererseits unterstellt.

24 Clarembaldus Atrebatensis, in Häring 1965, S. 112, no. 15.

25 Auch Wilhem Jansen, der vormalige Herausgeber der Kommentare des Clarembald, schließt sich dessen Unverständnis an, wenn er in seinem Vorwort erklärt: „Sonderbarerweise hat Boethius sie [= die Gegenstände der Mathematik] *inabstracta* genannt [...]" (Jansen 1926, S. 39).

die Schwierigkeit in Boethius' Text glättet.[26] Dabei ist diese Korrektur des boethianischen „inabstracta" zu „abstracta" und des „sine motu" zu „cum motu" keineswegs nur punktuell, vielmehr durchzieht sie die gesamte *Divisio philosophiae* als deren Hintergrund und wird gegen Ende der Schrift noch einmal explizit mit folgenden Worten bekräftigt:

> Ex quibus necessario tres species philosophiae theoricae proveniunt: aut est enim abstracta et sine motu ut theologia, aut inabstracta et cum motu ut naturalis, aut abstracta et cum motu ut mathematica quae est media inter utramque.[27]

Der Physik ist es also eigen, inabstrakt und in Bewegung zu sein, der Mathematik abstrakt und in Bewegung und der Theologie abstrakt und ohne Bewegung. Daß hier aus dem boethianischen „inabstracta" ein „abstracta" und aus seinem „sine motu" ein „cum motu" geworden ist, wurde lange Zeit überlesen. So erwähnt Ludwig Baur in der kritischen Edition der *Divisio philosophiae* von 1903 in seinem Hinweis auf die dem Boethius-Referat zugrundeliegende Stelle mit keinem Wort die von Gundissalinus vorgenommene Veränderung.[28] Auch Manuel Alonso beschränkt sich in seinem 1959 veröffentlichten Artikel[29] über den Einfluß des Boethius auf Gundissalinus darauf, das zitierte Boethius-Referat des Gundissalinus auf Boethius' *De Trinitate* zurückzuführen, ohne auf die signifikanten Veränderungen aufmerksam zu machen. Es ist Philip Merlans Verdienst, in seinem 1953 erschienenen Buch *From Platonism to Neoplatonism*[30] auf die Inversion der boethianischen Definition der Mathematik bei Gundissalinus hingewiesen zu haben, auch wenn er dieser insgesamt nur wenig Aufmerksamkeit schenkt. Erst 1984 hat Henri Hugonnard-Roche den Versuch einer Klärung dieser Modifikation der boethianischen Einteilung bei Gundissalinus unternommen, in der er auf die Bedeutung Avicennas in diesem Prozeß aufmerksam macht.[31]

---

26 Da, wie bereits erwähnt, eine kritische Edition der *Opuscula sacra* noch aussteht und Gundissalinus' Textvorlage nicht ausfindig gemacht werden konnte, kann nicht mit letzter Sicherheit gesagt werden, ob es sich tatsächlich um eine Korrektur des Gundissalinus handelt oder lediglich um eine Textvariante. Allerdings findet sich in der Ausgabe Boethius *Consolatio philosophiae*, S. 152, keine vergleichbar starke Variante. Nur ein Manuskript, Gothanus nos. 103 et 104, ändert „inabstracta" zu „in abstracta", läßt jedoch das Bewegungskriterium unberührt.

27 Gundissalinus *De divisione*, S. 103.

28 Vgl. Gundissalinus *De divisione*, S. 15.

29 Vgl. Alonso 1959, S. 370.

30 Vgl. Merlan 1953, S. 74: „He [= Gundissalinus] claims to quote our Boethius passage but he certainly quotes it in a most peculiar way. [...] As we see, Gundissalinus instead of quoting, quietly corrects Boethius in two ways. Whatever the resaon, he describes mathematicals as moved and perceiving that it is difficult to designate both physicals and mathematicals by any one and the same term (e.g. either as *abstracta* or as *inabstracta*) corrects Boethius for a second time." Im folgenden tendiere ich zu der umgekehrten Reihenfolge der Korrekturen.

31 Vgl. Hugonnard-Roche 1984, hier v.a. S. 46-47.

Und tatsächlich geht der Korrektur der boethianischen Definition in der *Divisio philosophiae* eine längere Avicenna-Paraphrase unmittelbar voraus, die an eine Passage aus der von Gundissalinus gemeinsam mit dem bereits erwähnten Avendauth übersetzten *Logica*, dem ersten Teil des *Buches der Genesung*, arabisch *Kitab al-Shifa*, angelehnt ist. So heißt es bei Gundissalinus:

> [...] scilicet aut speculatio de hiis, quae non sunt separata a suis materiis nec in esse nec in intellectu; aut est speculatio de hiis, quae sunt separata a materia in intellectu, non in esse; aut speculatio de hiis, quae sunt separata a materia in esse et in intellectu.[32]

In Übereinstimmung mit Avicenna teilt Gundissalinus hier die spekulativen Wissenschaften in solche, deren Gegenstände weder dem Sein noch dem Erkennen nach abgetrennt sind, in solche, deren Gegenstände zwar dem Sein nach nicht abgetrennt sind, aber dem Erkennen nach, sowie in solche, deren Gegenstände dem Sein nach und dem Erkennen nach gleichermaßen abgetrennt sind. Diesen drei spekulativen Wissenschaften werden sodann in der angeführten Reihenfolge die Namen „scientia physica sive naturalis", „scientia mathematica" und „theologia sive scientia prima" zugeordnet. Die Physik betrachtet mithin jene Gegenstände, die sowohl ontisch als auch noetisch unabgetrennt vorliegen, die Mathematik jene, die zwar ontisch nicht abgetrennt sind, aber noetisch abgetrennt werden können, und die Theologie jene, die ontisch und noetisch abgetrennt sind. Der Sache nach unterscheidet sich diese Einteilung nicht von der rechtverstandenen Klassifikation des Boethius, wohl aber begrifflich. So ist zu beachten, daß Gundissalinus in dem hier vorgestellten Zusammenhang nicht von „abstracta" und „inabstracta" spricht, sondern von „separata". Das „separari" taucht zwar bereits in Boethius' Einteilung auf, allerdings ist seine Bedeutung bei diesem noch synonym zu „abstracta" zu verstehen. Bei Gundissalinus scheint hingegen eine klare Festlegung dieses Begriffs gerade in Abhebung vom Begriff „abstracta" vorgenommen zu werden: „separata" ist zunächst eine ontologische Qualifizierung, die freilich auch epistemologisch relevant wird, insofern als das seinsmäßig Getrennte zwangsläufig auch getrennt erkannt wird. Dies wird etwa bei der gundissalinischen Abgrenzung von Mathematik und Theologie deutlich. Beide sind nach seiner Einteilung als *abstracta* zu bezeichnen, doch ist dies nur ein Teilaspekt der Bestimmung der Theologie:

> Utraque igitur abstracta dicitur, quia de rebus prout extra materiam sunt utraque loquitur. Sed mathematica agit de abstractis a materia per intellectum, theologia de

32 GUNDISSALINUS *De divisione*, S. 14. – Vgl. damit AVICENNA *Opera*, f. 2rb.: „Partes ergo scientiarum sunt aut speculatio de concipiendo ea quae sunt cum hoc quod habent in motu esse et existentiam et pendent ex materiis propriarum specierum, aut speculatio secundum quod sunt separata ab his in intellectu tantum, aut secundum quod sunt separata ab his in esse et intellectu. Prima autem pars divisionis est scientia naturalis. Secunda est disciplinalis [...] Pars vero tertia est scientia divina."

separatis a materia per effectum. Illa enim habent esse in materia, sed intelliguntur absque materia, haec vero simul habent esse et intelligi extra materiam.[33]

Die Abstraktion ist also eine Leistung des Intellekts, die Separation eine im Sein vorfindbare Bestimmung „per effectum". Was dem Sein nach abgetrennt ist („separatus"), wird auch abgetrennt erkannt („abstractus"), insofern lassen sich beide Wissenschaften nach Gundissalinus als „abstracta" bezeichnen. Umgekehrt jedoch, und auch dies läßt sich anhand der zitierten Passage erkennen, sagt das „abstracta" seinerseits nichts über den ontologischen, sondern lediglich über den epistemologischen Status des Erkannten aus. Das Erkannte kann unter Abstrahierung von der Materie erkannt werden, ohne daß es darum „per effectum", also seinsmäßig von dieser getrennt wäre. Eben dies ist der Fall der Mathematik.

Wie sich diese, im Gegensatz zu Boethius rein epistemologische Abstraktion vollzieht, beschreibt Gundissalinus abermals im Rückgriff auf Avicenna, diesmal auf das ebenfalls von ihm und Avendauth übersetzte zweite Buch des *Shifa*, De anima, folgendermaßen:

Zunächst definiert er die Abstraktion als eine bestimmte Apprehension der Form eines Gegenstandes, wobei er vier verschiedene Stufen der Abstraktion unterscheidet. Nämlich jene die durch die Sinne („visus") geschieht, jene die durch die Vorstellungskraft („imaginatio") geleistet wird, eine andere, die der Schätzung („aestimatio") eignet, und wieder eine andere, die der Vernunft („intellectus") zukommt. Durch die Abstraktion der Sinne wird eine unvollkommene Abstraktion geleistet, bei der die Dinge nur in Verbindung mit der Materie und einer Reihe akzidenteller Bestimmungen erfaßt werden. Auch die durch die Vorstellungskraft geleistete Abstraktion ist imperfekt, insofern als auch sie nur das einzelne, akzidentell Bestimmte erfassen kann. Erst die Schätzung bzw. „aestimatio" transzendiert, wie Gundissalinus sagt, das einzelne, indem sie zu den „intentiones immateriales" der Dinge vorstößt, wie etwa Gestalt, Farbe und Lage, die zwar allesamt nur in Verbindung mit der Materie sein können, die in der „aestimatio" jedoch ohne diese erfaßt werden. Diese Abstraktionsform ist nach Gundissalinus reiner als die beiden vorangestellten. Doch gibt es über sie hinausgehend noch eine vierte und letzte, die der Vernunft, die sowohl die Formen betrachtet, die bereits ihrem Sein nach als abgetrennt und damit ohne Materie vorliegen, als auch jene, die zwar in der Materie vorgefunden werden, die aber offenbar nicht zwangsläufig als ihrem Sein nach von dieser unabtrennbar gedacht werden, wie etwa die Gattungs- und Artbegriffe.[34]

Mit diesen Überlegungen legt Gundissalinus ein komplexes Abstraktionsmodell noetischer Prägung vor, das sich seinerseits auf die drei spekulativen Wissenschaften zurückbeziehen läßt. So wären nach diesem Modell die beiden

---

33 GUNDISSALINUS *De divisione*, S. 42.

34 Siehe zur hier resümierten Abstraktionslehre GUNDISSALINUS *De divisione*, S. 28-30. Vgl. damit AVICENNA *De anima*, I, 2, cap. 2, S. 114-121.

unvollständigen Abstraktionsformen, die durch die Sinne und die Vorstellungskraft stets auf das einzelne gehen, der Physik zuzuordnen. Diese ist dann insofern als inabstrakt zu bezeichnen, als die in ihr geleistete Abstraktion eine in hohem Maße defiziente ist. Die Abstraktionsform der Schätzung oder „aestimatio" kommt der Mathematik zu, die jene Dinge zu betrachten hat, die zwar ihrem Sein nach in der Materie sind, die jedoch noetisch von dieser abtrennbar sind. Insofern als die „aestimatio" in Gundissalinus' Darstellung bereits eine reinere Form der Abstraktion bezeichnet, ist die Mathematik als „abstracta" zu fassen. Die Abstraktionsform des „intellectus" hingegen, die zum einen die von der Materie bereits seinsmäßig abgetrennten Formen betrachtet sowie zum anderen jene Formen, die zwar in den Dingen vorgefunden werden, die jedoch nicht zwangsläufig in ihrem Sein an die Materie gebunden sind, eignet der Theologie, die darum als „abstracta" klassifiziert wird. Daraus wird deutlich, wie Gundissalinus zu seiner Bestimmung der Mathematik als „abstracta" gelangt, oder, wie er zuweilen präziser formuliert, als „scientia abstractiva",[35] womit der prozessuale Vorgang der noetischen Abstraktion eingeholt wird.

Offen bleibt damit zunächst noch die Frage, wieso die Mathematik, wiederum in deutlichem Gegensatz zu Boethius, bei Gundissalinus als „cum motu" bestimmt wird. Man könnte zunächst annehmen, daß es sich hier um einen äußerlichen Systemzwang handelt, denn bliebe die Qualifizierung der Mathematik des Boethius als „sine motu" unter gleichzeitigem Hinzukommen des gundissalinischen „abstracta" für das boethianische „inabstracta" erhalten, so wären damit die Grenzen zwischen Mathematik und Theologie aufgehoben. Beide würden dann als „abstracta et sine motu" bestimmt werden. Dies war auch die Sorge des Clarembald von Arras, wie bereits gezeigt wurde. Gleichwohl scheint diese Veränderung einen tieferliegenden, sachlichen Grund zu haben: Denn nachdem Gundissalinus den Abstraktionsbegriff als epistemologisches Kriterium der Einteilung der Wissenschaften festgelegt hat, führt er nun dieselbe Festsetzung auf Seiten des Bewegungskriteriums durch, das als Indikator der ontologischen Verfaßtheit der Gegenstände der spekulativen Wissenschaften fungiert. Wenn Boethius in seiner Einteilung die Gegenstände der Physik als „cum motu" bezeichnet, die der Mathematik jedoch als „sine motu" bestimmt, so hebt er damit eben nicht auf ihren ontologischen Status ab, sondern auf ihren Platz in der Ordnung der Erkenntnis, wie bereits oben ausgeführt. Wenn dagegen bei Gundissalinus die Gegenstände der Mathematik als in Bewegung befindlich beschrieben werden, so steckt dahinter die Überzeugung, daß diese ebenso wie die Gegenstände der Physik nicht für sich bestehen, sondern nur in Verbindung mit der Materie; dagegen sind die Gegenstände der Theologie, Gott, Engel usw., als „sine motu" zu qualifizieren, da sie nicht nur im Erkennen, sondern auch im Sein für sich existieren können. So wie die Bestimmung der Abstraktion von Gundissalinus als epistemologisches Kriterium unter Rückgriff auf Avicenna erfolgt ist, so steht auch bei der nun vorge-

35 GUNDISSALINUS *De divisione*, S. 28.

nommenen Festlegung der Bewegung als ontologischem Kriterium eine arabisch-jüdische Quelle im Hintergrund. Diesmal ist es ein in der *Divisio philosophiae* ebenfalls kurz zuvor paraphrasierter Abschnitt aus al-Ghazalis *Maqasid al-falasifa*. Auch diese wurden von Gundissalinus unter dem Titel *Liber philosophiae Algazelis* übersetzt. Die entsprechende Stelle in der *Divisio philosophiae* lautet:

> Omnia quae intelliguntur aut omnino sunt extra materiam et motum, nec coherent corporibus convertibilibus et mobilibus, ut deus et angelus [...] aut omnia sunt in materia et motu, ut figura et humanitas.[36]

Aus der Parallelisierung von „esse" bzw. „non esse in materia" mit „esse" bzw. „non esse in motu", die übrigens nicht von al-Ghazali stammt, sondern einen Zusatz des Gundissalinus innerhalb des ansonsten fast wörtlichen Zitats darstellt, läßt sich klar ersehen, daß Gundissalinus das Bewegungskriterium als rein ontologisches Kriterium versteht, während es bei Boethius epistemologisch verstanden wurde. Dort stand zu lesen: „mathematica [...] speculatur sine materia et per hoc sine motu", wobei der Akzent hier auf „speculatur", also auf die Betrachtung zu legen ist. Die Qualifizierung der Mathematik als „cum motu" bei Gundissalinus ist mithin nicht etwa eine lästige Konzession in der Folge der Korrektur des „inabstracta" zu „abstracta", die rein äußerlich die Distinktheit der einzelnen Wissenschaften gewährleisten soll, vielmehr bildet sie das sachliche Pendant zu der von Avicenna herkommenden noetischen Abstraktion, das von Gundissalinus in Anlehnung an al-Ghazali entwickelt wird.

An die Grenzen seiner Korrektur des Boethius, und dies soll hier nicht verschwiegen werden, gelangt Gundissalinus bei der genaueren Untersuchung der Arithmetik, die für ihn nicht nur irgendeinen Teil der Mathematik repräsentiert, sondern ihren bedeutendsten. So wird die Arithmetik von ihm folgendermaßen definiert:

> Genus eius est, quod ipsa est prima omnium matheseos disciplinarum, quae inabstracta considerat et sine motu.[37]

Die Brisanz dieser Definition liegt auf der Hand, denn gerade in dieser Weise hatte Boethius die Mathematik bestimmt, bevor er von Gundissalinus korrigiert wurde.

Man hat hierfür zwei Erklärungen gegeben: Die erste bemüht sich erst gar nicht um ein angemessenes Verständnis der Problematik, sondern begnügt sich mit der Feststellung, Gundissalinus, der ohnehin kein besonders sorgfältiger Denker gewesen sei, habe an dieser Stelle Boethius einfach abgeschrieben und dabei vergessen, ihn zu korrigieren. Diese Explikation besäße eine gewisse Plausibilität, wenn sich nachweisen ließe, daß zwischen der Korrektur der boethi-

---

36 Gundissalinus *De divisione*, S. 14. – Vgl. damit al-Ghazali *Metaphysics*, S. 3: „[...] omnia quae intelliguntur, vel sunt omnino extra materiam nec coherent corporibus convertibilibus et mobilibus, ut est ipse deus altissimus, et angelus [...]"

37 Vgl. Gundissalinus *De divisione*, S. 92.

anischen Definition im Zusammenhang mit der Mathematik und ihrer unkorrigierten Wiederaufnahme anläßlich der Arithmetik eine längere Zeitspanne nicht nur im Textsubstrat, sondern auch im Leben des Archidiakons läge. Doch schon der weitere Fortgang des Textes straft diese Hypothese Lügen, denn nur wenige Seiten nach der Behandlung der Arithmetik untersucht Gundissalinus die Geometrie, also eine weitere Unterart der Mathematik, und diese wird von ihm als „abstracta et cum motu" beschrieben, womit er seine Korrektur an Boethius wieder aufgreift.

Die zweite Erklärung weist darauf hin, daß bei Avicenna oder zumindest in Gundissalinus' Lesart des Avicenna die Zahl, „numerus", als bewegungslos, die geometrischen Figuren hingegen als bewegt gedacht werden.[38] Dies könnte Gundissalinus dazu veranlaßt haben, die Gegenstände der Arithmetik, anders als die der Geometrie, ihrem Sein nach als von der Materie getrennt, d. h. bewegungslos, zu qualifizieren. Offen bleibt dann jedoch, wieso die Arithmetik darüber hinaus auch noch inabstrakt sein soll. Es sei denn, man nimmt an, daß diese Bestimmung selbst nicht auf sachliche Gründe zurückgeht, sondern einzig die Distinktheit der Arithmetik gegenüber der Theologie zum Ausdruck bringen soll.[39]

Doch scheint die Quelle für Gundissalinus' Überlegungen an dieser Stelle nicht Avicenna zu sein, sondern der kurz vor der Bestimmung der Arithmetik als „inabstracta et sine motu" zitierte al-Farabi mit seinem von Gundissalinus übersetzten *De scientiis*. Gundissalinus gibt ihn folgendermaßen wieder:

> Numerus ergo de hiis est, quae utroque modo considerantur, in se scilicet et in materia, cum motu et sine motu.[40]

Offenbar hängt die Schwierigkeit bei der Bestimmung der Arithmetik mit eben dieser Zwittergestalt der Zahl zusammen, die auf zweierlei Weise betrachtet werden kann: einmal so, wie sie in sich ist („in se"), nämlich „sine motu", also ihrem Sein nach von der Materie abgetrennt; ein andermal zusammen mit der Materie, in Bewegung. Zusammen mit der Materie wird die Zahl nach Gundissalinus betrachtet, sofern man nach dem Zählenden und dem Gezählten fragt, dies geschieht in den Rechenkünsten, dem praktischen Teil der Arithmetik; getrennt von der Materie wird die Zahl dagegen betrachtet, wenn man nach ihren Eigenschaften fragt, etwa danach, ob sie gerade oder ungerade ist, und dies ist der theoretische Teil der Arithmetik.[41] Der praktische Teil wäre

38 Vgl. AVICENNA *Opera*, f. 2ra.

39 Siehe zu den beiden hier vorgestellten Erklärungsansätzen HUGONNARD-ROCHE 1984, S. 52-54.

40 GUNDISSALINUS *De divisione*, S. 90. – In Gundissalinus' Übersetzung von al-Farabis *De scientiis* heißt es: „Arithmetica est scientia de numero. Numerus vero duobus modis consideratur: in se et in materia. Ideo arithmetica alia est practica, alia est theorica." GUNDISSALINUS *De scientiis*, S. 85.

41 GUNDISSALINUS *De divisione*, S. 90: „Numerus enim in se consideratur, cum eius essentia et proprietates tantum attenditur, sicut quando accipitur abstractus ab omni

damit als „inabstracta et cum motu“ zu bestimmen; der theoretische als „abstracta et sine motu“. Der gundissalinische Vorschlag, die Mathematik als „media inter utramque“ zu beschreiben, d. h. als Mittleres zwischen Physik und Theologie,[42] ist offenbar in bezug auf die Arithmetik so zu verstehen, daß sich die Arithmetik von diesen beiden genannten Wissenschaften nicht im Hinblick auf die Kombination des Abstraktions- und des Bewegungskriteriums unterscheidet, sondern alle vier diesbezüglich denkbaren Ausprägungen in sich vereinigt. Vor diesem Hintergrund ist die Bestimmung der Arithmetik als „inabstracta et sine motu“ in gewisser Weise ungenügend, da sich in ihr jeweils nur eine Bestimmung des praktischen und eine des theoretischen Teils der Arithmetik wiederfinden lassen. Andererseits jedoch wird die Definition der Arithmetik durch diese asymmetrische Verschränkung der Kriterien selbst zu einer Chiffre für die von Gundissalinus eingeführte Zwittergestalt des Wesens der Zahl.

Bei alledem gilt es jedoch zu beachten, daß Gundissalinus seine Boethius-Korrektur keineswegs zurücknimmt, vielmehr stellt sich ihm hier ein neues, viel weiterreichendes Problem, nämlich die Frage nach dem Wesen der Zahl und damit zugleich nach dem Verhältnis von Arithmetik und Physik einerseits sowie von Arithmetik und Theologie andererseits. Denn daß unter Abstraktion auch an dieser Stelle eine noetische Leistung zu verstehen ist und unter dem Bewegunskriterium ein ontologisches Argument, scheint unzweifelhaft.

Aufs Ganze gesehen zeigt sich damit eine nicht uninteressante terminologische Entwicklung des Abstraktionsbegriffs: Bei Boethius noch durch und durch ontisch konnotiert, bei seinen späteren Kommentatoren aus dem Umkreis der Schule von Chartres bereits äquivok in ontischer und noetischer Hinsicht gebraucht, wird der Begriff der Abstraktion bei Gundissalinus zu einem rein epistemologischen Konzept.[43] Hinter diesem terminologischen Wechsel läßt sich womöglich ein noch bedeutenderer Wandel konstatieren: Denn indiziert dieser terminologische Wechsel nicht zugleich den Übergang von einem primär ontologisch orientierten Denken zu einem viel stärker epistemologisch ausgerichteten Paradigma?

Doch sollen diese Fäden hier nicht weiter gesponnen werden; statt dessen soll auf das ursprüngliche Anliegen zurückgekommen werden. Eingangs wurde darauf verwiesen, daß es von nicht geringer Bedeutung ist, nach der Rezeption der eigenen Tradition zu fragen, um die Integration des Neuen zu verstehen. Im

sensato [...] In materia consideratur, cum attenditur ut aliquid eo numeretur, quemadmodum utentur eo in commerciis et in negotiationibus saecularibus. [...] Illa vero consideratio, qua numerus in se attenditur, dicitur theorica vel speculativa. Qua vero consideratur in materia, dicitur practica vel activa.“

42 Gundissalinus *De divisione*, S. 103.

43 Gundissalinus antizipiert damit in gewisser Weise die von Thomas von Aquin eingeführte Distinktion von noetischer Abstraktion und ontischer Separation, die dieser in seinem Kommentar zu Boethius' *De trinitate* vornimmt. Vgl. hierzu neben Neumann 1965, S. 79-96, auch Geiger 1947.

Falle der Rezeption der boethianischen Wissenschaftseinteilung stießen die Chartreser Kommentatoren auf zahlreiche Schwierigkeiten, die sie jedoch angesichts eines fehlenden, eindeutig bestimmten noetischen Abstraktionsbegriffs nicht klar fassen und lösen konnten. Ein solcher scheint jedoch mit Avicennas Abstraktionstheorie und der klaren Unterscheidung von noetisch abstrahierbar und ontisch separierbar gefunden zu sein. Ergänzt wird diese Abstraktionstheorie ihrerseits durch die an al-Ghazali anknüpfende und zugleich über ihn hinausgehende ontologische Bestimmung der Gegenstände der Wissenschaften anhand des Bewegungskriteriums. In beiden Fällen, und dies ist entscheidend, erkennt Gundissalinus das in der arabisch-jüdischen Tradition vorhandene Potential sowie dessen Relevanz für den boethianischen Ansatz, den er eben darum nicht nur rezipiert, sondern revidiert.

Diese Rezeption oder besser Revision der boethianischen Wissenschaftseinteilung liefert damit ein hervorragendes Beispiel dafür, wie sich die Integration des Neuen gerade auf der Grundlage der eigenen Tradition und ihrer immanenten Probleme und Fragestellungen vollzieht. Dominicus Gundissalinus zeigt sich, zumindest was seine Behandlung der boethianischen Wissenschaftseinteilung anbelangt, nicht etwa als der unüberlegte Kompilator, für den er gern gehalten wird, der ohne Rücksicht auf die Kompatibilität der exzerpierten Texte diese hintereinanderreiht. Vielmehr erweist sich der Archidiakon von Cuéllar in dem hier angeführten Fall als durchaus eigenständiger und mutiger Denker, der die Schwierigkeiten der eigenen Tradition ebenso wie das Potential des fremden Denkens realistisch einzuschätzen und zu nutzen weiß.

„... rationibus ... malitiam impugnare" Zur Theologiekonzeption des Nikolaus von Amiens[1]

von Mechthild Dreyer

I.

Seit ihren Anfängen beansprucht die christliche Religion, einen Gott zu verkünden, der sich als die unbedingte, nicht zu überbietende Wahrheit von allem und für alle geoffenbart hat.[2] Die christlichen Glaubenslehren wollen daher nicht nur Erkenntnisse vom Ganzen der Wirklichkeit sein, die durch andere nicht abgelöst werden können. Sie wollen zugleich auch allem Geschaffenen den Weg zum Heil weisen. Infolgedessen beanspruchen sie auf universale Weise deskriptive Wahrheit wie präskriptive Richtigkeit. Daß dieser Anspruch zugleich zum Ausweis seiner Berechtigung nötigt, hat bereits das frühe Christentum gesehen, wenn in 1 Petr 3 15 von den Gläubigen gefordert wird, „allzeit bereit [zu sein] zur Verantwortung gegenüber einem jeden, der von euch Rechenschaft über eure Hoffnung fordert". In dem Wissen um die Notwendigkeit, die eigenen Überzeugungen durch den Rekurs auf ihre Gründe transparent zu machen und den eigenen Standpunkt damit reflexiv einzuholen, wird deutlich, daß das christliche Nachdenken über den eigenen Glauben von Anfang an auch die Frage nach der Gewißheit seiner Inhalte zu beantworten sucht. Insofern es also seit jeher mit zur christlichen Glaubensreflexion gehört, den Nachweis erbringen zu wollen, daß die eigene Welt- und Lebensdeutung begründet und damit gewiss ist, ist dieser Reflexion immer ein Moment von Theologie eigen. Dennoch wird man von einer Theologie als Wissenschaft erst dann sprechen können, wenn die Glaubensreflexion nicht nur die Gewißheit ihres Wissens mit Gründen ausweist, sondern sie auch die übrigen Merkmale wissenschaftlichen Wissens besitzt. Zur Begründetheit der Glaubensreflexion muß der methodische, d. h. letztlich der nach den Regeln der Logik sich vollziehende Umgang mit den eigenen Inhalten hinzutreten. Die Glaubensreflexion muß ferner systematisch, d. h. unter Beachtung der Konsistenz, Vollständigkeit und des

1 Der nachfolgende Beitrag gibt in verknappter Form einige Überlegungen wieder, die demnächst unter dem Titel *Teologia e razionalità scientifica nei secoli xi e xii* in der Reihe „Storia della teologia medievale", Bd. 24, erscheinen werden. Vgl. zum Ganzen ferner Dreyer 1996.

2 Vgl. hierzu und zum Folgenden u. a. Zimmermann 1981; Honnefelder 1988; Honnefelder 1992.

Zusammenhangs mit anderen Wissenseinheiten erfolgen, und ihre Aussagen müssen eine probable oder im Idealfall sogar notwendige Geltung beanspruchen können.

Ansätze zur Ausbildung einer theologischen Wissenschaft finden sich im lateinischen Westen seit dem 9. Jahrhundert, also seit der Zeit der sogenannten Karolingischen Renaissance.[3] Karl der Große und seine Nachfolger sehen insbesondere in der Stabilität eines den vielen verschiedenen Volksgruppen gemeinsamen christlichen Glaubens die beste Garantie für die Aufrechterhaltung der Einheit des fränkischen Reiches und fördern daher alle Bemühungen, das christliche Glaubenswissen in seiner Einheit zu erfassen und zu erhalten. Hierzu gehört zum einen die klare und vollständige Erklärung dessen, was die genuinen Quellen des christlichen Glaubens, die Schriften des Alten und des Neuen Testamentes, lehren. Hierzu gehört zum anderen die Verteidigung des Glaubens angesichts doktrineller Angriffe. So setzt man sich mit divergierenden Interpretationen des christlichen Glaubens auseinander, insbesondere mit denen, die als häretisch gelten und somit die größte Gefahr für die Einheit des Glaubens darstellen. Gegen die Versuche der Häretiker, die Glaubensgeheimnisse mit den Mitteln der natürlichen Vernunft und in Abgrenzung von der als verbindlich empfundenen Deutung der Tradition zu interpretieren, führt man Zeugnisse eben dieser Tradition an, um den Irrtum der Häretiker deutlich zu dokumentieren. Die Texte der Kirchenväter, der Konzilien und der Liturgie treten bei der Entscheidung strittiger Glaubensfragen neben die Hl. Schrift als ultimative Bezugsgröße. Diese beiden Argumentationsschritte reichen jedoch allein nicht aus, weil auch die häretischen Positionen mit Verweisen auf Texte der Schrift und der Tradition legitimiert werden. Es erweist sich daher als notwendig, sich in der theologischen Auseinandersetzung einer Prüfinstanz zu bedienen, die das wahre vom falschen Argument unterscheiden kann. In der natürlichen Vernunft und ihren Hilfsmitteln glaubt man eine solche Instanz zu finden.

Die Inanspruchnahme der Vernunft durch die offizielle Theologie unterscheidet sich von der durch die Häretiker vor allem darin, daß sie ein kritisches Verhältnis zur Vernunft entwickelt, indem sie vor dem Hintergrund des Glaubens die Reichweite und Leistungsfähigkeit der Vernunft thematisiert: Die göttliche Offenbarung bedürfe zwar der natürlichen Vernunft zu ihrer Deutung, weil sie in menschlicher Sprache erfolgt sei. Da aber der Bereich des Göttlichen von allem Kreatürlichen deutlich unterschieden sei, reiche eine Vernunft, deren Instrumente nur das Geschaffene angemessen erfassen könnten, zur genauen Erkenntnis der Transzendenz letztlich nicht aus. Hier biete die Glaubenserkenntnis eine größere Einsicht. Infolgedessen bedürfe die Vernunft, um ihrem Gegenstand entsprechend angemessen benutzt werden zu können, im Bereich des Glaubensdinge der Leitung durch die Glaubenseinsicht.

---

3 Vgl. zum Folgenden D'Onofrio 1991. Vgl. ferner D'Onofrio 1990.

Repräsentiert sieht man die natürliche Vernunft in den „septem artes liberales", die im Zuge der Karolingischen Bildungsreform im Christentum einen neuen Stellenwert gewinnen.[4] Sie gelten als die von den Römern ererbte Wissenschaft, als der Inbegriff des wertvollsten Geistesgutes der Antike. Daß die Indienstnahme der ‚artes liberales' für eine sachgerechte Erschließung der Inhalte des christlichen Glaubens berechtigt ist, darin sehen sich die mittelalterlichen Theologen von der Karolingischen Ära an bis in die nachfolgenden Jahrhunderte durch die Zeugnisse der christlichen Tradition, insbesondere durch die Äußerungen des Augustinus bestätigt. An Augustinus orientiert man sich bis in das 12. Jahrhundert hinein auch, wenn man die ‚artes liberales' als Propädeutik der christlichen Theologie bestimmt, die man als „vera philosophia" in Abgrenzung zur paganen Philosophie fasst. Unter dem Gesichtspunkt der formalen Bildung glaubt man in den ‚artes' einen Weg zur geistigen und göttlichen Welt und unter dem Gesichtspunkt ihres materialen Bildungswertes eine nützliche Hilfe zum Verständnis der Bibel zu haben. Der für die Frage nach der Wissenschaftlichkeit der Theologie entscheidende Aspekt der ‚artes'-Bildung aber ist die Methode. Insofern die Disziplinen der ‚artes' ihrem Selbstverständnis nach Wissen sind, das aus Regeln und Vorschriften besteht und damit methodisch ist, bedeutet ihre Inanspruchnahme im Rahmen der christlichen Glaubensreflexion, daß diese Reflexion selbst methodisch wird und damit ein wesentliches Moment von Wissenschaftlichkeit erhält.

Von den sieben Disziplinen der ‚artes liberales' wird für die Beschäftigung mit den Inhalten des christlichen Glaubens zunächst die Grammatik von Bedeutung. In dem Maß jedoch, in dem jenseits eines grammatisch korrekt rekonstruierten Textes der Sinn der Worte angesichts theologischer Kontroversen und Häresien fraglich wird und in dem in der schriftlichen Tradition selbst scheinbare oder tatsächliche Widersprüche entdeckt werden, in dem Maß erweist sich eine Inanspruchnahme dialektischer, d. h. logischer Methoden als notwendig. Dies gilt insbesondere dort, wo der Rekurs auf Autoritätsargumente allein unbefriedigend bleibt. Für das 9. Jahrhundert zeigt sich dieser Vorgang paradigmatisch im Prädestinationsstreit, für das 11. Jahrhundert beispielhaft im Eucharistiestreit.

II.

In der Geschichte der Entwicklung der Wissenschaften, wie sie sich in Europa vollzieht, kommt dem 12. und dem 13. Jahrhundert, bezogen auf den Bereich des lateinischen Westens, eine besondere Stellung zu.[5] Durch unterschiedliche Faktoren ausgelöst, entwickelt sich im 12. Jahrhundert eine Krise lebensweltli-

4 Vgl. hierzu und zum Folgenden Englisch 1994; Illmer 1979; Klinkenberg 1971; Marrou 1969; Hödl/Schipperges 1980; Hadot 1984.

5 Vgl. Nelson 1977; Classen 1981; Wieland 1986.

chen Wissens und in ihrem Gefolge eine Auseinandersetzung um die Gestaltung von Bewusstseinsstrukturen,[6] in welcher auch der universale Orientierungsanspruch der christlichen Glaubenslehre in Frage gestellt wird, sei es durch häretische Strömungen, wie etwa den Manichäismus oder durch die als wachsende Konkurrenz empfundenen Religionen des Judentums und des Islams. In dieser Krise breiten sich Strukturen des Rationalen in allen gesellschaftlichen und kulturellen Bereichen und damit auch auf dem Gebiet des christlichen Glaubenswissens immer stärker aus. Ertrag dieses Zuges zur Rationalisierung im 12. Jahrhundert stellt zum einen die Entstehung der Wissenschaften von Medizin und Jurisprudenz dar. Zum anderen entwickeln sich Versuche, auch die christliche Glaubenslehre an den anerkannten obersten Maßstäben von Rationalität auszurichten, wie sie in den ‚artes liberales' vorgegeben sind, um auf diese Weise zu zeigen, daß auch das christliche Glaubenswissen wissenschaftsfähig ist.[7] Anders als im 9. und 11. Jahrhundert wird das Glaubenswissen als Ganzes diesen methodischen Standards unterworfen und systematisch reorganisiert. Zudem entlehnt man nicht nur dem grammatisch-dialektischen Bereich und damit dem „trivium", sondern auch der Geometrie als einer Disziplin des „quadrivium" die Vorbilder für die eigene methodische Vorgehensweise. Da die Inhalte der ‚artes liberales' der antiken Philosophie und Wissenschaft entlehnt sind, bedeutet die formale Orientierung der Theologie an den Wissensgestalten des „trivium" und des „quadrivium" zugleich Bezugnahme auf die methodische Gestalt von Vernunft, wie sie in der antiken Philosophie als Rationalitätsstandard einer wissenschaftlichen Wissensorganisation ausgeprägt worden ist.

Der Prozess der Selbstkonstitution der Wissenschaft, der das wohl wesentliche Moment der Theologie im 12. Jahrhundert bezeichnet,[8] wird zum einen ermöglicht durch den Rekurs auf die Standards der ‚artes liberales', durch die intensive Auseinandersetzung mit den Werken des Boethius sowie durch die zunehmende Tendenz zur Systematisierung des theologischen Stoffes, die zur Entwicklung der literarischen Gattungen der Sentenzensammlung wie der Summe führt. Dies sind auch die wesentlichen Momente, der sich die Theologiekonzeption der *Ars fidei catholicae* des Nikolaus von Amiens verdankt: die Orientierung am methodischen Standard der Geometrie als ‚artes'-Disziplin und an den methodologischen Überlegungen des Boethius in *De hebdomadibus* sowie der Bezug auf die Systematisierungsarbeit der Sentenzensammlungen.

---

6 Vgl. hierzu NELSON 1977, S. 143.

7 Vgl. hierzu und zum Folgenden KLUXEN 1981.

8 Vgl. KOCH 1973; SCHRIMPF 1989; LOHR 1981; LOHR 1985; EVANS 1980a. Wissenschaft umfasst in dem hier gemeinten Sinn sowohl den Aspekt der Theorie in Hinsicht auf ein Weltverständnis – gefasst als Satzsystem samt den dazu gehörigen Erklärungen oder als Erkenntnis aus Ursachen mit begrifflichen Mitteln zum Zweck der Formulierung allgemeiner Aussagen – als auch den des existentiellen Vollzugs und der gesellschaftlichen Institution. Vgl. dazu KLUXEN 1981, S. 276-278.

III.

Die *Ars fidei catholicae* des Nikolaus von Amiens lässt sich ihrer Struktur nach als Versuch beschreiben, die Inhalte des christlichen Glaubens ausgehend von ersten Sätzen abzuleiten. Ein solches Unternehmen ist in der zweiten Hälfte des 12. Jahrhunderts nicht ungewöhnlich. In dieser Zeit entsteht eine Reihe von Texten, die man als verschiedene Versuche auffassen kann, ausgehend von ersten Sätzen, denen man Gewißheit zuspricht, kontroverstheologische Problemzusammenhänge zu lösen. Sätze dieser Art liegen – wie erwähnt – in den ebenfalls im 12. Jahrhundert ausgebildeten „sententiae" vor, die einen hinreichenden Allgemeinheits- und Notwendigkeits- oder Wahrscheinlichkeitsgrad besitzen, um als Prämissen in einem Beweis fungieren zu können. Man kann indes nicht immer deutlich unterscheiden, ob die Texte, die sich auf solche Sätze als Ausgangssätze ihrer Argumentation stützen, ihre Beweisgänge topisch oder apodeiktisch organisieren. Zu Werken dieser Art gehören die sogenannte *Zwettler Summe* des Petrus von Wien und die *Sententiae* des Petrus von Poitiers. In beiden Schriften wird ausdrücklich eine Reihe von Sätzen ausgezeichnet, die als Regeln im Kontext theologischer Erörterungen verwendet werden, ohne daß allerdings im Zuge ihrer Benutzung strenge Ableitungsverhältnisse hergestellt würden. Hinzu kommt, daß sich in beiden Fällen die Verfasser nicht auf die regulare Verfahrensweise beschränken, sondern daneben noch andere Methoden in Anspruch nehmen. Eine andere Variante abgeschwächt apodeiktischer Vorgehensweise findet sich im *Liber XXIV philosophorum*. Er umfasst 24 Definitionen zum Gottesbegriff, stereotyp beginnend mit den Worten: „Deus est ...", sowie ein kurzes, an die Definitionen sich anschließendes Textstück. In der *Zwettler Summe*, in den *Sententiae* des Petrus von Poitiers und im *Liber XXIV philosophorum* wird das Verfahren der Apodeiktik und ihrer Varianten nur begrenzt benutzt, sei es als Mittel unter anderen zur Lösung von Problemen, sei es zur Entfaltung eines Aspekts oder eines Teilgegenstandes einer Disziplin. In den *Regulae caelestis iuris* des Alanus ab Insulis und in der *Ars fidei catholicae* des Nikolaus von Amiens dagegen wird diese Methode ausschließlich und bezogen auf die gesamte Disziplin der Theologie in Anspruch genommen.[9]

Streng nach dem Muster der euklidischen Geometrie, d. h. im Ausgang von ersten, des Beweises weder fähigen noch bedürftigen Sätzen unterschiedlicher Gattungen versucht Nikolaus von Amiens in der *Ars fidei catholicae* den Gesamtbereich der Theologie zu rekonstruieren.[10] Die Schrift ist zwischen 1187 und 1191 entstanden. Der Prolog gibt Auskunft über die Intention des Werkes.[11] Die Häresien nicht näher genannter christlicher Sekten und die Lehre

---

9 Vgl. zum Folgenden CHENU 1973; EVANS 1980b.

10 Vgl. DREYER 1993.

11 „Partes occidentalis imperii tot sectarum haeresibus corruptas officiosissime contemplatus, aegre sustinui adeo invalescentem merito peccaminum in confessione Christiani nominis corruptelam, cum ad instar cancri serpens et palam iam se prodere non

Mohammeds, die beide die Kirche bedrohen, sollen wirksam bekämpft werden. Da dem Verfasser weder die nötigen körperlichen Kräfte zu Gebote stünden, um dies mit äußerer Gewalt zu tun, noch ihm die Gnade zuteil geworden sei, Wunder zu wirken, wie es die Väter in solch einer Situation getan hätten, aber auch die „auctoritates" des *Alten* und des *Neuen Testamentes* nicht mehr wie in der Vergangenheit allein überzeugten, müsse er versuchen, die Bosheit der Gegner mit Argumenten zu bekämpfen („rationibus eorum malitiam impugnare").[12] Er habe daher taugliche Beweisgründe des Glaubens („probabiles nostrae fidei rationes"), denen ein einsichtsvoller Verstand kaum zu widerstehen vermag, auf gelehrtere, d. h. der Wissenschaft entsprechendere Weise geordnet, so daß, wer Weissagung oder Evangelium verachte, dazu geführt werde, wenigstens menschlichen Beweisgründen recht zu geben.[13] daß er mit einer solchen Vorgehensweise keineswegs einer rationalistischen Glaubenskonzeption Vorschub leisten will, stellt Nikolaus deutlich heraus: Die Beweise, die er anführen will, sollen zwar zum Glauben führen, reichten aber dennoch nicht aus, um ihn auch voll zu ergreifen, so daß der Gnadencharakter des Glaubens nicht aufgehoben werde.[14]

Das Argumentationsmuster, das in diesen ersten Abschnitten des Prologs zur *Ars fidei catholicae* begegnet, findet sich auch in anderen zeitgenössischen Texten: Konstatiert werden Anfechtungen gegen die überkommenen, auch vom Verfasser der Schrift als wahr vertretenen Grundüberzeugungen des christlichen Glaubens. In Gestalt von Häresien, d. h. von Lehren, die von den offiziellen kirchlichen Überzeugungen abweichen, sind sie aus der eigenen Tradition hin-

---

formidans ecclesiae scandalum grave pariat et irreparabile detrimentum. Ceterum terrae orientalis incolae ridiculosa Machometi doctrina seducti his praecipue temporibus non solum verbis sed armis professores Christianae fidei persequuntur." NICOLAUS AMBIANENSIS *Ars*, S. 76, 7-14.

12 „Ego vero cum viribus corporis non possim resistere, temptavi saltem rationibus eorum malitiam impugnare. Porro sancti patres Iudaeos a pertinacia, gentiles ab erroribus virtute miraculorum recedere facientes, auctoritatibus veteris et novi testamenti productis in medium comprobatam fidem catholicam ampliaverunt. Sed nec miraculorum gratia mihi collata est nec ad convincendas haereses sufficit auctoritates inducere, cum illas moderni haeretici aut prorsus respuant aut pervertant." NICOLAUS AMBIANENSIS *Ars*, S. 76, 15-22.

13 „Probabiles igitur nostrae fidei rationes, quibus perspicax ingenium vix possit resistere, studiosius ordinavi, ut qui prophetiae vel evangelio contemnit, acquiescere humanis saltem rationibus inducatur." NICOLAUS AMBIANENSIS *Ars*, S. 77, 1-3. daß der Terminus „probabiles" nicht im Sinne von „wahrscheinlich", sondern – wie übersetzt – von „tauglich", „anerkennenswert" zu verstehen ist, geht aus dem Folgenden eindeutig hervor.

14 „Hae vero probationes etsi hominem ad credendum inducant, non tamen ad fidem plene capessendam sufficiunt. Usquequaque fides enim non habet meritum, cui humana ratio experimentum praebet ad plenum." NICOLAUS AMBIANENSIS *Ars*, S. 77, 3-6.

länglich vertraut, da gegen solche Anfeindungen ja bereits Boethius gekämpft hatte. Mit dem Stichwort der ‚Machometi doctrina' aber benennt Nikolaus die, bis dahin nur in Form des Judentums dem Christentum begegnende, Gegnerschaft einer konkurrierenden Religion, mit der man nur geringe doktrinelle Gemeinsamkeiten hat. Gerade diese zweite Form der Opposition, die gänzlich verschiedene Sinn- und Lebensdeutung, aber macht es geradezu unmöglich, sich in der Auseinandersetzung – wie es bei Häresien durchaus in begrenztem Maß erfolgversprechend wäre – auf Autoritätsargumente zu berufen, weil angesichts der wenigen Gemeinsamkeiten die Zahl möglicher, von beiden Seiten zugleich anerkannter Autoritäten verschwindend gering ist. Es ist infolgedessen nur konsequent, wenn Nikolaus sich ausschließlich auf Vernunftargumente zum Ausweis der Richtigkeit der von ihm vertretenen theologischen Positionen berufen will.

Wie die Floskel „studiosius ordinavi" andeutet, will jedoch Nikolaus den Gegner nicht nur mit Beweisgründen, die gänzlich vernunftbestimmt sind, bezwingen, sondern auch mit einer bestimmten Anordnung der Argumente, die er mit dem Begriff „modus artis" näher kennzeichnet. Nach Art einer *ars* komponiert – so führt Nikolaus aus – enthalte seine Schrift Definitionen („diffinitiones"), Einteilungen („divisiones") und Beweisprämissen („propositiones"), d. h. Axiome, die das Behauptete aufgrund eines „ars"-gemäßen Fortganges („artificioso processu") beweisen.[15] Eine „ars"-gemäße Vorgehensweise ist eine solche, die eine Behauptung als die Schlußfolgerung eines Argumentationszusammenhanges erweist, dessen Prämissen Sätze von unterschiedlichem Status sein können oder – anders gewendet – welche die Wahrheit einer Behauptung mit Hilfe eines streng deduktiven Verfahrens erweist. Diese seinem Werk zugrundeliegende Methode ist für Nikolaus wohl auch der Anlass, seiner Schrift den Titel *Ars fidei catholicae* zu geben. Mit dieser Benennung stellt er die Theologie ganz im Sinne des Boethius und seiner Kommentatoren in eine Reihe mit den ‚artes', den anderen Disziplinen der zeitgenössischen Wissenschaftslandschaft. Diese von Nikolaus vorgenommene Gleichsetzung von „ars"-gemäßer Methode und deduktivem Verfahren impliziert darüber hinaus auch, daß er im Blick auf die Vielfalt der ‚artes' oder „scientiae" einen Methodenmonismus vertritt.

Am Ende des Prologs geht Nikolaus noch einmal auf die verschiedenen Satzgruppen ein, aus denen er alle theologischen Inhalte ableiten will, um sie in ihrem methodologischen Status genau zu beschreiben. Zu Beginn des ersten Buches werden dann diese Sätze der Reihe nach angegeben, geordnet nach Definitionen („descriptiones"), Petitionen („petitiones") sowie Axiomen („communes animi conceptiones"). Ohne sein Vorbild zu nennen, formuliert Nikolaus von Amiens mit der Aufstellung dieser drei Satzgruppen nicht nur wie

15 „Nempe hanc editionem artem fidei catholicae merito appellavi. In modum enim artis composita diffinitiones, divisiones continet et propositiones artificioso processu propositum comprobantes." NICOLAUS AMBIANENSIS *Ars*, S. 77, 13-15.

Euklid in seinen *Elementen* ein dreigliedriges Prinzipieninstrumentarium, mit dessen Hilfe wissenschaftliche Inhalte deduziert werden sollen, sondern er bestimmt auch den methodologischen Status der Prinzipien genau wie dieser. Die Definitionen, die Nikolaus anführt, beziehen sich nur auf die Sachverhalte, die im ersten der fünf Bücher der „Ars" zur Sprache kommen, weshalb er zu Beginn der Bücher II, IV und V nochmals eigene Definitionen aufstellt, bevor er dann neue Themen behandelt. Auch diese Vorgehensweise entspricht dem euklidischen Vorbild. Dagegen gelten die zu Beginn des ersten Buches formulierten Petitionen und Axiome für die gesamte Schrift. Alle Aussagen, die in diesen drei Satzgruppen zusammengefasst sind, zeichnen sich durch einen hohen Allgemeinheitsgrad aus, was zur Folge hat, daß sie frei von theologiespezifischen Inhalten sind. So bestimmen die Definitionen Begriffe wie Ursache, Substanz, Materie und Form. Die Petitionen benennen Annahmen, die den Kausalitätsbegriff betreffen. Von den Axiomen thematisieren die beiden ersten ebenfalls Sachverhalte, die im Kontext des Ursachenproblems anzusiedeln sind. Von den fünf übrigen nennen zwei die Grundvoraussetzungen der anselmischen Satisfaktionslehre, die, mit dem Ende des zweiten Buches einsetzend, Gegenstand des dritten Buches der *Ars* ist.[16] Die Definitionen, die zu Beginn des zweiten Buches von Nikolaus eingeführt werden, bestimmen die ethischen Grundbegriffe, die im Kontext einer Schöpfungs- und Erlösungslehre Anwendung finden. Wie die des ersten Buches sind auch sie sehr allgemein gehalten. Lediglich ihre Auswahl zeigt eine leichte theologische Imprägnierung. Erst den beiden letzten Büchern sind Definitionen spezifisch theologischer Begriffe vorangestellt.

Im Anschluß an die Formulierung der Prinzipien beginnt jeweils das eigentliche Beweisverfahren, mit dessen Hilfe alle wesentlichen Inhalte des christlichen Glaubens aus diesen ersten Sätzen und gegebenenfalls aus bereits bewiesenen Ableitungen deduziert werden sollen. Diese Ableitungen nennt Nikolaus Sätze („propositiones") oder – ebenso wie Euklid – Theoreme („theoremata"). Entsprechend ihren Inhalten sind sie zu fünf Büchern zusammengefasst. Das erste Buch behandelt die Gottes- und Trinitätslehre vom Standpunkt der Kausalität aus, das zweite die Schöpfung der Welt sowie das Problem des freien Willens, das dritte die Inkarnation des Gottessohnes, das vierte die Sakramente der Kirche und das abschließende fünfte Buch schließlich befasst sich mit der Auferstehung als dem Zentralthema der Eschatologie. Die Reihenfolge der Themen der *Ars fidei catholicae* entspricht der des Sentenzenwerks des Petrus Lombardus, nur daß die *Libri IV Sententiarum* die beiden letzten zusammen in einem Buch behandeln.

Kennzeichnend für die Theologiekonzeption der *Ars* ist ihr gleichsam theologie-neutraler Einstieg. An keiner Stelle seines Prologs kommt Nikolaus auf

16 „Iniuriosus tanto maiori dignus est poena, quanto maior est, cui infertur iniuria. Iuxta dignitatem eius, contra quem peccatum est, debet satisfactio compensari." Nicolaus Ambianensis *Ars*, S. 79, 13-16.

irgendwelche Grenzen hinsichtlich der Einsicht der von ihm aufgestellten Prinzipiengruppen zu sprechen. Zudem formuliert keine der von ihm gewählten „petitiones" und communes „animi conceptiones" Aussagen, die speziell theologischer Natur sind. Bei den „descriptiones" verhält es sich ähnlich. Die Definitionen des ersten Buches sind frei von jedem theologischen Gehalt. Dies ändert sich allerdings in dem Maße, in dem die Argumentation sich von der Gotteslehre, dem Gegenstand des ersten Buches, entfernt. Diese Akzentverschiebung der „descriptiones" fällt insofern für die Gesamtausrichtung der Argumentation nicht ins Gewicht, als es hier lediglich um begriffliche Fixierungen geht, von deren Zustimmung nichts abhängt. Von entscheidender Bedeutung für die Gedankenführung sind demgegenüber die „petitiones" und „communes animi conceptiones", weil sie vom jeweiligen Argumentationspartner Zustimmung zu Inhalten verlangen. Daß beide Gruppen von Voraussetzungen keine spezifisch theologischen Gehalte haben, sondern mindestens zur Hälfte Grundaussagen einer „scientia naturalis" sind, belegt deutlich die Intention des Nikolaus, seine theologische Argumentation auf Prämissen zu errichten, die sehr allgemein gehalten sind und so einer möglichst breiten, d. h. in diesem Fall einer religionsunabhängigen Zustimmung sicher sein können. Dies ist geboten angesichts des Umstandes, daß eine der von ihm bezeichneten Adressatengruppen, die Anhänger des Islams, religionsverschiedene Gegner sind, mit denen man weit weniger inhaltliche Gemeinsamkeiten teilt als beispielsweise mit lediglich konfessionsverschiedenen Dialogpartnern. Zudem ist das Ergebnis einer Überlegung, die auf vergleichsweise allgemein gehaltenen Prämissen beruht, bei weitem zwingender als eine, die ihren Ausgangspunkt von inhaltsreichen Voraussetzungen nimmt, wenngleich Nikolaus im Prolog seiner Schrift behauptet, daß seine Beweise zwar zum Glauben führen sollen, aber nicht ausreichten, den Glauben fest zu ergreifen.[17] Die gesamte Komposition der *Ars fidei catholicae* stellt sich unter diesem Blickwinkel gleichsam als ein Gebäude dar, dessen Fundament eine natürliche Gotteserkenntnis oder eine natürliche Theologie bildet, auf der dann die Aussagen der Offenbarungstheologie als aus ihnen abgeleitet aufruhen. Der Anspruch, daß der zweite Teil sich als logische Konsequenz aus dem ersten ergibt, kann jedoch nicht eingelöst werden.

Was Nikolaus von Amiens mit dieser Vorgehensweise einzuholen versucht, ist der Eigenanspruch der christlichen Welt- und Daseinsdeutung auf umfassende Intelligibilität, was in der Konsequenz auch umfassende Kommunikabilität bedeutet. Dies wird besonders deutlich am Begriff der „communes animi conceptiones". Boethius unterscheidet zwei Sorten von „communes animi conceptiones", die als Ausgangssätze eines deduktiven Beweisprozesses fungieren: zum einen solche, die jedermann als wahr erkennt, sobald er sie vernommen hat, und zum anderen solche, die nur der Gelehrte als wahr anerkennt, sobald er sie vernommen hat. Während die erste Axiomenform universales Bewusstsein wie universale Wahrheit mit universaler Zustimmung in Verbindung bringt,

17 Vgl. NICOLAUS AMBIANENSIS *Ars*, S. 77, 3-5.

schränkt die zweite Form die Zustimmung auf die des Spezialisten ein. Nikolaus hält eine für jedermann gegebene Evidenz für ausreichend, um einen Einstieg in dieses Wissen zu gewinnen. Infolgedessen ist das theologische Wissen als oberste Form von Wissen für ihn nicht nur ein in der menschlichen Vernunft gründendes Ganzes universal wahrer Erkenntnisse, sondern zugleich auch ein solches, das universaler Zustimmung fähig ist.

Betrachtet man den Text der *Ars* schließlich unter dem Gesichtspunkt formaler Argumentation, so weist er ein hohes Maß an Systematizität bzw. systematischem Interesse auf.[18] Nicht einzelne Gegenstände einer Disziplin, sondern das theologische Wissen in seiner Gesamtheit soll präsentiert werden. Hierbei wird der Zusammenhang der behandelten Gegenstände durch ein eindeutiges Ordnungsschema hergestellt, das die Struktur einer Deduktion aufweist. Es macht idealiter alle Aussagen von einer Mehrzahl unterschiedlicher nicht hintergehbarer Voraussetzungen abhängig. Nimmt man zu den Aspekten von Vollständigkeit und Ordnung noch hinzu, daß der Text hinsichtlich seiner Inhalte Klarheit und Deutlichkeit und hinsichtlich seiner Begründungen Strenge und Einstimmigkeit erstrebt, wenngleich dies letztlich nicht immer umgesetzt wird, so präsentiert sich in ihm die Theologie als ein Systemganzes. In dieser Hinsicht übertrifft die *Ars* auch deutlich die theologischen Summen und die Sentenzenwerke ihrer Zeit. Allerdings darf nicht übersehen werden, daß der Wille zum System bzw. zur Systematik in der *Ars* keine vollständige Umsetzung erfährt. Die deduktive Argumentationsstruktur wird nicht ganz durchgehalten. Je weiter die Argumentation voranschreitet, desto häufiger treten im Anschluß an die Nennung der zu beweisenden „theoremata“ an Stelle von Beweisen bloße Explikationen. Ein gutes Beispiel dafür ist das vierte Buch, das die Sakramente zum Gegenstand hat.

Mit seinem ‚more geometrico‘ konzipierten Werk legt Nikolaus von Amiens eine Theologiekonzeption vor, wie sie dem aristotelischen Ideal einer Wissenschaft im strengen Sinn entspricht. Dies ist um so bemerkenswerter, weil dies Jahrzehnte vor der expliziten Rezeption der *Zweiten Analytiken* geschieht, geleitet allein durch die Boethianische Methodenlehre, die sich in *De hebdomadibus*, ohne ihr Vorbild zu nennen, allerdings am aristotelischen Wissenschaftsbegriff ausrichtet.

IV.

Warum – so kann man abschließend fragen – findet die Verwissenschaftlichung der Theologie gerade im 12. Jahrhundert statt? Sicherlich trägt die Ausbreitung der Institution Schule in dieser Zeit und das damit zunehmende Bedürfnis nach didaktisch aufbereiteten Lehrstoffen zu dieser Entwicklung mit bei. Hinzu kommt die wachsende Menge der Texte, die man in den Unterricht einbeziehen

18 Vgl. hierzu auch VON DER STEIN 1968; ZAHN 1974; BEIERWALTES 1987, S. 361.

will. Diese ist zum einen dadurch bedingt, daß Schriften neu oder erstmalig zugänglich werden, zum anderen dadurch, daß durch die Zunahme und den Ausbau der Schulen die Forschung umfänglicher und intensiver wird. Will man diese Fülle nun vorhandener Lehrstoffe im Unterricht angemessen vermitteln, dann muß man sie didaktisch aufbereiten. Hierfür bieten sich Rationalitätsmuster an, wie sie mit der topischen und der mathematischen Methode gegeben sind. Der eigentliche Grund für die Verwissenschaftlichung der Theologie ist jedoch damit noch nicht namhaft gemacht. Das Streben nach einem Höchstmaß an Rationalität und implizit damit das Streben nach Wissenschaftlichkeit theologischer Reflexion wird notwendig, weil die Glaubenslehre sowohl innerhalb als auch außerhalb der christlichen Glaubensgemeinschaft Angriffen ausgesetzt ist, die weit fundamentaler sind, als sie das 9. oder 11. Jahrhundert kennt, weil sie den christlichen Glauben als Ganzen in Frage stellen. Solche Infragestellungen des (universalen) Wahrheitsgehaltes der christlichen Botschaft werden als Herausforderung zur Vergewisserung und Rechenschaftsablage verstanden. Dies geschieht mit den Mitteln der Wissenschaft, d. h. mit denen der natürlichen Vernunft, weil man glaubt, allein in ihr eine gemeinsame Basis mit Andersdenkenden, ja Andersgläubigen zu haben.

Mit der Inanspruchnahme wissenschaftlicher Rationalität und dem damit vorausgesetzten Wissen darum, daß der Glaube auf die Vernunft angewiesen ist, stellt sich zugleich aber auch die Frage nach den möglichen Grenzen des Vernunftgebrauchs angesichts theologischer Inhalte. daß der Glaube an die christlichen Heilswahrheiten ihrer vernunftgeleiteten Durchdringung vorauszugehen hat, wird von Nikolaus nicht in Zweifel gezogen. Ebenso macht er deutlich, daß die Gegenstände der Glaubensreflexion solche sind, die von der natürlichen Vernunft letztlich nicht eingeholt werden können. Das gilt in besonderem Maß von Gott als dem ausgezeichneten Gegenstand der Glaubenslehre: Obwohl die *Ars* ihre theologischen Beweisgänge von Prinzipien ausgehen lässt, die fast alle einer „scientia naturalis", also einer Naturphilosophie angehören, hält Nikolaus ausdrücklich fest, daß Gott nicht nach Art eines naturphilosophischen Gegenstandes erkennbar ist und von ihm dementsprechend nichts prädiziert werden kann: Das aristotelische Kategorienschema kann auf ihn weder in semantischer noch ontologischer Hinsicht Anwendung finden.[19]

Dennoch bleibt der Versuch des Nikolaus, die Inhalte des christlichen Glaubens in ein deduktives Argumentationssystem zu bringen, problematisch. Gemeint ist nicht das Erkenntnisproblem, das etwa ein Jahrhundert später Johannes Duns Scotus benennt, wenn er aufzeigt, daß eine „scientia propter quid" für den Menschen unter den Bedingungen seines irdischen Daseins nicht durchführbar ist. Nikolaus beansprucht nämlich mit seinem Theologieentwurf nicht, neues Wissen zu gewinnen, sondern ganz im Sinne der *Zweiten Analytiken*, vorhandenes Wissen zu rekonstruieren und es zu vertiefen, indem es in Grund und Begründetes aufgeschlüsselt wird. Problematisch ist dieser katego-

19 Vgl. NICOLAUS AMBIANENSIS *Ars*, I, theor. 13-17, S. 82-83.

risch-deduktiv angelegte Theologieentwurf vielmehr deshalb, weil seine Argumentationsstruktur Notwendigkeit bei den zu vermittelnden Sachverhalten unterstellt und unterstellen muß, obwohl die Hauptinhalte des christlichen Glaubens die Daten einer Heilsgeschichte bzw. das Resultat eines auf Kontingenz beruhenden Handelns Gottes sind. Es verwundert daher nicht, daß das Unternehmen des Nikolaus von Amiens im lateinischen Mittelalter singulär bleibt.

Die Einteilung der Wissenschaften bei Thomas von Aquin Ein Beitrag zur Rekonstruktion der Epistemologie in Quaestio 5, Artikel 1 des „Kommentars“ von Thomas zum Trinitätstraktat des Boethius

von MATTHIAS LUTZ-BACHMANN

In der Zeit seiner ersten Lehrtätigkeit als Magister der Theologie an der Universität in Paris verfasste Thomas von Aquin seinen *Kommentar* zum Trinitätstraktat des Boethius.[1] Hinsichtlich der Datierung dieser Schrift besteht Übereinstimmung, daß sie zu Beginn seiner Arbeit in Paris verfasst worden ist. Während Martin Grabmann, nach einer zunächst späten Datierung,[2] zusammen mit Laurent[3] und Mandonnet[4] die Abfassung der Schrift des Thomas auf die Jahre 1257–1258 datiert, sprechen gute Gründe für eine Niederschrift bereits im Jahr 1256 noch vor seiner Ernennung zum Magister der Universität.[5] Eine Datierung auf dieses Jahr würde auch die von einigen Interpreten vertretene Annahme wahrscheinlich machen,[6] daß Thomas seinen Text zwischen dem Ende seiner Vorlesung am Pariser Dominikanerkonvent und seiner Berufung an die Universität, die sich infolge des Mendikantenstreits verzögert hatte, niederschrieb und infolge der neuen Universitätspflichten nicht die Zeit fand, ihn redaktionell fertig zu stellen. Dies wäre immerhin eine plausible Erklärung dafür, weshalb dieser zweifelsohne sachlich wichtige Text von Thomas nicht abgeschlossen wurde. Seine Ausführungen selbst sind weniger ein Kommentar im üblichen Sinn; sie enthalten vielmehr über weite Strecken selbstständige systematische Argumentationen des Thomas zur Frage einer möglichen rationalen Gotteserkenntnis, der kognitiven Rolle des Glaubens sowie zur Einteilung der theoretischen Wissenschaften. Möglicherweise lag dem uns vorliegenden Text ursprünglich ein Vorlesungsmanuskript zugrunde, das Thomas für seine Lehrveranstaltung am Dominikanerkonvent benutzt hatte.

Auch wenn es kein klassischer Boethius-Kommentar ist, in jedem Fall ist es bemerkenswert, daß sich Thomas mit diesem Text des Boethius beschäftigt. Er

1 THOMAS VON AQUIN *In Boethii De Trinitate*.

2 Vgl. GRABMANN 1923, S. 58; GRABMANN 1948, S. 13-32, insb. S. 18-21.

3 Vgl. LAURENT 1931.

4 MANDONNET 1920, S. 150, sowie MANDONNET/DESTREZ 1921, S. XV.

5 Vgl. u. a. CHENU 1969, S. 75f.

6 Vgl. hierzu NEUMANN 1965, S. 3-9; vgl. hierzu auch WEISHEIPL 1980.

wurde noch im 12. Jahrhundert als ein epistemologischer Schlüsseltext gelesen und hatte zu einer vielfältigen Kommentierung geführt, die von einer ganzen Reihe von anderen Beiträgen in diesem Band diskutiert wird. Mit der Rezeption der aristotelischen Metaphysik und Wissenschaftslehre der *Zweiten Analytik* durch die lateinischen Autoren des 13. Jahrhunderts aber übernimmt Aristoteles die maßgebliche Rolle „des Philosophen" und des Wissenschaftslehrers, die zuvor, zumal im 12. Jahrhundert, noch Boethius gespielt hatte. Doch verhält sich Thomas auch gegenüber der Lehre des Aristoteles nicht nur einfach rezeptiv; vielmehr geht er in der systematischen Bearbeitung von Problemen der Philosophie und Theologie seiner Zeit entschieden über Aristoteles wie auch über Boethius und die mittelalterliche Boethius-Kommentierung im 12. Jahrhundert hinaus. Ich möchte den Nachweis führen, daß Thomas in seiner Schrift eine erkenntniskritische Grundlegung der Wissenschaftstheorie vorlegt, die den philosophischen Problemhorizont seiner Vorgänger übersteigt. Deren Beitrag zur Grundlegung der Wissenschaften hatte sich nämlich im Kern darauf beschränkt, den Bezug der Wissenschaften zu ihrem ‚Gegenstand' und dessen ontologischer Qualität zu klären. Mit seiner epistemologischen Kritik des menschlichen Erkenntnisvermögens aber legt Thomas die Grundlage für eine neue Begründung der Wissenschaften. Sie weist nicht einfach nur bereits auf die neuzeitliche Erkenntnistheorie voraus, sondern sie verdient auch im Blick auf die zeitgenössischen Debatten über das menschliche Wissen zwischen Vertretern eines modernen Essentialismus, Relativismus oder Konstruktivismus eine nicht bloß philosophiehistorisch interessierte Aufmerksamkeit.

Zwei Problemkreise behandelt Thomas in seinem *Kommentar*: In den Quaestionen 1-4 ist es das Problem einer rationalen Erkennbarkeit Gottes, in den Quaestionen 5 und 6 die Einteilung der theoretischen Wissenschaften. Auf die Wissenschaftseinteilung in q. 5, a. 1 will ich mich in meinem Beitrag beschränken. Doch zuvor möchte ich auf die Ordnung der Wissenschaften im 2. Kapitel der Schrift des Boethius *De Trinitate*[7] eingehen; denn diese Schrift diente Thomas als Vorlage für seine Ausführungen, von ihr setzt er sich allerdings zugleich auch deutlich ab. Bei seiner eher impliziten Kritik an Boethius läßt sich Thomas unter anderem von einem Text des Aristoteles anregen, der dem Beitrag des Boethius als Vorbild diente, nämlich *Metaphysik* E 1. [8] Da den Kommentatoren des boethianischen Texts im 12. Jahrhundert dieser Text des Aristoteles nicht bekannt war und ihnen auch die Kenntnis der weiteren aristotelischen Wissenschaftslehre fehlte, verblieben sie bei ihrer Auslegung der Wissenschaftslehre des Boethius weithin innerhalb der für die boethianische Theorie maßgeblichen neuplatonischen Wissenschaftslehre und Ontologie.

---

7 Boethius *De trinitate*, S. 2-31, insb. S. 8-13.

8 Aristoteles *Metaphysik*, E 1, 1025 b 1-1026 a 32.

1. Die Einteilung der Wissenschaften in Boethius' *De Trinitate*

Die Ausführungen des Boethius zur Ordnung der Wissenschaften finden sich in einem Traktat, dessen Absicht die Klärung der grundlegenden Begriffe der Trinitätstheologie ist. Bereits der vollständige Titel dieser kleinen wohl zwischen 520 und 523 von Boethius im Umfeld der damaligen „theopaschitischen Auseinandersetzungen"[9] verfassten Schrift, enthält seine Positionsbestimmung: „Trinitas unus Deus ac non tres dii": „Die Trinität bezeichnet einen Gott und nicht drei Gottheiten". Sein Text schließt terminologisch wie sachlich an Augustinus *De Trinitate* an. In ihm geht es Boethius, wie auch in den anderen Traktaten seiner insgesamt fünf *Opuscula Sacra*,[10] um eine begriffliche Klärung der von der christlichen Theologie verwendeten Grundbegriffe. Bezogen auf den uns hier interessierenden Text heißt dies, daß es Boethius weniger um eine epistemologisch breit reflektierte Theorie der Wissenschaften geht, als vielmehr um den Nachweis, daß die vom christlichen Glaubensbekenntnis ausgesagte Trinität („trinitas") Gottes keine Differenz oder Verschiedenheit Gottes meint, weder der Substanz, noch den Akzidentien oder der Zahl nach.[11] Boethius schließt sich der Auffassung des Augustinus an, daß die „trinitatis numerositas", die „Zahlartigkeit des Trinitätsbegriffs" als eine „Aussage der Relation" („praedicatio relationis")[12] verstanden werden muß, die im Blick auf die ‚Sache', von der die Relation ausgesagt wird, keine Vielheit oder Andersheit herbeiführt.[13] Für seine sprachlogische Argumentation stützt sich Boethius auf einen metaphysisch begründeten und neuplatonisch bestimmten Formbegriff, der im Sinne der Zwecksetzung seiner Schrift geeignet erscheint, die von der Relationsaussage nicht modifizierte ‚Substanz' der ausgesagten ‚Sache', also die Einheit Gottes, begrifflich zu identifizieren. Es ist dieser Formbegriff, der nach Boethius generell die Erkenntnis des Wesens eines Gegenstands ermöglicht. Der unterschiedlichen Fassung des Formbegriffs verdanken sich nach Boethius auch in letzter Instanz die drei zu unterscheidenden Gegenstandsbereiche der theoretischen Wissenschaften und damit auch diese selbst.

Die von Boethius vorgeschlagene Dreiteilung der auf eine theoretische Erkenntnis ausgerichteten Wissenschaften steht somit im Kontext der Klärung eines ontologisch verstandenen Formbegriffs, den Boethius benötigt, um die theologische Aussage der Trinität Gottes („trinitas") als logisch problemlos mit seiner substantiellen „Einheit" („unitas dei") vereinbar zu erweisen. So setzt er im 2. Kapitel seines Traktats mit einer ganz offensichtlich von Buch E der aris-

9 Vgl. hierzu SCHURR 1935, S. 136-227, insb. 224f.

10 Vgl. BOETHIUS *De trinitate*.

11 Vgl. BOETHIUS *De trinitate*, II, S. 12, Z. 56-58: „Nulla igitur in eo diversitas, nulla ex diversitate pluralitas, nulla ex accidentibus multitudo atque idcirco nec numerus."

12 Vgl. BOETHIUS *De trinitate*, V, S. 28, Z. 3-4.

13 Vgl. hierzu BOETHIUS *De trinitate*, S. 26, Z. 35ff.: „... relatio vero non praedicatur ad id de quo praedicatur quasi ipsa sit et secundum rem de qua dicitur, non facient alteritatem rerum de qua dicitur."

totelischen *Metaphysik* inspirierten Dreiteilung des theoretischen Erkennens in den Wissenschaften an. Boethius spricht von den „drei spekulativen Teilen" der Wissenschaft, und zwar der „pars naturalis", „pars mathematica" und „pars theologica". Diese unterscheiden sich durch die unterschiedlichen Gegenstände, auf die sie sich beziehen.

Die „Naturwissenschaft" behandelt dasjenige, was Boethius als „in motu inabstracta"[14] bestimmt. Die „Mathematik" thematisiert das, was er als „sine motu inabstracta"[15] definiert, während die „Theologie" auf einen Erkenntnisbereich bezogen ist, der „sine motu abstracta et separabilis"[16] ist. Übersetzt man die Ausführungen des Boethius grammatisch korrekt, so sagt er von den spekulativen Wissenschaften selbst, daß sie „in motu inabstracta", „sine motu inabstracta" und „sine motu abstracta atque separabilis" sind, doch offensichtlich meint er deren Gegenstandsbereiche, wie aus den weiteren Erläuterungen zu diesen Bestimmungen hervorgeht. Was ist mit dieser Definition der wissenschaftlichen Gegenstände gesagt?

Die „Naturwissenschaft" behandelt nach Boethius „die Formen der Körper zusammen mit der Materie". Das sind diejenigen Formen, die ohne die Körper, deren Form sie sind, ontologisch nicht sind und daher von diesen „in Wirklichkeit nicht getrennt werden können".[17] Da die Formen somit ontologisch betrachtet ein Moment am konkreten Einzelding oder stofflichen Körper sind und von ihm nicht abgelöst werden können, ohne zugleich aufzuhören, genau diese Form eines bestimmten Körpers zu sein, sind die von der „Naturwissenschaft" thematisierten Formen selbst veränderlich oder „bewegt", wie Boethius zweifach aussagt: „in motu" und „habetque motum forma materiae coniuncta".[18] Demgegenüber behandelt die „Mathematik" die „Formen von Körpern ohne Materie". Daß Boethius mit dieser Auskunft nicht einen ontologisch selbstständigen Gegenstandsbereich geometrischer Körper einführt, geht aus seinen weiteren Ausführungen hervor; denn er sagt von diesen „Formen", daß sie in der Wirklichkeit „in materia" sind. Ontologisch betrachtet gilt von ihnen also daßelbe wie von den Formen der materiellen Körper, daß sie nämlich von den materiellen Einzeldingen, in denen sie alleine vorkommen, in Wirklichkeit nicht abgezogen werden können: „ab his separi non possunt." Das damit ausgesagte „separari non possunt" und das „inabstracta" beziehen sich auf denselben Gegenstand: Beide Wissenschaften handeln von einem ontologisch identischen Gegenstandbereich, dessen Gegenstände durch Formen und Materie gleichermaßen konstituiert sind. Während die „Naturwissenschaft" die Formen, die ontologisch betrachtet nicht von den materiellen Einzeldingen abgelöst wer-

---

14 Boethius *De trinitate*, II, S. 8, Z. 6.

15 Boethius *De trinitate*, S. 8, Z. 11.

16 Boethius *De trinitate*, S. 8, Z. 14f.

17 Boethius *De trinitate*, Z. 6ff: „Considerat enim corporum formas cum materia quae a corporibus actu separari non possunt."

18 Boethius *De trinitate*, Z. 6 bzw. 10.

den können, als die Formen dieser materiell bestimmten Dinge betrachtet und damit als Formen behandelt, die ihrerseits selbst der Veränderung (oder, wie Boethius wörtlich sagt, der Bewegung) unterliegen, behandelt die „Mathematik" die Formen dieser Körper als solche und d. h. als Formen, die für sich selbst betrachtet unveränderlich oder unbewegt sind („sine motu"). Diese epistemologische Differenz zwischen „Naturwissenschaft" und „Mathematik" bereitet die entscheidende ontologische Differenz vor, durch die der Gegenstandsbereich der „pars theologiae" von dem der beiden erstbehandelten Teile des theoretischen Erkennens verschieden ist. Die „Theologie" behandelt nämlich einen Bereich, dessen Gegenstände auch ontologisch betrachtet ohne Veränderung (bzw. Bewegung) sind und daher in ihrem Sein „abstracta" genannt werden können. Gehalt der „Theologie" sind die in gnoseologischer und ontologischer Hinsicht materiefreien „reinen Formen", zu denen Boethius vor allem die „Substanz Gottes" zählt, der selbst jegliche Materie und Veränderung (Bewegung) fehlt. Verständnisschwierigkeiten bereitet in diesem Zusammenhang, daß Boethius davon spricht, daß die „Theologie" bzw. ihr Gegenstandsbereich „separabilis", also „abtrennbar"[19] ist. Dies deutet eine erkenntnistheoretische Bedeutung des Wortes „separari" im Sinne einer Abstraktionsleistung des Intellekts an. Doch gerade diese Bedeutung hatte Boethius im Zusammenhang der Erläuterung des Unterschieds zwischen „Naturwissenschaft" und „Mathematik" vermieden.

Die eindeutig ontologische Perspektive seiner Wissenschaftseinteilung, in deren Zentrum, wie wir sehen, der Begriff der „forma" steht, geht auch aus der sich anschließenden Beschreibung der unterschiedlichen Methoden der Wissenschaften hervor. So bezeichnet Boethius das Erkenntnisverfahren der „Naturwissenschaft" als „verstandesgemäß" („rationabiliter"), das der „Mathematik" als „disciplinaliter" und das der „Theologie" als „intellektgemäß" („intellectualiter").[20] Der Erkenntnisweg der „Theologie" ist dem der anderen Wissenschaften überlegen, weil alleine sie sich nicht mit solchen Formen befasst, die ontologisch als Abbilder („imagines") von anderen, ihnen überlegenen, unveränderlichen und wahren Formen verstanden werden müssen. Eine wahre Form ist für Boethius im Unterschied zu den nur „Formen" genannten Abbildern eine solche Form, die „selbst Sein ist" und „aus der Sein hervorgeht": „quae esse ipsum est et ex qua esse est."

Dieser Formbegriff entspricht in der Lehre des Platonismus der „Idee", die an sich als in jeder Hinsicht immateriell und unveränderlich verstanden werden muß. Genau dies meint das boethianische „sine motu abstracta". Der Idee kommt nach platonistischer Lehre die Eigenschaft zu, aus sich selbst zu sein und als ontologische Ursache des vielfältig Seienden in der räumlich-materiellen Welt der Einzeldinge zu fungieren. Diese Formen, denen alles Sein entstammt wie ein Abbild dem Original,[21] werden von der „Theologie" auf dem Weg einer

---

19 Boethius *De trinitate*, Z. 14-15.

20 Boethius *De trinitate*, S. 8f., Z. 16f.

21 Boethius *De trinitate*, S. 10, Z. 22.

rein intuitiven Intellekterkenntnis erfasst: Dies meint Boethius, wenn er die Methode der „Theologie" als „intellectualiter" bestimmt. Die „Substanz Gottes", d. h. „Gott" nicht als ein Gedanke, ein gedachtes erstes Prinzip oder oberster Begriff, sondern der wirkliche, existierende Gott erweist sich auf diesem Weg als der eigentliche Gegenstand der Wissenschaft der „Theologie"; denn von ihm gilt nicht allein in hervorragender Weise, daß er eine „forma sine materia" ist, sondern darüber hinaus ist nur er im strengen Sinn des Begriffs „einer" („unum"). Ihm kommt es unter allen Seienden alleine zu, „dasjenige ontologisch zu sein, was er seinem Wesen nach ist" („est id quod est").[22] Daraus folgt, daß bei allen anderen Seienden Wesen und Existenz, Artnatur und Individualität auseinanderfallen. Sie ähneln gleichsam Teilen, aus denen sie wie zusammengesetzt erscheinen. So besteht beispielsweise ein „irdischer Mensch"[23] aus den Momenten von „Leib" und „Seele", weshalb er anders als Gott auch im strengen Sinn nicht „ist, was er ist". Er ist und vergeht, und solange er ist, verändert er sich, verwirklicht weitere seiner Möglichkeiten, ohne doch jemals alle die Möglichkeiten verwirklichen zu können, die sein und seiner Artnatur Wesen ausmachen. Im Unterschied zu ihm ist von Gottes „forma" eine innere Einheit begrifflich auszusagen, die nicht der Zahl „Eins" im Sinne des Anfangs einer Zahlenreihe entspricht. Deshalb ist auch von Gott in seiner Wirklichkeit nur eine „Einheit" aussagbar, die keine Verschiedenheit erlaubt, weshalb nach Boethius auch der von ihm ausgesagten „Trinität" keine substantiale „Dreiheit" entspricht.[24]

Was folgt aus dieser Bestimmung des Gegenstands und der Methoden der „Theologie" für die Struktur der Wissenschaften bei Boethius? Die von den anderen theoretischen Wissenschaften behandelten Formen sind ontologisch betrachtet „inabstracta", also unselbstständig Seiendes oder, wie Boethius sagt, Abbilder der wahren Formen; denn sie sind „in der Materie" und können ontologisch betrachtet von ihr nicht abgelöst werden. Wir nennen sie nur „Formen", obwohl sie eigentlich „Bilder" sind.[25] Dies ist darin begründet, daß sie als „naturwissenschaftliche" und als „mathematische" Begriffe der einheitsstiftenden Funktion der wahren Formen gewissermaßen nachgebildet sind. So vermitteln sie eine dem jeweiligen Wissenschaftstyp entsprechende theoretische Einsicht. Als Gegenstände der „Naturwissenschaft" und der „Mathematik" bilden diese Formen jedoch keine Klasse von selbstständig Seienden, sondern von „inabstracta". Dieser Ausdruck darf entgegen unserem heutigen Sprachgebrauch nicht noetisch verstanden und mit einem geistigen Abstraktionsvorgang in Verbindung gebracht werden. Als Übersetzung des griechischen Begriffs des οὐ χωριστόν bzw. der οὐ χωριστά aus der *Metaphysik* des Aristoteles ins Latei-

22 BOETHIUS *De trinitate*, Z. 30f.

23 BOETHIUS *De trinitate*, Z. 35.

24 BOETHIUS *De trinitate*, S. 12, Z. 56-58.

25 Vgl. BOETHIUS *De trinitate*, Z. 53: „Nam ceteras quae in corporibus sunt abutimur formas vocantes, dum imagines sint."

nische durch Boethius soll der Begriff hier die ontologische Unselbstständigkeit der Gegenstände der ersten zwei theoretischen Wissenschaften zum Ausdruck bringen. Die „Naturwissenschaft" und die „Mathematik" unterscheiden sich infolgedessen auch nicht durch den ontologischen Status ihrer Gegenstände, sondern nur dadurch, daß die Formen, die die „Naturwissenschaft" untersucht, veränderlich („cum motu") sind, und die Formen, die den Gegenstand der „Mathematik" ausmachen, nicht („sine motu"). Die Gegenstände der „Mathematik" werden von ihr als unveränderliche betrachtet, obgleich sie es ontologisch gesehen nicht sind. Sie werden auf dem Weg einer gedanklichen Abstraktion durch die geistige Tätigkeit des Intellekts aus ihrer ontischen Verbindung mit den sinnlichen Gegenständen gelöst und in ihrer von der Materie abgelösten Formalität betrachtet. Die so konstituierte Unveränderlichkeit der mathematischen Formbegriffe macht sie besonders dazu geeignet, gelehrt und gelernt zu werden („discere"). Deshalb bezeichnet Boethius das Verfahren der „Mathematik" auch als „disciplinaliter", während er die Erkenntnisweise der „Naturwissenschaft" einfach „verstandesorientiert" oder „begrifflich verfahrend", „rationabiliter" eben, nennt.

Mit dieser Einteilung der theoretischen Wissenschaften nimmt Boethius zweifelsohne auf die Aussagen aus Buch E der *Metaphysik* des Aristoteles Bezug,[26] die Boethius allerdings, wie wir bereits gesehen haben, auf dem Hintergrund seiner neuplatonischen Seins- und Erkenntnislehre interpretiert. Auch Aristoteles unterscheidet in seinem Text drei theoretische Wissenschaften, die er „Physik", „Mathematik" und „Erste Philosophie" bzw. „Theologie" nennt. Wie Aristoteles bereits in der *Zweiten Analytik* ausführt und in seiner *Metaphysik* ausdrücklich voraussetzt, ist für die Bestimmung eines Wissens als Wissenschaft die Angabe einer bestimmten Gegenstandsgattung entscheidend, deren wesentliche Eigenschaften die betreffende Wissenschaft untersucht.[27] In diesem präzisen Sinn bestimmt Aristoteles in *Metaphysik* E als den Gegenstandsbereich der „Physik" die χωριστά und οὐκ ἀκίνητα, d. h. das „Selbstständige"/„Abgetrennte" und das „Nichtunbewegte", als den Gegenstandsbereich der „Mathematik" die ἀκίνητα und οὐ χωριστά, d. h. das „Unbewegte" und „Nichtselbstständige"/"Nichtabgetrennte" und als den Gegenstandsbereich der „Ersten Philosophie" bzw. „Theologie" die χωριστά und ἀκίνητα, d. h. das „Selbstständige"/„Abgetrennte" und „Unbewegte".

Wir hatten bereits gesehen, daß Boethius in seinem lateinischen Text das griechische οὐ χωριστά mit „inabstracta" übersetzt und diesem Begriff eine ontologische Bedeutung zuschreibt. Dies führt bei Boethius zu einer nicht unerheblichen Veränderung der Wissenschaftslehre gegenüber seiner Vorlage bei Aristoteles. Die Neuauslegung der Wissenschaften durch Boethius sei abschließend noch kurz an zwei Punkten belegt: Während Boethius als die Gegenstände der Wissenschaften die unterschiedlichen Arten der „formae" bestimmt, bilden

26 Vgl. ARISTOTELES *Metaphysik*, E 1, insb. 1026 a 10-19.

27 Vgl. ARISTOTELES *Zweite Analytik*, I 10, 76 b 11-16.

die Gegenstände der Wissenschaften bei Aristoteles Bereiche von ontologisch Seienden: Dies gilt gerade für die aristotelische „Physik“; denn deren Gegenstandsgattung spricht Aristoteles ausdrücklich eine ontologische Selbstständigkeit zu. Wir hatten aber gesehen, daß Boethius den Gegenstandsbereich der „Naturwissenschaft“ als „inabstracta“ bestimmt, und das meint bei ihm als einen Bereich gerade nicht selbstständig seiender Formen, die eigentlich „Abbilder“ („imagines“) genannt werden müßten, wie Boethius einräumt. Diese nicht nur in der Terminologie, sondern in der Sache tiefgreifende Veränderung der aristotelischen Lehre von den Wissenschaften und ihrer Einteilung bei Boethius entspricht seiner Neuinterpretation der Grundlagen der Seins- und Erkenntnislehre. Daß bei Boethius eine im Vergleich zu Aristoteles alternative Wissenschaftseinteilung vorliegt, konnten die lateinischen Leser des Mittelalters erst bemerken, nachdem ihnen im 13. Jahrhundert der Text der aristotelischen *Metaphysik* vorlag. Diese Rezeption der wissenschaftstheoretischen Werke des Aristoteles aber bestimmt die Ausgangslage der thomanischen Wissenschaftslehre.

2. Zur epistemologischen Grundlegung der Wissenschaften bei Thomas von Aquin

In seinem *Kommentar* zu Boethius kommt Thomas von Aquin in q. 5, a. 1 auf die Einteilung der Wissenschaften zu sprechen, wie sie in *De Trinitate*, cap. 2 vorliegt. Anders als Boethius behandelt Thomas in seinem Text nicht nur die Frage der Ordnung der theoretischen Wissenschaft; vielmehr bezieht er von vornherein auch die Fächer des Kanons der „artes liberales“,[28] insbesondere die Frage nach der Stellung der „Logik“[29] mit in seine Überlegungen ein, ebenso die praktischen Wissenschaften wie die Moralphilosophie[30] oder die Medizin.[31] Thomas legt seine Frage nach den Wissenschaften aber nicht nur breiter an, er vertieft sie auch im Blick auf das natürliche Erkenntnisvermögen, den menschlichen Intellekt, der den Wissenschaften zugrunde liegt; denn diese müssen als eine durch Lernprozesse allererst erworbene Verfassung, ja als eine Vervollkommnung des natürlichen Erkenntnisvermögens verstanden werden.[32] Offensichtlich knüpft Thomas mit diesen Annahmen an die Erkenntnis- und Wissenschaftslehre des Aristoteles an. Doch neben Aristoteles[33] und Boethius sind bereits im Text von q. 5, a. 1 die wichtigsten Beiträge zur Theorie der Wissenschaften in der Philosophie der Spätantike und des Mittelalters präsent.[34]

---

28 Vgl. Thomas von Aquin *In Boethii De Trinitate*, q. 5, a. 1, ad 3, S. 167f.

29 Vgl. Thomas von Aquin *In Boethii De Trinitate*, ad 2, S. 167.

30 Vgl. Thomas von Aquin *In Boethii De Trinitate*, ad 4, S. 169f.

31 Vgl. Thomas von Aquin *In Boethii De Trinitate*.

32 Vgl. Thomas von Aquin *In Boethii De Trinitate*, S. 161, Z. 20f.: „partes enim speculativae sunt illi habitus qui partem contemplativam animae perficiunt.“

33 Dies sind in q. 5, a. 1 die epistemologisch einschlägigen Ausführungen des Aristoteles in der *Nikomachischen Ethik*, insb. Buch VI, der *Zweiten Analytik*, Buch I, der *Metaphysik*, der *Physik* und von *Peri Psyches*, Buch III.

34 Vgl. u. a. die folgenden von Thomas in q. 5, a. 1 namentlich genannten weiteren

Thomas eröffnet seinen Beitrag zur Einteilung der Wissenschaften mit der Frage, ob der Vorschlag des Boethius angemessen ist oder nicht. Seine Antwort auf die so gestellte Frage fällt differenzierend aus: Der Einteilung der theoretischen Wissenschaften in Physik, Mathematik und Theologie, die Boethius vertritt und die er in der Sache bereits bei Aristoteles vorfindet, stimmt Thomas zu. Doch die von Boethius hierfür vorgelegte Begründung lehnt Thomas ab, und zwar implizit dadurch, daß er sich um eine andere, eigenständige Argumentation bemüht, die ihn von dem Wissenschaftskonzept des Boethius wegführt. So nimmt Thomas zu Beginn des „corpus articuli" von q. 5, a. 1 zwei epistemologische Argumente von Aristoteles auf, die er in der sich anschließenden Entfaltung des Problems systematisch weiterentwickelt: Das ist zum einen die aristotelische Unterscheidung von theoretischer und praktischer Erkenntnis und zum anderen das Prinzip der Gegenstandsangemessenheit der menschlichen Wissensformen. Nach Thomas verfolgt das dem Menschen eigene obere Erkenntnisvermögen, der Intellekt, in seinem theoretischen Gebrauch das Ziel, die Wahrheit um ihrer selbst willen zu erkennen; dagegen zielt der Intellekt in seinem praktischen Gebrauch auf das Handeln. Da für Thomas die Wissenschaften nichts anderes als der perfektionierte natürliche Intellekt des Menschen sind, intendiert auch die theoretische Wissenschaft das Ziel der Wahrheitserkenntnis, während die praktische Wissenschaft eine Wahrheitserkenntnis um des Handelns willen betreibt.[35] In ihrem Erkenntnisbemühen verfolgen die Wissenschaften aber nicht nur das ihnen entsprechende Ziel, sie vollziehen ihre Aufgabe stets dadurch, daß sie einen spezifischen Gegenstandsbereich untersuchen, von dem Thomas sagt, daß er ihrem Erkenntnisbemühen jeweils „angemessen" ist.[36] Zwischen den Erkenntnisobjekten, die den Gegenstand einer Wissenschaft bilden einerseits und dem Erkenntnisvermögen des Intellekts, genauer seinen spezifischen natürlichen Fähigkeiten und seinen erworbenen Kenntnissen, seiner Verfassung also, andererseits, besteht für Thomas ein bestimmtes Verhältnis; es variiert je nachdem, welche Fähigkeiten und Kenntnisse auf seiten des Intellekts mit welchen Erkenntnisobjekten korrespondieren.

Thomas vertritt nun die These, daß sich die Unterschiede zwischen den unterschiedlichen Wissenschaften, also den zu unterscheidenden „habitus" des Intellekts, aus der Differenz der „Objekte" ergeben, auf die jene bezogen sind. Doch was versteht Thomas hier unter einem „Objekt" der Erkenntnis? Es lässt sich für Thomas nicht mehr primär ontologisch oder durch die Angabe seiner essentialen Natur bestimmen. Was als ein Erkenntnisobjekt überhaupt verstanden werden soll, das ergibt sich erst aus der Perspektive seiner erkenntnistheoretischen Bestimmbarkeit, d. h. aus denjenigen Bestimmungen, die für es als mögliches Objekt eines Erkenntnisvermögens wesentlich sind. So schreibt Tho-

---

Autoren und Texte Ptolemaeus, *Almagest*; Augustinus, *De civitate Dei*; Avicenna, *Metaphysik*; Averroes, *Metaphysikkommentar*; Hugo von St. Viktor, *Didascalicon*.

35 Vgl. ARISTOTELES *Metaphysik*, A 1, 993 b 20f.

36 THOMAS VON AQUIN *In Boethii De Trinitate*, S. 164, Z. 12.

mas: „Wenn die habitus oder Fähigkeiten (des Intellekts) aufgrund der Objekte unterschieden werden, dann nicht durch beliebige Unterschiede der Objekte, sondern durch jene Unterschiede, die den Objekten, insofern sie Objekte sind, wesentlich zukommen."[37] Damit wehrt Thomas den einfachen epistemologischen Objektivismus seiner Vorgänger ab, die die Wissenschaften weitgehend klassifikatorisch aus der Natur der ihnen zugeordneten Objektbereiche abzuleiten versuchten. Thomas verweist gegenüber diesem Verfahren auf die epistemische Unhintergehbarkeit einer zweiseitigen Relation zwischen dem Intellektvermögen und den Erkenntnisobjekten. Erst von dieser Relation aus lassen sich Thomas zufolge die Besonderheit eines „Objekts" der theoretischen Erkenntnis und der diese Erkenntnis vollziehenden Wissenschaft bestimmen.

Die für die Epistemologie grundlegende Bedeutung des Verhältnisses zwischen Erkenntnisgegenstand und Erkenntnisvermögen, erläutert Thomas am Beispiel des Wahrnehmungsvermögens. Der ‚an sich' betrachtet wesentliche Artunterschied, der zwischen einem Tier und einer Pflanze besteht, ist im Blick auf das Vermögen der sinnlichen Wahrnehmung unerheblich. Nicht unerheblich im Blick auf dieses Vermögen ist dagegen die Frage, ob einem Erkenntnisobjekt der Sinne überhaupt Eigenschaften wie Farbe, Ton, Härte oder Geruch etc. zukommen. Allein das Vorkommen dieser Qualitäten bestimmen das fragliche Objekt als einen möglichen Gegenstand der sinnlichen Wahrnehmung und daher sind sie für es als Objekt der Wahrnehmung betrachtet konstitutiv. Entsprechendes gilt nach Thomas aber auch für die Erkenntnisobjekte des oberen Erkenntnisvermögens, des Intellekts, und seiner Perfektionsgestalt, der Wissenschaft. Von einem Objekt der Erkenntnis kann in epistemologischer Perspektive nur in Bezug auf das theoretische Erkenntnisvermögen bzw. auf die Wissenschaft die Rede sein und umgekehrt. Um überhaupt von einem Objekt der Erkenntnis sprechen zu können, muß ein Bezug des Erkenntnisvermögens auf es prinzipiell möglich sein. Daraus folgt, daß grundsätzlich nur solche Objekte in Betracht kommen, die Eigenschaften besitzen, die das jeweilige Erkenntnisvermögen überhaupt erkennen kann. Fehlt aber einem Gegenstand und zwar in jeder denkbaren Hinsicht, und das heißt ganz allgemein und noch vor der kategorialen Bestimmung seiner wesentlichen Eigenschaften die Eigenschaft, vom menschlichen Intellekt erfaßt werden zu können, so kann er mit apriorischer Gewißheit auch kein Erkenntnisgegenstand sein. Doch wie können wir zu diesem vorkategoriale Urteil kommen? Ich denke, auch hier hilft der von Thomas angedeutete Vergleich mit dem Objekt der sinnlichen Wahrnehmung weiter.

37 THOMAS VON AQUIN *In Boethii De Trinitate*, Z. 18–20: „Quando habitus vel potentiae penes obiecta distinguuntur, non distinguuntur penes quaslibet differentias obiectorum, sed penes illas quae sunt per se obiectorum in quantum sunt obiecta."

Fehlt einem denkbaren Gegenstand jegliche Eigenschaft der sinnlichen Wahrnehmbarkeit, so ist er mit Bestimmtheit auch kein Objekt des Wahrnehmungsvermögens. Das Kriterium seines Ausschlusses aber aus der Klasse der Objekte der Wahrnehmung ist nicht dem Gegenstand selbst, also seiner Artnatur zu entnehmen, sondern nur einer vorausgehenden Analyse des Wahrnehmungsvermögens, der fünf Sinne und ihrer Auffassungsgabe. Entsprechendes gilt für die Frage nach dem möglichen Objekt der Erkenntnis. Erst eine Intellektanalyse liefert nach Thomas den Schlüssel zur allgemeinsten Bestimmung derjenigen Eigenschaften, die denkbare Gegenstände besitzen müssen, wenn sie als Objekte der Erkenntnis sollen bestimmt werden können.

Aus zwei allgemeinen Eigenschaften des Intellekts bzw. seiner Perfektionsgestalt, der theoretischen Wissenschaft, lassen sich die Kriterien gewinnen, die nach Thomas eine Entscheidung darüber erlauben, ob ein Gegenstand überhaupt für den Intellekt erkennbar ist, d. h. ob und inwiefern er als ein Objekt der Erkenntnis bezeichnet werden kann. Sie folgen für Thomas erstens aus der grundlegenden Eigenschaft des Intellekts, immateriell zu sein, und zweitens aus der allgemeinen Qualifikation der Wissenschaft als „Beweiswissen" oder „Wissen vom Notwendigen". So schreibt Thomas: „Dem theoretisch Erkennbaren aber, das ein Objekt der theoretischen Fähigkeit (des Intellekts) ist, kommt etwas zu vonseiten der Erkenntnisfähigkeit (des Intellekts) und etwas von seiten des habitus der Wissenschaft, wodurch der Intellekt vervollkommnet wird. Vonseiten des Intellekts kommt dem Objekt der Erkenntnis zu, daß es immateriell ist; von seiten der Wissenschaft aber kommt ihm zu, daß es notwendig ist."[38] Immaterialität und Notwendigkeit, die ihrerseits Unveränderlichkeit impliziert, fungieren für Thomas somit als die epistemologischen Kriterien, die geeignet sind, im Blick auf die möglichen Gegenstände der theoretischen Erkenntnis zu entscheiden, ob einem denkbaren oder auch einem vorliegenden Gegenstand überhaupt die Eigenschaft zugesprochen werden kann, Objekt einer theoretischen Erkenntnis und damit Objekt einer Wissenschaft zu sein.

Ich möchte im Blick auf diese Argumentation von einer erkenntniskritischen Grundlegung der Wissenschaften sprechen. Ein Gegenstand, dem in jeder denkbaren Hinsicht die Eigenschaft der Immaterialität oder der Formbestimmtheit sowie der Konstanz oder Identität in Raum und Zeit fehlt, kann Thomas zufolge mit apriorischer Gewißheit nicht erkannt werden; infolge dessen ist er auch kein mögliches Objekt der Erkenntnis. Aus dieser Erwägung zieht Thomas den Schluß, daß das Doppelkriterium einer „Trennung von Materie und Veränderung", einer „separatio a materia et motu", bzw. „einer Verbindung"

38 Thomas von Aquin *In Boethii De Trinitate*, S. 165, Z. 3-9: „Speculabili autem, quod est obiectum speculativae potentiae, aliquid competit ex parte intellectivae potentiae et aliquid ex parte habitus scientiae quo intellectus perficitur. Ex parte siquidem intellectus competit ei quod sit immateriale, quia et ipse intellectus immaterialis est; ex parte vero scientiae competit ei quod sit necessarium, quia scientia de necessariis est."

mit beiden, einer „applicatio ad ea“, grundsätzlich und vorkategorial über den Status eines Gegenstandes Aufschluß gibt, nämlich ob er überhaupt „Gegenstand der theoretischen Wissenschaft“ („obiectum scientiae speculativae“) sein kann oder nicht. „So kommt also dem theoretischen Erkennbaren, das ein Objekt der theoretischen Wissenschaft ist, von sich her eine Trennung („separatio“) von Materie und Bewegung oder Veränderung („motus“) oder eine Verbindung mit ihnen zu.“[39] Das Maß der Trennung oder Verbindung eines Objektes der Erkenntnis mit Materie und Veränderung entscheidet für Thomas aber, zu welcher Wissenschaft dieser Erkenntnisgegenstand im Einzelnen gehört. Das Urteil über „Separation“ und „Applikation“, d. h. über die Trennung eines Gegenstand von der Materie oder über ihre Verbindung mit ihr, konstituiert auch die Differenz der Wissenschaften. So schreibt Thomas: „Und hieraus folgt, daß die theoretischen Wissenschaften nach der Ordnung des Abstands von Materie und Veränderung unterschieden werden.“[40]

3. Die theoretischen Wissenschaften und ihre Ordnung bei Thomas von Aquin

Was nach Thomas im Prinzip geeignet ist, Objekt der menschlichen Erkenntnis zu sein, das muß sich auf den Intellekt als dem Vermögen der Erkenntnis beziehen lassen. Welches Verhältnis aber zwischen dem möglichen Erkenntnisgegenstand und dem Erkenntnisvermögen im Einzelfall besteht, das soll durch das Separationsurteil bestimmt werden. Aus ihm folgt, daß sich grundsätzlich drei mögliche Objektbereiche voneinander unterscheiden lassen. Sie beschreiben zusammengenommen den gesamten Horizont der theoretischen Wissenschaften. Den ersten Objektbereich stellen diejenigen Gegenstände der Erkenntnis dar, die gemäß thomanischem Kriterium „ohne Materie selbst nicht sein und nicht erkannt werden können“.[41] Sie bilden den Objektbereich der Wissenschaft der Physik und in die wissenschaftliche Bestimmung ihrer Artnatur gehen konstitutiv materielle Eigenschaften ein. Den zweiten Objektbereich stellen diejenigen Erkenntnisgegenstände dar, die zwar nicht ohne Materie sein können, bei deren Erkenntnis jedoch von jeglichem Bezug auf Materie und materielle Eigenschaften abgesehen werden muß.[42] Sie bilden den Objektbereich der Wissenschaft der Mathematik, zu dem die Figuren der Geometrie und die Zahlen der Arithmetik gehören. Den dritten Objektbereich stellen diejenigen

39 THOMAS VON AQUIN *In Boethii De Trinitate*, Z. 12-14: „Sic ergo speculabili, quod est obiectum scientiae speculativae, per se competit separatio a materiae et motu vel applicatio ea.“

40 THOMAS VON AQUIN *In Boethii De Trinitate*, Z. 14f: „Et ideo secundum ordinem remotionis a materia et motu scientiae speculativae distinguuntur.“

41 THOMAS VON AQUIN *In Boethii De Trinitate*, Z. 18: „quia quaedam dependent a materia secundum esse et intellectum.“

42 THOMAS VON AQUIN *In Boethii De Trinitate*, Z. 22-24: „Dependeant a materia secundum esse, non tamen secundum intellectum, quia in eorum diffitione non ponitur materia sensibilis, sicut linea et numerus.“

Erkenntnisgegenstände dar, die sowohl ohne Materie sein können als auch ohne Materiebezug erkannt werden können. Diesen Objektbereich untersucht diejenige Wissenschaft, die Thomas als die oberste der theoretischen Wissenschaften bezeichnet, die „Metaphysik". Sie ist die oberste Wissenschaft, weil sich durch ihren Besitz die Natur des menschlichen Intellekts am höchsten vervollkommnet. Einige Gegenstände dieser Wissenschaft können nur so gedacht werden, daß sie niemals „in Materie" sind, wie Gott oder die Engel.[43] Von anderen kann gedacht werden, daß sie sich in einigen Fällen auf Materielles beziehen, in anderen aber nicht. Diese Gegenstände bilden die transkategorialen Begriffe „Seiendes" und „Eines", „Möglichkeit" und „Wirklichkeit", aber auch „Substanz" und „Akzidenz".[44] Es gibt Fälle, in denen diese Begriffe sich auf materiell Seiendes beziehen, aber dieser Bezug ist nicht notwendig. Die oberste Wissenschaft heißt für Thomas „Metaphysik", weil und insofern sie sachlich erst nach der „Physik" erlernt werden kann. Sie heißt aber auch „Erste Philosophie", sofern von ihr alle anderen Wissenschaften ihre ersten Prinzipien erhalten, oder „Theologie", weil sie „Gott" als ihr ausgezeichnetes Erkenntnisobjekt verhandelt. Nach Thomas ist kein weiterer Gegenstandsbereich denkbar; denn es zeigt sich, daß kein Objekt der Erkenntnis gedacht werden kann, das für seine Erkenntnis auf Materie angewiesen wäre, obgleich es niemals „in Materie" ist. Damit sind die theoretischen Möglichkeiten erschöpft, mögliche Gegenstände der theoretischen Erkenntnis gemäß dem von Thomas entwickelten Kriterium zu bestimmen.

So kann Thomas in q. 5, a. 1 auch den Anspruch erheben, die theoretischen Wissenschaften nicht nur eingeteilt, sondern erkenntniskritisch hergeleitet und in ihrer Vollständigkeit begründet zu haben. Gegenüber den Wissenschaften müssen die überlieferten Künste der ‚artes liberales', soweit sie sich nicht als Teil der Wissenschaft der Mathematik erweisen, als eine Propädeutik, als Wege der Einführung in die Wissenschaften und ihre Methoden, verstanden werden. Dies gilt auch und gerade für die im 12. Jahrhundert noch als „Disziplin der Disziplinen"[45] betrachtete Logik (oder Dialektik). Sie ist bei Thomas keine Wissenschaft, sie ist auch nicht ein Teil der Philosophie. Ihre Aufgabe besteht für Thomas vielmehr darin, den anderen Wissenschaften zu dienen, indem sie ihnen die Regeln des richtigen Schließens und Beweisens vermittelt als ein unverzichtbares „Instrument" für deren eigene Erkenntnissuche.[46]

---

43 Thomas von Aquin *In Boethii De Trinitate*, Z. 26f.: „... sive numquam sint in materia, sicut deus et angelus."

44 Thomas von Aquin *In Boethii De Trinitate*, Z. 27: „sive in quibusdam sint in materia et in quibusdam non."

45 Vgl. Abaelardus *Theologia „Summi boni"*, S. 66-67.

46 Thomas von Aquin *In Boethii De Trinitate*, S. 167, Z. 18.

Late Thirteenth Century Theology
"Scientia" pushed to its Limits

by STEPHEN F. BROWN

If you want to look for the most influential statement concerning theology as "scientia" in the Middle Ages, it would, in my judgment, be a passage from the Patristic era, a text from the beginning of Book XIV of Augustine's *De Trinitate*.[1] There, Augustine tells us that not all "scientiae" (types of knowledge) are worth pursuing. Some forms of knowledge are items of frivolous information; others are dominated by a human perspective on reality; some approaches to knowledge even selfishly attempt to point up one's individual intellectual prowess. If you want to look for a type of "scientia" that is worthy of a Christian's endorsement, it would, according to Augustine, be the type of knowledge by which "our most saving faith, which leads to true blessedness, is begotten, nourished, defended and strengthened" ("illud quo saluberrima fides, quae pervenit ad veram beatitudinem, gignitur, nutritur, defenditur et roboratur"). This text of Augustine is important for any discussion of medieval theology as a "scientia", since it served as the principal justifying authority for much of the theological study pursued by Christian authors of the Middle Ages. Theology is "scientia", as we will often see, in at least some sense of the term, since it is a form of knowledge supporting the Christian Biblical message.

Peter Abelard narrowed the meaning by giving a more precise focus on the term "scientia". Not all knowledge is worthy of the name "scientia", even if it might be linked to, or be supportive of, Christian faith. Some knowledge might be rote memory, as we know from Professor Luscombe's catalogue of Abelardian meanings for "scientia".[2] If the meaning that Abelard gives to a passage at least as old as the mention of it in Clement of Alexandria's *Stromata* is exact, then people often deal with texts from the Scriptures or the Fathers with as much awareness of what the passages really mean as a donkey playing a zither.[3] Donkeys simply do not understand what they are doing. Who was Abelard's

1 AUGUSTINUS *De trinitate*, XIV, 3, p. 424, 59-62: "Huic scientiae tribuens, sed illud tantummodo quo fides saluberrima quae ad ueram beatitudinem ducit gignitur, nutritur, defenditur, roboratur. Qua scientia non pollent fideles plurimi, quamuis polleant fide plurimum. Aliud est enim scire tantummodo quid homo credere debeat propter adipiscendam uitam beatam quae non nisi aeterna est, aliud autem scire quemadmodum hoc ipsum et piis opituletur et contra impios defendatur, quam proprio appellare uocabulo scientiam uidetur apostolus."

2 Cf. article by DAVID LUSCOMBE, above.

3 CLEMENS *Stromata*, I, c. 1 (c. 690).

zithering donkey? In his *Historia calamitatum*[4] Abelard tells us of a meeting with Alberic of Reims in which Alberic chastized him for discussing the question: "Did God beget God?" Alberic was not interested in whether or not such a statement might be problematic because of its implications for the Trinity. He simply wanted to know what authority Abelard was basing himself on for his speculations. Abelard told Alberic to look at the very first chapter of Book I of Augustine's *De Trinitate*[5], where the great Father of the Church presents his warnings concerning the ways we speak of God. Augustine tells us that you cannot speak of God begetting God, since no living being begets itself. Of course, we realize that things are a bit more complex; certainly God the Father begets God the Son, even if God does not beget another God.[6]

You can be quite sure that Alberic read a different Augustine than Abelard did. Alberic simply interpreted Augustine as forbidding any discussion. He must not have heeded the words of Augustine's *Commentary on St. John's Gospel*[7] when the Bishop of Hippo said: "We should try to come to a knowledge of the words of God. Why were they spoken, except to be heard? Why were they heard, except to be understood?" Alberic seems, at least in Abelard's account, to take "scientia" as knowledge of authoritative statements rather than a grasp of their meanings. It is precisely this passage from Tract XXI of Augustine's *Commentary on John's Gospel* that Robert of Melun cites in the Introduction he wrote to the study of Sacred Scripture.[8] There Robert, a student, as well as sometimes a critic, of Abelard, explains that there are different questions we can bring to Scripture – indeed, there are different *kinds* of *quaestiones* that we can bring to the Sacred Writings. The more worthwhile *quaestiones* are the ones that bring understanding (the kind of questions stimulated by Abelard's *Sic et Non* and not the type concerning memorized authorities preferred by Alberic of Reims.

Abelard's kind of questions are the *kind* that for the most part are found in Peter Lombard's *Sentences*. This type of question was not brand new; it was the type of question often wrestled with by Augustine, Jerome, Gregory and the other Fathers whose words and concerns fill the four books of Lombard's text. These, furthermore, were the questions that were missing in the study of Scripture texts done at the young University of Paris when Alexander of Hales made the *Sententiae* of Lombard part of the regular course of Scriptural study in the 1230s. Alexander gave no justification for his bold move, presuming that it was simply another way of studying the Scriptures. Robert Grosseteste, in England,

4 Abaelardus *Historia calamitatum*.

5 Augustinus *De trinitate*, I, 1, p. 28.

6 Cf. Brown 1993.

7 Augustinus *In Iohannem*, tr. XXI, 1 et 12 (p. 211,12 et 219,38-40): "Conari debemus ut sciamus verba Dei: Et quare enim dicta sunt nisi ut audiantur; quare audita sunt nisi ut intelligantur."

8 Robertus *Introductio*.

considered it a bad move, and as the Bishop of Lincoln (with jurisdiction over the University of Oxford), he challenged the young Dominican, Richard Fishacre, when the latter chose, following Alexander of Hales's lead at Paris, to be the first to lecture on the *Sentences* of Lombard at Oxford in 1246.[9] In response to Grosseteste's challenge, Fishacre had to provide a justification. Here is his argument: Scripture presently is studied according to the moral interpretation which is most useful. The moral interpretation of Scripture helps guide us in the way that we should live, but also focuses on the meaning that God brings to our lives. There is another way to study the Scriptures: a way that centers its attention on God in Himself, not on His relation to or involvement with us. This study is what involves the more difficult doctrinal questions that traditionally in the late twelfth and early thirteenth centuries had been put off to the afternoon hours. It would, according to Richard Fishacre, be advantageous to have the doctrinal questions discussed at the ordinary morning hours that have been dedicated to the traditional moral or humanly applicable reading of the Scriptures. Commentaries on the *Sentences* of Lombard, according to Richard's argument, offer a more complete reading of the sacred text. So, both at Paris and Oxford, the *Sentences* of Lombard became part of the regular Scripture curriculum, and from the time of Alexander of Hales to Philip Melanchton, and beyond, students qualified to become Masters of Theology by commenting on Lombard's *Sentences*, or Peter Comestor's *Historia Scholastica* (a Bible History produced in the twelfth century to provide a unified vision of the Scriptural story), and/or the Bible itself.

The Focus of Thomas Aquinas

Thomas Aquinas was one who commented on the *Sentences* of Lombard. He even tried it twice, but soon gave up on his second effort. He explains *why* in the short prologue he wrote to the *Summa theologiae*.[10] In his judgment, the organization of the *Sentences*, despite its relative superiority to other collections of 'quaestiones', left something to be desired. Some of the questions are located where they are because that was the way they arose in a study of the Scriptures, thus following a textual order rather than a logical order. Other questions were raised by the participants at disputations, and were more 'ad hoc' items than truly relevant points for discussion. In short, the questions at times were useless or out of order, with some that are logically prior located at a later place in Peter's text. It would be better to re-organize them, following a logical order that would be more helpful to students. A logically organized 'Summa theologiae' was necessary.

9 Cf. Brown 1988.

10 Thomas de Aquino *Summa theologiae*, I, prol.

What we see in Aquinas's case is the influence of Aristotle's *Organon* at a deeper level that had been prepared by a number of Thomas' thirteenth century predecessors and their reflections, especially in regard to the more technical and precise sense of "scientia" in the *Posterior Analytics*. Odo Rigaud, asking if the study of God's revealed truth is 'science', formally asks whether "sacra doctrina sit scientia". When different people ask such a technical question, they are not always asking the same precise question – and that is mainly because of the word "scientia". At times authors might simply be asking whether Scripture is providing some form of knowledge. At others, it might be asking whether or not Scripture can provide the same evident type of knowledge that is found in Aristotle's philosophical treatises. If we keep in mind that the *Summa fratris Alexandri*, the compilation of John of Rupella, Odo Rigaud and Alexander of Hales, quotes Aristotle over a thousand times, and yet is mocked by Roger Bacon for manifesting no understanding of Aristotle at all, then we can well imagine that authors might quote Aristotle without having a technical sense of his philosophical positions. The time of the *Summa fratris Alexandri* is an era of assimilation, when a more precise knowledge of Aristotle's meaning for 'science' is gradually being developed. Words like "scientia" have slippery meanings – even when used by the same author.

Certainly, Aquinas seems to be on top of things when he asks: "Is sacred doctrine a science" He assuredly has read Aristotle's *Posterior Analytics* when he very technically answers: it is not a science in an independent sense, starting with principles or premises that are immediately and evidently known. Yet, it is a subalternated science which receives its premises or principles indirectly from another science – the way that somebody studying optics can borrow principles or premises from geometry (which deals with lines) and then applies them to optics (which deals with lines of vision). The scholar of optics or perspectives does not have to be a geometrician to be an expert in optics. He takes his principles concerning lines on the authority of the geometician and works out his science that deals with lines of vision. The student of divinely revealed truth could follow this model of subalternating and subalternated sciences: he could accept on God's authority the revealed principles or starting points of theology and study them like the expert in optics does. His study will thus be a subalternated form of science, but certainly just as much a legitimate science as optics is.[11]

11 Thomas de Aquino *Summa theologiae*, I, q. 1, a. 2.

The Criticism of Henry of Ghent

Now, if Aquinas read Aristotle's *Posterior Analytics*, he was not the only one. Henry of Ghent also read it – and read it carefully.[12] For Henry, Aristotle's essential point, or at least one of them, is that someone with science in the subalternating sense of the word has *propter quid* knowledge: he knows *why* something is as it is and he knows this "why" through a process of discursive argument. The subalternated or subordinated scientist knows the *quia*: he knows "that" something is as it is without knowing *why* it is so. Furthermore, Henry notes, Aristotle gives four examples of subalternating and subalternated sciences in the *Posterior Analytics*, and Henry admits readily that Aquinas's examples of geometry and optics and arithmetic and music are among them. Nonetheless, after all his careful and detailed study, Henry argues that Aristotle's teaching concerning subalternated sciences just does not fit the case of Christian theology. First of all, God does not have *propter quid* knowledge as Aristotle understands it. Such knowledge is always through prior and better known sources and is thus discursive, whereas the knowledge of God is simple, not discursive. Furthermore, none of the four examples which Aristotle gives of a subalternated science applies to the case of theology. We might rightly say that God has a clearer knowledge and that our knowledge is enigmatic and obscure, but that is not the contrast that Aristotle gave when he himself spoke of *propter quid* and *quia* science. For Henry, Aquinas's theory of theology as a subalternated science is not a very helpful model for the study of the realities that God has revealed. Henry's view is that we should first attempt to study the revealed truths and see what kind of knowledge theologians can have of the realities of Christian faith, and after we have done that study, then we can see if Aristotle's teaching on subalternated sciences applies or not. We do not have to force the nature of theology into a preconceived Aristotelian mold, especially when the subalternation model is so ill-suited to the study of the truths of the faith.

Henry's criticism of Thomas Aquinas's position might seem to be 'picky'. It appears to focus on minor discrepancies rather than being generous and allowing the principle of adaptation of Aristotle's scientific models to a broader Christian world to be admissible. No one would claim, especially not Thomas, that Aristotle had enough foreknowledge to see the arrival of Christian revelation and its contents. To such an objection, that he is ungenerous, Henry might, pursuing his view of Christian theology, respond that he expected much more of theological study than did Aquinas and other close followers of Aristotle and his models of science. In dealing with the doctrine of the Trinity, for instance, Henry was not satisfied with showing that God's simple essence is not just compatible with a trinity of persons. Henry attempted, through his descriptions of God's essence, of 'nature', of 'person', and of 'relation', and by his argu-

12 Cf. Brown 1990.

ments, to show that God's simple essence 'not only is not in conflict with' the trinity of persons announced by the Scriptures, but that it 'requires' an intrinsic plurality of persons due to the kind of perfect intelligent and actively willing essence that it is. If a theologian approaches his study of God's revealed teaching concerning Himself in this more actively searching way, does Aristotle's model of a subalternated science to any significant degree illustrate this procedure? In brief, Aristotle's demands of what is "science" suffocates Christian speculation.

The Criticism of Godfrey of Fontaines

Science is a deductive procedure that demands that we argue in a logical manner that produces a sure conclusion. It is quite evident that not all our knowledge can be scientific according to this sense of the term. This is the case since deductive argumentation requires premises, and while some premises can be the result of prior deductions, we must ultimately have premises that stand on their own. These premises are what we call first principles, i. e. premises that are starting points that we just have to accept because they are so evident in themselves. In other words, a science must ultimately have premises that have their own unargued but undeniable legitimacy. What gives them this independent legitimacy? For Godfrey of Fontaines, a strong critic of Henry of Ghent, and a defender and critic of Thomas Aquinas, this legitimacy, if it is to be scientific legitimacy, must be that the ultimate or first premises must be 'evident' on their own. 'Evidence' is the chief characteristic, among others, of science.[13]

If the premises are all evident and we deduce conclusions from them according to the laws of logic, then the conclusions are based on evidence and accepted because of the evidence we have for the premises that support them. If we take 'science' in this more proper sense of the term, with its requirement of evidence, then this propels us to ask: Can theology be science? Are its premises evident? Godfrey of Fontaines's answer is "No". We realize why he gives this answer as soon as we ask: what are theology's premises? Thomas Aquinas explained that the premises of the science of theology in its proper sense are the articles of the faith. Certainly, then, the principal or primary premises of theology are not based on evidence; they are based on faith. Even if some premises used by theologians are evident, still when we deal with such mysteries of faith as the Trinity and the Incarnation, we are dealing with starting points that are not evident. Conclusions of properly theological arguments, based on revela-

13 Godefridus de Fontibus *Quodlibeta*, IV, q. 10, II, p. 261: "Sed fides habet certitudinem adhaesionis et caret certitudine evidentiae. Et ideo sicut irrationale est dicere quod ex principiis solum opinatis acquiritur certa scientia conclusionum ex ipsis elicitarum, ita etiam in proposito ex principiis creditis."

tion, are certain, even more certain than evident conclusions (since God, the *Prima Veritas* who neither deceives nor can be deceived is their guarantor). Still, they are not evident, and thus are not 'science' in the strict sense of the term.

If this is so, then, what is the character of theology? Can it be a science in any sense of the term? Godfrey's first attempt at an answer might bring joy to the hearts of those who distrust philosophy and its influence on theological study. Godfrey responds to these queries by saying that theologians can go back to their guaranteed source, the First Truth, and His revelation. After all, strictly theological truths, such as the Trinity and the Incarnation, are revealed truths. Theologians can focus on the divine revelation and develop to some degree a scientific way of reading the Bible. Their real expertise will be to find the warrants in Scriptural revelation for the truths of the faith. As believers, we hold that there is a triune God because Scripture in such and such passages tells us that this is the nature of God. We hold that God the Son became man because the Sacred Writings affirm this in many places. Theology, then, is a "scientia sacrae Scripturae".[14]

The Response of Henry of Ghent

There is nothing wrong with this claim: theologians should be able to express the Scriptural warrants for the truths of the faith that they teach. Can we, however, expect more of them, or at least of some of them? It is at this point that Henry of Ghent re-enters the picture and expresses a judgment on Godfrey's position. He is not impressed with the way that Godfrey focuses on Scripture as the ground of theology, so his judgment in the 7th question of *Quodlibet XII* (1288) is not a soft one:[15]

---

14 Godefridus de Fontibus *Quodlibeta*, VIII, q. 7, IV, p. 70: "Cum ergo quantumcumque perfectus eis quae verae fidei sunt magis inhaereat ex auctoritate dicentis sive ex auctoritate Scripturae quam ex quacumque superinducta ratione, ut patet cum sacramentum corporis Christi portatur infirmis, et quaeritur ab illitterato utrum circa hoc credat hoc et hoc, respondet simpliciter: 'credo'; hoc etiam respondet doctor litteratissimus. Et si quaeratur specialius: 'Tenes, tu ita esse quia ratione intelligis et capis ista, vel quia hoc tenet Ecclesia catholica et docet sacra Scriptura, diceret uterque quod propter secundum. Sed doctor bene adderet: in quantum sciens sacram Scripturam hoc vel hoc teneo, quia sacra Scriptura cuius veritati tamquam infallibili firmiter fide inhaereo hoc docet ibi et ibi; et quia intelligo sacram Scripturam, ideo non solum credo, quia scilicet solum credo sacram Scripturam docere hoc, sed scio quia scio hoc sacram Scripturam docere; non quidem quod ego intellectu capiam ea quae in Scriptura dicuntur, sed capio quia talia in illa docentur."

15 Henricus de Gandavo *Quodlibeta*, XII, q. 2, f. 238va: "Et est magnum mirabile quod in quacumque alia facultate peritus nititur scientiam suam quantum potest extollere, soli autem theologi quidam, ut philosophicam videantur exaltare, theologiam deprimunt, asserentes ipsam non esse veram scientiam, nec credibilia posse fieri

> It is an absolutely startling thing that in every other university faculty the teachers attempt to praise their science to the extent that this is possible. It is only certain theologians, in their efforts to exalt philosophy, who put down theology, asserting that it is not a science and that the true realities that we believe cannot really be made intelligible in this present life. Such people shut off for themselves any road toward knowing and understanding the truths of the faith, and they fill others with despair of coming to understand them. This is an extremely pernicious approach and it is harmful to the Church and a dangerous position.

Henry claimed that there was a way of avoiding such a catastrophic view of theology. He argued that theologians had beyond the light of faith a light of understanding, a theological light that allowed them to grasp the realities of the faith. He argued that although one begins by supposing that the articles of the faith are true, this does not prevent one from gaining a true evidence – thanks to the elevation of the intellect by a special infused light parallel to the general illumination all men receive in their sure knowledge – a special "lumen theologicum" that allows a certain penetration of divine truths. The work of the theologian succeeds only because God so wills it. God's illumination provides true evidence, short of vision, but yet evidence enough to qualify as science properly speaking.

Godfrey's Adjustment

Godfrey took five years to return to the issue and respond to Henry's charge that he painted a discouraging picture by the unscientific character he gave to theology. What exactly was his response? It was not an apology. Rather, he accused Henry of discouraging students and teachers with his excessive claim of a special "lumen medium" between the light of faith and the light of glory. He asked: who among students or teachers of theology experienced such a light in themselves? If they did not, they would torture themselves with the question: What did we do wrong in our efforts at study?[16]

Godfrey himself made more modest claims for himself and his fellow theologians. Some accomplishments, for sure, were too meagre. This he would admit. Earlier in his career, as we have said, he had claimed that theologians did have some minimal form of knowledge beyond that of the simple believer. At that time he was simply trying to agree with the observation of Augustine, who

---

vere intelligibilia in vita ista. Tales sibi viam sciendi et intelligendi credibilia praecludunt, et aliis desperationem intelligendi illa incutiunt, quod valde perniciosum est et damnosum Ecclesiae et periculosum dicere."

16 Godefridus de Fontibus *Quodlibeta*, VIII, q. 7, IV, p. 80: "Videtur inductivum desperationis profectus in hac scientia, cum secundum cursum communem ad huius notitiam nullus videatur pervenire. De specialibus enim et privilegiatis illustrationibus quas Deus facit vel facere potest privatis personis non loquor."

when speaking of pursuing the kind of knowledge by which the most wholesome faith which leads to true blessedness, is begotten, nourished, defended and strengthened, added:[17]

> And in this knowledge most of the faithful are not strong, however exceedingly strong in the faith itself. For it is one thing to know only what man ought to believe in order to attain to a blessed life, which needs be an eternal one; but another to know in what way this belief itself may both help the pious and be defended against the impious, which last the Apostle seems to call by the special name of science.

Yet, what is the nature of this knowledge which separates the theologian from the simple believer? In his earlier writings Godfrey stressed that the superior knowledge of the theologian was his knowledge of the Scriptures. A theologian knew not only that Christ was God and man; he could point to the Scriptural texts that taught these truths to us. More fundamentally, of course, the Scriptures are important not just as a supplier of texts that theologians can cite to justify the Church's faith. They are the ground of our faith. As Godfrey says:[18]

> The authority of Scripture is the first and basic principle to which ultimately – no matter by what kind of reasons they are supported – they have to be brought back. ... It is for this reason that even the Creed that is recited at Mass, after declaring many things that are accepted on faith, says in regard to the resurrection of Christ: 'On the third day, he rose from the dead, according to the Scriptures,' as if it might want to say that the authority of the Scripture is that on the basis of which the human mind should cling to the things we hold by faith.

Is the theologian a person of the Bible, only knowing (having "scientia" of) its contents, but not knowing the realities of which the Bible speaks. In his *Quodlibet IX* of 1293 (a year after Henry's death), Godfrey admits that the theologian does more. But before coming to his late answer, let's look at another earlier portrait of what separated the theologian from the simple believer in his view. A theologian could draw out further knowledge from the premises of the faith. Accepting on faith that Christ is God and man, and knowing that

---

17 AUGUSTINUS *De trinitate*, XIV, 3, p. 424, 61-65: "Qua scientia non pollent fideles plurimi, quamuis polleant ipsa fide plurimum. Aliud est enim scire tantummodo quid homo credere debeat propter adipiscendam uitam beatam quae non nisi aeterna est, aliud autem scire quemadmodum hoc ipsum et piis opitulentur et contra impios defendatur."

18 GODEFRIDUS DE FONTIBUS *Quodlibeta*, IX, q. 20, p. 287: "[...] Auctoritas scripturae est primum et radicale principium in quo finaliter contingit resolvere quaecumque in theologia per qualescumque rationes cognoscuntur, sicut patet in singulis inducendo; propter quod etiam in symbolo quod dicitur in missa multis quae fidei sunt positis subditur de resurrectione Christi: 'Resurrexit tertia die secundum scripturas,' quasi diceret: auctoritas scripturae est illud per quod talibus quae fidei sunt debet inhaerere mens humana."

intellectual natures have intellects and wills, the theologian can conclude that the Incarnate Son of God has a divine and a human intellect and a divine and a human will. The conclusion is not a thing known by evidence. It is not a "scitum", but a "creditum". What is known (a "scitum") is the minor premiss. But this is a philosophical premiss. And what is also known is that the consequence follows. The consequent or conclusion is a "creditum"; the consequence or correct linking of the premises is a "scitum".

Seemingly speaking of his younger self, however, in 1292, Godfrey says:[19]

> Certain ones, paying attention to the fact that the arguments given in theology do not bring forth the kind of evidence that we have spoken of, declare, in a most irreverent way, that theology is in no way science, stating that beyond the knowledge of faith, there is no knowledge that brings any evidence concerning the things that are the objects of faith beyond what faith presents. According to them, the only type of evident knowledge that we have in theology is the evident knowledge of the consequences which are drawn from the premises that are held because of faith.

By 1292, then, in question 20 of *Quodlibet IX*, it seems that Godfrey had changed his view on the nature of theology: it is a science that provides some knowledge of the realities of the faith. He still accentuates the limits of our knowledge of these realities and points up the primacy of faith. This is seen even in the very phrasing of this question: Whether among the sciences by which the intellect gains its fulfillment, one has to place natural philosophical science before the science of theology? In brief, his argument is that, from the viewpoint of evidence, philosophical science has a priority over theology. This is established since in any study we proceed from what is more known to what is less known. Theology, then, uses what is more evident to bring some knowledge of the realities revealed by faith. Philosophy, therefore, has a priority when it comes to evident knowledge. Yet, for Godfrey, as his final position, it is the overwhelming richness of the reality of God and divine things that puts theology in second place in the race for evidence in the present life. Theology, as a form of human knowledge, does not grasp God as an evident object. It is, however, more certain, since God is its guarantor, and it is to be pursued as our ultimate goal. We can through analogy from evident objects known philosophically gain some knowledge of the objects of our faith. In a sense, Godfrey is returning to the basic position of Aquinas. He does, however, still stress the limits of our knowledge of the objects that are the supernatural objects revealed

---

19 Godefridus de Fontibus *Quodlibeta*, IX, q. 20, p. 285: "Quidam enim attendentes ad hoc quod rationes theologiae non faciunt evidentiam secundum modum nunc ultimo dictum, minus reverenter dicunt eam nullo modo esse scientiam, dicentes quod ultra notitiam fidei non habetur aliqua notitia evidentiam aliquam importans de ipsis creditis, sed solum habetur evidens notitia consequentiarum aliquarum ex aliquibus aliis per fidem suppositis."

by the Scriptures. He still tends toward theology as a "scientia fidei", whereby he stresses the limits of our knowledge of the divine realities. Yet, he has moved away from theology as a "scientia Scripturae" and a "scientia consequentiae" and has admitted that created objects can by analogy supply some knowledge of the Trinity and Incarnation as realities of the faith.

New Accents on Wisdom

Certainly the accent that Godfrey of Fontaines placed on the question of theology as science and his stress on the limited evidence that the realities of the faith can provide through analogy brought forth a strong reaction. First, of course, was the position of Henry of Ghent which tried to stress the tradition of theology that one might describe as monastic or mystical.[20] Many theologians, in this view, are not just believers who have been strongly trained in philosophically justified types of analogy; they are people of prayer, grace, and special religious sensibilities. One can sense from their world of experiences that theologians differ. Some are solidly scientific and others are more sapiential. One must remember that frequently the word "sapientia" was presented as a short form for "sapida scientia", a tasty form of science. Fathers of the Church and authors such as Richard of Saint-Victor were portrayed as sapiential rather than scientific types of theologians.[21]

Yet, there was another direction that theology took in reaction to the strong scientific character that was examined in Godfrey's writings. This can be found especially in the writings of Peter Aureoli, who spoke of theology as declarative and defensive.[22] His focus was on the principles of theology, not, however, as premises that would lead to further conclusions. He looked at the principles themselves, that is the articles of the faith, and dealt with them in themselves and not as premises. In brief, he made theology focus on the articles of the creed and attempted to bring light to them. This he contended could be done by explaining well the terms involved in any doctrinal principle or article of the faith. Next, it could be achieved by finding the best analogies to illustrate the articles of the faith. Furthermore, a theologian could bring light to the articles of the faith by going to other sciences and finding confirming arguments. Lastly, he could establish defenses for Christian beliefs against those who might attack them. Aureoli argued that "it is to these purposes that the book of the *Sentences*, and the "quaestiones" of the Doctors, and the original treatises of the Fathers, and the commentaries on the Scriptures all aimed."

Declarative and defensive theology was the main alternative in universities to the deductive form of theology that pushed the study of the realities of the faith

20 Cf. Beumer 1955.

21 Henricus de Gandavo *Summa*, a. XIII, qq. 6-7, I, f. 94r-97v.

22 Petrus Aureoli *Scriptum*, prooemium, sect. 1, a. 3, I, p. 159-170.

to its scientific limitations. This alternative claimed the title of 'wisdom' in contrast to that of 'science', since in terms of Aristotle's description of wisdom, it dealt with "those realities which are most noble."[23] 'Science' is only part of wisdom, and in the judgment of 'wisdom theologians' the lesser part. The more important part was, following Augustine, the attempt to "defend and strengthen" the main truths of the faith.

23 Ibidem, p. 169-170.

Bibliographie

Siglen und Abkürzungen

BGPhMA	Beiträge zur Geschichte der Philosophie im Mittelalter
BGPhThMA NF	Beiträge zur Geschichte der Philosophie und Theologie im Mittelalter. Neue Folge
CChr.CM	Corpus Christianorum. Continuatio Mediaeualis
CChr.SL	Corpus Christianorum. Series Latina
CSEL	Corpus Scriptorum Ecclesiasticorum Latinorum
PG	Patrologiae graecae cursus completus, accurante Jacques-Paul Migne
PL	Patrologiae latinae cursus completus, accurante Jacques-Paul Migne

Quellen

Abaelardus *Dialectica*
Petrus Abaelardus: *Dialectica*, ed. Lambert M. de Rijk (Wijsgerige Teksten en Studies 3), Assen ²1970.

Abaelardus *Dialogus*
Petrus Abaelardus: *Dialogus inter philosophum, iudaeum et christianum.* Kritische Edition. Herausgegeben und eingeleitet von Rudolf Thomas, Stuttgart/Bad Cannstatt 1970.

Abaelardus *Epistolae*
Petrus Abaelardus: *Epistolae* (PL 178, 113-378).

Abaelardus *Epistolae (Smits)*
Peter Abelard: *Letters IX-XIV*, ed. Edmé R. Smits, Groningen 1983.

Abaelardus *Historia Calamitatum*
Abélard: *Historia Calamitatum.* Texte critique avec une introduction publié par Jacques Monfrin, Paris ³1967.

Abaelardus *Logica ‚Ingredientibus'*
Bernhard Geyer: *Peter Abaelards Philosophische Schriften*, I. *Die Logica ‚Ingredientibus'*, 2. *Die Glossen zu den Kategorien* (BGPhMA 21, 2), Münster 1921.

Abaelardus *Logica ‚Nostrorum petitioni'*
Bernhard Geyer: *Peter Abaelards Philosophische Schriften*, II. *Die Logica ‚Nostrorum petitioni sociorum' und Untersuchungen* (BGPhMA 21, 4), Münster 1933, ²1973.

Abaelardus *Problemata*
Petrus Abelardus: *Problemata Heloissae* (PL 178, 677-730).

Abaelardus *Theologia christiana*
Petrus Abelardus: *Theologia christiana*, ed. Eligius M. Buytaert (CChr.CM 12), Turnhout 1969.

ABAELARDUS *Theologia summi boni*
PETRUS ABELARDUS: *Theologia summi boni*, lat.-dt. hg. von URSULA NIGGLI, Hamburg 1997.
ABAELARDUS *Theologia ‚Scholarium'*
PETRUS ABAELARDUS: *Theologia ‚Scholarium'*, ed. ELIGIUS M. BUYTAERT et CONSTANT J. MEWS (CChr.CM 13), Turnhout 1987.
ABAELARD *Briefwechsel*
ABAELARD: *Der Briefwechsel mit Heloisa*, übersetzt und mit einem Anhang herausgegeben von HANS-WOLFGANG KRAUTZ, Stuttgart 1989.
ABAELARD/HELOISE *Letters*
PETER ABELARD/HELOISE: *The Lost Love Letters of Heloise and Abelard. Perceptions of Dialogue in Twelfth Century France* (The New Middle Ages), translated by NEVILLE CHIAVAROLI, CONSTANT J. MEWS, New York 1999.
ADAELARDUS *De eodem et diverso*
CHARLES BURNETT: *Adelard of Bath. Conversations with his Nephew: On the Same and the Different, Questions on Natural Science and On Birds* (Cambridge Medieval Classics 9), Cambridge 1998.
ADAELARDUS *Quaestiones naturales*
CHARLES BURNETT: *Adelard of Bath. Conversations with his Nephew: On the Same and the Different, Questions on Natural Science and On Birds* (Cambridge Medieval Classics 9), Cambridge 1998.
AL-GHAZALI *Metaphysics*
AL-GHAZALI: *Metaphysics. A Mediaeval Translation*, ed. JOSEPH THOMAS MUCKLE, Toronto 1933.
ALANUS *Liber*
ALANUS AB INSULIS: *Liber in distinctionibus dictionum theologicalium* (PL 210, 685-1012).
ALANUS *Opera inedita*
Alain de Lille. Textes inédits, éd. par MARIE-THÉRÈSE D'ALVERNY, Paris 1965.
ALANUS *Regulae caelestis iuris*
ALANUS AB INSULIS: „Regulae caelestis iuris", ed. NIKOLAUS M. HÄRING, in *Archives d'histoire doctrinale et littéraire du Moyen Âge 48* (1981) 97-226.
ALANUS *Regulae theologicae*
ALAIN DE LILLE: *«Règles de théologie» suivi de «Sermon sur la Sphère intelligible»*. Introduction, traduction et notes par FRANÇOISE HUDRY, Paris 1995, 91-279.
ALANUS *Summa Quoniam homines*
ALANUS AB INSULIS: „Summa Quoniam homines", éd. PALÉMON GLORIEUX, in *Archives d'histoire doctrinale et littéraire du moyen âge 20* (1954) 119-359.
ALBERTUS *Super Isaiam*
ALBERTUS MAGNUS: *Postilla super Isaiam*, ed. FERDINAND SIEPMANN (editio Coloniensis XIX), Münster 1952.
AMBROSIUS *In Lucam*
AMBROSIUS MEDIOLANENSIS: *In evangelium secundum Lucam*, ed. MARCUS ADRIAEN (CChr.SL 14), Turnhout 1957.
ANDREAS *In Isaiam*
ANDREAS DE SANCTO VICTORE: *Expositio in Isaiam*, Hs. Stuttgart, Württembergische Landesbibliothek, HB IV 6.

ANDREAS *In Libros Salomonis*
ANDREAS DE SANCTO VICTORE: *Expositiones historicae in Libros Salomonis*, ed. RAINER BERNDT (CChr.CM 53B), Turnhout 1991.
ANDREAS *Super Danielem*
ANDREAS DE SANCTO VICTORE: *Expositio super Danielem*, ed. MARC ZIER (CChr. CM 53F), Turnhout 1990.
ANDREAS *Super Heptateuchum*
ANDREAS DE SANCTO VICTORE: *Expositio super Heptateuchum*, ed. CHARLES LOHR, RAINER BERNDT (CChr.CM 53), Turnhout 1986.
ANONYMUS *Compendium Logicae Porretanum*
STEN EBBESEN, KARIN MARGARETA FREDBORG, LEIF A. NIELSEN: „*Compendium Logicae Porretanum ex codice Oxoniensi Collegii Corporis Christi 250.* A manual of Porretan doctrine by a pupil of Gilbert's“, in *Cahiers de l'Institut du Moyen-Âge Grec et Latin 46* (1983) III-XVII, 1-113.
ANONYMUS *Inuisibilia dei*
NIKOLAUS M. HÄRING: "The Treatise 'Inuisibilia dei' in MS Arras, Bibl. Mun. 981 (399)", in *Recherches de théologie ancienne et médiévale 40* (1973) 104-146.
ANONYMUS *Tractatus in Trinitatem*
NIKOLAUS HÄRING: "A Treatise on the Trinity by Gilbert of Poitiers", in *Recherches de théologie ancienne et médiévale 38* (1971) 14-50.
ARISTOTELES *Metaphysik I-VI*
ARISTOTELES: *Metaphysik I-VI*, in der Übers. von Hermann Bonitz, neu bearbeitet von Horst Seidl, Hamburg 1978, [3]1989.
ARISTOTELES *Topica*
ARISTOTELES secundum translationem quam fecit Boethius: *Topica* (Aristoteles Latinus, V, 1-3), ed. LORENZO MINIO-PALUELLO, Leiden 1969.
AUGUSTINUS *Contra adversarium*
AURELIUS AUGUSTINUS: *Contra adversarium legis et prophetarum*, ed. KLAUS-DETLEF DAUR (CChr.SL 49), Turnhout 1985.
AUGUSTINUS *Contra epistolas*
AURELIUS AUGUSTINUS: *Contra duas epistolas Pelagianorum*, ed. CAROLUS F. URBA, IOSEPHUS ZYCHA (CSEL 60), Wien 1913, 423-570.
AUGUSTINUS *De quantitate animae*
AURELIUS AUGUSTINUS: *De quantitate animae*, ed. WOLFGANG HÖRMANN (CSEL 89), Wien 1986, 129-231.
AUGUSTINUS *De spiritu*
AURELIUS AUGUSTINUS: *De spiritu et littera*, ed. CAROLUS F. URBA, IOSEPHUS ZYCHA (CSEL 60), Wien 1913, 155-229.
AUGUSTINUS *De trinitate*
AURELIUS AUGUSTINUS: *De Trinitate Libri XV*, ed. W. J. MOUNTAIN (CChr.SL 50/50A), Turnhout 1968.
AUGUSTINUS *Epistolae*
AURELIUS AUGUSTINUS: *Epistolae*, ed. ALMUT GOLDBACHER, 4 Bände (CSEL 34, 44, 57–58), Wien 1895–1941.
AUGUSTINUS *In Ioannem*
AURELIUS AUGUSTINUS: *In Ioannis evangelium Tractatus CXXIV*, ed. RADBODUS WILLEMS (CChr.SL 36), Turnhout 1954.

AVICENNA *De anima*
AVICENNA: *Liber de anima seu sextus de naturalibus*, 2 vol., ed. SIMONE VAN RIET, Louvain/Leiden 1968, 1972.
AVICENNA *Opera*
AVICENNA: *Opera*, Venedig 1508 (Nachdruck Frankfurt am Main 1961).
BEATUS *In Apocalypsin*
EUGENIO ROMERO POSE: *Sancti Beati a Liebana Commentarius in Apocalypsin*, 2 Bände, Roma 1985.
BEDA *Historia ecclesiastica*
BEDE: *Ecclesiastical History of the English People* (Oxford Medieval Texts), ed. BERTRAM COLGRAVE, ROGER A. B. MYNORS, Oxford 1969.
BEDA *Homeliae*
BEDA VENERABILIS: *Homeliarum Evangelii Libri duo*, ed. DAVID HURST (CChr.SL 122), Turnhout 1955.
BERNARDUS CARNOTENSIS *Glosae super Platonem*
PAUL E. DUTTON: *The "Glosae super Platonem" of Bernard of Chartres* (Studies and Texts 107), Toronto 1991.
BERNARDUS CLARAEVALLENSIS *De consideratione*
BERNARDUS CLARAEVALLENSIS: *De consideratione*, ed. Jean Leclercq, III, Roma 1963, 379-493.
BERNARDUS CLARAEVALLENSIS *Opera*
Sancti Bernardi Opera, ed. JEAN LECLERCQ, HENRI ROCHAIS, C. H. TALBOT, 8 vol., Roma 1957–1977.
Biblia sacra
Biblia sacra iuxta vulgatam versionem, recensuit ROBERTUS WEBER OSB, editio tertia emendata, Stuttgart 1983.
BOETHIUS *Consolatio philosophiae*
A. M. S. BOETHIUS: *Philosophiae consolationis libri quinque accedunt eiusdem atque incertorum Opuscula sacra*, ed. RUDOLFUS PEIPER, Leipzig 1871.
BOETHIUS *De geometria*
A. M. S. BOETHIUS: *De geometria*, ed. GOTTFRIED FRIEDLEIN, Leipzig 1867.
BOETHIUS *De musica*
A. M. S. BOETHIUS: *De musica*, ed. GOTTFRIED FRIEDLEIN, Leipzig 1867.
BOETHIUS *De trinitate*
A. M. S. BOETHIUS: *De Trinitate*, ed. H. F. STEWART, E. K. RAND, S. J. TESTER, London/Cambridge (Mass.) 1973.
BOETHIUS *In Categorias*
A. M. S. BOETHIUS: *In Categorias* (PL 64, 159-294).
BOETHIUS *In Isagogen*
A. M. S. BOETHIUS: *In Isagogen Porphyrii Commenta*, ed. SAMUEL BRANDT (CSEL 48), Wien/Leipzig 1908.
BOETHIUS *Institutio arithmetica*
A. M. S. BOETHIUS: *Institutio arithmetica*, ed. GOTTFRIED FRIEDLEIN, Leipzig 1867.
BOETHIUS *Theologische Traktate*
A. M. S. BOETHIUS: *Die theologischen Traktate*, ed. MICHAEL ELSÄSSER, Hamburg 1988.

BONAVENTURA *De donis*
BONAVENTURA: *De septem donis Spiritus sancti Collationes*, ed. PP. Grottaferrata (Opera omnia), tomus V, Quaracchi 1891.
BRUNO *In Epistolas Pauli*
BRUNO CARTHUSIENSIS: *Commentarius in Epistolas Pauli* (PL 153, 9-566).
CASSIODORI DISCIPULUS *In Epistolas Pauli*
CASSIODORI DISCIPULUS: *Commentaria in Epistolas s. Pauli* (PL 68, 507-686).
CASSIODORUS *Institutiones*
CASSIODORUS SENATOR: *Institutiones*, ed. ROGER A. B. MYNORS, Oxford 1937.
CLEMENS *Stromata*
CLEMENS Alexandrinus: *Stromata* (PG 8, 685-1382).
DIONYSIUS AREOPAGITA *Hierarchien*
DIONYSIOS AREOPAGITA: *Die Hierarchien der Engel und der Kirche*, mit einer Einführung von HUGO BALL, München 1955.
EVERARDUS *Dialogus*
NIKOLAUS M. HÄRING: "A Latin Dialogue on the Doctrine of Gilbert of Poitiers", in *Mediaeval Studies 15* (1953) 243-289.
GERHARDUS *Deliberatio*
GERHARDUS CSANADENSIS: *Deliberatio supra hymnum trium puerorum*, ed. GABRIEL SILAGI (CChr.CM 49), Turnhout 1978.
GISLEBERTUS PICTAVENSIS *In Boethium*
NIKOLAUS M. HÄRING: *The Commentaries on Boethius by Gilbert of Poitiers* (Studies and Texts 13), Toronto 1966.
GISLEBERTUS PICTAVENSIS *Sententie*
NIKOLAUS M. HÄRING: „Die Sententie Magistri Gisleberti Pictavensis Episcopi", in *Archives d'histoire doctrinale et littéraire du moyen âge 45* (1978) 83-180.
GODEFRIDUS DE FONTIBUS *Quodlibeta*
GODEFRIDUS DE FONTIBUS: *Quodlibeta I-XV*, in *Les Philosophes Belges*. Vols. II (Louvain 1904), III (1914), IV (1924–31), V (1932), XIV (1937), éd. par MAURICE DE WULF, AUGUSTE PELZER, JEAN HOFFMANS, ODON LOTTIN.
GREGORIUS *Moralia*
GREGORIUS MAGNUS: *Moralia in Iob*, ed. MARCUS ADRIAEN (CChr.SL 143/143A/143B), Turnhout 1979, 1985.
GREGORIUS *In Hiezechielem*
GREGORIUS MAGNUS: *Homiliae in Hiezechielem Prophetam*, ed. MARCUS ADRIAEN (CChr.SL 142), Turnhout 1971.
GUILLELMUS ALTISSIODORENSIS *Summa aurea*
GUILLELMUS ALTISSIODORENSIS: *Summa aurea*, ed. JEAN RIBAILLIER (Spicilegium Bonaventurianum XVI), Paris/Grottaferrata 1980.
GUILLELMUS DE CONCHIS *Dragmaticon*
GUILLELMUS DE CONCHIS: *Dragmaticon*, ed. ITALO RONCA (CChr.CM 152), Turnhout 1997.
GUILLELMUS DE CONCHIS *Glosae*
GUILLELMUS DE CONCHIS: *Glosae super Platonem (In Timaeum)*, ed. ÉDOUARD JEAUNEAU, Paris 1965.
GUILLELMUS DE CONCHIS *Philosophia mundi*
GUILLELMUS DE CONCHIS: *Philosophia mundi* (1. Buch), ed. GREGOR MAURACH, Pretoria 1974.

GUILLELMUS DE CONCHIS *Philosophia*
GUILLELMUS DE CONCHIS: *Philosophia*, ed. GREGOR MAURACH, Pretoria 1980.
GUILLELMUS DE SANCTO THEODORICO *De natura et dignitate*
GUILLELMUS DE SANCTO THEODORICO: *De natura et dignitate amoris* (PL 184, 379-408).
GUILLELMUS LUCCENSIS
GUILLELMUS LUCCENSIS: *In Tertiam Ierarchiam Dionisii*, ed. FEDERICO GASTALDELLI, Firenze 1983.
GUNDISSALINUS *De anima*
DOMINICUS GUNDISSALINUS: *Tractatus de anima*, ed. JOSEPH THOMAS MUCKLE, in *Mediaeval Studies 2* (1940) 23-103.
GUNDISSALINUS *De divisione*
DOMINICUS GUNDISSALINUS: *De divisione philosophiae*, ed. LUDWIG BAUR (BGPhMA 4, 2-3), Münster 1903, 1-141.
GUNDISSALINUS *De immortalitate*
DOMINICUS GUNDISSALINUS: *De immortalitate animae*, ed. GEORG BÜLOW (BGPhMA 2, 3), Münster 1897, 1-38.
GUNDISSALINUS *De processione*
DOMINICUS GUNDISSALINUS: *De processione mundi*, ed. GEORG BÜLOW (BGPhMA 24, 3), Münster 1925, 1-56.
GUNDISSALINUS *De scientiis*
DOMINICUS GUNDISSALINUS: *De scientiis*, ed. MANUEL ALONSO, Madrid/Granada 1954.
GUNDISSALINUS *De unitate* 1891
DOMINICUS GUNDISSALINUS: *De unitate*, ed. PAUL CORRENS (BGPhMA 1, 1), Münster 1891, 1-11.
GUNDISSALINUS *De unitate*
DOMINICUS GUNDISSALINUS: *De unitate*, ed. MANUEL ALONSO, in *Pensamiento 12* (1956) 65-78. 179-202. 431-472, *13* (1957) 159-202.
HENRICUS DE GANDAVO *Quodlibeta*
HENRICUS DE GANDAVO: *Quodlibeta*, Paris 1520.
HENRICUS DE GANDAVO *Summa*
HENRICUS DE GANDAVO: *Summa quaestionum ordinariarum*, Paris 1520.
HERMES TRISMEGISTUS *Asclepius*
WALTER SCOTT: *Hermetica*, vol. I, Oxford 1924.
HERVAEUS *In Epistolas Pauli*
HERVAEUS BURGIDOLENSIS: *Commentarius in Epistolas Pauli* (PL 181, 591-1692).
HIERONYMUS *Contra Vigilantium*
HIERONYMUS: *Contra Vigilantium* (PL 23, 339-352).
HIERONYMUS *In Esaiam*
Commentaires de Jérôme sur le prophète Isaie. Introduction par ROGER GRYSON. Livres I–IV. Texte établi par ROGER GRYSON et P.-A. DEPROOST avec la collaboration de JOËLLE COULIE et ELISABETH CROUSSE (Vetus Latina. Die Reste der altlateinischen Bibel 23), Freiburg 1993.
HILDEBERTUS *Ad Willelmum*
HILDEBERTUS CENOMANENSIS: *Epistula I: Ad Magistrum Willelmum de Campellis* (PL 171, 141-143).

HILDEGARDIS *LDO*
HILDEGARDIS BINGENSIS: *Liber diuinorum operum*, ed. ALBERT DEROLEZ, PETER DRONKE (CChr.CM 92), Turnhout 1996.
HILDEGARDIS *LVM*
HILDEGARDIS BINGENSIS: *Liber vite meritorum*, ed. ANGELA CARLEVARIS (CChr. CM 90), Turnhout 1995.
HILDEGARDIS *Sciuias*
HILDEGARDIS BINGENSIS: *Sciuias*, ed. ADELGUNDIS FÜHRKÖTTER, ANGELA CARLEVARIS (CChr.CM 43/43A), Turnhout 1978.
HUGO *De circumstantiis*
HUGO DE SANCTO VICTORE: „De tribus maximis circumstantiis gestorum", ed. WILLIAM M. GREEN, in *Speculum 18* (1943) 484-493.
HUGO *De institutione novitiorum*
HUGO DE SANCTO VICTORE: *De institutione novitiorum* (PL 176, 925-952).
HUGO *De sacramentis*
HUGO DE SANCTO VICTORE: *De sacramentis christianae fidei* (PL 176, 173-618).
HUGO *De sapientia*
HUGO DE SANCTO VICTORE: *De sapientia animae Christi* (PL 176, 845-856).
HUGO *De scripturis*
HUGO DE SANCTO VICTORE: *De scripturis et scriptoribus sacris* (PL 175, 9-28).
HUGO *Didascalicon*
HUGO DE SANCTO VICTORE: *Didascalicon de studio legendi*. A critical Text, ed. CHARLES HENRY BUTTIMER, Washington D.C. 1939.
HUGO *In Ecclesiasten*
HUGO DE SANCTO VICTORE: *In Ecclesiasten homiliae* (PL 175, 113-256).
HUGO *Institutiones*
HUGO DE SANCTO VICTORE: *Institutiones in Decalogum* (PL 176, 9-13).
HUGO *Miscellanea*
HUGO DE SANCTO VICTORE: *Miscellanea* (PL 177, 633-899).
HUGO *Studienbuch*
HUGO VON SANKT VIKTOR: *Didascalicon de Studio legendi. Studienbuch*. Übersetzt und eingeleitet von THILO OFFERGELD (Fontes Christiani 27), Freiburg/Basel/Wien 1997.
IOANNES SARESBERIENSIS *Metalogicon*
IOANNES SARESBERIENSIS: *Metalogicon*, ed. J. B. HALL auxiliata K. S. B. KEATS-ROHAN (CChr.CM 98), Turnhout 1991.
IOANNES SARESBERIENSIS *Policraticus*
IOANNES SARESBERIENSIS: *Policraticus* (PL 199, 379-822).
ISIDORUS *Etymologiae*
ISIDORUS HISPALENSIS: *Etymologiarum sive originum libri XX*, ed. WALLACE M. LINDSAY, 2 vol., Oxford 1911.
IULIANUS *In Iob*
IULIANUS AECLANENSIS: *Expositio in Iob*, ed. LUCAS DE CONINCK (CChr.SL 88), Turnhout 1977.
IUVENALIS *Satirica*
JUVÉNAL: *Satirica*, ed. PIERRE DE LABRIOLLE, F. VILLENEUVE, Paris 1962.

LANFRANCUS *Commentarius*
LANFRANCUS: *Commentarius in epistolas Pauli* (PL 150, 101-406).
LAURENTIUS *Epistola*
Epistola Laurentii ad Mauritium, in BISCHOFF 1935, 250.
Liber Ordinis
Liber Ordinis Sancti Victoris Parisiensis, ed. LUCAS JOCQUÉ/LUDOVICUS MILIS (CChr.CM 61), Turnhout 1984.
Liber Quare
Liber Quare, ed. GREGORIUS POLYCARPUS GÖTZ (CChr.CM 60), Turnhout 1983.
MARTIANUS *De nuptiis*
MARTIANUS CAPELLA: *De nuptiis mercurii et philologiae*, ed. ADOLF DICK, Leipzig 1925.
Necrologium
AUGUSTE MOLINIER: *Obituaires de la Province de Sens*. Tome I: *Diocèses de Sens et de Paris*. Première partie, Paris 1902, 531-608.
NICOLAUS AMBIANENSIS *Ars*
MECHTHILD DREYER: *Nikolaus von Amiens: Ars fidei catholicae – Ein Beispielwerk axiomatischer Methode* (BGPhThMA NF 37), Münster 1993, 76-106.
ORIGENES *In Leviticum*
ORIGENES: *In Leviticum Homiliae* secundum translationem Rufini, ed. WILHELM ADOLF BAEHRENS, Berlin 1920.
PETRUS AUREOLI *Scriptum*
PETRUS AUREOLI: *Scriptum super primum Sententiarum*, ed. ELIGIUS M. BUYTAERT, New York 1953.
PETRUS LOMBARDUS *In Epistolas Pauli*
PETRUS LOMBARDUS: *Commentarius in Epistolas Pauli* (PL 192, 9-520).
PETRUS LOMBARDUS *Sententiae*
PETRUS LOMBARDUS: *Sententiae in IV Libris distinctae*, ed. PP. Grottaferrata, 2 Bände, Grottaferrata 1971.
PETRUS PICTAVENSIS *Sententie*
NIKOLAUS M. HÄRING: *Die Zwettler Summa* (BGPhThMA NF 15), Münster 1971.
Platonis Timaeus
Platonis Timaeus – translatio Calcidii (Plato latinus IV), ed. JAN HENDRIK WASZINK, London/Leiden 1962.
RAIMUNDUS *Ars compendiosa*
RAIMUNDUS LULLUS: *Ars compendiosa dei*, ed. M. BAUZÀ OCHOGAVÍA (CChr.CM 39), Turnhout 1985.
RAIMUNDUS *De fine*
RAIMUNDUS LULLUS: *De fine*, ed. ALOIS MADRE (CChr.CM 35), Turnhout 1981.
Regula Benedicti
Regula Benedicti. Traditio Codicum Mss. Casensium a Praestantibus teste usque reperita Codice Sangallensi 914 nunc primum omnibus Numeris expresso Cura et Studio Monachorum in Archicoenobio Casinensi degentium, Montecassino 1900.
Règle de s. Augustin
LUC VERHEIJEN: *La Règle de saint Augustin*, 2 vols, Paris 1967.
RICHARDUS *Beniamin maior*
RICHARDUS DE SANTO VICTORE: *Beniamin maior*, in ARIS 1996, [1]-[148].

RICHARDUS *Beniamin minor*
Les douze patriarches ou Beniamin minor. Texte critique et traduction par JEAN CHÂTILLON et MONIQUE DUCHET-SUCHAUX. Introduction, notes et index par JEAN LONGÈRE (Sources chrétiennes 419), Paris 1997.

RICHARDUS *De eruditione*
RICHARDUS DE SANCTO VICTORE: *De eruditione interioris hominis* (PL 196, 1230-1366).

RICHARDUS *De exterminatione*
RICHARDUS DE SANCTO VICTORE: *De exterminatione mali et promotione boni* (PL 196, 1073-1116).

RICHARDUS *De statu*
RICHARDUS DE SANCTO VICTORE: *De statu interioris hominis post lapsum*, éd. par JEAN RIBAILLIER, in *Archives d'histoire doctrinale et littéraire du moyen âge 34* (1967) 7-128.

RICHARDUS *In Psalmos*
RICHARDUS DE SANCTO VICTORE: *Mysticae adnotationes in Psalmos* (PL 196, 265-402).

ROBERTUS *Introductio*
ROBERTUS DE MELEDUNO: „Introductio in Sacram Scripturam, prologus", in *Œuvres de Robert de Melun*, vol. III, ed. ROBERT WARICHEZ, Louvain 1947, 7-12.

ROBERTUS *Praefatio*
ROBERTUS DE MELEDUNO: „Praefatio de diversa consuetudine legendi sacram Scripturam", in *Œuvres de Robert de Melun*, vol. III: *Sententie*, 1, ed. RAYMOND MARTIN, Louvain 1947, 3-56.

ROSCELINUS *Epistola*
JOSEF REINERS: *Der Nominalismus in der Frühscholastik: Ein Beitrag zur Geschichte der Universalienfrage im Mittelalter nebst einer neuen Textausgabe des Briefes Roscelins an Abälard* (BGPhMA 8, 5), Münster 1910, 63-80.

RUPERTUS *In Isaiam*
RUPERTUS TUITIENSIS: *De sancta trinitate et operibus eius*, ed. HRABANUS HAACKE (CChr.CM 23), Turnhout 1972.

Testamentum Ludovici VI
ALEXANDRE TEULET (éd.): *Layettes du Trésor des Chartes*, Paris 1866, II, 54-55, Nr. 1710.

THEODORICUS CARNOTENSIS *Commentum*
THEODORICUS CARNOTENSIS: *Commentum super Boethii librum de Trinitate*, in HÄRING 1971, 55-116.

THEODORICUS CARNOTENSIS *Lectiones*
THEODORICUS CARNOTENSIS: *Lectiones in Boethii librum de Trinitate*, in HÄRING 1971, 123-229.

THEODORICUS CARNOTENSIS *Tractatus*
THEODORICUS CARNOTENSIS: *Tractatus de sex dierum operibus*, in HÄRING 1971, 553-575.

THOMAS DE AQUINO *In Boethii De Trinitate*
THOMAS DE AQUINO: *Expositio super librum Boethii De Trinitate*, ed. BRUNO DECKER, Leiden 1965.

THOMAS DE AQUINO *Super Epistolas Pauli*
THOMAS DE AQUINO: *Lectura super Epistolas Pauli*, ed. RAPHAELIS CAI, 2 vol., Torino 1953.
THOMAS DE AQUINO *Super Isaiam*
THOMAS DE AQUINO: *Expositio super Isaiam ad litteram*, ed. Commissio Leonina (Opera omnia 28), Roma 1974.

ABHANDLUNGEN

ALONSO 1947
MANUEL ALONSO: „Traducciones del Arcediano Domingo Gundisalvo“, in *Al-Andalus 12* (1947) 295-338.
ALONSO 1959
MANUEL ALONSO: „Influencia de Severino Boecio en las obras y traducciones de Gundisalvo“, in MANUEL ALONSO: *Temas filosóficos medievales (Ibn Dawud y Gundisalvo)*, Comillas 1959, 369-396.
ANDRES 1921
FRIEDRICH ANDRES: „Die Stufen der Contemplatio in Bonaventuras Itinerarium mentis in Deum und im Beniamin maior des Richard von St. Viktor“, in *Franziskanische Studien 8* (1921) 189-200.
ARDUINI 1999
MARIA LUDOVICA ARDUINI: „Ugo di San Vittore e il problema della storia: Il Didascalicon. De Studio Legendi ovvero i Criterî per la metodologia della ricerca storica“, in *Aevum 73* (1999) 305-336.
ARIS 1996
MARC-AEILKO ARIS: *Contemplatio. Philosophische Studien zum Traktat Benjamin Maior des Richard von St. Victor. Mit einer verbesserten Edition des Textes*, Frankfurt am Main 1996.
BARON 1957
ROGER BARON: *Science et Sagesse chez Hugues de Saint-Victor*, Paris 1957.
BARON 1959
ROGER BARON: „Hugues de Saint-Victor: Contribution à un nouvel examen de son œuvre“, in *Traditio 15* (1959) 223-297.
BARROW 1989
JULIA BARROW: „Education and the Recruitment of Cathedral Canons in England and Germany 1100–1225“, in *Viator 20* (1989) 117-138.
BAUMGARTNER 1896
MATHIAS BAUMGARTNER: *Die Philosophie des Alanus de Insulis im Zusammenhange mit den Anschauungen des 12. Jahrhunderts* (BGPhMA 2, 4), Münster 1896.
BEIERWALTES 1987
WERNER BEIERWALTES: „Proklos. Ein systematischer Philosoph?“, in *Proclus. Lecteur et interprète des anciens*, éd. JEAN PÉPIN, HENRI D. SAFFREY (Colloques internationaux du CNRS), Paris 1987, 351-368.
BERNDT 1991
RAINER BERNDT: *André de Saint-Victor (+ 1175). Exégète et théologien* (Bibliotheca Victorina 2), Turnhout 1991.

BERNDT 2000
RAINER BERNDT: „The School of St. Victor in Paris“, in *Hebrew Bible / Old Testament. The History of its Interpretation.* Volume I: *From the Beginnings to the Middle Ages (Until 1300).* Part 2: *The Middle Ages*, ed. MAGNE SÆBØ, Göttingen 2000, 467-495.

BERNDT 2001
RAINER BERNDT: „*visio – speculatio – contemplatio.* Zur Theorie der sehenden Wahrnehmung bei Richard von Sankt Viktor“, in *Hildegard von Bingen in ihrem Umfeld – Mystik und Visionsformen in Mittelalter und Früher Neuzeit. Katholizismus und Protestantismus im Dialog*, hg. von ÄNNE BÄUMER-SCHLEINKOFER, Würzburg 2001, 137-160.

BEUMER 1955
JOHANNES BEUMER: „Erleuchteter Glaube. Die Theorie Heinrichs von Gent und ihr Fortleben in der Spätscholastik“, in *Franziskanische Studien 37* (1955) 129-160.

BISCHOFF 1935
BERNHARD BISCHOFF: „Aus der Schule von Sankt Viktor“, in *Aus der Geisteswelt des Mittelalters. Studien und Texte Martin Grabmann zur Vollendung des 60. Lebensjahres von Freunden und Schülern gewidmet*, hg. von ALBERT LANG, JOSEPH LECHNER, MICHAEL SCHMAUS (BGPhMA Suppl. 3/1), Münster 1935, 246-250.

BÖHME 1989
Klassiker der Naturphilosophie. Von den Vorsokratikern bis zur Kopenhagener Schule, hg. von GERNOT BÖHME, München 1989.

BONNARD 1907/1908
FOURIER BONNARD: *Histoire de l'abbaye royale et de l'ordre des chanoines réguliers de Saint-Victor de Paris*, 2 Bände, Paris o.J. [1907/1908].

BOYNTON 2000
SUSAN BOYNTON: „Training for the Liturgy as a Form of Monastic Education“, in *Medieval Monastic Education*, ed. by CAROLYN MUESSIG, GEORGE FERZOCO, Leicester/London/New York 2000, 7-20.

BRINKMANN 1980
HENNING BRINKMANN: *Mittelalterliche Hermeneutik*, Darmstadt 1980.

BROWN 1988
STEPHEN F. BROWN: „Richard Fishacre and the Need for ‚Philosophy‘“, in *A Straight Path: Studies in Mediaeval Philosophy and Culture in Honor of Arthur Hyman*, ed. by R. LINK SALINGER et alii, Washington, D.C. 1988, 23-36.

BROWN 1990
STEPHEN F. BROWN: „Henry of Ghent's Critique of Aquinas' Subalternation Theory and the Early Thomistic Response“, in *Knowledge and the Sciences in Medieval Philosophy.* Proceedings of the Eighth International Congress of Medieval Philosophy, ed. by REIJO TYÖRINOJA, ANJA INKERI LEHTINEN, DAGFINN FØLLESDAL, Helsinki 1990, 337-345.

BROWN 1993
STEPHEN F. BROWN: „Medieval Supposition Theory in its Theological Context“, in *Medieval Philosophy and Theology 3* (1993) 121-157.

BROWN 1994
STEPHEN F. BROWN: „Henry of Ghent's Reductio Artium ad Theologiam“, in *Thomas Aquinas and His Influence on the Middle Ages*, ed. by DAVID GALLAGHER, Washington, D.C. 1994, 229-243.

BROWN 1995
STEPHEN F. BROWN: „John Duns Scotus' Debate with Thomas Aquinas, Henry of Ghent, and Godfrey of Fontaines on the Nature of Theology", in *Via Scoti*, ed. by LEONARDO SILEO, Rome 1995, 229-243.

BROWN 1998
STEPHEN F. BROWN: „Declarative and Deductive Theology in the Early Fourteenth Century", in *Was ist Philosophie im Mittelalter?*, hg. von JAN AERTSEN, ANDREAS SPEER (Miscellanea Mediaevalia 26), Berlin 1998, 648-655.

BRUDER 1928
KONRAD BRUDER: *Die philosophischen Elemente der ‚Opuscula sacra' des Boethius. Ein Beitrag zur Quellengeschichte der Philosophie der Scholastik*, Leipzig 1928.

BRUNHÖLZL 1983
FRANZ BRUNHÖLZL: „Bibelübersetzungen. I. Lateinische Bibelübersetzungen und ihre textgeschichtlichen Voraussetzungen", in *Lexikon des Mittelalters*, II, München/Zürich 1983, 88-93.

BURNETT 1987
Adelard of Bath. An English Scientist and Arabist of the Early Twelfth Century, ed. by CHARLES BURNETT (Warburg Institute Surveys and Studies XIV), London 1987.

BUSARD 1983
HUBERT L. L. BUSARD: *The First Latin Translation of Euclid's ‚Elements' Commonly Ascribed to Adelard of Bath* (Books I-VIII and Books X,36–XV, 2), Toronto 1983.

CABASSUT 1957
ANDRÉ CABASSUT: „Discrétion", in *Dictionnaire de Spiritualité 3* (1957) 1311-1330.

CAMPOS 1969
J. CAMPOS: „'Disciplina' y su tradición en la vida monástica", in *Helmantica 20* (1969) 105-132.

CAMPOS 1973
J. CAMPOS: „Valores penitenciales de 'disciplina' en la ascetica monástica", in *Ciudad de Dios 89* (1973) 5-19.

CARLEVARIS 1995
ANGELA CARLEVARIS: „'Scripturas subtiliter inspicere subtiliterque excribare'", in *Tiefe des Gotteswissens – Schönheit der Sprachgestalt bei Hildegard von Bingen*. Internationales Symposium in der Katholischen Akademie Rabanus Maurus Wiesbaden-Naurod vom 9. bis 12. September 1994, hg. von MARGOT SCHMIDT, Stuttgart-Bad Cannstatt 1995, 29-48.

CARLEVARIS 1998
ANGELA CARLEVARIS: „Ildegarda e la patristica", in *Hildegard of Bingen. The Context of her Thought and Art*, edited by CHARLES BURNETT and PETER DRONKE, London 1998, 65-80.

CHÂTILLON 1966/1992
JEAN CHÂTILLON: „Le ‚Didascalicon' de Hugues de Saint-Victor", in *Cahiers d'histoire mondiale IX/3* (1966) 539-552; erneut abgedruckt in JEAN CHÂTILLON: *Le mouvement canonial au moyen âge: Réforme de l'Église, spiritualité et culture*. Études réunies par PATRICE SICARD (Bibliotheca Victorina 3), Paris/Turnhout 1992, 403-418.

CHÂTILLON 1968/1992
JEAN CHÂTILLON: „La Culture de l'École de Saint-Victor au 12e siècle", in *Entretiens sur la Renaissance du 12e siècle*, éd. par MAURICE DE GANDILLAC, ÉDOUARD JEAUNEAU, Paris/La Haye 1968, 147-178; neu abgedruckt in JEAN CHÂTILLON: *Le mouvement canonial au moyen âge: Réforme de l'Église, spiritualité et culture*. Études réunies par PATRICE SICARD (Bibliotheca Victorina 3), Paris/Turnhout 1992, 327-353.

CHÂTILLON 1980
JEAN CHÂTILLON: „La méthode théologique d'Alain de Lille", in ROUSSEL/SUARD 1980, 47-60.

CHÁVEZ ALVAREZ 1991
FABIO CHÁVEZ ALVAREZ: *„Die brennende Vernunft". Studien zur Semantik der „rationalitas" bei Hildegard von Bingen*, Stuttgart-Bad Cannstatt 1991.

CHENU 1936
MARIE-DOMINIQUE CHENU: „Disciplina", in *Revue des sciences philosophiques et théologiques 25* (1936) 686-692.

CHENU 1969
MARIE-DOMINIQUE CHENU: *La théologie comme science au XIIIe siècle*, Paris 31969.

CHENU 1973
MARIE-DOMINIQUE CHENU: „Essai de méthode théologique au XIIe siècle", in *Mediaeval Studies 35* (1973) 258-267.

CHENU 1976
MARIE-DOMINIQUE CHENU: *La théologie au douzième siècle*, Paris 1957, 31976.

CHROUST 1951
ANTON-HERMANN CHROUST: „The Definitions of Philosophy in the ‚De divisione philosophiae' of Dominicus Gundissalinus", in *New Scholasticism 25* (1951) 253-281.

CLANCHY 2000
MICHAEL T. CLANCHY: *Abaelard: Ein mittelalterliches Leben*, übersetzt von Raoul Niemann und Ralf M.W. Stammberger, Darmstadt 2000.

CLASSEN 1981
PETER CLASSEN: „Die geistesgeschichtliche Lage. Anstöße und Möglichkeiten", in *Die Renaissance der Wissenschaften im 12. Jahrhundert*, hg. von PETER WEIMAR (Zürcher Hochschulforum 2), Zürich 1981, 11-32.

COLISH 1994
MARCIA L. COLISH: *Peter Lombard*, 2 Bde., Leiden 1994.

COLKER 1991
MARVIN L. COLKER: *Trinity College Library Dublin, Descriptive Catalogue of the Medieval and Renaissance Latin Manuscripts*, Vol. I, Aldershot 1991.

COURCELLE 1974/1975
PIERRE COURCELLE: *Connais-toi toi-même. De Socrate à Saint Bernard*, 3 vols, Paris 1974, 1975

CRAEMER-RUEGENBERG/SPEER 1994
'Scientia' und 'ars' im Hoch- und Spätmittelalter, hg. von INGRID CRAEMER-RUEGENBERG und ANDREAS SPEER, 2 Bände (Miscellanea mediaevalia 22), Berlin 1994.

CROMBIE 1977
ALISTAIR C. CROMBIE: *Von Augustinus bis Galilei. Die Emanzipation der Naturwissenschaft*, aus dem Engl. übersetzt, Köln 1964.

D'ALVERNY 1954/1956
MARIE-THÉRÈSE D'ALVERNY: „Avendauth?", in *Homenaje a José Millás-Vallicrosa*, I, 19-43, Barcelona 1954.

D'ALVERNY 1982
MARIE-THÉRÈSE D'ALVERNY: „Translations and Translators in the Twelfth Century", in *Renaissance and Renewal in the Twelfth Century*, ed. by ROBERT L. BENSON, GILLES CONSTABLE, Oxford 1982, 421-462.

D'ONOFRIO 1990
GIULIO D'ONOFRIO: „An Introduction to the Problem of Method in Early Medieval Theology", in *Knowledge and the Sciences in Medieval Philosophy*. Proceedings of the Eighth International Congress of Medieval Philosophy, vol. III, ed. by REIJO TYÖRINOJA et alii (Annals of the Finnish Society for Missiology and Ecumenics 55), Helsinki 1990, 367-375.

D'ONOFRIO 1991
GIULIO D'ONOFRIO: „Theological Ideas and the Idea of Theology in the Early Middle Ages (9th–11th Centuries)", in *Freiburger Zeitschrift für Philosophie und Theologie 38* (1991) 273-297.

DE RIJK 1988/1989
LAMBERTUS DE RIJK: „Semantics and Metaphysics in Gilbert of Poitiers. A Chapter in Twelfth-Century Platonism", in *Vivarium 26* (1988) 73-112, *27* (1989) 1-35.

DELHAYE 1947
PHILIPPE DELHAYE: „L'organisation scolaire au XIIe siècle", in *Traditio 5* (1947) 211-268.

DIEM 1967
GUDRUN DIEM: „Les traductions gréco-latines de la Métaphysique au moyen âge: Le problème de la Metaphysica Vetus", in *Archiv für Geschichte der Philosophie 49* (1967) 7-71.

DOD 1982
B. G. DOD: „Aristoteles latinus", in *The Cambridge History of Later Medieval Philosophy. From the Rediscovery of Aristotle to the Disintegration of Scholasticism 1100–1600*, ed. by NORMAN KRETZMAN et alii, Cambridge 1982, [2]1988, 45-79.

DONATI/SPEER 1993
SILVIA DONATI, ANDREAS SPEER: „Physik/Naturphilosophie", in *Lexikon des Mittelalters VI*, München/Zürich 1993, 2111-2117.

DREYER 1993
MECHTHILD DREYER: „Regulare Methode und Axiomatik im 12. Jahrhundert", in DIES.: *Nikolaus von Amiens. Ars fidei catholicae. – Ein Beispielwerk axiomatischer Methode.* (BGPhThMA NF 37) Münster 1993, 1-39.

DREYER 1994
MECHTHILD DREYER: „Regularmethode und Axiomatik. Wissenschaftliche Methodik im Horizont der artes-Tradition des 12. Jahrhunderts", in CRAEMER-RUEGENBERG/SPEER 1994, 145-157.

Dreyer 1996
Mechthild Dreyer: *More mathematicorum. Rezeption und Transformation der antiken Gestalten wissenschaftlichen Wissens im 12. Jahrhundert* (BGPhThMA NF 47), Münster 1996.
Dronke 1988a
A History of Twelfth-Century Western Philosophy, ed. by Peter Dronke, Cambridge/New York/Oakleigh 1988.
Dronke 1988b
Peter Dronke: „Thierry of Chartres", in Dronke 1988a, 358-385.
Duby 1979
Georges Duby: *Saint Bernard – L'art cistercien*, Paris 1979.
Dürig 1952
Walter Dürig: „‚Disciplina': Eine Studie zur Bedeutung des Wortes in der Sprache der Liturgie und der Väter", in *Sacris Erudiri 4* (1952) 245-279.
Duhem 1954
Pierre Duhem: *Le système du monde: Histoire des doctrines cosmologiques.* Tome III: *L'astronomie latine au moyen âge*, Paris 1954.
Dumont 1961/1962
Charles Dumont: „La réflexion sur la méthode théologique. Un moment capital: le dilemme posé au XIIIe siècle", in *Nouvelle revue théologique 83* (1961) 1034-1050, *84* (1962) 17-35.
Dutton 1984
Paul E. Dutton: „The Uncovering of the Glosae super Platonem of Bernard of Chartres", in *Mediaeval Studies 46* (1984) 192-221.
Ebbersmeyer 1995
Sabrina Ebbersmeyer: „Spekulation", in *Historisches Wörterbuch der Philosophie*, IX, Darmstadt 1995, 1355–1372.
Ebner 1917
Joseph Ebner: *Die Erkenntnislehre Richards von St. Viktor* (BGPhMA 19, 4), Münster 1917.
Englisch 1994
Brigitte Englisch: *Die Artes liberales im frühen Mittelalter (5.–9. Jh.)* (Sudhoffs Archiv 33), Stuttgart 1994.
Evans 1980a
Gillian R. Evans: *Old Arts and New Theology. The Beginnings of Theology as an Academic Discipline*, Oxford 1980.
Evans 1980b
Gillian R. Evans: „Boethian and Euclidian Axiomatic Method in the Theology of the Later 12th Century", in *Archives internationales d'histoire des sciences 30* (1980) 36-52.
Evans 1983
Gillian R. Evans: *Alan of Lille – The Frontiers of Theology in the Later Twelfth Century*, Cambridge 1983.

Felten 2000
Franz J. Felten: „Zum Problem der sozialen Zusammensetzung von alten Benediktinerklöstern und Konventen der neuen religiösen Bewegung", in *Hildegard von Bingen in ihrem historischen Umfeld.* Internationaler wissenschaftlicher Kongreß zum 900jährigen Jubiläum, 13.–19. September 1998, Bingen am Rhein, hg. von Alfred Haverkamp, Mainz 2000, 189-235.

Felten 2001
Franz J. Felten: *„Noui esse uolunt ... deserentes bene contritam uiam ...* Hildegard von Bingen und Reformbewegungen im religiösen Leben ihrer Zeit", in *„Im Angesicht Gottes suche der Mensch sich selbst". Hildegard von Bingen (1098–1998)*, hg. von Rainer Berndt (Erudiri Sapientia 2), Berlin 2001, 27-86.

Fidora 2000a
Alexander Fidora: „Dominicus Gundissalinus", in *Biographisch-Bibliographisches Kirchenlexikon*, 17, Herzberg 2000, 281-286.

Fidora 2000b
Alexander Fidora: „La metodología de las ciencias según Boecio: su recepción en las obras y traducciones de Domingo Gundisalvo", in *Revista española de filosofía medieval 7* (2000) 127-137.

Fidora 2000c
Alexander Fidora: „La recepción de San Isidoro de Sevilla por Domingo Gundisalvo: Astronomía, astrología y medicina", in *Estudios Eclesiásticos 75* (2001) 663-677.

Fidora/Niederberger 2000
Alexander Fidora, Andreas Niederberger: „Der Streit um die Renaissance im 12. Jahrhundert – Eine Gesellschaft im Spannungsfeld zwischen Humanismus, Wissenschaft und Religiosität", in *Convenit Selecta 3* (2000) 7-26.

Fidora/Niederberger 2001
Alexander Fidora, Andreas Niederberger: „Philosophie und Physik zwischen notwendigem und hypothetischem Wissen – Zur wissenstheoretischen Bestimmung der Physik in der *Philosophia* des Wilhelm von Conches", in *Early Science and Medicine 6* (2001) 22-34.

Fischer 1965
Bonifatius Fischer: „Bibeltext und Bibelreform unter Karl dem Großen", in *Karl der Große, Lebenswerk und Nachleben*, hg. Wolfgang Braunfels, Band II: *Das geistige Leben*, hg. von Bernhard Bischoff, Düsseldorf 1965, 156-216.

Geiger 1947
Louis-Bertrand Geiger: „Abstraction et séparation d'après S. Thomas ‚In De Trinitate', q. 5, a. 3", in *Revue des sciences philosophiques et théologiques 31* (1947) 3-40.

Gibson 1969
Margaret Gibson: „The Study of the Timaeus in the Eleventh and Twelfth Centuries", in *Pensamiento 25* (1969) 183-194.

Goy 1976
Rudolf Goy: *Die Überlieferung der Werke Hugos von Sankt Viktor: Ein Beitrag zur Kommunikationsgeschichte des Mittelalters* (Monographien zur Geschichte des Mittelalters 14), Stuttgart 1976.

GRABMANN 1923
MARTIN GRABMANN: *Der göttliche Grund menschlicher Wahrheitserkenntnis nach und Thomas von Aquin*, Münster/Westf. 1923.
GRABMANN 1948
MARTIN GRABMANN: *Die theologische Erkenntnis- und Einleitungslehre des hl. Thomas von Aquin auf Grund seiner Schrift „In Boethium de Trinitate"*, Freiburg/Schweiz 1948.
GRANT 1974
A Source Book in Medieval Science, ed. by EDWARD GRANT, Cambridge (Mass.) 1974.
GROSS-DIAZ 1996
TERESA GROSS-DIAZ: *The Psalms Commentary of Gilbert of Poitiers. From Lectio Diuina to the Lecture Room* (Brill's Studies in Intellectual History 68), Leiden/New York/Cologne 1996.
HAAS 1984a
ALOIS M. HAAS: „Christliche Aspekte des ‚Gnothi seauton'. Selbsterkenntnis und Mystik", in ALOIS M. HAAS: *Geistliches Mittelalter* (Dokimion 8), Freiburg i. Ue. 1984, 45-70.
HAAS 1984b
ALOIS HAAS: „Et descendit de caelo γνῶθι σεαυτόν (Juvenal, Satir. XI, 27). Dauer und Wandel eines mystologischen Motivs", in ALOIS HAAS: *Geistliches Mittelalter* (Dokimion 8), Freiburg i. Ue. 1984, 3-27.
HAAS 1987
MAX HAAS: „Die Wissenschaftsklassifikation des Gilbert von Poitiers" in JOLIVET/DE LIBERA 1987, 279-295.
HADOT 1984
IRÈNE HADOT: *Arts libéraux et philosophie dans la pensée antique*, Paris 1984.
HÄRING 1955
NIKOLAUS M. HÄRING: „The Cistercian Everard of Ypres and his Appraisal of the Conflict between St. Bernard and Gilbert of Poitiers" in *Mediaeval Studies 17* (1955) 143-172.
HÄRING 1957
NIKOLAUS M. HÄRING: „Petrus Lombardus und die Sprachlogik in der Trinitätslehre der Porretanerschule", in *Miscellanea Lombardiana*, Novara 1957, 113-127.
HÄRING 1965
NIKOLAUS M. HÄRING: *Life and Works of Clarembald of Arras. A Twelfth-Century Master of the School of Chartres*, Toronto 1965.
HÄRING 1969
NIKOLAUS M. HÄRING: „Die Erschaffung der Welt und ihr Schöpfer nach Thierry von Chartres und Clarenbaldus von Arras", in *Platonismus in der Philosophie des Mittelalters*, hg. von WERNER BEIERWALTES (Wege der Forschung 197), Darmstadt 1969, 161-267.
HÄRING 1971
NIKOLAUS M. HÄRING: *Commentaries on Boethius by Thierry of Chartres and his School*, Toronto 1971.
HÄRING 1974
NIKOLAUS M. HÄRING: „Chartres and Paris Revisited", in *Essays in Honour of Anton Ch. Pegis*, ed. by J. REGINALD O'DONNELL, Toronto 1974, 268-329.

HÄRING 1984
NIKOLAUS M. HÄRING: „The Contents and Affiliation of the Scientific Manuscripts Written at, or Brought to, Chartres in the Time of John of Salisbury“, in *The World of John of Salisbury*, ed. by MICHAEL WILKS, Oxford 1984, 127-160.

HASKINS 1927
CHARLES H. HASKINS: *The Renaissance of the Twelfth Century*, Cambridge (Mass.) 1927.

HAVERKAMP 2000
ALFRED HAVERKAMP: „Hildegard von Disibodenberg-Bingen. Von der Peripherie zum Zentrum“, in *Hildegard von Bingen in ihrem historischen Umfeld*. Internationaler wissenschaftlicher Kongreß zum 900jährigen Jubiläum, 13.–19. September 1998, Bingen am Rhein, hg. von ALFRED HAVERKAMP, Mainz 2000, 15-69.

HAYEN 1957/1958
ANDRÉ HAYEN: "La théologie aux XIIe, XIIIe et XXe siècles", in *Nouvelle Revue théologique 79* (1957) 1009-1028, *80* (1958) 113-132.

HEDWIG 1980
KLAUS HEDWIG: *Sphaera Lucis. Studien zur Intelligibilität des Seienden im Kontext der mittelalterlichen Lichtspekulation* (BGPhThMA NF 18), Münster 1980.

HÖDL/SCHIPPERGES 1980
LUDWIG HÖDL, HEINRICH SCHIPPERGES: „Artes liberales“, in *Lexikon des Mittelalters I*, München/Zürich 1980, 1058-1063.

HONNEFELDER 1988
LUDGER HONNEFELDER: „Die Wissenschaftlichkeit der Theologie als Problem der Philosophie“, in *Philosophie und Wissenschaft*, hg. von WILLI OELMÜLLER (Kolloquien zur Gegenwartsphilosophie 11), Paderborn 1988, 127-137.

HONNEFELDER 1992
LUDGER HONNEFELDER: „Christliche Theologie als wahre Philosophie“, in *Spätantike und Christentum. Beiträge zur Religions- und Geistesgeschichte der griechisch – römischen Kultur und Zivilisation der Kaiserzeit*, hg. von CARSTEN COLPE et alii, Berlin 1992, 55-75.

HORST 2001
ULRICH HORST: *Die sieben Gaben des Heiligen Geistes nach Thomas von Aquin* (Veröffentlichungen des Grabmann-Institutes zur Erforschung der mittelalterlichen Theologie und Philosophie 46), Berlin 2001.

HUGONNARD-ROCHE 1984
HENRI HUGONNARD-ROCHE: „La classification des sciences de Gundissalinus et l'influence d'Avicenne“, in *Études sur Avicenne*, éd. par JEAN JOLIVET, ROSHDI RASHED, Paris 1984, 41-75.

ILLMER 1979
D. ILLMER: „Artes liberales“, in *Theologische Realenzyklopädie IV*, Berlin u.a. 1979, 156-171.

VON IVÁNKA 1964
ENDRE VON IVÁNKA: *Plato Christianus. Übernahme und Umgestaltung des Platonismus durch die Väter*, Einsiedeln 1964.

JACOBI 1995
KLAUS JACOBI: „Natürliches Sprechen – Theoriesprache – Theologische Rede. Die Wissenschaftslehre des Gilbert von Poitiers (ca. 1085–1154)“, in *Zeitschrift für philosophische Forschung 49* (1995) 511-528.

JACOBI 1996a
KLAUS JACOBI: „Einzelnes – Individuum – Person. Gilbert von Poitiers' Philosophie des Individuellen", in *Individuum und Individualität im Mittelalter*, hg. von JAN AERTSEN, ANDREAS SPEER (Miscellanea Mediaevalia 24), Berlin/New York 1996, 3-21.

JACOBI 1996b
KLAUS JACOBI: „Kategorien der Sittenlehre. Gedanken zur Sprache der Moral in einem Logik-Kompendium des 12. Jahrhunderts", in *Philosophie im Mittelalter. Entwicklungslinien und Paradigmen*, hg. von JAN BECKMANN, LUDGER HONNEFELDER, GANGOLF SCHRIMPF, GEORG WIELAND, Hamburg ²1996, 103-124.

JACOBI 1998
KLAUS JACOBI: „Gilbert of Poitiers", in *Routledge Encyclopaedia of Philosophy*, vol. IV, ed. by EDWARD CRAIG, London/New York 1998, 68-72.

JACOBI 1999
KLAUS JACOBI: „Dialogus Ratii et Everardi. Gründliche Gedanken unterhaltsam in Gesprächsform gebracht", in *Gespräche lesen. Philosophische Dialoge im Mittelalter*, hg. von KLAUS JACOBI (ScriptOralia 115), Tübingen 1999, 243-261.

JACOBI 2000
KLAUS JACOBI: „Peter Abaelard. Unterscheidungswissen", in *Philosophen des Mittelalters*, hg. von THEO KOBUSCH, Darmstadt 2000, 54-66.

JAEGER 1985
C. STEPHEN JAEGER: *The Origins of Courtliness. Civilizing Trends and the Formation of Courtly Ideals 939–1210*, Philadelphia 1985.

JAEGER 1993
C. STEPHEN JAEGER: „Humanism and Ethics at the School of St. Victor in the early twelfth Century", in *Mediaeval Studies* 55 (1993) 51-79.

JANSEN 1926
WILHELM JANSEN: *Der Kommentar des Clarenbaldus von Arras zu Boethius „De Trinitate". Ein Werk aus der Schule von Chartres im 12. Jahrhundert*, Breslau 1926.

JEAUNEAU 1963
EDOUARD JEAUNEAU: „Mathématique et Trinité chez Thierry de Chartres", in *Metaphysik im Mittelalter*, hg. von PAUL WILPERT (Miscellanea Mediaevalia 2), Berlin 1963, 289-295.

JEAUNEAU 1984
EDOUARD JEAUNEAU: „Jean de Salisbury et la lecture des philosophes", in *The World of John of Salisbury*, ed. by MICHAEL WILKS (Studies in Church History. Subsidia 3), Oxford 1984, 77-108.

JEAUNEAU 1987
EDOUARD JEAUNEAU: „Le renouveau érigénien du XIIe siècle", in *Eriugena Redivivus – Zur Wirkungsgeschichte seines Denkens im Mittelalter und im Übergang zur Neuzeit*, hg. von WERNER BEIERWALTES, Heidelberg 1987, 26-46.

JOLIVET 1980
JEAN JOLIVET: „Remarques sur les ‚Regulae Theologicae' d'Alain de Lille", in ROUSSEL/SUARD 1980, 83-99.

JOLIVET 1988
JEAN JOLIVET: „The Arabic Inheritance", in DRONKE 1988a, 113-148.

JOLIVET 1997
JEAN JOLIVET: *La théologie d'Abélard*, Paris 1997.

JOLIVET/DE LIBERA 1987
Gilbert de Poitiers et ses contemporains – Aux origines de la ,Logica modernorum', éd. par JEAN JOLIVET, ALAIN DE LIBERA, Napoli 1987.

JÜSSEN/SCHRIMPF 1972
GABRIEL JÜSSEN/GANGOLF SCHRIMPF: „Disciplina, doctrina", in *Historisches Wörterbuch der Philosophie II*, Darmstadt 1972, 256-271.

KÄMMERLINGS 1993
RICHARD KÄMMERLINGS: „,Mystica arca'. Zur Erkenntnislehre Richards von St. Viktor in ,De gratia contemplationis'", in *Mittelalterliches Kunsterleben nach Quellen des 11. bis 13. Jahrhunderts*, hg. von GÜNTER BINDING, ANDREAS SPEER, Stuttgart/Bad Cannstatt 1993, 76-100.

KANITSCHEIDER 1984
BERND KANITSCHEIDER: *Kosmologie. Geschichte und Systematik in philosophischer Perspektive*, Stuttgart 1984.

KINOSHITA 1988
NOBORU KINOSHITA: *El pensamiento filosófico de Domingo Gundisalvo*, Salamanca 1988.

KLINKENBERG 1971
HANS MARTIN KLINKENBERG: „Artes liberales/artes mechanicae", in *Historisches Wörterbuch der Philosophie I*, Damrstadt 1971, 531-535.

KLUXEN 1981
WOLFGANG KLUXEN: „Der Begriff der Wissenschaft", in *Die Renaissance der Wissenschaften im 12. Jahrhundert*, hg. von PETER WEIMAR (Zürcher Hochschulforum 2), Zürich 1981, 273-293.

KOCH 1973
JOSEPH KOCH: „Von der Bildung der Antike zur Wissenschaft des Mittelalters", in JOSEPH KOCH: *Kleine Schriften 1* (Storia e letteratura. Raccolta di studi e testi 127), Roma 1973, 15-32.

KÖNSGEN 1974
EWALD KÖNSGEN: *Epistolae duorum amantium*. Briefe Abaelards und Heloises? Edition und Untersuchungen (Mittellateinische Studien und Texte VIII), Leiden 1974.

KÖPF 1995
ULRICH KÖPF: „Bernhard von Clairvaux: Mystiker und Politiker", in WIELAND 1995, 239-259.

KOYRÉ 1968
ALEXANDER KOYRÉ: „Galileo and Plato", in ALEXANDER KOYRÉ: *Metaphysics and Measurement*, London 1968.

LANDGRAF 1954
ARTUR M. LANDGRAF: *Dogmengeschichte der Frühscholastik*, Band II/2, Regensburg 1954.

LANGER 1996
OTTO LANGER: „Affekt und Ratio in der Mystik Bernhards von Clairvaux", in *Bernhard von Clairvaux und der Beginn der Moderne*, hg. von DIETER R. BAUER und GOTTHARD FUCHS, Innsbruck-Wien 1996, 136-150.

LAURENT 1931
H. P. LAURENT: *Autour de la „Summa contra Gentiles", simple mise au point*, in *Angelicum 8* (1931) 237-245.
LECLERCQ 1957
JEAN LECLERCQ: „Discipline", in *Dictionnaire de Spiritualité*, III, Paris 1957, 1291-1302.
DE LIBERA 1987
ALAIN DE LIBERA: „Logique et théologie dans la Summa ‚Quoniam Homines' d'Alain de Lille", in JOLIVET/DE LIBERA 1987, 437-469.
LOHR 1981
CHARLES H. LOHR: „Theologie und/als Wissenschaft im frühen 13. Jahrhundert", in *Communio 10* (1981) 316-330.
LOHR 1985
CHARLES H. LOHR: „Mittelalterliche Theologien", in *Neues Handbuch theologischer Grundbegriffe,* Bd. 3, hg. von PETER EICHER, München 1985, 127-144.
LORENZ/MOJSISCH/SCHRÖDER 1984
SÖNKE LORENZ, BURKHARD MOJSISCH, W. SCHRÖDER: „Naturphilosophie I.-IV.", in *Historisches Wörterbuch der Philosophie VI*, Darmstadt 1984, 535-548.
MAIOLI 1979
BRUNO MAIOLI: *Gilberto Porretano. Dalla grammatica speculativa alla metafisica del concreto* (Biblioteca di cultura 173), Roma 1979.
MANDONNET 1920
PIERRE MANDONNET: *Chronologie sommaire de la vie et des écrits de saint Thomas*, in *Revue des sciences philosophiques et théologiques 9* (1920) 142-152.
MANDONNET/DESTREZ 1921
PIERRE MANDONNET/JEAN DESTREZ: *Bibliographie thomiste*, Le Saulchoir 1921.
MARENBON 1988
JOHN MARENBON: „Gilbert of Poitiers. A Note on the Porretani", in DRONKE 1988a, 328-357.
MARENBON 1997
JOHN MARENBON: *The Philosophy of Peter Abelard*, Cambridge 1997.
MARENBON 1998
JOHN MARENBON: „The Twelfth Century", in *Routledge History of Philosophy*, vol. III: *Medieval Philosophy*, ed. by JOHN MARENBON, London 1998, 150-187.
MARROU 1934
HENRI-IRÉNÉE MARROU: „‚Doctrina' et ‚Disciplina' dans la langue des Pères de l'Église", in *Bulletin du Cange. Archivum Latinitatis Medii Aevi 9* (1934) 5-25.
MARROU 1969
HENRI-IRÉNÉE MARROU: „Les arts libéraux dans l'Antiquité classique", in *Arts libéraux et philosophie au moyen âge. Actes du quatrième Congrès international de philosophie médiévale*, Paris 1969, 5-27.
MARTIN 1983
CHRISTOPHER MARTIN: „The Compendium Logicae Porretanum: A Survey of Philosophical Logic from the School of Gilbert of Poitiers", in *Cahiers de l'Institut du Moyen Âge Grec et Latin 46* (1983) 18-46.
MCGINN 1996
BERNHARD MCGINN: *Die Mystik im Abendland.* Band 2: *Entfaltung.* Aus dem Englischen übersetzt von Wolfgang Scheuermann, Freiburg/Basel/Wien 1996.

MENSCHING 1965

ECKART MENSCHING: „Zur Calcidius-Überlieferung“, in *Vigiliae Christianae 19* (1965) 42-56.

MERLAN 1953

PHILIP MERLAN: *From Platonism to Neoplatonism*, Den Haag 1953, [2]1960.

MEWS 1998

CONSTANT J. MEWS: „Hildegard and the Schools“, in *Hildegard of Bingen. The Context of her Thought and Art*, edited by CHARLES BURNETT and PETER DRONKE, London 1998, 89-110.

MINIO-PALUELLO 1952

LORENZO MINIO-PALUELLO: „Iacobus Veneticus Grecus. Canonist and Translator of Aristotle“, in *Traditio 8* (1952) 265-304.

MOREL 1957

VALENTIN MOREL: „Disciplina“, in *Reallexikon für Antike und Christentum*, III, Münster 1957, 1213-1229.

MÜLLER 1934

MARTIN MÜLLER: *Die Quaestiones naturales des Adelardus von Bath* (BGPhMA 31, 2) Münster 1934.

NAUTA 1997

LODI NAUTA: „The ‚Glosa‘ as Instrument for the Development of Natural Philosophy. William of Conches' Commentary on Boethius“, in *Boethius in the Middle Ages. Latin and Vernacular Traditions of the ‚Consolatio philosophiae‘*, ed. by MARTEN J. F. M. HOENEN, LODI NAUTA (Studien und Texte zur Geistesgeschichte des Mittelalters 58), Leiden/New York/Köln 1997, 3-39.

NELSON 1977

BENJAMIN NELSON: *Der Ursprung der Moderne. Vergleichende Studien zum Zivilisationsprozeß*, Frankfurt a. M. 1977.

NEUMANN 1965

SIEGFRIED NEUMANN: *Gegenstand und Methode der theoretischen Wissenschaften nach Thomas von Aquin aufgrund der ‚Expositio super librum Boethii De Trinitate‘* (BGPhMA 41, 2), Münster 1965.

NIELSEN 1982

LAUGE O. NIELSEN: *Theology and Philosophy in the Twelfth Century* (Acta Theologica Danica 15), Leiden 1982.

PARÉ/BRUNET/TREMBLAY 1933

GÉRARD PARÉ, A. BRUNET, O. TREMBLAY: *La Renaissance du XIIe siècle. Les écoles et l'enseignement* (Publications de l'Institut d'Études Médiévales d'Ottawa 3), Paris/Ottawa 1933.

POIREL 1998

DOMINIQUE POIREL: *Hugues de Saint-Victor*, Paris 1998.

RANFF 2001

VIKI RANFF: „Haben Hildegards Visionen Quellen?“, in *Hildegard von Bingen in ihrem Umfeld – Mystik und Visionsformen in Mittelalter und Früher Neuzeit. Katholizismus und Protestantismus im Dialog*, hg. von ÄNNE BÄUMER-SCHLEINKOFER, Würzburg 2001, 105-121.

Reinhardt 1989
Klaus Reinhardt: „Bible et culture à l'époque de la reconquête de Tolède", in *Tolède (1085–1985). Des traductions médiévales au mythe littéraire*, éd. par Jacques Huré, Paris 1989, 135-145.

Ricklin 1995
Thomas Ricklin: *Die ‚Physica' und der ‚Liber de causis' im 12. Jahrhundert: Zwei Studien*, Freiburg i. Üe. 1995.

Robillard 1939
J. A. Robillard: „Les six genres de contemplation chez Richard de Saint-Victor et leur origine platonicienne", in *Revue des sciences philosophiques et théologiques 28* (1939) 229-233.

Roussel/Suard 1980
Alain de Lille, Gautier de Châtillon, Jakemart Giélée et leur temps, éd. par Henri Roussel, F. Suard, Lille 1980.

Rubio Fernández 1984
Lisardo Rubio Fernández: *Catálogo de los manuscritos clásicos latinos existentes en España*, Madrid 1984.

Ruh 1990
Kurt Ruh: *Geschichte der abendländischen Mystik*. Band 1: *Die Grundlegung durch die Kirchenväter und die Mönchstheologie des 12. Jahrhunderts*, München 1990.

Sæbø 1996/2000
Hebrew Bible / Old Testament. The History of its Interpretation. Volume I: *From the Beginnings to the Middle Ages (Until 1300)*, ed. Magne Sæbø, Göttingen 1996, 2000.

Santiago Otero 1970
Horacio Santiago Otero: *El conocimiento de Cristo en cuanto hombre en la teología de la primera mitad del siglo XII*, Pamplona 1970.

Saurma-Jeltsch 1998
Lieselotte E. Saurma-Jeltsch: *Die Miniaturen im „Liber Scivias" der Hildegard von Bingen. Die Wucht der Vision und die Ordnung der Bilder*, Wiesbaden 1998.

Scheuer 2001
Manfred Scheuer: *Weiter-Gabe. Heilsvermittlung durch Gnadengaben in den Schriftkommentaren des Thomas von Aquin* (Studien zur systematischen und spirituellen Theologie 32), Würzburg 2001.

Schlütz 1932
Karl Schlütz: *Isaia 11,2 (die sieben Gaben des Heiligen Geistes) in den ersten vier christlichen Jahrhunderten* (Alttestamentliche Abhandlungen 11,4), München 1932.

Schmidt 1956
Martin Schmidt: *Gottheit und Trinität nach dem Kommentar des Gilbert Porreta zu Boethius, De Trinitate* (Studia Philosophica, Suppl. 7), Basel 1956.

Schneyer 1964
Johann-Baptist Schneyer: „Ergänzungen der Sermones und Miscellanea des Hugo von Sankt Viktor aus verschiedenen Handschriften", in *Recherches de théologie ancienne et médiévale 31* (1964) 260-286.

Schrimpf 1989
Gangolf Schrimpf: „Philosophie. Institutionelle Formen. B. Mittelalter", in *Historisches Wörterbuch der Philosophie VII*, Darmstadt 1989, 800-819.

SCHRIMPF 1995
GANGOLF SCHRIMPF: „Bernhard von Chartres, die Rezeption des Timaios und die neue Sicht der Natur", in WIELAND 1995, 181-210.
SCHURR 1935
VIKTOR SCHURR: *Die Trinitätslehre des Boethius im Lichte des „skythischen Kontroversen"*, Paderborn 1935.
SICARD 1993
PATRICE SICARD: *Diagrammes médiévaux et exégese visuelle. Le ‚Libellus de Formatione Arche' de Hugues de Saint-Victor* (Bibliotheca Victorina 4), Paris/Turnhout 1993.
SMALLEY 1978
BERYL SMALLEY: *The Study of the Bible in the Middle Ages*, Notre Dame (Indiana) [3]1978.
SOUTHERN 1979
RICHARD W. SOUTHERN: *Platonism, Scholastic Method and the School of Chartres* (The Stenton Lecture 1978), Reading 1979.
SOUTHERN 1982
RICHARD W. SOUTHERN: „The School of Paris and the School of Chartres", in *Renaissance and Renewal in the Twelfth Century*, ed. by ROBERT L. BENSON, GILLES CONSTABLE, Cambridge/Mass. 1982, 113-137.
SOUTHERN 1995
RICHARD W. SOUTHERN: *Scholastic Humanism and the Unification of Europe*, vol. I, Oxford 1995.
SPEER 1991
ANDREAS SPEER: „Kosmisches Prinzip und Maß menschlichen Handelns. Natura bei Alanus ab Insulis", in *Mensch und Natur im Mittelalter* (Miscellanea Mediaevalia 21), hg. von ALBERT ZIMMERMANN, ANDREAS SPEER, Berlin/New York 1991, 107-128.
SPEER 1994
ANDREAS SPEER: „Reception – Mediation – Innovation. Philosophy and Theology in the 12th Century", in *Bilan et perspectives des études médiévales. Actes du premier congrès européen des études médiévales*, éd. par JACQUELINE HAMESSE (Spoleto 27–29 may 1993) (FIDEM, Textes et Études du Moyen Age 3), Louvain-la-Neuve 1994, 129-149.
SPEER 1995
ANDREAS SPEER: *Die entdeckte Natur. Untersuchungen zu Begründungsversuchen einer ‚scientia naturalis' im 12. Jahrhundert* (Studien und Texte zur Geistesgeschichte des Mittelalters 45), Leiden/New York/Köln 1995.
SPEER 1999
ANDREAS SPEER: „Ratione duce. Die naturphilosophischen Dialoge des Adelard von Bath und des Wilhelm von Conches", in *Gespräche lesen. Philosophische Dialoge im Mittelalter*, hg. von KLAUS JACOBI (ScriptOralia 115), Tübingen 1999, 199-229.
STEGMÜLLER RB
FRIEDRICH STEGMÜLLER: *Repertorium biblicum medii aevi*, 11 Bände, Madrid 1951–1980.
SUZUKI 1998
KEIKO SUZUKI: *Bildgewordene Visionen oder Visionserzählungen. Vergleichende Studie über die Visionsdarstellungen in der Rupertsberger „Scivias"-Handschrift*

und im Luccheser „Liber divinorum operum"-Codex der Hildegard von Bingen, Bern u.a. 1998.

TAVARD 1968
GEORGE TAVARD: *Die Engel* (Handbuch der Dogmengeschichte, II, Fasz. 2b), Freiburg 1968.

TIHON 1966
PAUL TIHON: *Foi et théologie selon Godefroid de Fontaines*, Paris/Bruges 1966.

VAN ELSWIJK 1966
H. C. VAN ELSWIJK: *Gilbert Porreta. Sa vie, son œuvre, sa pensée* (Spicilegium sacrum lovaniense, Études et documents 33), Leuven 1966.

VAN'T SPIJKER 1995
IENJE VAN'T SPIJKER: „Learning by Experience: Twelfth-Century Monastic Ideas", in *Centres of Learning: Learning and Location in Pre-Modern Europe and the Near East*, ed. by JAN WILLEM DRIJVERS, ALASDAIR A. MACDONALD, Leiden/New York/Köln 1995, 197-206.

VEGAS GONZÁLEZ 1997
SERAFÍN VEGAS GONZÁLEZ: *La Escuela de Traductores de Toledo en la Historia del Pensamiento*, Toledo 1997.

VON DER STEIN 1968
ALOIS VON DER STEIN: „Der Systembegriff in seiner geschichtlichen Entwicklung", in *System und Klassifikation in Wissenschaft und Dokumentation*, hg. von ALWIN DIEMER (Studien zur Wissenschaftstheorie 2), Meisenheim am Glan 1968, 1-13.

VON MOOS 1989a
PETER VON MOOS: „Literatur- und bildungsgeschichtliche Aspekte der Dialogform im Mittelalter. Der ‚Dialogus Ratii' des Ebergard von Ypern zwischen theologischer ‚disputatio' und Scholaren-Komödie", in *Tradition und Wertung. Festschrift für Franz Brunhölzl zum 65. Geburtstag*, hg. von GÜNTER BERNT, Sigmaringen 1989, 165-209.

VON MOOS 1989b
PETER VON MOOS: „Le dialogue latin au Moyen Âge: l'exemple d'Evrard d'Ypres", in *Annales. Économies–Sociétés–Civilisations 44* (1989) 993-1028.

VONES-LIEBENSTEIN 2001
URSULA VONES-LIEBENSTEIN: „Hildegard von Bingen und der 'ordo canonicus'", in *„Im Angesicht Gottes suche der Mensch sich selbst". Hildegard von Bingen (1098–1998)*, hg. von RAINER BERNDT (Erudiri Sapientia 2), Berlin 2001, 213-240.

WALSH 1977
P. G. WALSH: „Alan of Lille as a Renaissance Figure", in *Renaissance and Renewal in Christian History*, ed. by DEREK BAKER, Oxford 1977, 117-135.

WEISHEIPL 1980
JOSEPH A. WEISHEIPL: *Thomas von Aquin. Sein Leben und seine Theologie*, Graz 1980.

VON WEIZSÄCKER 1974
CARL FRIEDRICH VON WEIZSÄCKER: *Die Einheit der Natur*, München 1974.

WETHERBEE 1988
WINTHROP WETHERBEE: „Philosophy, Cosmology, and the Twelfth-Century Renaissance", in DRONKE 1988a, 21-53.

WIELAND 1981
GEORG WIELAND: *Ethica – Scientia practica. Die Anfänge der philosophischen Ethik im 13. Jahrhundert* (BGPhThMA NF 21), Münster 1981.

WIELAND 1985
GEORG WIELAND: „Plato oder Aristoteles? – Überlegungen zur Aristoteles-Rezeption des lateinischen Mittelalters“, in *Tijdschrift voor Filosofie 47* (1985) 605-630.

WIELAND 1986
GEORG WIELAND: „Rationalisierung und Verinnerlichung. Aspekte der geistigen Physiognomie des 12. Jahrhunderts“, in *Philosophie im Mittelalter. Entwicklungslinien und Paradigmen*, hg. von JAN PETER BECKMANN et alii, Hamburg 1987, 61-79.

WIELAND 1995
Aufbruch – Wandel – Erneuerung. Beiträge zur ‚Renaissance‘ des 12. Jahrhunderts, hg. von GEORG WIELAND, Stuttgart/Bad Cannstatt 1995.

WILLNER 1903
HANS WILLNER: *Des Adelard von Bath Traktat De eodem et diverso.* Zum ersten Male hg. und hist.-krit. untersucht (BGPhMA 4, 1) Münster 1903.

ZAHN 1974
MANFRED ZAHN: „System“, in *Handbuch philosophischer Grundbegriffe. Studienausgabe 5* (1974) 1458-1475.

ZIMMERMANN 1981
ALBERT ZIMMERMANN: „Die Theologie und die Wissenschaften“, in *Die Renaissance der Wissenschaften im 12. Jahrhundert* (Zürcher Hochschulforum 2), hg. von PETER WEIMAR, Zürich 1981, 87-105.

ZIMMERMANN 1990
ALBERT ZIMMERMANN: „Die Kosmogonie des Thierry von Chartres“, in *Architectura poetica.* Festschrift für Johannes Rathofer, hg. von ULRICH ERNST, BERNHARD SOWINSKI, Köln 1990, 107-118.

Register

Heilige Schrift

Personen und Werke

Handschriften

www.ingramcontent.com/pod-product-compliance
Lightning Source LLC
LaVergne TN
LVHW081331011026
849161LV00013BB/2900
9783050036960